软件测试丛书

全程软件测试（第3版）

朱少民 著

人民邮电出版社

北京

图书在版编目（CIP）数据

全程软件测试 ：第3版 / 朱少民著. -- 北京 ：人
民邮电出版社，2019.1
（软件测试丛书）
ISBN 978-7-115-49656-0

Ⅰ．①全… Ⅱ．①朱… Ⅲ．①软件－测试 Ⅳ．
①TP311.55

中国版本图书馆CIP数据核字(2018)第234917号

内 容 提 要

本书系统地总结了过去十年中软件测试发生的变化，浓缩了作者许多宝贵的软件测试经验。本书首先介绍对于软件测试的不同看法，全程软件测试的思想，软件测试的基础设施与 TA 框架、团队能力建设；然后逐步深入到测试的计划、设计、执行、持续反馈和改进；接着，讨论全程测试的思想，包括全程静态测试、全程性能测试、全程安全性、全程建模、全程可视化。本书最后展望了软件测试的未来。

本书适合软件测试人员阅读，也可作为相关专业人士的参考指南。

◆ 著　　　　朱少民
　　责任编辑　陈冀康
　　责任印制　焦志炜
◆ 人民邮电出版社出版发行　　北京市丰台区成寿寺路 11 号
　　邮编　100164　　电子邮件　315@ptpress.com.cn
　　网址　http://www.ptpress.com.cn
　　北京九州迅驰传媒文化有限公司印刷
◆ 开本：800×1000　1/16　　　　插页：1
　　印张：27.5　　　　　　　　2019 年 1 月第 1 版
　　字数：606 千字　　　　　　2024 年 8 月北京第 15 次印刷

定价：129.00 元

读者服务热线：(010)81055410　印装质量热线：(010)81055316
反盗版热线：(010)81055315
广告经营许可证：京东市监广登字 20170147 号

第 3 版　推荐语

朱少民老师的新书既涵盖了前一版的精髓，又融合了最新的方法和技术，好比业界的一盏明灯，为软件测试行业引领方向。希望更多的有志者能通过学习本书，帮助企业走向"高效率的软件测试而获取高质量软件产品"的光明之路。

——刘琴，ISTQB 中国首席代表、同济大学软件学院教授

全程测试，全程有亮点。少民的《全程软件测试》（第 3 版）恰似一盏明灯，为年轻测试从业人员照亮前进的道路。

——蔡立志，ISO/IEC 中国专家代表、中国软件测试机构联盟技术委员会主任、上海计算机软件技术开发中心副主任

坐下来，写一本书，是我的一个愿望。凡尘俗事纷扰，使我的愿望变成了梦想，但朱老师做到了。怀着羡慕的心，读起这本书。正如朱老师的为人，这本书荡漾着对理想的热情向往，和对现实的冷峻思考，恰是一个有着深厚产业实践底蕴的学者对他所钟爱的工作的深刻思考和精确总结。笔者乐谈，读者乐思，这是一本能够驱动你去思考的好书。唯盼朱老师永不收尾，持续优化。

——李戈，CCF 软件工程专委秘书长，北京大学副教授

2010 年，在《赢在测试 2》中，我把《全程软件测试》作为新员工入门指南推荐给读者。如今，新一版的《全程软件测试》再次让我这个从业 20 年的人眼前一亮，它不仅是对新入门和新项目经理的指南，也是每位测试从业者的必读。

——王冬，360 测试总监

本书阐述了全生命周期软件测试思想和方法，展现了软件测试的精髓，对所有软件测试的从业人员和技术研发人员都具有极强的指导意义，是一本难得的软件测试人员案头必备书籍。

——杨春晖，中国赛宝实验室软件评测中心主任

抽空看了朱老师的《全程软件测试（第 3 版）》感触很深。随着科学技术的不断快速发展，保障质量的测试也在不断调整，软件测试也覆盖了全生命周期，包括前期的用户需求，还包括了后期的运维过程。此书定能给读者带来对测试较全面的理解。

——周震漪，CSTQB 常务副理事长，TMMi 中国分会副理事长

本书辅以大量生动的真实案例，带你系统的思考软件测试如何贯穿在整个流程中发挥作用。无论你是象牙塔中的同学，还是已经工作的从业人员，本书都有很好的指导意义。

——杨凯球，中兴通讯测试经理

本书给我的印象可以两个关键词来概括——"全面、匠心"。能够受邀为本书做推荐辞，本身即说明了朱老师全面的视野和思路。我曾提出自己已经从测试岗位转为业务研发工作，朱老师很快表示他就是希望能从业务、整体研发角度来评论本书，不愧为持续关注业界最新进展、活跃在业界众多类型企业的大家。从内容来看，本书囊括了软件测试的方方面面，亦可作为一部专业人员和测试工程师案头的全面工程手册。本书也体现了朱老师的匠心孤诣。他二十年专注并活跃于软件测试领域，把自己对于软件测试的认识扩展和升华过程凝练成本书的三个版本。我个人觉得，对于把握测试团队方向、思考软件测试演进趋势的业界前辈们来说，把本书三个版本对照起来看看也许别有一番体验和参考价值。在本书中，朱老师仍然紧密围绕软件测试的技术和知识体系不断雕琢、围绕主题有舍有取，而不是单纯追逐最近业界学界的热点方向去扩张、去蹭热点，依然体现的是一位专业匠人的以始为终。虽然离开直接的软件测试工作一段时间了，我如今在自动驾驶这个快速发展变化新领域的业务研发过程中，仍然觉得在软件测试工作中接收到的体系化知识和训练，不仅是测试专业技能的充实和提升过程，也是对于自己的系统性思维和辩证思路的潜移默化的训练，让我在现在的工作中仍然受益匪浅。

——胡星，百度智能驾驶事业群主任研发架构师

《全程软件测试》是一本有着丰富理论和实践经验的软件测试经典，更是一本与时俱进的"活着"的书！从 2007 年第 1 版到如今 2018 年的第 3 版，每一次出版都融入了少民老师对软件测试工作的最新思考与长期沉淀。相信在如今的 Devops 和 EP 潮流之下，无论是软件测试工程师、开发工程师还是运维工程师，读完此书，定会对如何全流程、全方位地开展高效的软件测试工作有着良多的启发和感悟！

——廖志，腾讯质量管理通道委员、CSIG 地图产品质量中心总监

非常高兴地看到，本书在十年后还有新版问世，这在原创技术图书里是非常少见的，也充分证明了本书自身的价值。作者既有多年的一线工业界的实践和咨询经历，又有丰富的高校教

学经验，故能给出全面的测试知识框架，所介绍的流程、思想、工具、应用场合贴近最新的业界实践，非常适合测试人员阅读。

——刘江，CCF 技术前线委员会秘书长，美团点评技术学院院长

从《软件测试方法和技术》到《软件测试 - 基于问题驱动模式》再到《全程软件测试》，朱老师不断保持着对技术及理论的探索，持续为行业做着贡献。软件行业发展这些年，我们逐步意识到作坊式的软件开发已经逐步被工厂级的工程体系所替代。敏捷、DevOps、CMDB 都在不断减少着自身对测试的依赖，力求为用户创造更大的价值。而在这个"淘汰测试"的时代，本书给了我们新的方向，从软件测试走向全程软件测试，无论是需求端的 ATDD 还是运维端的环境数据延伸都一一覆盖，并且还给出从思想到技术、从技术到体系、从体系到管理的整套方案。

对于在软件测试行业的迷茫着朋友，本书就是那盏明灯，也许你以前错过了跟上风口的列车，那么这次一定不要错过走在测试前列的良机。

——陈霁，上海霁晦信息科技有限公司 CEO，VipTest 联合创始人

作为该书第 1 版的老读者，我有幸提前阅读本书。与 10 年前相比，本书虽然还是按软件测试的生命周期作为主线，但内容与时俱进，其中每个环节都赋予了新的内容，基本上覆盖了近几年主流和热点，堪称测试大全。

——陈晓鹏，埃森哲中国卓越测试中心负责人

作为质量保障的主要手段，软件测试应该贯穿软件开发和运维的全流程。在工程实践和课堂教学中，常常出现知易行难的情况。本书以软件开发全流程为主线，介绍了不同阶段的软件测试主流方法及工具。对于软件工程专业学生和从业人员都有很好的参考价值。

——陈振宇，南京大学教授，慕测平台创始人

毫不夸张地讲，本书是献给所有从事软件测试朋友的礼物。朱少民老师将各种软件测试方法、流程、理论及实践融会贯通于整个软件产品的开发过程中，深入探讨了其经济性、哲学性以及社会性，为软件开发中的质量和测试画了一张全景图。沏上一杯茶，关上电脑和手机，顺着这幅图，一窥这百家争鸣的软件测试流派贯穿于软件开发的始终，实乃一件美事。

——耿晓倩（Christina Gen），Splunk 旧金山总部测试总监

这是很好的一本全面、系统介绍完整软件研发过程中测试相关活动如何考虑开展的书。本书吸取了最新的软件工程实践和思想，即便在技术日新月异的今天，至少在多年内对测试工作

都有指导性。

——孔德晋，华为测试专家

软件测试很重要，是质量守护的关键工作之一，但如何在从需求到上线的全过程中守护质量是个难题。软件测试需要和开发不一样的思维方式，一般想不到的也就测不到，如何做好测试的分析和设计呢？软件测试很有难度，也容易被误解，经常遭到简单的质问——为什么没测出来？为什么要那么多测试时间或资源？敏捷研发模式下，速度决定成败，在快速迭代中如何高效测试、如何与开发和运维融合等都是新课题……朱老师以多年的理论研究和实践，在本书中为我们抽丝剥茧、解开谜团。

——李怀根，广发银行研发中心总经理

还记得十年前《全程软件测试》（第 1 版）问世时，我刚开始负责一个测试团队，每天忙得昏天黑地还不得要领。正是这本书帮我系统地梳理了测试知识，建立了自己的测试思想体系，助我走顺了测试之路。转眼间，这本书到了第 3 版，接到朱少民老师试读邀请后，细读书中内容，无论是书的构思结构，还是讨论的测试思想和测试技术，以及对测试趋势的理解和分析，都让我眼前一亮，非常值得测试者们深入学习思考，诚意推荐。

——刘琛梅（梅子），绿盟科技防火墙研发经理，《软件测试架构师修炼之道》作者

软件测试是当前评估软件质量最有效的方法，而本书对此进行了系统的、深入简出的讲解。本书不仅包括了软件开发全过程中的测试知识，还包括了当前工业界的各种测试实践。如果你需要一本书来对当前软件行业中的测试有一个全方位的、系统性的学习，那就是它了。

——刘冉，ThoughtWorks 资深软件质量咨询师

这本经典之作源于十几年前我们 WebEx 的实战经验的总结。当时 WebEx 开硅谷历史先河，首创 SaaS 云服务（那时还没叫"云"）。我们中美两国几百个 WebEx 工程师积累了一套非常行之有效的、云应用程序的测试体系。这套体系不仅在中国，在硅谷也处于领先水平。在过去十几年里，我很高兴看到 Kerry 把这些实战经验不断地总结演化发展到今天。回过头看，我们当年的很多测试方法与实践在今天的软件开发领域很好地与时俱进，而 Kerry 最近几年在同济大学的教授生涯又让他有机会把这些实践经验上升到理论层面，然后结合他和其他所有的大小公司的接触合作，让他有机会获得了更广大和前卫的视觉和理论基础来把这些东西都很好地总结起来。所以我可以很负责地告诉大家，这本书的理论实践一体化价值在大陆同类题材书中应该是首屈一指的。

——Phyllis Chang, Senior Manager, WebEx Engineering, Cisco HQ

如果你正在寻找一本以真实项目为背景，并且从软件研发生命周期的全程视角来探讨软件测试体系化知识以及最佳实践的书籍，本书无疑将会是你的不二选择。作者在国际一线 IT 公司的从业经验加上深厚的软件工程学术功底，才使本书的呈现成为可能。更难能可贵的是，本书不仅系统性描绘了全程软件测试的整体技术框架以及管理实践，还对软件测试将来的发展方向进行了展望，讨论了如何让 AI 为测试服务、云计算与测试的基础设施建设、微服务下的契约测试和智能单元测试等前沿的主题。可以说，这是一本软件测试工程领域中理论与实践全面融合的力作，无论你是测试的新人，还是久经沙场的测试老兵，都不容错过这一佳作。

——茹炳晟，Dell EMC 测试架构师

《全程软件测试》从第一版问世到如今发布第 3 版，已经十载有余，这本书的修订过程不仅是朱少民老师个人软件测试思想精髓不断升华的过程，更可以说它本身就是测试行业发展史中最闪光的那一部分。

——王斌，Testin 云测解决方案事业部副总，VipTest 联合创始人

如果你是一位测试领域的从业者或是初学者，能读到这本书是非常幸运的。它可以引导你系统地了解软件测试全过程的方法和技巧——从测试需求分析到设计，再到测试框架，甚至也谈及了最新的 AI 技术应用。常读常新，这本书值得拥有！

——王金波，中国科学院空间软件评测中心主任 / 研究员

十年过去，"全程软件测试"的理念仍然历久弥新。2007 年通过本书第一次接触到"测试前移"的概念，深深地影响了我，并推动着我从功能测试、自动化测试逐步到现在做持续集成和代码质量提升的工作。十年前的第 1 版作为教科书般为广大测试人员指导迷津；十年后的第 3 版加入了很多新的测试理念和技术实践，无论是功能测试人员、测试开发人员、测试架构师还是测试质量管理人员，都能够从书中找到自己所要的知识和答案。

——熊志男，京东高级测试开发工程师、测试窝社区联合创始人

作者从认知、思想和理念层面介绍了对软件测试的核心理念、方法和术语的认知，剖析了要"全程"软件测试的原因，视角极具高度。此外，本书详细介绍了业界最为流行的测试方法、技术和工具，具有极高的实操性和参考性。无论你是软件测试的大牛，还是软件测试的初学者，这本书都值得你仔细研读。

——许永会，知名通信企业资深测试工程师

在敏捷开发、DevOps 日渐流行的今天，怎样围绕需求和风险全面开展测试工作？怎样让整个研发过程始终保持对质量和风险的掌控？这本书将带你完成一趟全景式的体验，并从中找到答案。

——杨晓慧，前华为测试专家，现 AI 机器时代 CTO

和开发、运维等相比，测试有一个很重要的特殊性，即开发和运维等的门槛相对较高。想做这些工作，需要先登山，可能登山到半山腰才能算入门，然后再继续攀登提高；而测试的门槛相对较低，测试的大门在山脚下，一般人都可以很快入门，但入门后会发现一座大山，所以说，测试是入门后才开始登山的行业。这是一本难得的理论结合软件工程实践的"红宝书"，它不仅适合刚入行的人，也能帮助多年从业者梳理已有的知识体系，更上一层楼。

——杨忠琪，东方证券测试负责人

这是一本经历了大量读者验证的佳作，十年后的第 3 版本身就说明了一切。新版既包含了"测试贯穿软件全生命周期"这样历久弥新的观点，又加入了敏捷、DevOps、微服务、云计算、AI 技术等新话题。无论是测试界新兵，还是已经入行多年的老将，都应该听一听"测试老古董"怎么说"全程软件测试"。

——于洪奎，中国银行软件中心高级经理

在"客户体验为王"的互联网时代背景下，本书的再版无疑为我们跳出测试看测试、跳回测试做好测试提供了更多可能。测试之内，本书多维度、多层面对软件测试工作展开了介绍：有理论指导，有实践说明，自然又自成体系，于软件质量保证、过程改进有积极的指导意义；测试之外，如果有心，看到的就不仅是软件质量保障方法、技术，还能看到一个行业的缘起与趋势、机会和挑战，然后做正确的事。若都能高质量完成，则组成一个个高质量的"测试人生"。

——钟思德，灼识咨询顾问、知名通信公司高级测试经理

本书作为国内软件测试领域原创的经典教科书，已历经十余载，随着近年软件开发流程的不断演进以及互联网化的冲击，对软件测试和质量管理也相应提出了更高的要求和标准，本书第三版在前两版的基础上，贴合业界前沿，增补了开发运维一体（DevOps），安全软件研发流程（SSDLC），微服务等内容。无论是对于在校学生，或对于从事软件测试和质量相关领域的职场人士，相信本书都会是一本贴近前沿，集理论与最佳实践于一体的一本佳作。

——朱波，香港航空有限公司 IT 经理

第 3 版　推荐序一

读完这本书，我的脑海里出现"测试人生"四个字。作者从测试经理、QA 总监到大学老师，一步一步走来，在软件测试领域辛勤耕耘几十年。他自称"测试老古董"，但我更愿意称他是国内软件测试行业的元老级人物。朱老师亲历了中国软件测试从作坊式到科学方法论、从瀑布模型到敏捷开发模式、从手工测试到自动化测试、AI 测试，细推物理，孜孜不倦，坚守几十年，不断迎接新技术的挑战，反思、总结、布道和分享。也正是这份精神，让我这个不是很懂软件测试的 IT 人欣然答应为本书作序。

我最近有一个演讲——"产业互联网时代不是产品运营而是客户运营"，强调对客户足够的关注与尊重，其实质就是"质量"的价值。当年，我掌管亚信，带领亚信成功地实现了向软件与服务的转型，立足于自主开发软件产品，形成大型软件研发和质量控制体系，深刻懂得"质量"是企业立业之本。鉴于国内软件行业的惯例，软件质量控制体系的建设更多依托于软件测试体系的建设，软件测试是软件企业不可忽视的一面。"质量"和"测试"正是我和作者之间的纽带，将我们联系在一起，共同探讨其中的奥秘。虽然成就了我们不同的人生，但在"质量"和"测试"上，我们存在诸多的共鸣。

软件测试技术起源于西方，但在广泛应用的中国市场得到极大的丰富和发展。一本写得好的书必定是有其启发性，从本土文化的视角去读这本书，也是趣味盎然。这本书让人想到了《孙子兵法》（英文译作"The Art of War"），由此我们不妨称这本书为"测试的艺术"。让我们从章节中撷取几朵"小花"，去体会一下万物相通的奇妙和测试之美。

▶ 上医治未病。第 2 章给出了全程测试的概念，其中测试过程的左移强调了在软件产品如何构建高质量的需求和设计，以及如何在项目早期将软件缺陷消灭在萌芽状态，减少后期测试和返工的工作量。毋庸置疑，这会大大降低软件企业的研发成本，更好地提升交付质量。

▶ 兵马未动，粮草先行。第 3 章叙述了测试项目的准备工作，不仅介绍了如何构建持续集成的环境和展示了层次清晰的优秀测试工程师能力图谱，还重点描绘了 DevOps 工具链和整个团队的测试能力建设，基于 DevOps 开发模式和团队技术全栈能力的要求，在当下广受关注。

▶ **知彼知己，百战不殆。** 在项目启动前要清楚测试的上下文——项目背景、产品结构、技术条件和其他各种因素，清楚产品的服务对象是谁，准确理解用户的需求，达到有的放矢和有效沟通目的，为后续的测试计划与执行做好充分的准备。

▶ **磨刀不误砍柴工。** 第 6 章的测试计划核心是测试分析和制定测试策略，本书也给予了透彻的说明。制定一个切实可行的计划，是后续测试工作的基线和准则。

▶ **工欲善其事，必先利其器。** 第 8 章和第 13 章给出了测试自动化的两种不同境界，从使用工具半自动化测试到基于模型的彻底自动化，是未来许多企业要经历的过程。而这中间，始终离不开软件工程师的探索与创新。

▶ **以不变应万变，持续优化、持续加固，这些都是永恒的主题。** 无论技术如何突飞猛进地发展，总有一些需求是基本不变的，要以静制动，持续改进，软件质量终究帮助企业胜出。第 9 章到第 12 章，一气呵成，值得软件企业好好学习，让自己立于不败之地。

▶ **不以规矩，不成方圆。** 第 14 章给出了全程可视化的测试管理，重点呈现软件测试过程中的各种度量，这些完整全面、细致周到的度量指标对众多软件企业都有良好的参考价值。仅仅这一点，我也毫不犹豫地买下这本书。

▶ **非常之观，常在于险远。** 最后的测试展望介绍了新技术给测试带来的新的机遇和挑战。云计算、微服务、AI 等这些前沿技术带给 IT 业的冲击是巨大的，如何测试基于这些新技术应运而生的软件产品和服务，以及如何把新技术应用到下一代的测试过程中，本书促进读者进行深度的思考。

该书从第 1 版到 3 版，跨越十年，与时俱进，不断融合先进测试技术，不断迭代和自我完善。透过这本书，我们感受到了当今高科技的发展对测试领域的冲击和变革，新技术层出不穷，势不可挡。未来几十年，5G 会成为产业互联网的基础设施，物联网、人工智能将带来万亿规模的连接，"Software" 会进化为 "Dataware"，软件定义世界真切发生在我们周围。在这样一个时代，企业会从产品的运营转向"客户的运营"，计算架构会从传统的 PC 转为云计算、边缘计算架构，新一代的软件体系会出现，每个人的生活方式、社会的运行方式都会随之深度改变，只有掌握了软件的企业，才能理解和把握未来世界，紧跟时代浪潮。

田溯宁

哈佛商学院顾问，宽带资本董事长

第 3 版　推荐序二

本书以实际测试案例为背景，以项目实际运行的全过程为路线图，从软件测试的基本认知，到测试思维方式、框架、流程、优秀实践以及极具实用价值的 DevOps 工具链操作攻略，将读者带入一次灵感之旅，让我们看到多维度全新诠释下的创新测试模式是怎样解决挑战性测试工作问题的。对于那些想知道如何用新点子和创新的测试模式来解决复杂而快速变化的挑战性测试问题的人来说，这本力作的问世是重要而及时的。

《庄子知北游》有云，"人生天地间，若白驹之过隙，忽然而已"。从 2007 年《全程软件测试（第 1 版）》问世至今，一晃已有十余年载，而朱老师最初坚持的"软件测试是贯穿整个软件生命周期的活动"这个主题依旧有效，而"全过程的软件测试"不论是在传统的瀑布开发模式层面还是敏捷开发模式层面都是大家所极力提倡的。很难得也很幸运，一路走来，《全程软件测试》的三个版本对各种优秀的测试技术、测试实践、测试管理以及测试总结的深入思考，巧妙地将软件工程的理论佐证与用例实践系统化的贯穿在一起，在帮助我快速实现工作提升的同时，这也正指引着越来越多的创变者解决越来越棘手的测试问题。

软件测试是软件质量的基石，同时也直接影响软件是否能顺利交付。这几年，在移动互联、Web 应用以及大数据应用等迅猛发展的时代背景下，软件开发模式及其管理环境也发生着翻天覆地的变化。而要做有质量的软件测试，就要不断探索如何才能将测试技术更好地与业界的测试技术与最新实践保持同步，与国际领先的测试技术和理念持续吻合。不可置否，《全程软件测试（第 3 版）》正是解决上述问题的必读之作。朱老师通过精湛的技巧与情感，编织了一幅"测试 = 已知的检测 + 未知的试验"的美丽画面，摒弃了行业中对软件测试纸上谈兵的夸夸其谈，真正实现着软件测试的终极"四"性——正确性、完整性、安全性和质量性。

本书的概念关联性强，不论是具有改变思维的测试工程师们，还是具有创变思维的优秀组织，都可以通过阅读这些精彩的案例与洞见，打破测试思维传统，激发创新，动员员工积极性，更好地满足客户需求，同时提高自身技术实力，产生更大的影响。这本书值得一读，一定会为你带来深刻的体验。最后，再次祝贺朱老师又一全新力作面世！

程岩，京东物流研发负责人

第1版 推荐序一

翻阅少民的这部新作时，不禁让我想起歌德的《叙事谣曲》中"只弯一次腰"的故事：有一次，耶稣带着他的门徒彼得出门远行，在路上发现了一块破烂的马蹄铁，耶稣就让彼得拣起来，不料彼得懒得弯腰，假装没有听见。耶稣没说什么，自己弯腰拣起马蹄铁，用它在铁匠那里换了几文钱，并用这些钱买了十几颗樱桃。出了城，两人继续向前走，沿途都是茫茫的荒野，看不到人烟，也找不到水源。耶稣猜到彼得渴得厉害，就把藏在袖子里的樱桃悄悄掉出一颗。彼得一见，赶紧捡起来吃掉。耶稣边走边掉，彼得也就狼狈地弯了十七八次腰。于是耶稣对他说："要是你刚才弯一次腰，就不会在后来没完没了地弯腰了。小事不干，就将在更多的小事上操劳。"

对于这个故事，不同的人有不同的感悟。多年来，作为一名软件行业从业者，我很自然就联想到了软件开发过程。软件测试（具体到每一个测试用例的实施）正是在庞大复杂的软件产品开发过程中做好多种"小事"，从而确保软件产品的质量。软件测试工作繁杂、琐碎又耗时，甚至有时吃力不讨好，这使得许多软件从业者对其不够重视，好多技术人员热衷于编码而不愿从事测试工作这样的"小事"。有些公司认为开发能出成果，而测试可有可无，因而非常重视开发但不重视测试。许多国内软件企业存在着漠视测试过程、测试时间不充分、测试计划不细致、测试软硬件资源不足等问题，从而在软件质量控制上存在相当大的问题，以致项目延迟甚至失败。

在软件行业几十年的发展中，软件测试已逐步渗透到各个领域，成为越来越不可或缺的技术环节。例如，以前被认为距离软件技术比较远的汽车行业，现在已把高级车制造费用的 20% ～ 25% 投入到电子设备与软件系统上。由此看来，软件的品质已成为人们日益关注的重中之重。如何找到一种全面的分析方法，来检测软件开发过程中不同阶段的结果，以便尽可能早地与系统地保证或提高软件产品的质量和可靠性，从而减少后期"弯腰"的必要性与次数，已成为影响软件企业生产力与生产效率的关键问题。

可喜的是，越来越多的软件公司和管理技术人员在工作中将更多的时间和资源投入到了测试方面。很多优秀企业中开发与测试的人员比例达到了 3:1 或 2:1，许多顶尖的技术人员在从事质量控制和软件测试工作。而国内这几年软件测试人员的短缺和招聘难度的提高也从另一个方面证明软件测试正越来越得到重视。

近年来，软件行业的发展正从产品模式向服务模式转变，并提出了"软件即服务"（Software as a Service，SaaS）的理念。在过去的多年中，WebEx 公司一直处于这一浪潮的领导地位。WebEx 提供的网络会议（Web Conference）服务被称为改变人们工作方式的技术革命。少民与他带领的团队非常自豪而荣幸地参与了 WebEx 产品开发的整个过程，在这个过程中他们夯实了软件测试的理论基础，并积累了丰富的实战经验。

少民从事高校教育及软件开发测试工作多年，并且在美国硅谷工作过两年，他非常重视理论与实践的结合。与少民共事过多年，了解他在软件测试领域的积累，从开始时采用简单、初级的测试方法，一步步发展到今天系统、科学的软件质量管理体系；从手工测试过渡到自动化测试；从几个人的测试小组转变为几百名测试工程师的大规模团队。现在，他将过去的经验教训做一番总结，以其亲身经历为业界同仁揭示软件测试的规律并介绍成功的实践经验。

本书是少民及其工作团队多年来的经验积累，其中一些观点与见解已成为 WebEx 公司的基本工作准则，对软件研发领域有着重要的实质性贡献。本书通过实例全面描述了软件测试的整个过程，覆盖了测试管理的各个重要方面。对测试管理的各个层次和环节进行了系统的介绍，包括测试策略制订、风险控制、缺陷跟踪和分析、测试管理系统的应用等，并且更进一步对如何执行本地化测试和国际化测试进行了阐述。作者重点聚焦在实践性上，从软件测试项目启动、测试计划开始，深入到测试用例设计、测试工具选择、脚本开发，以及功能测试和系统测试等步骤，并对它们都做了详细阐述。

让人印象深刻的是本书对软件测试工作中几个看似简单但实际上非常关键的问题做了详细的说明。例如，关于开发团队模式，作者介绍了以开发为核心、以项目经理为核心，以及"三国鼎立"（以项目经理、开发组长、测试组长为核心）的模式。而"三国鼎立"的测试团队具有独立、权威性地位的概念也是作者工作经验的总结。相信读者会从实战中体会到作者的深刻用意。

在探索高效软件测试与软件开发的过程中，本书覆盖了全面的理论分析和详细的实战阐述，对任何从事软件测试的人员和软件开发人员以及软件工程相关专业的高校师生，都具有重要的参考价值。希望书中的这些真知灼见对广大读者有所裨益。

李钦敏（Jim Li）

WebEx 总部工程技术及中国研发高级总监

第1版 推荐序二

2007 年春节后，我从美国返回国内，曾在美丽的西子湖畔与少民一叙，其间我们谈到了本书。我高兴地接受了少民的邀请——为本书写推荐序。我和少民共事近 7 年，结下了深厚的友谊。从 2000 年开始，我们就合作开发美国 WebEx 公司（纳斯达克上市公司，2007 年 5 月被 CISCO 以 32 亿美元收购）互联网通信平台产品第一个基于 PHP 的网页。那时，我在美国领导着整个 Web 开发部门，他则在国内负责软件测试。再到后来，我们在产品研发、部署和服务运营等多个领域的合作不断深入。在我管理整个 WebEx（中国）公司的这段时间里，他作为公司的质量管理总监直接向我汇报工作。当然，这也是我们合作最亲密的一段时间。

话说回来，在加盟 WebEx 公司之前，虽然少民已是一所重点大学的副研究员、硕士生导师，而且拥有良好的软件开发和项目管理经验，但那时国内软件测试还刚刚起步，他对软件测试也了解甚少，可以说是一个门外汉。

时光如梭，7 年的时间一晃而过。同样拥有 7 年的时光，如果缺乏思考，收获就屈指可数；如果勤于钻研，就会硕果累累。而他不但勤于思考、善于思考，而且凭着智慧、毅力和坚实的计算机基础，很快就从一个门外汉成为软件测试领域的资深专家，他先后主编了软件工程领域的 3 本高等学校教材。在这 7 年里，他不断通过自学、努力和追求，帮助 WebEx（中国）公司从零开始建立和发展软件测试团队，圆满地完成了全线产品的软件测试任务，并向全球的客户提供了高质量的软件产品和服务。目前，他领导着这支近 300 人的国内一流测试团队，正向下一个目标前进。

软件质量管理在软件研发团队中的作用是显而易见的。其中软件测试人员在保障和改进软件质量的工作中发挥着越来越大的作用。但是从整个软件工程周期来看，软件质量其实是在整个开发过程中形成的，或者说软件质量是构造出来的，而不是测出来的。程序代码完成之后，其质量水平就基本确定了，虽然可以通过测试发现大部分缺陷，但是程序代码中存在的缺陷越多，遗漏的缺陷就越多，质量很难得到改善。如果缺陷发生在需求阶段或设计阶段，则将导致更高的成本和更大的风险。如果将软件测试贯穿于整个软件开发过程，从项目启动的第一天就开始将软件测试引入进来，情况就完全不一样了。贯穿于软件开发全过程的测试，不但可以在第一时间发现缺陷，而且能有效地预防缺陷的产生。缺陷的预防，可以大大减少软件缺陷的数量，提高软件质量。更有价值的是，它可以极大地缩短开发周期，降低软件开发的成本。

全过程的软件测试，赋予了软件测试更多的责任和内容。软件测试不再是事后检查，而是缺陷预防和检查的统一。在需求分析阶段，通过测试团队和开发团队的共同努力，尽可能把用户的需求全部挖掘出来，清除一切模糊的需求描述。在设计阶段，测试人员可以对不合理的设计提出质疑，督促开发人员在设计时充分考虑性能、可靠性和安全性等方面的要求，以确定每一个设计项的可测试性。在编程阶段，测试人员参与代码评审、单元测试等。所有这些都是为了告诉人们，测试过程可以看作保证质量的过程，测试不再是产品质量的一个检验环节。这也就是本书书名的由来，将软件测试扩展到保证软件质量的全过程中，作者赋予了软件测试新的含义和新的生命。

全程软件测试的另一层含义就是手把手地教会读者如何做测试，从头到尾，覆盖每一个环节。从项目启动——如何把握项目的背景和需求、如何选定测试组长等开始，逐渐深入测试计划、设计评审、用例设计、测试执行等过程，直至缺陷报告、测试结果分析和测试报告，每一过程都能得到细致的辅导。作者还用了不少笔墨来介绍如何选择测试工具、如何更有效地开展测试自动化的工作。因为测试自动化非常重要，它可以解放测试人员，使测试工作变得非常有趣。测试自动化能够提高测试效率，使测试人员有更多的时间思考，从而可以更好地分析测试范围和设计好测试用例，形成一个良性循环。

本书不仅阐述了先进、独特且成熟的软件测试思想和方法，还呈现了丰富多彩而又实实在在的测试技术和实践。测试的知识、概念是比较容易学习的，但要获得多年通过实践积累的心得和经验，是非常困难的。现在，这些内容就在你的眼前，唾手可得。本书能帮助你获得你所需要的东西，帮你解答心中的疑惑。本书给出的最佳实践不但代表着国内的先进水平，而且与美国硅谷的软件测试水平保持同步。它一定会帮助读者高效地、高质量地完成测试和软件质量保证任务。

最后，希望读者喜欢这本书，并从中受益。

沈剑（Joss Shen）
天使投资人

第 3 版前言

新版写作的动机

十年前，《全程软件测试》第 1 版和广大读者见面了，它是我在 WebEx 七年测试工作之结晶。这本书受到了读者的喜欢，甚至有好几家公司把这本书作为测试工程师的入职培训教材。十年过去了，软件测试领域发生了很大变化，我自己也发生了很大变化。我虽然离开了 WebEx、Cisco，离开了在企业一线的测试工作，来到了同济大学教书，但我一直没有失去和工业界的联系，而且不再局限一家公司的实践，视野更开阔了。我和近百家公司的测试工程师都有交流，为他们提供测试培训、咨询等服务（包括为中国南车、华为 2012 实验室的研发能力中心等提供较长期的测试技术咨询服务）。今天，我对测试的理解和认识，相比自己写本书第一版、第二版时，在广度和深度方面都有了较大的提升。这也可以从我的公众号"软件质量报道"的几篇文章中略见一斑。

- ▶ 软件测试的一个新公式引起的思考

- ▶ 软件测试进入了一个新时代

- ▶ 究竟什么是软件测试架构？

- ▶ 看家本领系列：软件测试的系统性思维、分析性思维……

- ▶ DevOps 兴起意味着专职测试人员消亡？

- ▶ 安息吧，"全栈工程师"

- ▶ 你被"敏捷测试四象限"蒙蔽多少年了

- ▶ 这才是世界上最全的"软件测试"思维导图

- ▶ 《软件测试能力图谱》升级版

十年来，软件测试自身也发生了很大变化。在测试理论方面，业界提倡测试左移、测试右移（这和我十年前写本书的主要思想——"测试贯穿软件全生命周期"是一致的），DevOps 也快速兴起，而且在实际工作中，我们看到专职测试人员开始融入研发之中，同时更多的开发人员开始做测试；人们更关注自动化测试和探索式测试，招聘更多的测试开发人员……

理论的发展和实践的创新固然可喜，但是在今天，软件测试仍然存在被引入"歧途"的风险。具体表现为：软件测试的定义日渐模糊，对软件测试的功能和职能的各种说法、看法莫衷一是。

例如，一些公司号称"赋予了软件测试团队新的价值和使命"，将软件测试部门改名为"工程生产力（Engineering Productivity，EP）"部门。作为 EP，其职责是提高专业服务，给产品部门提供一些专业的建议（这些建议涵盖可靠性、安全、国际化、测试、发布、部署等）。EP 更重要的职责是负责所有能够提高软件研发效率的工具的开发与维护。这些工具包括业务建模工具、源代码管理系统、代码分析工具、版本构建工具、自动化测试工具、质量管理工具、缺陷管理系统等。他们甚至强调，在策略上多开发有助于缺陷预防的工具，而不是仅开发传统的测试工具（发现缺陷的工具）。将工作重点放在"提升工程生产力、降低软件缺陷"之上，强调缺陷预防，从这个角度上讲，"成立 EP 部门"这种做法是一件好事，但 EP 部门做的事情已不是软件测试的主要工作，和测试工作已相差甚远，这时不能把 EP 看作软件测试，EP 就是 EP，不能将 EP 和软件测试混为一谈。就像我们有时候容易把测试称为质量保证（Quality Assurance，QA）、把 QA 当作测试，但实际上两者也有明显的区别。QA 强调有好的研发过程产生好的产品，侧重过程定义、过程评审和过程改进，工作重心是预防缺陷；而测试属于质量控制，强调对软件阶段性产品和最终产品的质量检验，其工作重心是发现缺陷。虽然测试是 QA 的重要手段之一，但是不等同于 QA。

即使测试左移、测试右移，敏捷开发模式、DevOps 已经流行，我们讨论软件测试需要在这样背景展开——要将软件测试更好地融入整个软件开发和运维的大环境中，但**我们依旧需要清楚软件测试本身要做的工作，区分质量管理、运维管理、研发能力提升等工作**。在谈到"软件测试"时，人们说的是软件测试的相关工作，如单元测试、集成测试、系统测试等，也不局限于动态测试，也可以包括静态测试——需求评审、设计评审、代码评审和借助工具进行代码静态分析。如今谈软件测试，也不再专指测试人员所做的工作，而是指完全可以由开发人员所完成的测试工作。开发人员做测试，也不再局限于单元测试，他们可以做集成测试、系统测试等。

虽然不能说"一千个测试人员就有一千种说法"，但可以列出对软件测试的很多种不同定义：

▶ 软件测试是验证软件产品是否满足用户的需求；

▶ 软件测试不仅要验证设计和需求、实现和设计的一致性，还要确认所实现的功能是否真正满足用户的实际需求。

▶ 软件测试是为了发现软件缺陷而开展的活动；

> ▶ 软件测试就是不断揭示软件产品的质量风险；

> ▶ 软件测试就是对软件产品质量进行全面评估，提供产品质量信息。

十年弹指一挥间，软件行业和软件测试发生了这么多的变化，我个人也有了很多新的实践、经验和体会。基于此，我觉得非常有必要对《全程软件测试》一书的内容进行全面的更新和补充。恰逢第 1 版推出十周年之际，《全程软件测试（第 3 版）》得以与广大读者见面，这便是我对软件测试过去十年所发生的变化以及自身经历和经验的一次全新概括和总结。

本书内容结构与特色

正是基于上述的这些现象，本书一开始（本书的第一部分，第 1 章和第 2 章）就全面阐述对软件测试的不同理解，解析全程测试思想，力求揭示软件测试的内涵，以期帮助读者更好地理解不同的测试目标、测试价值，进而有利于做好软件测试的策划和执行。

本书的第二部分（第 3 章至第 9 章）讨论了完整的一个软件测试生命周期。这部分从测试项目的"准备"开始，侧重讨论测试基础设施与 TA 框架、团队能力等建设——这是后续测试计划、设计和执行的基础。在目前复杂的环境和技术、快速交付的背景下，我们必须首先关注基础设施，然后逐步深入到测试计划、设计、执行。其中，测试计划侧重讨论测试需求分析——往往被测试人员忽视，而实际上测试需求分析是测试设计的基础。这部分兼顾传统的测试和敏捷模式下的测试，的确不容易，但核心的东西一般都具有良好的生命力，是不容易被抛弃的，而且最好不要把"测试计划、设计、执行"看作不同的测试阶段，而是看作研发过程中要经历的、基本的测试活动。注意：本书重点讨论测试方法的灵活运用和实践，而不再赘述基本的测试设计方法（即人们通常提到的黑盒测试方法、白盒测试方法等），相关内容建议可以参考我写的测试教材——《软件测试方法和技术（第 3 版）》和《软件测试——基于问题驱动模式》。

全程测试思想，不仅局限于功能测试，还要扩展到非功能性测试（包括持续的性能测试与优化、持续的安全性测试与加固），并聚焦到彻底的自动化测试——全程测试建模、全程可视化管理。这就是本书的第三部分（第 10 章至第 14 章）所介绍的内容。

本书最后一部分内容（第 15 章）对软件测试的发展趋势加以展望——涉及当今软件测试面临的挑战，如微服务、云技术、AI 技术及其应用等。囿于篇幅，这部分力图启发读者如何应对挑战、如何设计出云测试和 AI 测试的解决方案，让云计算技术、AI 技术更好地为测试服务。

即使写了 15 章、几百页、几十万字，但我还是感觉许多东西还没写出来。如果慢慢写，可以写 1000 页、100-200 万字。如果把具体的操作步骤都描述出来，再多给几个实例分析，每一章都可以写一本书。毕竟精力有限，我还是先把精髓展现出来，至于细枝末节，留给大家自学、自我拓展。IT 人，最主要的能力就是学习能力——自学能力，所以对于工具如何使用这样的问题，答案就是"自己实践是最有效的"。专业的软件工程师使用工具不是一件难事，但改变自己的思想、思维方式倒是挺难的。归根结底，通过编写本书，我力求给大家呈现软件测试的思想、流程、方法、优秀实践以及自己的思考，剩下的事，就留给读者思考、实践、再思考、再实践吧。

致谢

首先感谢美国哈佛商学院顾问委员会委员、宽带资本基金董事长田溯宁老师在百忙之中为本书写序，把软件测试与当今时代的客户运营联系起来，进而提升到"只有掌握了软件的企业，才能理解和把握未来世界，紧跟时代浪潮"的高度。

其次，感谢为本书写推荐辞的诸位朋友，其中有些朋友还提了宝贵意见，他们是（排名不分先后，只是按拼音首字母列出）：

▶ 蔡立志 ISO/IEC 中国专家代表，中国软件测试机构联盟技术委员会主任，上海计算机软件技术开发中心副主任

▶ 陈霁 上海霁晦信息科技有限公司 CEO & VipTest 联合创始人

▶ 程岩 京东物流研发负责人

▶ 陈晓鹏 埃森哲中国卓越测试中心负责人

▶ 陈振宇 南京大学教授、慕测平台创始人

▶ 耿晓倩（Christina Gen）Splunk 旧金山总部测试总监

▶ 胡星 百度智能驾驶事业群主任研发架构师

▶ 孔德晋 华为测试专家

▶ 李戈 北京大学副教授、CCF 软件工程专委秘书长

▶ 李怀根 广发银行研发中心总经理

▶ 刘琛梅（梅子）绿盟科技防火墙研发经理、《软件测试架构师修炼之道》作者

▶ 刘江 美团点评技术学院院长、CCF 技术前线委员会秘书长

▶ 刘琴 ISTQB 中国首席代表、同济大学软件学院教授

- 刘冉 ThoughtWorks 资深软件质量咨询师

- 廖志 腾讯质量管理通道委员、CSIG 地图产品质量中心总监

- Phyllis Chang Senior Manager, Webex Engineering，Cisco HQ

- 茹炳晟 Dell EMC 测试架构师

- 王斌 Testin 云测解决方案事业部副总

- 王冬 360 测试总监

- 王金波 中国科学院空间软件评测中心、主任 / 研究员

- 熊志男 京东高级测试开发工程师、"测试窝"社区联合创始人

- 许永会 知名通信企业资深测试专家

- 杨春晖 工信部第五研究所软件中心主任、中国赛宝实验室软件评测中心主任

- 杨凯球 中兴通讯公司测试经理

- 杨晓慧 前华为测试专家、现 AI 机器时代 CTO

- 杨忠琪 东方证券测试负责人

- 于洪奎 中国银行软件中心高级经理

- 钟思德 灼识咨询顾问、知名通信公司高级测试经理

- 周震漪 CSTQB 常务副理事长、TMMi 中国分会副理事长

- 朱波 香港航空有限公司 IT 经理

再者，感谢人民邮电出版社编辑们的辛勤工作，特别是陈冀康、吴晋瑜等编辑大力支持和愉快的合作，使本书以良好的状态与读者见面。最后，感谢家人的全力支持，使我能够全心致力于本书的写作，能够和读者有一次更深、更流畅的思想和技术交流。

谢谢你们！

朱少民（Test Ninja）

于乙未仲夏之夜

第 2 版前言

"人生天地之间，若白驹之过隙，忽然而已"，这样开头虽然比较俗，但它的确反映我的真实感受。2007 年本书第 1 版和读者见面了，一晃六年了。欣慰的是，本书深受读者喜欢，在当当网有非常多的评论，总评是五颗星，在京东网也得到五星级的好评，甚至有些公司把这本书作为新员工的培训教材，有些公司的测试工程师人手一本。但随着时间的推移，越来越感觉这本书需要修改，但似乎"笔头懒"，迟迟没有动手修改本书，出版社编辑常常催促，我似乎不为所动，但终究拗不过编辑，趁着节日终于完成其修改，使本书第 2 版能够与读者见面。

六年来，笔者经常参加一些软件技术大会，和测试同仁有很多交流，阅读了不少测试类图书，也经常上网浏览国外测试大师的博客，自己对软件测试有了更深的理解。每当浏览本书第 1 版时，总觉得其中太多内容需要修改，本书可能会被改得面目全非，但大幅修改需要很多时间，甚至不如重新写一本书，这也就是迟迟没有修改本书的潜在原因之一。客观地讲，也不能翻天覆地地大改，应该保持其基本面貌，否则就不是本书的第 2 版了。

幸好，当初本书写作时就认定"软件测试是贯穿整个软件生命周期的活动"，这个观点在今天依旧有效。即使在敏捷开发模式下，"全过程的软件测试"也是大家全力提倡的，可以说本书的主题和敏捷测试不谋而合（虽然在局部或某些具体的实践上有冲突）。本书所介绍的许多实践来自美国硅谷，跟随时代的技术潮流，并且具有很好的普适性，即使若干年后，这些实践中的大部分内容在今天依旧有很好的借鉴作用。

在这次修改中，为了保持本书的风格和一致性，全书结构没有进行大的改动，还是原来的 12 章，从引子、项目启动到最后的思考与总结，但有几个小节做了较大调整，使全书结构更合理，同时融入了一些敏捷测试实践，包括持续测试、验收测试驱动开发、探索式测试等内容，以适应目前业界的环境。第 2 版的主要修改如下。

▶ 引子中增加了两小节内容，即"究竟什么是敏捷测试？""敏捷测试过程"，以达到更好的铺垫效果。

▶ 把第 2 章中的"团队组建""培训"两小节移到了第 1 章中，删除了"测试组长的人选"这一小节，1.2 节比较彻底地讨论了测试团队相关的问题。

▶ 将"产品需求评审"移到了第 3 章，第 2 章补充了测试需求分析的内容，包括质量要求和测试目标、测试需求的分析方法和技术。测试需求分析不仅是测试设计的基础，也是制订测试计划的基础，第 2 章命名为"测试需求分析与计划"，就更加自然。先进行测试需求分析，再逐步完成测试计划所要进行的工作，包括测试风险分析、工作量估算。

▶ 第 3 章的重点放在需求和设计的评审上，完整地介绍了"静态测试"。而且，在这一章增加了"需求的可测试性"和"设计的可测试性"两小节，使需求评审和设计评审更具价值，也为将来的测试设计和执行打下了更坚实的基础。

▶ 第 4 章不仅增加了"探索式测试之设计"，顺带介绍了基于会话的测试管理（SBTM），而且重新组织了黑盒测试的具体方法，让读者更有效地运用测试方法，如将等价类划分方法和边界值分析法结合在一起来应用。pair-wise 方法使用起来方便，所以也添加进来了。

▶ 第 5 章进行了简化，把具体工具的介绍和对比删除了。因为工具的变化很快，所以尽量删减工具的一般介绍性内容。同时，增加了自动化测试策略，包括整体策略和功能测试自动化策略。

▶ 第 7 章增加了"敏捷测试的执行"一节，该节包含两个小节："策略与实践"和"探索式测试的执行"。第 1 章已讨论了"培训"，该章删除了原来的"培训和知识传递"，并简化了测试环境爆炸性组合的优化方法。

▶ 第 9 章的章名改为"系统非功能性测试"，所以原来"安装测试"一节的内容整改为"部署测试"，移到第 10 章中。删除原 9.1 节讨论的非功能性测试内容，部分内容和第 2 章、第 3 章进行了合并。

▶ 第 10 章删除了"文档测试"一节，少量有价值内容并入"验收测试"一节中，而且增加了敏捷流程的"验收测试"，以和传统的"验收测试"加以区分。最后，把 α 测试和 β 测试整合为在线测试。

▶ 将第 12 章中的一节移到第 11 章中，整合为"测试自动化的管理准则"，第 11 章对测试自动化的框架做了较大修改，更准确地定义了自动化测试框架的概念。对"软件缺陷清除率""测试管理思想和策略"两小节也做了较多修改，测试用例的管理也从原来的三小节整合为两小节。

▶ 第 12 章的改动也比较大，测试原则由原来的 10 条增加到 12 条，而改动更大的两节是"软件测试之辩证统一""持续改进"。同时增加了"基于脚本测试和探索式测试""TMMi 和 TPI Next 分析",而且对相应的内容做了删减。另外"软件测试的多维空间""软件测试的优秀实践"两节也有一些修改。

▶ 附录删除了"完整的项目检查表"和"完整的测试工具列表",因为前者和测试关系不是十分密切,而删除后者则是因为在第 5 章已将主要的测试工具做了介绍,有那么多工具已足够读者使用了。如果还需要其他工具,可以借助网络搜索引擎来查找。而增加了"用例设计模板""缺陷报告模板""测试相关的国家标准"三个附录,"软件测试计划模板"也换了最新的国家标准定义的模板。

▶ 第 6 章、第 8 章没有大的改动,只进行了少量文字修改。

看起来,第 2 版做了比较大的改动,但自己也不是十分满意,可能是第 1 版的基础还不够扎实,总觉得有些内容还可以不断改下去,但时间又不允许。另外,在敏捷时代追求完美也是不合情理的,虽然不能做到持续交付、快速交付,但缩短迭代时间还是可以的,如 1 ~ 2 年本书出一个版本还是可以的,也是比较好的。

希望经过修改后,本书更能满足当今软件测试的知识传递和技能培养的需求,可以给读者带来更多的收益,更希望读者不吝赐教,我将继续努力提升本书,继续更好、更多地为测试人服务。

朱少民
2013 年国庆节于上海

第 1 版前言

2000 年刚建立测试团队时，测试人员和开发人员是一种对立的关系，开发人员觉得软件测试是在挑他们的毛病，和他们过不去。有一个简单的故事可以说明这一点。当时，条件有限，测试人员和开发人员共享一台小型机服务器，测试人员发现了一个缺陷，告诉了某个开发人员，而他趁测试人员不注意，回到自己的座位上偷偷地修改了代码，处理了那个缺陷，然后跑到测试人员身边说："你把那个 bug 再现给我看看？"结果，可想而知，这个测试人员无论如何也不能复现那个 bug 了。

几年以后，这种情况不再出现了，不是因为条件好了，可以买很多服务器，将测试环境和开发环境分离开来，而是观念改变了。虽然的确购买了几百台服务器（不用小型机，越来越多的服务器采用 Linux 系统），将测试环境和开发环境分离开了，在客观上可以避免那类"悲剧"的发生，但是观念远比机器重要。拥有正确的观念，就比较容易营造良好的质量文化，开发人员的态度也随之发生变化，他们在以下方面有了更深刻的认识。

▶ 软件测试是在帮助开发人员，测试人员是在找产品定义、设计和实现的 bug，不是找缺陷。

▶ 测试人员越快地发现 bug，项目越能尽早结束。

▶ 测试人员尽可能多地发现 bug，遗留在产品中的 bug 就会越少，产品的质量就会越高。

▶ 测试人员和开发人员的工作都旨在实现一个相同的目标——按时、高质量地发布产品。

▶ 开发人员的水平越高，所写程序中的 bug 就越少，而不在于他使用了别人不知道的技巧。

现在，有的开发人员向我抱怨道：是不是换了一个新人测试他写的模块？因为这次发现的 bug 比前一次发现的少多了。开发人员希望更多的 bug 被测试人员发现，绝不希望 bug 留待客户去发现。

今天，我们高兴地看到开发人员和测试人员心往一处想。从项目启动的第一天起到需求和设计的评审阶段，从后期的 bug 修正到产品维护——在整个软件生命周期中，开发人员和测试人员愉快地合作、共同努力，将软件产品的开发效率和质量提升到一个新的高度。一方面，开发人员主动介绍自己对产品特性是如何理解的，又是如何实现这些特性的，他们主动邀请测试人员参与代码的走查并对新发现的 bug 快速响应。另一方面，测试人员提前将设计好的一些测试用例交给开发人员，让开发人员先根据这些测试用例验证正在开发的功能特性，测试人员还愉快地帮助开发人员再现某个 bug。

从所有这些变化中，都可以看出软件测试在国内越来越受重视，软件测试领域正迎来朝气蓬勃的新气象。当更多的人投入到测试行业时，他们需要一本实践性强、富有启发性的专业书，来指导他们进行测试，出色地完成测试任务。本书就承担了这样一个任务，它会从项目启动开始，一步一步地介绍如何做好测试工作，包括建立测试组、计划测试、设计测试用例、选择测试工具、开发测试脚本、执行测试和编写测试报告等。书中涵盖了我多年来积累的软件测试经验与技术实践，以及深刻的体会。

为了写这本书，我事先也做了一些尝试，尽量收集软件测试人员对软件测试需求的反馈，并在 CSDN 的个人博客上演义了 30 回的软件测试，受到了大家的好评。也许就因为这个，在 CSDN 上建立博客不到 8 个月，我的博客就成为 2006 年十大最具价值的博客之一。

此前，我曾写过一本名为《软件测试方法和技术》的教材，这本教材在比较短的时间内重印了好几次，也颇受欢迎。但那本书在很大程度上是从理论、概念上讲解软件测试的方法和技术的，适合在校学生使用。而这本书重实践、重应用，适合软件公司的测试经理、工程师和想进入软件测试行业的人员学习。

全书共 12 章，以两个案例为背景，以项目向前发展的实际过程为路线图，全面展示了软件测试的思想、流程、方法、技术和最佳实践。全书力求做到方法有效、技术实用，集中讲解了实际的测试工作，没有单纯地介绍概念，而是将概念穿插在测试流程中。

第 1 章介绍测试项目启动后要做好哪些准备，如何掌控项目背景和要素，为制订测试计划打下坚实的基础。

第 2 章重点介绍测试计划，主要讨论测试人员在需求评审中的作用。

第 3 章从系统架构的审查开始，深入讨论了系统组件设计、设计规格说明书、界面设计和系统部署设计等一系列的审查。

第 4 章围绕测试设计展开讨论，首先从测试用例框架的设计入手，然后逐步介绍测试用例的构成、设计方法、评审、功能测试用例和系统测试用例的设计。

第 5 章着重介绍测试工具的选择和脚本的开发。

第 6 章展示测试和编程的交互过程。

第 7 章开始进入功能测试的执行阶段，并着重介绍自动化功能测试的执行。

第 8 章介绍如何进行国际化测试和本地化测试。

第 9 章的重点内容是如何执行系统测试。

第 10 章介绍验收测试、文档测试、α 测试和 β 测试、产品后继版本的测试。

第 11 章介绍测试管理的思想和系统、测试用例的管理、测试自动化的管理、缺陷跟踪和分析、测试进度和风险的控制、测试覆盖度和结果分析等。

第 12 章是对测试的总结和思考。

本书最后附有软件测试全景图、完整的项目检查表、软件测试计划通用模板、完整的测试工具列表和代码审查的示范性列表等资料。

由于水平和时间的限制，书中难免会出现错误，欢迎读者及业界同仁不吝指正。

朱少民
2007 年

目　录

第 1 章

360 度看软件测试：一览无余

"什么是软件测试？"这个看似简单的一个问题，其实也是最难的问题。说它简单，是因为这是一个基本的问题，做软件测试工作多年的小伙伴，自然知道什么是软件测试。说它难，是因为"软件测试"有很多内涵，要了解其全部内涵，并非那么容易。如果我们去问软件研发人员什么是软件测试，得到的答案可能五花八门，人们对软件测试有不同的理解。现在最常见的理解就是：

软件测试就是找 bug、发现缺陷。

但也有人会认为软件测试就是：

▶ 检查软件产品是否符合设计要求；

▶ 验证软件产品需求、设计和实现的一致性；

▶ 确认软件产品是否满足用户的实际需求；

▶ 对软件产品质量的全面评估；

▶ 提供软件产品质量信息；

▶ 揭示软件产品的质量风险；

▶ 投入较低的保障性成本极大地降低劣质成本；

▶ 验证与确认（Verification&Validation，V&V）；

▶ 调查、分析和比较；

▶ 不断探索；

……

有太多的理解，而且都没有错，只是看问题的角度不一样。虽然回答问题时，也容易脱口而出，不会仔细斟酌，只看到软件测试的一面，没有系统地分析"什么是软件测试"。

下面我们就好好讨论"什么是软件测试"，因为有什么理解就有什么行动。有正确的理解，就有正确的操作；相反，有错误的理解，就有错误的操作。所以，先帮助读者对"软件测试"建立正确、全面的认识，构建起一个完整的"软件测试"轮廓，不至于陷入"盲人摸象"的困境，对软件测试有片面的理解。然后，我们再展开流程、方法、技术和实践的讨论。也就是在全面讨论"全程软件测试"之前，咱们需要找到共同语言，即对软件测试的一些基本概念达成共识，为后面的沟通扫除障碍。

1.1　软件测试基本认知——正反思维

什么是软件测试？人们常常回答：软件测试就是发现软件产品中的 bug（缺陷）。也有人说，不对，软件测试是验证软件产品特性是否满足用户的需求。实际上，上述回答都没错，是对软件测试的正反两个方面的解释。

早期，人们更多的是将"测试"看作是对产品的"检验"，检查软件的每个功能是否运行正常。正如 1983 年 Bill Hetzel 将软件测试定义为："软件测试就是一系列活动，这些活动是为了评估一个程序或软件系统的特性或能力，并确定其是否达到了预期结果。"从这个定义中，至少我们可以看到以下两点。

▶ 测试试图验证软件是"工作的"，也就是验证软件功能执行的正确性。

▶ 测试的活动是以人们的"设想"或"预期的结果"为依据。这里的"设想"或"预期的结果"是指需求定义、软件设计的结果。

但同时我们知道，软件测试有一条原则：测试是不能穷尽的。测试会面对大量的测试数据、测试场景或代码路径等，测试也只是一个样本实验，不能证明软件是正确的，只能说明发现的缺陷的确是缺陷。但如果没有发现问题，并不能说明问题就不存在，而是至今未发现软件中所潜在的问题。正如《软件测试的艺术》一书作者 Glenford J. Myers 所说，测试不应该着眼于验证软件是工作的，相反，应该用逆向思维去发现尽可能多的错误。他认为，从心理学的角度看，如果将"验证软件是工作的"作为测试的目的，非常不利于测试人员发现软件的错误。因此，1979 年他给出了软件测试的不同的定义："测试是为了发现错误而执行一个程序或者系统的过程。"从这个定义可以看出，假定软件总是存在缺陷的（事实上也是如此）、有错误的，测试就是为了发现缺陷，而不是证明程序无错误。

从这个定义延伸出去，一个成功的测试是发现了软件问题的测试，否则测试就没有价值。这就如同一个病人（因为是病人，假定确实有病），到医院去做相应的检查，结果没有发现问题，那说明这次体检是失败的，浪费了病人的时间和金钱。以逆向思维方式引导人们证明软件是"不工作的"，会促进我们不断思考开发人员对需求理解的误区、不良的习惯、程序代码的边界、无效数据的输入等，找到系统的薄弱环节或识别出系统复杂的区域，目标就是发现系统中各种各样的问题。

人类的活动具有高度的目的性，建立适当的目标具有显著的心理作用。如果测试目的是为了证明程序里面没有错误，潜意识里就可能不自觉地朝这个方向去做。在进行测试的过程中，就不会刻意选择一些尽量使程序出错的测试数据，而选择一些常用的数据，测试容易通过，而不容易发现问题。如果测试的目的是要证明程序中有错，那我们会设法选择一些易于发现程序错误的测试数据，这样，更早、更快地发现缺陷。毕竟开发人员力求构造软件，以正向思维方式为主，所以逆向思维方式可以提升我们的测试效率。

逆向思维也有不利的一面，容易陷于局部的深度测试，缺乏广度。因为觉得某个地方有缺陷，就对这个地方进行测试，然后不断深入下去，这样容易忽视一些区域。虽然那些地方产生的缺陷不多，但如果产生了严重缺陷，也是我们不能承受的。所以正向思维也是有价值的，它会督促针对软件系统的所有功能点，逐个验证其正确性，哪个功能越重要越要进行检验。正向思维会让我们的测试更有广度——良好的测试覆盖面。

为了做好测试，既要有深度，又要有广度；既要有效率，又要有测试工作自身完整的质量。所以，我们应该将正向思维和逆向思维有机地结合起来，做到效率和质量的平衡。换句话说，当我们需要效率时，更多采用逆向思维，当我们需要测试广度来确保完整的测试质量时，则多采用正向思维。这种平衡还体现在不同的应用领域，例如国防、航天、银行等关键性软件系统，承受不了系统的任何一次失效。因为这些失效完全有可能导致灾难性的事件，所以强调验证（verify），以保证非常高的软件质量。而一般的商业应用软件或服务，质量目标设置在"用户可接受水平"，以降低软件开发成本，加快软件发布速度，有利于市场的扩张，则可以强调逆向思维，尽快找出大部分缺陷。

1.2 从狭义测试到广义测试

前面提到 Glenford J. Myers，他早期给软件测试的简单定义是："程序测试是为了发现错误而执行程序的过程"，也体现出当时对软件测试的认识非常具有局限性。这也是受软件开发瀑布模型的影响，认为软件测试是编程之后的一个阶段。只有等待代码开发出来之后，通过执行程序，像用户那样操作软件发现问题，这就是"动态测试"。

对于需求阶段产生的缺陷，在不同阶段发现和修复的成本是不一样的。如果在需求阶段发现需求方面的缺陷并进行修复，只要修改需求文档，其成本很低。需求阶段产生的缺陷，如果在需求阶段没有发现，等待设计完成之后才被发现，就需要修改需求和设计，成本增大。需求阶段产生的缺陷，如果在需求和设计阶段都没有发现，等待代码写完之后才被发现，就需要修改需求、设计、代码，成本就更大。设计上的问题，在设计阶段被发现，只要修改设计，如果在后期发现，返工的路径就变长了，其修复的成本自然就增大。缺陷发现得越迟，其修复的成本就越高，如图 1-1 所示，呈现了不同阶段产生的缺陷在不同阶段修复的成本，所以这要求我们尽早发现缺陷。

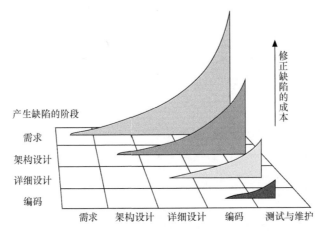

图 1-1　不同阶段产生的缺陷在不同阶段修复的成本

为了尽早发现缺陷，我们有必要将软件测试延伸到需求、设计阶段，即对软件产品的阶段性成果——需求定义文档、设计技术文档进行评审或验证。这不同于软件质量保证（Quality Assurance，QA），虽然 QA 侧重评审，但它重点评审流程、评审管理，包括对需求、设计、编码和测试过程规范性的评审。而这里提到的需求和设计的评审依旧是对软件产品的检验或验证，只是需求文档和设计文档只是软件产品的阶段性产品。如果按照"软件 = 程序 + 文档 + 数据结构"这样的定义，需求文档和设计文档等也属于软件的组成部分，软件测试自然也包括需求和设计的验证。

基于上述考虑，将早期的动态测试延伸到静态测试，即从狭义的软件测试发展到广义的软件测试。

▶ 狭义的软件测试：动态测试——运行程序而进行的测试，测试只是编程之后的阶段，这也是由传统的瀑布模型而决定的。

▶ 广义的软件测试：动态测试 + 静态测试，将需求评审、设计评审、代码评审（含代码的静态分析）等也纳入软件测试工作之中。这也使"软件测试"不再停留在编程之后的某个阶段上，而成为贯穿整个软件研发周期的质量保证活动，这也是本书"全程软件测试"的最早立意所在。

静态测试就是在不运行软件系统时对软件或阶段性成果进行评审，包括需求评审、设计评审、代码评审等。引入静态测试，就可以尽早地发现问题，把问题消灭在萌芽之中，将每个阶段产生的缺陷及时清除，极大地提高产品的质量，有效地降低企业的成本。

1.3 基于质量的认知

软件测试虽然不能等同于软件质量保证（SQA），但它是软件质量保证的主要手段之一。当我们讨论软件测试时，绝对离不开"质量"。基于质量的认识，软件测试就是对软件产品的质量评估，提高软件产品有关的质量信息。即使从 1.1 节中我们认为软件测试就是发现软件产品中的 bug（缺陷），那什么是"缺陷"呢？简单地说，**缺陷就是质量的对立面，一切违背质量的问题都可以看作软件缺陷**（虽然从专业术语来仔细辨析的话，会将问题分为"内在错误，外部失效"等）。所以要理解软件测试，就必须理解软件质量。

说起"质量"这个概念，我们都很熟悉，会说"坏的质量会怎样怎样，好的质量会怎样怎样"，但让我们给出质量的正式定义，可能不是容易的事情。我们也可以查国际标准，了解如何给质量下定义。例如 IEEE Std 829-2008 定义质量就是系统、组件或过程满足特定需求的程度，满足客户 / 用户需求或期望的程度。满足程度越高，质量就越好。例如，从软件需求定义文档来看，它所描述的需求和客户实际业务需求越吻合，将来实现的软件越有可能满足客户的业务需求，也意味着需求文档的质量越高。但这样说，还是比较宽泛，很难衡量质量。那究竟如何评估质量？从哪些维度来衡量质量呢？这就引出质量模型。基于质量模型，我们可以清楚质量有哪些属性（或维度），然后针对这些属性逐个地进行评估，不需要对软件质量进行整体评估，相当于按质量的各个维度来进行评估、各个击破。

过去将软件质量分为内部质量、外部质量和使用质量，像代码的规范性、复杂度、耦合性等可以看作是内部质量，内部质量和外部质量共用一个质量模型。现在国际 / 国家标准将内部质量和外部质量合并为产品质量。产品质量可以认为是软件系统自身固有的内在特征和外部表现，而使用质量是从客户或用户使用的角度去感知到的质量。因为质量是相对客户而存在，没有客户就没有质量，质量是客户的满意度。过去认为，内部质量影响外部质量、外部质量影响使用质量，而使用质量依赖外部质量、外部质量依赖内部质量。今天可以理解为产品质量影响使用质量，而使用质量依赖产品质量。

1. 产品质量

根据国际标准 IEEE 24765-2010，产品质量是指在特定的使用条件下产品满足明示的和隐含的需求所明确具备能力的全部固有特性。而根据 ISO 25010:2011 标准，**质量模型从原来的 6 个特性增加到 8 个特性，新增加了"安全性、兼容性"**。如图 1-2 所示，蓝色标注的内容属于新增加或改动的内容。这里的安全性是指信息安全性（Security），原来放在"功能性"

下面，但现在绝大部分产品都是网络产品，安全性越来越重要，所以有必要作为单独的一个维度来度量。今天系统互联互通已经很普遍，其次终端设备越来越多，除了传统的 PC 机，还有许多智能移动设备，如手机、平板电脑、智能手环、智能手表等，这些都要求系统具有良好的兼容性。这些特性就对应着测试类型，如功能测试、性能测试（效率）、兼容性测试、安全性测试等。

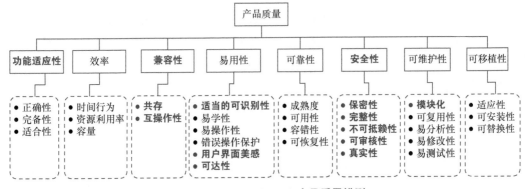

图 1-2　ISO 25010 2016 产品质量模型

- ▶ **功能适应性**（functional suitability）：软件所实现的功能达到其设计规范和满足用户需求的程度，强调正确性、完备性、适合性等。

- ▶ **效率**（efficiency）：在指定条件下，软件对操作所表现出的时间特性（如响应速度）以及实现某种功能有效利用计算机资源（包括内存大小、CPU 占用时间等）的程度，局部资源占用高通常是性能瓶颈存在；系统可承受的并发用户数、连接数量等，需要考虑系统的可伸缩性。

- ▶ **兼容性**（compatibility），涉及共存和互操作性，共存要求软件能给与系统平台、子系统、第三方软件等兼容，同时针对国际化和本地化进行合适的处理。互操作性要求系统功能之间的有效对接，涉及 API 和文件格式等。

- ▶ **易用性**（usability）：对于一个软件，用户学习、操作、准备输入和理解输出所做努力的程度，如安装简单方便、容易使用、界面友好，并能适用于不同特点的用户，包括对残疾人、有缺陷的人能提供产品使用的有效途径或手段（即可达性）。

- ▶ **可靠性**（reliability）：在规定的时间和条件下，软件所能维持其正常的功能操作、性能水平的程度 / 概率，如成熟性越高，可靠性就越高；用平均失效前时间（Mean Time To Failure，MTTF）或平均故障间隔时间（Mean Time Between Failures，MTBF）来衡量可靠性。

- ▶ **安全性**（security）：要求其数据传输和存储等方面能确保其安全，包括对用户身份的认证、对数据进行加密和完整性校验，所有关键性的操作都有记录（log），能够审查不同用户角色所做的操作。它涉及保密性、完整性、不可抗抵赖性、可审核性、真实性。

▶ **可维护性**（maintainability）：当一个软件投入运行应用后，需求发生变化、环境改变或软件发生错误时，进行相应修改所做努力的程度。它涉及模块化、可复用性、易分析性、易修改性、易测试性等

▶ **可移植性**（portability）：软件从一个计算机系统或环境移植到另一个系统或环境的容易程度，或者是一个系统和外部条件共同工作的容易程度。它涉及适应性、可安装性、可替换性。

2. 使用质量

从 ISO/IEC 25010 标准看，软件测试还要关注使用质量，如图 1-3 所示。在使用质量中，不仅包含基本的功能和非功能特性，如功能（有效与有用）、效率（性能）、安全性等，还要求用户在使用软件产品过程中获得愉悦，对产品信任，产品也不应该给用户带来经济、健康和环境等风险，并能处理好业务的上下文关系，覆盖完整的业务领域。

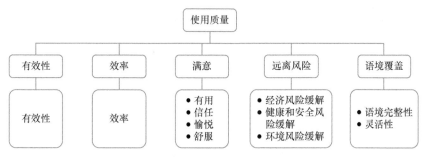

图1-3 使用质量的属性描述

为了便于理解使用质量，下面举 3 个例子。

【例 1-1】我自己亲身经历的例子。我在手机上安装了一个英语学习软件，自动下载该款软件用到的多个语音库（如新概念英语、六级英语等），它在我讲课时，并没有判断我手机连接的是 Wi-Fi 还是 3G/4G，造成我的流量大大超过套餐额度，产生了额外的 300 元流量费。从功能上看，自动下载是一个不错的功能，但有很大的经济风险，在使用质量上有明显缺陷。

【例 1-2】当我们玩游戏，沉醉于某款游戏，从产品本身质量属性看，是一个好产品，没有问题。但从使用质量看，会有损于玩家的健康，有健康风险，所以需要设置防沉迷功能。

【例 1-3】当我们使用百度地图、滴滴打车等软件时，往往是在大街上。如果站在人行道或安全地方使用没问题，但是如果一面横穿马路一面还在使用，就有安全风险。这类软件应该

给予提示，否则它们要承担相应的风险责任。

1.4　基于风险的认知

因为没有办法证明软件是正确的，软件测试本身总是具有一定的风险性，所以软件测试被认为是对软件系统中潜在的各种风险进行评估的活动。从风险的观点看，软件测试就是对软件产品质量风险的不断评估，引导软件开发工作，进而将最终发布的软件所存在的风险降到最低。基于风险的软件测试认知主要体现在两点上：

▶ 软件测试不仅仅停留在单个缺陷上，要从所发现的问题看到（分析出）某类质量风险或某个具有潜在风险的区域。

▶ 软件测试被看作是一个动态的质量监控过程，对软件开发全过程进行检测，随时发现不健康的征兆，及时评估新的风险，设置新的监控基准，不断地持续下去。

基于风险对测试的认知，会强调测试的持续性，持续地进行测试，写几行代码就要做测试、实现一个功能就要对这个功能进行测试，开发和测试相伴而行。这种认知特别适合敏捷开发模式下的测试——敏捷测试。在敏捷开发中，**软件测试就能被解释为对软件产品质量的持续评估**。在敏捷方法中，不仅提倡持续集成，而且提倡持续测试，持续集成实际上也是为了持续测试。

基于风险对测试的认知还不断提醒我们：在尽力做好测试工作的前提下，工作有所侧重，在风险和开发周期限制上获得平衡。首先评估测试的风险，每个功能出问题的概率有多大？根据 Pareto 原则（也叫 80/20 原则），哪些功能是用户最常用的 20% 功能？如果某个功能有问题，其对用户的影响又有多大？然后根据风险大小确定测试的优先级。优先级高的功能特性，测试优先得到执行。一般来讲，针对用户最常用的 20% 功能（优先级高）的测试会得到完全地、充分地执行，而低优先级功能的测试（另外用户不常用的 80% 功能）就可能由于时间或经费的限制，测试的要求降低、减少测试工作量。

1.5　基于社会性的认知

软件不同于硬件，软件一般都是应用系统，常常和人们的娱乐、事务处理、商业活动、社区交流等紧密联系在一起，所以软件具有很强的社会性，所以有必要把心理学、人类学和社会学等引入到软件测试中。软件测试不仅仅是技术活动，而且是社会、心理等综合性活动，软件测试是跨学科的（inter-disciplinary）活动，以系统为焦点（systems-focused），通过不断调查（investigative）和讲故事（storytelling）的方式完成软件质量的评估。

通过软件测试的社会性认知，强调测试人员的思维能力和探索能力，强调测试的有效性和可靠性，在测试中要理解用户的行为、人们活动的背景和目的（上下文关系），不断观察，不断学习，发现和质量相关的信息（差异或质疑），从客户利益、业务特性出发来守护产品的价值。

也正是由于软件测试的社会性，需要对软件产品的易用性、免于风险的程度、上下文覆盖等进行验证。在易用性测试中，人们常常进行 A/B 测试，给出不同的解决方案（UI 布局、功能设计等），向不同的用户群发布产品，来检测哪个解决方案更受用户喜欢。

1.6 基于经济的认知

一般来说，一个软件产品没有经过测试是不会发布（release）、不会部署 (deploy) 到产品线上，或者说，不敢发布、不敢上线。因为在当前的开发模式和开发技术情况下，人们开发的软件存在严重的缺陷绝对是大概率事件。如果没有经过测试，就发布出去，可能软件根本不能用、不好用，或者用起来出现各种各样的问题，用户满意度很低，给产品造成负面影响，甚至给客户带来严重的经济损失或影响到用户的生命安全。

从经济观点看，软件缺陷会给企业带来成本，这个成本就叫劣质成本（Cost of Poor Quality，COPQ）。基于经济的认知，软件测试就是通过投入较低的保障性成本来降低劣质成本，帮助企业获得利润。高质量不仅是有竞争力，而且是带来良好的经济收益的。例如苹果手机就是以其高质量获得比其他品牌手机更高的利润率。据相关媒体统计数据看，苹果智能手机在高端手机市场只占四分之一，但利润占到一半。

测试的经济观点就是如何以最小的代价获得更高的收益，这也要求软件测试尽早开展工作，发现缺陷越早，返工的工作量就越小，所造成的损失就越小。所以，从经济观点出发，测试不能在软件代码写完之后才开始，而是从项目启动的第一天起，测试人员就参与进去，尽快尽早地发现更多的缺陷，并督促和帮助开发人员修正缺陷。

1.7 基于标准的认知

软件测试被视为"验证（Verification）"和"有效性确认（Validation）"这两类活动构成的整体，缺一不可。如果只做到其中一项，测试是不完整的。

▶ **"验证"** 是检验软件是否已正确地实现了产品规格书所定义的系统功能和特性。验证过程提供证据表明软件相关产品与所有生命周期活动的要求相一致，即验证软件实现（即交付给客户的产品）是否达到了软件需求定义和设计目标。

▶ "有效性确认"是确认所开发的软件是否满足用户实际需求的活动。因为软件需求定义和设计可能就不对，上述一致性不能保证软件产品符合客户的实际需求，而且客户的需求也是在变化的，当需求定义是半年前确定的，这种变化的可能性就比较大。

对验证和确认有不同的解释。简单地说，单元测试、集成测试和系统测试都可以理解为"验证"，都是基于需求定义文档和设计规格说明书文档来进行验证；而验收测试则在用户现场、由用户共同参与进行，可以理解为"有效性确认"，因为之前的需求定义和设计都可能存在错误，研发团队没有正确理解用户的原意（用户的真实期望），仅仅根据需求定义文档和设计规格说明书文档来完成测试，并不能代表所实现的功能特性是用户真正想要的。而在验收测试中，用户参与进来，是可以确认所实现的功能特性是否是用户真正想要的。

另一种解释是根据图 1-4 所示的 V 模型，验证是架构设计评审、详细设计评审和代码评审 / 单元测试，分别验证架构设计是否和需求一致、详细设计是否和架构设计一致、代码是否和详细设计一致，用左边带箭头的粗虚线表示。而有效性确认则是集成测试、系统测试、验收测试，如中间带箭头的细虚线表示。

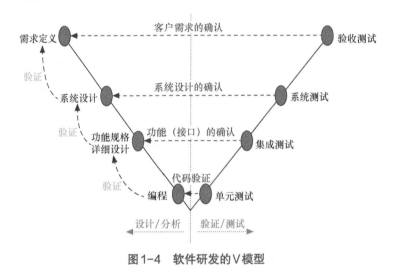

图 1-4　软件研发的 V 模型

概念

▶ 单元测试是对软件基本组成单元进行的测试，其测试对象是软件设计的最小单位——模块或组件，也可以包括类或函数。软件单元具有独立性，可以将它与系统 / 程序的其他部分隔离出来，从而完成测试。单元测试也是软件测试过程中最早期的测试活动，是软件的基础测试。

▶ 集成测试是将已分别通过测试的单元按设计要求组合起来再进行的测试，以检查这些单元之间的接口是否存在问题。集成测试一般是一个逐渐加入单元进行测试的持续过程，直至所有单元被组合在一起，成功地构成完整的软件系统，从而完成集成测试的使命。

▶ 系统测试是充分运行或模拟运行软件系统，以验证系统是否满足产品的质量需求。系统测试包含系统功能测试和系统非功能性测试，系统非功能性测试主要是指系统性能测试、容量测试、安全性测试、兼容性测试和可靠性测试等。系统功能测试和非功能性测试可以并行实施，但一般在基本功能已能正常运行后，才进行系统性能测试、兼容性测试、可靠性测试等。

▶ 验收测试是在软件产品完成了系统测试之后、产品发布之前所进行的软件测试活动。它是技术测试的最后一个阶段，也称为交付测试。验收测试一般会根据产品规格说明书或用户故事等各种需求定义，严格地、逐项检查产品，确保所开发的软件产品符合用户预期的各项要求，即验收测试是检验产品和产品规格说明书（包括软件开发的技术合同）的一致性，同时考虑用户的实际使用环境、数据和习惯等。验收测试的重要特征就是用户参与，或用户代表（如产品经理、Product Owner）参与。

▶ 回归测试是由于软件修改或变更，对修改后的工作版本所有可能影响的范围进行测试。回归测试的目的是发现原来正常的功能特性出现新的问题——回归缺陷，从而确保原来正常的或符合要求的特性不受其他区域修改的影响。回归测试伴随着整个测试过程，在功能测试和系统测试、单元测试和集成测试中，一旦有变更或修正，都要进行相应的回归测试。

1.8　基于Test Oracle的认知

针对今天的软件开发环境，最近一年，我一直倡导重新认识软件测试，对软件测试应该有一个新的理解，即给出"软件测试"一个新的公式：

$$测试 = 检测 + 试验$$

这个公式意味着软件测试包括两部分工作：检测和试验。对于产品中确定性特性进行验证，可以进行检验，因为其验证标准或依据是明确的。而对产品中不确定性特性进行验证，只能通过实验来验证。所以可以将上述公式再展开，就成为：

$$测试 = 检测已知的 + 试验未知的$$

即软件测试包括两部分工作——对已知的检测和对未知的试验。

▶ 已知的部分，是指测试目标、测试需求和测试的验证准则等都是明确的，也可以理解待测试的功能特性是清楚的、测试范围和数据是有限的，具有良好的可测试性。例如，某些功能在规范的需求规格说明书或其他需求文档中得到清晰的描述，那么这些功能是可以检测（check）的，可以根据文档直接进行验证，判断软件系统中所实现的功能是不是符合之前所定义的需求。在性能测试需求中，如果针对众多的性能指标给出了量化的要求，那么这性能是可以检验的，是可以直接验证的。

▶ 未知的部分，即测试目标、测试需求和测试预言等是不明确的，也可以理解为产品的功能需求定义是不清楚、不稳定的，测试范围和数据是无限的，很难直接进行验证，而是需要通过不断地试验，才能知道所实现的功能特性是否正确。例如，用户故事对需求描述过于简洁，验证就很困难，需要足够的探索和沟通才能搞清楚，才能判断系统的实现是否满足用户的需求。如果我们开发一个崭新的系统，之前也没有性能指标数据，这时也需要先试验，获得性能指标数据作为性能基准线。当测试数据是无限的，我们的测试就是一个有限样本的试验。

要理解已知的部分和未知的部分，**不仅要了解测试的输入具有两重性——确定性和不确定性**，而且测试的输出也具有很大的不确定性。在今天移动互联、大数据时代，移动 app 的用户数量特别大，操作方式、应用环境、喜好也存在较大的差异，大数据的复杂性、多样性、快速变化特性等，都增加了测试输入和输出的不确定性。针对输出结果的判断，需要进一步了解 Test Oracle（可译为"测试预言"）所带来的挑战。**什么是 Test Oracle 呢？** Test Oracle 就是一种决定一项测试是否通过的（判断）机制。Test Oracle 的使用会要求将被测试系统的实际输出与我们所期望的输出进行比较，从而判断是否有差异。如果有差异，可能就存在缺陷。Test Oracle 一般依据下列内容做出判断：

① 需求规格说明书和其他需求、设计规范文档；

② 竞争对手的产品；

③ 启发式测试预言（Heuristic oracle）；

④ 统计测试预言（Statistical oracle）；

⑤ 一致性测试预言（Consistency oracle）；

⑥ 基于模型的测试预言（Model-based oracle）；

⑦ 人类预言（Human oracle）。

测试过程中，**判断测试结果是否通过，Test Oracle 举足轻重**。对于已知的检测，我们会用到测试预言①、②、⑤、⑥（如清晰的 Spec、竞品参照、一致性要求、确定性模型等），如图 1-5 所示。其中基于模型的语言，也只能是确定性的模型。如果是随机模型、模糊模型，就属于不确定模型。

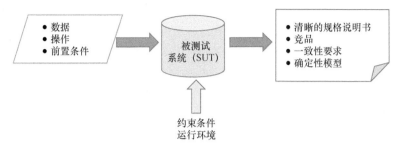

图1-5 对已知的输入／输出进行检测示意图

当我们开始一个软件项目，测试工作也随之开始——进行测试需求分析。这时，我们就可以将测试的范围（测试项）分为两部分：相对稳定的、明确的测试项和不确定的、容易变更的测试内容。针对已知的测试项，比较容易设计测试用例，理论上也基本能百分之百实现自动化。而针对未知的部分，就需要试验、需要探索。只是这种试验或探索，可以手工来做，也可以由工具来做。测试的风险也往往来自这部分——不确定的测试内容，值得我们特别关注，测试需求分析时分为这两部分就更加有意义。

① 如果 Test Oracle 属于启发式的，需要综合判断的，就需要手工测试——测试人员的试验，不断质疑系统，根据系统的反馈来做出判断，这就是探索式测试。探索式测试也有测试场景、测试思路的设计，但没有详细的设计——测试用例的设计，但探索式测试能发挥人的创造性、分析能力和思维能力，不断设计、执行、分析、学习，再设计、再执行、再分析、再学习……这样持续改进的测试过程，使测试不断优化，测试的效力不断得到提升，能更快、更多地发现问题。

② 对于工具的实验，例如一些系统出现崩溃的原因不明，只知道很有可能是异常数据造成的，这时就可以由工具来进行测试，包括产生随机数据来实现测试，或建立一个初步的数据模型，由模糊控制器产生数据或对正常输入数据直接进行变异数来完成测试，如图1-6所示，这就是自动的随机测试、模糊测试、变异测试等。这时，可以基于统计准则或系统异常的表现，来做出判断：是否发现了缺陷，这些方法常常用于系统的安全性测试、稳定性测试等。

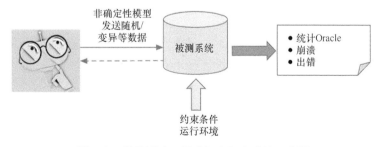

图1-6 借助测试工具进行未知实验的示意图

未来，随着大数据的积累和技术的成熟、人工智能（AI）的发展，这种对未知的测试，可以由人工智能完成（参考第 15 章相关内容），可以兼具上面两种不同方式的优势，不断学习、不断进行数据（输入、输出、log 等）挖掘，不断构造、完善验证的推理规则和测试预言，完成自动的测试，从未知逐步走到已知，达到更好的测试效果。概括起来，"测试＝检测＋试验"意味着：

$$测试 = 基于确定性模型 / 明确测试预言的自动化测试$$
$$+ 基于 AI 搜索的 / 工具随机 / 模糊模型的 / 手工的探索式测试$$

在做测试需求分析之初，就需要将测试的范围（测试项）分为两部分：已知的（包括确定性的 / 稳定的）、未知的（包括不确定的 / 动态的）。已知的测试项，理论上都可以实现自动化；未知的部分，也可以用工具进行测试（模糊测试 / 随机测试等），更多地是依赖人的探索式测试。图 1-7 就是对本节的一个小结。

图 1-7　基于 Test Oracle 的测试新认知

1.9　基于批判性思维的认知

批判性思维是指一种合理的反思性（反省的）思维，是一种训练有素的思维方式的体现。它借助观察、经验、反思、推理或沟通等收集信息，并对这些信息进行抽象、应用、分析、综合或评估，以此决定相信什么或做什么。从批判性思维看，软件测试就是借助观察、经验、反思、推理或沟通等收集信息，并对软件产品相关的质量信息进行分析，以此评估软件质量，并做出结论。

但是在下结论之前，或多或少包含了假定和推理，而作为批判性思维的践行者就可以质疑其假定、推理和结论，这样可以消除认知中的误区，突破知识构建时的边界，重新认识某个主体（如软件产品 / 系统）。如"人们彼此之间也有欺骗"分为恶意欺骗和善意欺骗，但如果不仔细想，就会局限于恶意欺骗。人类的认知是有限的，人们在常识（普遍接触的条件，这也是有边界的）下得出的理论，当达到或超出边界时，认知就会发生谬误。而且，需求文档也包含着一定的模糊性、不确定性和局限性，只有消除其中的模糊性、不确定性和局限性，对软件产品或系统的认知才会前进一大步，测试才会深入下去。

没有审视和分析就不能做出正确的判断。**批判性思维促进我们重新审视问题或主题、意图和陈述之间实际的推论关系，勇于质疑证据，去分析和评估陈述、论证的过程。**清楚对方是表达一种信念、判断还是一种经验？其理由正当、充分吗？仅仅是个人的感觉？相关的因素都考虑了？有依据支撑吗？依据来源哪里？可靠吗？也就是要评估陈述的可信性，分析其推理的合理性、前后逻辑关系的严谨性等。这些恰恰是软件测试所需要的。

基于批判性思维，我们需要重新定义"软件测试"：**软件测试就是测试人员不断质疑被测**

系统的过程[1]，如图 1-8 所示。

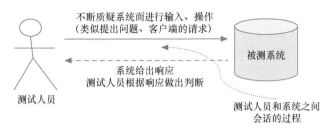

图 1-8 "基于批判性思维的软件测试"示意图

需求定义、系统设计中存在研发人员太多的猜测、不真实的假定、片面的理解、不合理的推理等，软件测试在需求评审、设计评审、代码评审和系统测试中就是要重新审视被测对象，质疑那些不合理、不真实的内容，发现软件中的错误、漏洞。

这种软件测试定义，特别适合探索式测试方式。探索式测试聚焦被测系统，侧重发现缺陷，强调在一个相对封闭时间（90min 左右的 session）内以"设计、执行、分析、学习"的过程不断循环、不断优化测试过程。这里的 session 不宜翻译为"测程"，而是会话——测试人员和 SUT 一次真正的对话，不断地向系统提出问题（**质疑系统**），再审视 SUT 所做出的回答（系统的响应），从而根据 Test Oracle 判断 SUT 的响应是否符合我们的期望。从隐喻看，可以把"测试人员"看成客户端（浏览器），把 SUT 看成服务器，测试过程就是测试人员和 SUT 建立会话的过程，客户端不断发出请求，并检验系统发回来的响应结果。

再举一个例子，帮助大家理解这样一个过程。我们招聘一个新人，会给出职位描述（JD）——详细描述工作岗位要求和责任，应聘者会根据 JD 提交详细的简历。本来我们就可以根据应聘者的简历来决定是否录用他 / 她了，为什么不能？还需要安排面试呢？原因如下。

▶ 质疑简历不真实（这种情况虽然很少）。

▶ 简历中某些描述，大家的理解可能不一致，例如"精通 Java""沟通能力""情商"没有明确的标准，应聘者和企业对此认识可能差别很大，需要收集更多信息和数据，进行比较分析，才能更加具体客观。

▶ 有些内容缺失或不宜在简历中描述，个人气质、性格、情绪控制能力等需要在面试中获得相关信息，做出判断。

▶ 简历中某些描述可能比较粗，不够具体，不知是否和企业需求匹配如何，需要从多个应聘者中择优录用。

---

① 这里的测试人员是泛指，而不是指专职的测试人员，开发人员在做测试时就是扮演测试人员的角色。——作者注

从批判性思维角度来理解软件测试，就是测试人员"面试"SUT 的一次会话过程。虽然有需求文档和设计文档，但是不够。今天敏捷开发模式下就更不充分，需要测试人员去面试系统。探索式测试的核心（出发点）就是质疑系统，不断深入下去质疑系统的每一个业务入口、应用场景、业务操作和数据输出等，怀疑某个地方存在某类缺陷。

▶ 开发人员对用户真实的需求的错误理解。

▶ 漏掉某些需求。

▶ 错误地实现了需求或设计。

▶ 没有完整实现需求或设计。

▶ 算法不够优化，存在性能问题。

▶ 数据输入缺乏保护。

......

这就要求测试人员善于质疑、善于向系统提问，可以参考 M.N.Browne 的《Asking the Right Questions: A Guide to Ctitical Thinking（10th edition）》（中文版书名《学会提问》）。

1.10　基于传统开发模式的认知

在著名的软件瀑布模型中，软件测试处在"编程"的下游，在"软件维护"的上游，先有编程后有测试，测试的位置很清楚。但瀑布模型没有反映 SDLC 的本质，没能准确无误地反映测试在 SDLC 的位置，瀑布模型中的软件测试是狭义的测试，落后的测试观念。

如前所述，软件测试贯穿整个 SDLC，从需求评审、设计评审开始，就介入到软件产品的开发活动或软件项目实施中了。测试人员参与需求分析和需求评审，通过积极参与需求活动，测试人员不仅能发现需求定义、自身存在的问题，而且能更深入理解业务需求、特定的用户需求和产品的功能特性，为测试需求分析与设计等打下坚实的基础。更进一步，这个阶段可以确定产品测试的验收标准，可以制订验收测试的计划和设计验收测试用例（test case）。同理，在软件设计阶段，测试人员要清楚地了解系统是如何实现的、采用哪些开发技术以及构建在什么样的应用平台之上等各类问题，这样可以提前准备系统的测试环境，包括硬件和第三方软件的采购。更要针对一些非功能特性（如性能、安全性、兼容性、可靠性等）检查系统架构设计的合理性和有效性，发现设计中存在的问题，并着手研究如何测试当前的软件系统，完成系统测试用例设计、测试工具的选型或启动测试工具的开发，进一步完善测试计划等。所有这些准备工作，都要花很多时间，应尽早开展起来。

当设计人员在做详细设计时，测试人员可以直接参与具体的设计、参与设计的评审，找出设计的缺陷。同时，完成功能特性测试的用例，并基于这些测试用例开发测试脚本。

编程阶段的单元测试是很有效的，越来越得到业界的关注和实施。有数据显示，单元测试可以发现代码中 60% ～ 70% 的问题，充分的单元测试可以大幅度提高程序质量。其次，单元测试和编程同步进行，极其自然，可以尽早发现程序问题。

软件测试在 SDLC 中的位置，可以通过基于 W 模型（加入了我个人的理解）来呈现，如图 1-9 所示。软件测试和软件开发构成一个全过程的交互、协作的关系，两者自始至终一起工作，共同致力于同一个目标——按时、高质量地完成项目。同时也体现了软件测试的 4 个层次，是从低层次（单元测试）向高层次推进：

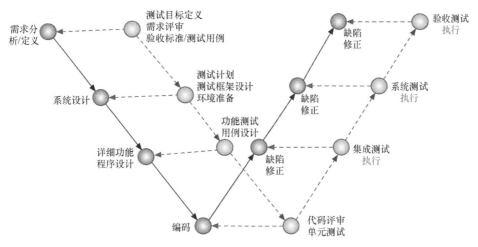

图 1-9 基于 W 模型呈现软件测试和开发的关系

▶ 单元测试；

▶ 接口测试、集成测试；

▶ 系统测试；

▶ 业务层次的验收测试；

1.11 基于敏捷开发模式的认知

从敏捷开发模式来认知什么是软件测试，这也是讨论什么是敏捷测试，包括在敏捷开发模式下软件测试的思想、原则等。先研究如下敏捷宣言背后所蕴含的 12 条原则。

① 我们最重要的目标是通过持续不断地及早交付有价值的软件使客户满意。

② 欣然面对需求变化，即使在开发后期也一样。为了客户的竞争优势，敏捷过程、掌控变化。

③ 经常地交付可工作的软件，相隔几星期或一两个月，倾向于采取较短的周期。

④ 业务人员和开发人员必须相互合作，项目中的每一天都不例外。

⑤ 激发个体的斗志，以他们为核心搭建项目。提供所需的环境和支援，辅以信任，从而达成目标。

⑥ 不论团队内外，传递信息效果最好、效率也最高的方式是面对面的交谈。

⑦ 可工作的软件是进度的首要度量标准。

⑧ 敏捷过程倡导可持续开发。责任人、开发人员和用户要能够共同维持其步调稳定延续。

⑨ 坚持不懈地追求技术卓越和良好设计，敏捷能力由此增强。

⑩ 以简洁为本，它是极力减少不必要工作量的艺术。

⑪ 最好的架构、需求和设计出自自组织团队。

⑫ 团队定期地反思如何能提高成效，并依此调整自身的举止表现。

这 12 条原则中没有一条直接谈到测试，那是否说明敏捷开发对软件测试没有影响呢？有开发就有测试，只是原来参加敏捷宣言的 17 人，基本是清一色的程序员，没有在原则中单独阐述一下测试的原则。但如下的一些原则和测试的关联性很强。

① 软件测试如何支撑或协助“持续不断地及早交付有价值的软件”？如何在非常有限的时间内进行充分的测试？这就是我们经常在敏捷测试中强调的“自动化测试”。如果没有自动化测试，就没有敏捷，就不能持续不断地及早交付有价值的软件，而且还要“使客户满意”。

②“欣然面对需求变化，即使在开发后期也一样”和传统的开发原则是不同的，传统的开发希望有严格的需求变更控制，越到后期控制越严。而敏捷开发拥抱变化，那么测试如何适应这种变化？如何快速地完成回归测试？这可能要依赖于开发做好单元测试，或全员参与测试，以及全面支持系统级的、端到端的回归测试的自动化测试执行。

③ 传统的开发也要求“业务人员和开发人员必须相互合作”，但存在一定的阶段性，例如前期需求评审、期间产品走查（product walk-through）、后期验收测试等要求有紧密的沟通

与协作。但敏捷开发更强调"项目中的每一天都不例外"，在这样的原则下，如何去做敏捷测试？这样可以减少测试文档，刚开始也没必要把测试计划写得很详细，而是写一页纸测试计划就可以，将来再持续地加以完善和调整。

④ "可工作的软件是进度的首要度量标准"，不再是测试计划完成情况、完成的测试用例数目、测试脚本量等，而是如何及时验证每天完成的功能特性。开发的工作量也不能按代码行来衡量，而是看多少个具体的用户故事（功能特性）被实现了（done）。某个开发说已完成了某个用户故事，要么是通过他自己的验证，要么是通过测试人员的验证，谁做的测试不重要，关键是要有准备好的测试，随时验证已完成的工作。

⑤ "坚持不懈地追求技术卓越和良好设计"，一方面要求测试的技术要不断提高，在处理每个测试任务时，都应该找到最有效的办法；另一方面，在前期要更多地参与设计评审，及时发现设计的问题。只有良好的设计，才能更好地支持系统的功能扩充和不断的重构。

基于这些原则，我们就可以概括出敏捷测试的下列特点。

① 敏捷测试一定是敏捷开发方法的一部分，应符合敏捷测试宣言的思想，也遵守上面所列的敏捷开发的原则，强调测试人员的个人技能，始终保持与客户 / 用户、其他成员（特别是业务人员、产品设计人员等）的紧密协作，建立良好的测试框架（特别是持续集成测试和自动化回归测试的基础设施）以适应需求的变化，更关注被测系统的本身而不是测试文档（如测试计划、测试用例等）。

② 敏捷测试具有鲜明的敏捷开发的特征，如测试驱动开发（TDD）、验收测试驱动开发（ATDD），可以见笔者的另一篇文章《敏捷测试的思考和新发展》所讨论的。测试驱动开发的思想是敏捷测试的核心，或者说，单元测试是敏捷测试的基础，如果没有足够的单元测试就无法应付将来需求的快速变化、也无法实现持续的交付。这也说明，在敏捷测试中，开发人员承担更多的测试，这也就是我们说的，敏捷测试，是整个团队的共同努力。在敏捷测试中，可以没有专职的测试人员，每个人都可以主动去取设计任务和代码任务做，也可以去拿测试任务来做。在敏捷测试中，也可以像开发人员的结对编程那样，实践结对测试——一个测试人员对应一个开发人员、或一个测试人员对应另一个测试人员。

③ 敏捷测试无处不在、无时不在。在传统测试中也提倡尽早测试，包括需求和设计的评审；在传统测试里也提倡全过程测试。但在传统测试里阶段性特征相对突出一些，例如，需求评审意味着先让产品人员去写需求，但需求文档写好之后，测试人员再参加评审。而在敏捷测试里，团队每一天都在一起工作，一起讨论需求、一起评审需求。在敏捷测试中，这种持续性更为显著一些。

④ 敏捷测试是基于自动化测试的，自动化测试在敏捷测试中占有绝对的主导地位。在传统测试中也提倡自动化测试，但由于传统开发的周期比较长（几个月到几年），即使没有自动化测试也是可以应付的。一般来说，回归测试能够获得几周时间，甚至 1 ～ 2 个月的时间。而

敏捷测试的持续性迫切要求测试的高度自动化，在 1 ～ 3 天内就能完成整个的验收测试（包括回归测试）。没有自动化，就没有敏捷。

敏捷测试就是符合敏捷宣言思想，遵守敏捷开发原则，在敏捷开发环境下能够很好地和其整体开发流程融合的一系列的测试实践，并具有鲜明的敏捷开发的特征，如 TDD、ATDD、结对编程、持续测试等。敏捷测试和传统测试的区分，可以概括如下。

① 传统测试更强调测试的独立性，将"开发人员"和"测试人员"角色分得比较清楚。而敏捷测试可以有专职的测试人员，也可以是全民测试，即在敏捷测试中，可以没有"测试人员"角色，强调整个团队对测试负责。

② 传统测试更具有阶段性，从需求评审、设计评审、单元测试到集成测试、系统测试等，从测试计划、测试设计再到测试执行、测试报告等，但敏捷测试更强调持续测试、持续的质量反馈，阶段性比较模糊。

③ 传统测试强调测试的计划性，认为没有良好的测试计划和不按计划执行，测试就难以控制和管理，而敏捷测试更强调测试的速度和适应性，侧重计划的不断调整以适应需求的变化。

④ 传统测试强调测试是由"验证"和"确认"两种活动构成的，而敏捷测试没有这种区分，始终以用户需求为中心，每时每刻不离开用户需求，将验证和确认统一起来。

⑤ 传统测试强调任何发现的缺陷要记录下来，以便进行缺陷根本原因分析，达到缺陷预防的目的，并强调缺陷跟踪和处理的流程，区分测试人员和开发人员的各自不同的责任。而敏捷测试强调面对面的沟通、协作，强调团队的责任，不太关注对缺陷的记录与跟踪。

⑥ 传统测试更关注缺陷，围绕缺陷开展一系列的活动，如缺陷跟踪、缺陷度量、缺陷分析、缺陷报告质量检查等，而敏捷测试更关注产品本身，关注可以交付的客户价值。在快速交付的敏捷开发模式下，缺陷修复的成本很低。

⑦ 传统测试鼓励自动化测试，但自动化测试的成功与否对测试没有致命的影响。但敏捷测试的基础就是自动化测试，敏捷测试是具有良好的自动化测试框架支撑的快速测试。

从另一个角度看，有什么实现，就有相应的构建。任何构建的东西，没经过验证都是不靠谱的。理解这个角度，V 模型是最好的，笔者适当做了一些修改，如图 1-4 所示。

1.12　小结

在购买商品时，消费者会发现商品上贴有一个"QC"标签，这就是产品经过质量检验

（Quality Control）的标志。软件测试就好比制造工厂的质量检验工作，是对软件产品和阶段性工作成果进行质量检验，不仅验证产品是否符合事先的需求定义、设计要求和代码规范等，完成一致性的检查，而且要确认所实现的产品功能特性是否满足用户需求，每个功能特性都是用户真正所需要的。由于时间和预算的限制，我们无法证明一般的应用系统软件是没有问题的，而只能通过发现问题并消除这些问题来降低产品的质量风险、提高产品的质量。所以，软件测试是软件公司致力于衡量产品质量、保证产品质量的重要手段之一。

有人反驳说，质量是构建的，不是靠测试测出来的。没错，从"质量是构建的"角度看，开发人员对产品质量有更大贡献，测试对质量的贡献要低于开发工作，测试人员对质量的贡献要小。但这也不能否定测试的作用，测试人员帮助整个团队发现产品中存在的各种缺陷，然后督促开发人员消灭这些缺陷，软件产品的质量还是有显著的提高。如果从产品质量和质量责任来看，无论是把测试人员比作"产品质量守门员"还是比作"产品质量过程的监督者"，都显示测试人员对产品质量负有更大的责任，这是由"软件测试人员"这个角色所决定的，软件测试是质量保证的重要手段之一，许多公司也把测试人员放在质量保证（Quality Assurance）部门，甚至有的公司干脆就叫测试人员为 QA 人员。

概括起来，软件测试有以下 4 个方面的作用。

① 产品质量评估：全面地评估软件产品的质量，为软件产品发布（验收测试）、软件系统部署（性能规划测试）、软件产品鉴定（第三方独立测试）委托方和被委托方纠纷仲裁（第三方独立测试）和其他决策提供产品质量所需的各种信息，也就是能够提供准确、客观、完整的软件产品质量报告。

② 持续的质量反馈：通过持续地测试（包括需求评审、设计评审、代码评审等）可以对产品质量提供持续的、快速的反馈，从而在整个开发过程中不断地、及时地解决存在的质量问题，不断改进产品的质量，并减少各种返工，最大限度地降低软件开发的劣质成本。

③ 客户满意度的提升：通过测试发现所要交付产品的缺陷，特别是尽可能地发现各种严重的缺陷，降低或消除产品质量风险，提高客户的满意度，扩大市场份额，提高客户的忠诚度。

④ 缺陷预防：通过对缺陷进行分析，找出缺陷发生的根本原因（软件开发过程中所存在的流程缺失、不遵守流程、错误的行为方式、不良习惯等问题）或总结出软件缺陷模式，采取措施纠正深层次的问题，避免将来犯同样的错误，达到缺陷预防的效果，有效减少开发中出现的问题，提高开发的效率。

第 2 章

全程测试：闪光的思想

软件测试工作，在软件研发中的作用是显而易见的，但软件质量其实是在软件开发生命周期中慢慢形成的，或者说，软件质量是内建的（Quality is built in），而不是测试测出来的。软件产品经过需求、设计、编程之后，当程序代码完成之时，其质量水平就基本确定了，虽然可以通过测试发现其中大部分潜在的缺陷，但是程序代码中存在的缺陷越多，遗漏的缺陷就会越多，质量很难得到彻底的改善。如果缺陷发生在需求阶段或设计阶段，且直到系统测试时才被发现，则需要修改需求或设计，进一步造成大量代码的返工和回归测试，从而给项目进度带来较大风险，给软件研发也增加额外的成本。

如果将软件测试贯穿于整个软件开发过程，从项目启动的第一天开始就将软件测试引入进来，情况就完全不一样了：

▶ 在需求阶段，通过测试团队和开发团队的共同努力，尽可能把用户的需求全部挖掘出来，清除一切模糊的需求描述，需求文档或需求定义中存在的问题在需求评审中能被及时发现；

▶ 在设计阶段对不合理的设计提出质疑，设计中存在的性能、安全性、可靠性等潜在的风险也能被及时发现，督促开发人员在设计时更充分地考虑性能、可靠性和安全性等各个方面的要求，以确定每一个设计项的可测试性；

▶ 不规范的代码、不合理的算法、逻辑错误可以在代码评审中被及时发现；

▶ 代码功能的错误实现，在单元测试中被发现；

▶ 之前发现的问题对后续的设计和编程工作有良好的借鉴作用，预防同样的问题发生。

贯穿于软件开发全过程的测试，不仅可以在第一时间内发现缺陷，降低缺陷带来的成本（劣质成本），而且能有效地预防缺陷的产生，构建更好的软件产品质量。所以，贯穿于软件开发全过程的测试，软件测试不再是事后检查，而是缺陷预防和检查的统一，将软件测试扩展到软件质量保证的全过程中，从而大大减少软件缺陷的数量、提高软件质量。更有价值的是，它可以极大地缩短开发周期、降低软件开发的成本。

传统的瀑布模型中，测试只是一个阶段，而且是编程之后的一个阶段，也意味着传统的瀑布模型中软件测试只是动态测试，即运行可执行程序而进行的测试，传统的软件测试是一种"狭义的测试"。全程软件测试的思想就是将软件测试从动态测试扩展到静态测试——需求评审、设计评审和代码评审。之前，我们了解到软件的基本定义：软件 = 程序 + 文档 + 数据结构，所以需求（文档）、设计（文档）和代码都是软件的一部分，软件测试自然包含对需求、设计、代码的测试。静态测试，是"软件测试"，而不是"软件质量保证（Software Quality Assurance，SQA）"工作的一部分，SQA 更侧重流程的定义和评审，侧重评审各项软件研发工作（包括需求、设计、编程、测试）的规范性、合规性等。

全程软件测试，不仅将测试左移（左移到需求、设计阶段），而且还右移到运维，如在线测试（Test in Production，TiP）、在线监控和日志分析等。全程软件测试，再进一步扩展，左移可以包括测试驱动开发（Test Driven Development，TDD）、验收测试驱动开发（Acceptance Test Driven Development，ATDD）。左移和右移合起来，可以和现在流行的 DevOps[①] 联系起来。

全程软件测试也不局限于功能测试，还包括非功能性测试——安全性测试、性能测试、易用性测试等，使各种类型的软件测试覆盖软件研发全生命周期。

2.1　测试左移与右移

测试左移与右移（见图 2-1）的基点是瀑布模型的测试阶段，在其测试阶段侧重系统测试，可以涵盖集成测试，其中单元测试属于编程阶段，和编程同时进行：

▶ 测试左移，就是将测试计划与设计提前进行，以及开展需求评审、设计评审、代码评审等。

▶ 测试右移，就是将测试延伸到研发阶段之后的其他阶段，一般主要指产品上线后的测试，包括在线测试、在线监控和日志分析，甚至包括 alpha 测试、beta 测试。

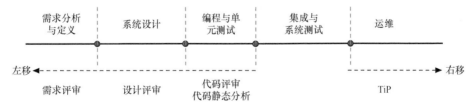

图2-1　测试左移与右移示意图

从所了解的现实情况看，单元测试做得不够好甚至做得很少，如表 2-1 所示，58.8% 的项目

---

① DevOps 是新的软件工程实践，旨在统一软件开发（Dev）和运维（Ops）、缩短开发周期、增加部署频率、更可靠地发布，在软件构建、集成、测试、发布到部署和基础设施管理中大力提倡自动化和监控。——作者注

没有要求，还有 24.4% 的项目要求低于 50% 代码行覆盖率，许多软件公司或研发团队依赖于测试团队后期的系统测试，这会导致成本高，无法进行测试的测试。所以从现实角度出发，测试左移也包括加强单元测试，对单元测试有较高的要求，如代码行覆盖做到 100%，而且强调代码编写和单元测试同步进行，写好一个类测一个类、写好一个方法测一个方法，而不是集中写几天代码，再集中做单元测试。发现自己问题越早越好，避免以后重复犯同样的问题。

表 2-1　国内软件项目对单元测试代码行覆盖率的要求的调查结果

选项	小计（总样本数为 750）	比例
100%	26	3.47%
大于 80%（或大于 90%）	100	13.33%
大于 50%（或大于 60%）	118	15.73%
大于 20%	65	8.67%
没有要求	441	58.8%

　　测试右移指在线测试，传统的 alpha 测试、beta 测试也是上线后的测试，分别指内部用户、外部有限用户的试用，通过试用来发现问题。现在软件作为服务，通常部署在软件研发公司的数据中心，有利于监控和分析系统运行的行为，虽然不是真正意义上的主动测试，属于被动测试，但大量用户的操作使用自然是对软件系统的真正考验，有问题还是能够暴露出来。由于系统就部署在自己的数据中心，有问题可以快速及时修复，对用户的影响会控制在比较小的范围内，降低缺陷带来的风险。许多易用性测试（如 A/B 测试）、性能测试等都可以在线进行（监控、数据收集与分析）。

2.2　测试驱动开发

　　在目前比较流行的敏捷开发模式（如极限编程、Scrum 方法等）中，推崇 **"测试驱动开发（Test Driven Development，TDD）"——测试在先、编码在后** 的开发实践。TDD 有别于以往的"先编码、后测试"的开发过程，而是在编程之前，先写测试脚本或设计测试用例。TDD 在敏捷开发模式中被称为"测试优先的编程（test-first programming）"，而在 IBM Rational 统一过程（Rational Unified Process，RUP）中被称为 **"测试优先的设计（test-first design）"。** 所有这些都在强调"测试先行"，使得开发人员对所做的设计或所写的代码有足够的信心，同时也有勇气进行设计或代码的快速重构，有利于快速迭代、持续交付。重构的前提就是测试就绪（testing is ready），在这样的前提下，重构的风险就很低，否则就有比较高的风险。

　　TDD 具体实施过程，可以看作两个层次，如图 2-2 所示。

① 在代码层次，在编码之前写测试脚本，可以称为单元测试驱动开发（Unit Test Driven Development，UTDD）。

② 在业务层次，在需求分析时就确定需求（如用户故事）的验收标准，即验收测试驱动开发（ATDD）。

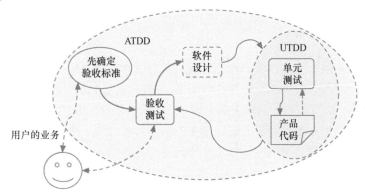

图2-2　TDD的两个不同层次

1. UTDD

先来讨论 UTDD，如图 2-3 所示。在打算添加某项新功能时，先不要急着写程序代码，而是将各种特定条件、使用场景等想清楚，为待编写（类或方法）的代码先写好测试脚本。然后，利用集成开发环境或相应的测试工具来执行这段测试用例，结果自然是通过不了（失败）。利用没有通过测试的错误信息反馈，了解到代码没有通过测试用例的原因，有针对性地逐步地添加代码。为了要使该测试用例通过，就要补充、修改代码，直到代码符合测试用例的要求，获得通过。测试用例全部执行成功，说明新添加的功能通过了单元测试，可以进入下一个环节。这样的流程也适合代码修改或重构，真正执行时，也不会严格按照这样的流程去做，但最基本要求是：先写好测试脚本（代码），再写产品代码并通过测试。按照 UTDD 做法，不是先写产品代码的类，再写测试类，而是先写测试类，再写产品的类。

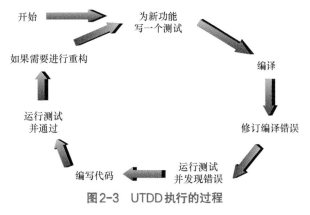

图2-3　UTDD执行的过程

UTDD 从根本上改变了开发人员的编程态度，开发人员不能再像过去那样随意写代码，要求写的每行代码都是有效的代码，写完所有的代码就意味着真正完成了编码任务。而在此之前，代码写完了，实际上只完成了一半工作，远没有结束，因为单元测试还没执行，可能会发现许多错误，一旦缺陷比较多，缺陷就比较难以定位与修正。UTDD 在于促进开发人员思考功能特性的应用场景、异常情况或边界条件，写出更完善的代码，避免犯较多的错误。其次，也确保测试具有独立性，不受实现思维的影响，确保测试的客观、全面。这一点，对开发人员测试自己的代码是必要的。如果是倒过来，先写产品代码（即功能实现在前）再进行测试，那么测试会受实现思维影响。例如，我们自己写的文章自己检查，有时很明显的问题都发现不了，就是受实现思维的影响。一般来说（多数情况下），开发人员测试自己的代码有两个障碍：思维障碍和心理障碍。心理障碍是指开发人员对自己的代码不会穷追猛打，发现了一些缺陷，很可能会适可而止。我们知道，实际上缺陷越多的地方越有风险，越要进行足够的测试。最后，UTDD 也确保所有代码的可测试性，每一行代码得到了测试，比较彻底地确保代码的（微观）质量。

2. ATDD

许多研发人员不习惯 UTDD 这种模式，是推行 UTDD 困难较大的原因之一，那 TDD 的实施可以移到业务层，**推行 ATDD，即在设计、写代码之前，明确系统功能特性的验收标准**。例如，在敏捷开发模式中，每个用户故事的描述过于简单，是不具有可测试性的。例如，开发一个在线旅游网，可以提供交通、酒店、门票等预定服务，有一个最基本的用户故事：

> US 2-1：作为一个旅行者，我想通过一次性的操作，快速删除事先预定的订单包（含飞机票、酒店和门票）

像这样的用户故事，如果不加验收标准，开发实现起来很容易，在数据库某个表中删除一条记录，在其他关联表上修改相应的标志位即可。但实际的业务不会那么简单，说取消就取消？不需要有一个时间提前量？取消一定成功吗？收不收相关的费用？是否需要线下处理的时间？是否需要通知用户？通过什么方式通知取消成功或失败？要回答这些问题，就是要给这个用户故事增加"验收标准"，具体如下。

- 取消前，需要提醒用户再次确认。

- 需提前 24 小时取消。

- 需要 4 小时处理时间，才能知道取消成功与否。

- 这类取消需要收取总金额 10% 的费用。

- 不管取消成功与否，采用邮件和短信双重通知。

▶　用户事后可以查询取消的相关记录。

▶　需要保留客户和旅行网双向操作记录日志。

这样，这个用户故事才具有可测试性，开发也会清楚如何实现这个用户故事，实现的结果和产品经理所期望的结果不会有太大差异。

3. BDD

从 ATDD 演化出来一种具体落地的开发模式就是行为驱动开发（Behavior Driven Development，BDD）。BDD 只是将验收标准更加明确化，可以看作 ATDD 的实例化，即列出用户故事所可能遇到的应用场景，而且将这种应用场景的表达方式规定为 GWT 格式，如下所示。

> Given：给定什么上下文/条件 AND/OR 其他条件。
> When：当什么事件被触发。
> Then：产生什么结果 AND/OR 其他结果。

```
Title (one line describing the story)
Narrative:
As a [role]
I want [feature]
So that [benefit]

Acceptance criteria: (presented as Scenarios)

Scenario 1: Title
Given [context]
  And [some more context]...
When [event]
Then [outcome]
  And [another outcome]...

Scenario 2: ...
```

例如，用户故事 (US)2-1 至少存在两个场景：

① 场景 1 取消操作时，距离使用时间不到 24h；

② 场景 2 取消操作时，距离使用时间超过 24h。

4. RBE

BDD 再往前推进一步，就是需求实例化（Requirements By Example，RBE），更加明确需求的具体表现。例如，还是以上面用户故事 US 2-1 为示例，可以建立下列的需求实例化的内容，如表 2-2 所示。

表 2-2　用户故事 US 2-1 需求实例化示例

用户名	操作	时间	金额	期望的结果
David	预定	9 月 27 日	9000 元	10 月 1 日开始使用
David	取消订单	9 月 30 日下午 1 点		无法取消
David	取消订单	9 月 29 日下午 1 点	收取 900 元	可以取消
David	查询取消结果	9 月 29 日下午 2 点		显示"正在处理"
David	检查手机短信	9 月 29 日下午 6 点		有一条新短信，显示已取消
David	访问网站查询取消结果	9 月 29 日下午 6 点		有结果

需求越明确，用户、产品经理、开发与测试等之间的理解就越一致，更不容易产生偏差和误解，有利于需求的定义、产品的开发和测试。基于 RBE，开发人员写产品的代码，测试人员可以独立写测试的代码，产品经理的工作也会变得轻松，不需要太多的解释、不需要回答开发和测试的各种问题。

▶ 从需求角度看，BDD 和需求实例化比较彻底地明确需求，统一用户、产品经理、开发与测试等认识，让大家处在一个层面上，使研发工作更高效。

▶ 从测试角度看，需求即测试，产品的需求就是测试的需求，需求可以被执行，即一步到位，将需求变为自动化测试脚本，开发出来的功能特性随时可以被自动验证。

TDD 一改以往的破坏性测试的思维方式，测试在先、编码在后，更符合"缺陷预防"的思想。这样一来，编码的思维方式发生了很大的变化，编写出高质量的代码去通过这些测试，在进行每项设计、写每一行代码时都要想想用户的真实需求、应用场景和一些例外等，确保实现的功能特性符合预期，并具有健壮性。测试，也从以前的破坏性的方法转移到一种建设性的方法中来。在这种积极心态的影响下，开发人员的工作效率和产品的质量都会有显著的提高，真正实现"质量是内建的（Quality is built in）"的目标。

2.3　传统研发模式的测试环

在今天移动互联时代，传统的研发模式还存在。根据最近做的一次调查，国内还有 48% 以上的公司或团队还没有采用敏捷开发模式，依旧采用传统的开发模式。即使不从最早的水晶开发模式算起，而从 2001 敏捷宣言发布开始算，距今也超过 17 年了，为什么敏捷没有得到很好的推行呢？一方面，大家普遍认为敏捷开发模式能够快速响应用户需求变化，更适合需求不明确或不稳定的、规模不大的产品研发，但不适合其他类型的产品开发，如需求明确且对质量要求很高的关键系统，所以像银行、航空航天等关键性系统的研发，还依旧采用传统的开发模式。这其中也包括目前的国家标准、行业规范不支持敏捷开发。另一方面，由于惯性作用，有些公司也不想做出改变，或者说，改变开发模式会承担一定的风险，有些公司的管理者也不愿冒这种风险。

20 年前，就开始形成**软件即服务**（Software as a Service, SaaS），而且软件从产品转化为服务也是大势所趋，但今天的软件生态环境依旧有多样性。在互联网企业，特别是面向普通个人用户（B2C）的产品，绝大部分都是通过服务来提供的。但是，许多政府和企业内部的软件，如工业控制软件、智能设备的嵌入式软件、航空航天通信软件等，还是以产品的形态存在。即使一些大型企业内部使用的软件在内部以服务的形式提供给员工，但这类软件如果不是自己开发的，是委托第三方开发的，**这类软件（B2B）的交付也不可能频繁交付**，可能也不适合敏捷开发。而且这类软件产品研发出来之后，需要部署到用户所在的公司环境中，这种交付本身也不支持研发和运维的融合，不支持 DevOps，因为运维是由用户来做，研发公司也只是提供技术支持。从传统研发过程看，测试在研发过程形成闭环，虽然在产品期间可能会收集用户使用产品的反馈，但这只是可选项，不是必然发生的活动。

在传统的研发过程模式中，瀑布模型是典型的代表，强调工程的阶段性，每个阶段完成自身的工作，也就是说，某个阶段未达到出口准则，这个阶段就不能结束。没有达到下一个阶段的入口准则，就不能进入下一个阶段。例如，需求阶段需要完成需求的收集、整理、分析和评审，当之前发现的问题已经得到纠正之后，所有参与评审的人一致同意需求（包括相关的文档）达到事先要求的质量，意味着需求通过评审，可以进入设计阶段。但是，采用传统的软件过程，也不是一蹴而就的，也是通过多次迭代来开发产品，不断推出新的版本，只是没有像敏捷那样进行快速迭代，而是迭代周期长，在每一个迭代周期，需求、设计、编码、测试、发布等阶段性非常明确。就传统的软件测试过程，属于螺旋式上升过程，能够形成研发的闭环，只是没有扩展到运行和维护，研发和运维相对隔离。

为了更明确测试过程，从两条线索角度分别展示传统软件测试环，如图 2-4 所示。

① 从软件工程过程来看，经过需求评审、设计评审、代码评审与单元测试、集成测试、系统测试和验收测试，再到产品缺陷根因分析、产品改进计划（提出新的产品需求）阶段，再进入下一个循环。

② 从项目管理角度看，经过测试分析、测试计划、测试设计、脚本开发、测试件评审、测试执行与监控、测试过程与结果的评估、测试与质量报告和项目总结阶段，形成项目过程环。

过程的描述尽量简单，从而使读者一目了然，基本知道各个环节主要的工作，但实际许多工作是交替进行或同时进行的，例如系统测试和验收测试的计划、设计工作可以很早开始，例如在需求评审就可以开展验收测试的计划、设计工作，在设计评审时就可以开展系统测试的计划和设计工作，虽然在后续时间还有待继续完善。

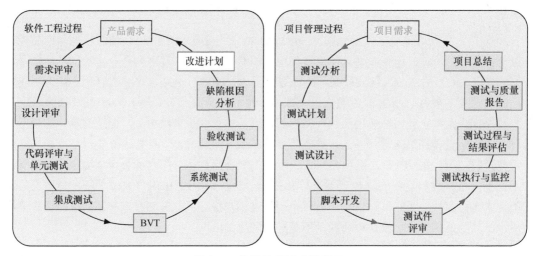

图 2-4 传统软件测试的闭环

因为提倡每日构建或持续集成，如果仅从软件代码角度看，单元测试和集成测试是同时进行的，没有单独的集成测试阶段。但如果考虑和其他子系统的集成和第三方系统集成、硬件集成等工作，集成测试的阶段还是存在的。

上面的闭环只是一般的实践，仅供参考。在实际操作中，还可以定义自己所需的阶段，设立相应的里程碑，如可以增加测试计划书的评审和签发、测试用例的评审和签发、系统功能测试阶段、系统性能测试阶段等。

2.4 敏捷研发中的测试环

在敏捷测试流程中，提倡测试驱动开发，关注持续迭代的新功能，针对这些新功能进行足够的验收测试，而对原有功能的回归测试则依赖于自动化测试。由于敏捷方法中迭代周期短，研发人员尽早开始测试，包括及时对需求、开发设计的评审，更重要的是能够及时、持续地对软件产品质量进行反馈。简单地说，在敏捷开发流程中，阶段性不够明显，持续测试和持续质量反馈的特征明显，这可以通过图 2-5 来描述。虽然在测试环上分布了不同的测试活动，这些活动（如用户故事评审、TDD、代码评审、持续构建、持续测试等）并不是分布在不同的阶段，而是交织在一起、同步进行，持续往前推进。在敏捷开发中，可以这么说：持续设计、持续编程、持续构建、持续集成、持续测试、持续交付等。

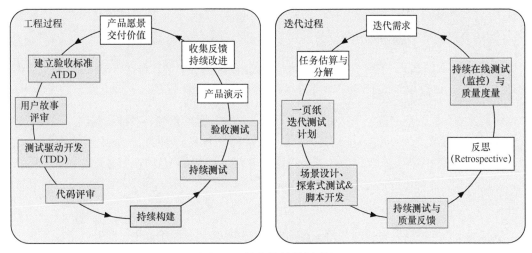

图2-5 简化的敏捷测试环

如果再具体一些，以敏捷 Scrum 为例，来理解全过程的敏捷测试流程。在 Scrum 流程中，如图 2-6 所示，前期的确有一个发布计划（Release Planning）阶段，定义需求，即给出用户故事及其验收标准、估算基本工作量、优先级排序和迭代阶段划分，形成产品特性列表（Product Backlog）。在这个阶段，测试也已介入，包括用户故事评审、明确用户故事验收标准，列出用户故事的应用场景。在设计、写代码之前，需要将验收标准确定下来，即前面介绍的 ATDD、BDD，为后面迭代测试建立良好的基础（测试的依据）。

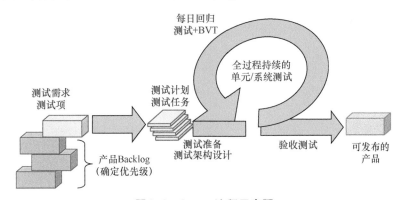

图2-6 Scrum流程示意图

在迭代（Sprint）过程中，全程测试特征显著，就是图 2-6 中那个大圆圈——在整个迭代过程持续进行测试，包括新功能的持续测试、持续的集成测试和持续的回归测试。

① 新功能的持续测试，意味着完成一个特性，就测试一个特性，完成一个类就测试一个类。新功能的持续测试可以依赖于自动化测试，也可以依赖于探索式测试。

② 持续的集成测试，主要指有代码构建（Build），就要验证是否成功完成构建，即通常所说的 BVT（Build Verification Test）。

③ 持续的回归测试，意味着每天都在执行回归测试，甚至时时在进行回归测试，只要有构建就有回归测试，只要有代码的改动，就要进行回归测试。回归测试依赖于自动化测试的支撑。

在产品交付前，最好有一个完整的验收测试。之前，虽然我们开展持续测试，有缺陷就能及时发现，但测试具有一定的局限性，侧重一个单元一个单元地测、一个故事一个故事地测，测试范围小，比较零碎。在交付前，需要将这些单元、这些用户故事串起来进行比较全面的测试，可以从业务流程出发，进行端到端（End-to-End，E2E）的测试，真正从业务的角度来验收所有实现的特性。

概括起来，从产品发布计划开始，直到交付、运维，测试融于其中、与开发形影不离，随时暴露产品的质量风险，随时了解产品质量状态，从而满足持续交付对测试、质量管理所提出的新要求。

2.5　DevOps 与测试

早在 2004 年，我们已具有 DevOps 的思想，毕竟 WebEx 公司（1996 年成立，2000 年纳斯达克上市，2007 年被思科以 32 亿美元收购）是最早进入软件即服务（Software as a Service，SaaS）领域的公司，从一开始就重视软件部署和运维，在需求、架构设计阶段就考虑运维的需求、开发运维工具，如 GSB（Global System Backup，全球系统备份）工具、SLiM（Service Life Management，服务生命周期管理）等工具，软件部署之后，研发部门也给予大力支持，而且需要进行部署验证（PQA），以客户需求为中心，运维和研发是贯通的、协作的，没有在两个部门之间形成一座高高的隔离墙，图 2-7 就是那时形成的覆盖研发（Dev）和运维（Operation）全生命周期的质量保证流程。

虽然 DevOps 这个概念现在还没有标准的定义，但我们可以追溯一下其过去 9 年的历史发展过程（2009—2017 年），列出几个相对明确又有所不同的定义，从而能够比较全面了解 DevOps 的内涵。

▶ 2009 年 DevOps 是一组过程、方法与系统的统称，用于促进开发、技术运营和 QA 部门之间的沟通、协作与整合。

▶ 2011 年，DevOps 快速响应业务和客户的需求，通过行为科学改善 IT 各部门之间的沟通，以加快 IT 组织交付满足快速生产软件产品和服务的目的。

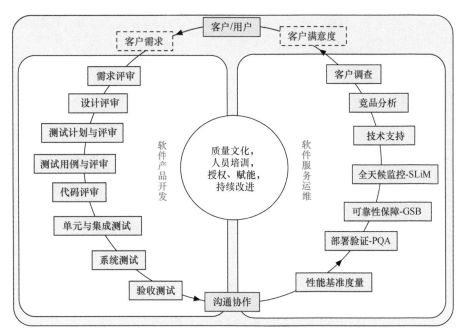

图2-7 WebEx软件研发与运维质量保证全流程

▶ 2015 年，DevOps 强调沟通、协作、集成、自动化和度量，以帮助组织快速开发软件产品，并提高操作性能和质量保证；强调自动化软件交付和基础设施变更的过程，以建立一种文化和环境，通过构建、测试和发布软件等方法，可以快速、频繁地、更可靠地发布软件。

▶ 2016 年，DevOps 的目标是建立流水线式的准时制（JIT）的业务流程，以获得最大化业务成果，例如增加销售和利润率，提高业务速度、减少运营成本。

▶ 2017 年，作为一个软件工程实践，DevOps 旨在统一软件开发和运维，与业务目标紧密结合，在软件构建、集成、测试、发布到部署和基础设施管理中大力提倡自动化和监控。DevOps 的目标是缩短开发周期，增加部署频率，更可靠地发布。

简单地说，DevOps 是敏捷研发中持续构建（Continuous Build，CB）、持续集成（Continuous Integration，CI）、持续交付（Continuous Delivery，CD）的自然延伸，从研发周期向右扩展到部署、运维，不仅打通研发的"需求、开发与测试"各个环节，还打通"研发"与"运维"。DevOps 适合"软件即服务"（SaaS）或"平台即服务"（PaaS）这样的应用领域，其显著的特征如下。

① 打通用户、PMO、需求、设计、开发、测试、运维等各上下游部门或不同角色。

② 打通业务、架构、代码、测试、部署、监控、安全、性能等各领域工具链。

DevOps 在软件构建、集成、测试、发布到部署和基础设施管理中大力提倡自动化和监控，形成软件研发完整的生态。

2.6 小结

全程软件测试，强调软件测试不再是一个阶段，而是贯穿整个软件开发与维护的生命周期，只要软件研发项目一启动，软件测试就介入，从需求评审开始，直到产品交付后的在线测试。测试左移，将传统的动态测试扩展到静态测试，开展需求、设计和代码的评审；测试右移，将测试验收到软件研发周期之外，进入软件运维阶段，意味着始终关注软件产品质量，而不是说，软件交付之后就万事大吉了。测试左移更到位的话，就是实施 TDD，测试右移到位，就是今天推崇的 DevOps。

第 3 章

准备：基础设施与 TA 框架

今天，即使软件公司没有采用敏捷开发模式，也会关注或实施持续构建、自动化测试，因为都希望能够适应瞬息万变的市场，加快软件发布的节奏。持续构建、自动化测试进一步要求软件研发有一个良好的环境支撑，这就是本章要讨论的基础设施。我们看一下软件测试过程模型 TMap 的发展过程，就能够体会软件测试基础设施的重要性。在第一代 TMap 模型中，还没有"基础设施"概念，只是一个普通的"测试环境"概念——被测系统（System Under Test，SUT）的运行环境，自然将测试环境放在"P（preparation）"模块 / 阶段中，将测试环境的搭建看作是测试设计与执行前的准备工作之一。但随着自动化测试的发展，过去那种认识已经远远落后于时代，测试环境不能在被简单地被理解为 SUT 的运行环境，而应该理解为软件测试的基础设施，包括自动化测试运行、测试管理与研发环境集成的综合性平台。所以第二代 TMap（即 TMap NEXT）将这部分单独拿出来，作为贯穿整个测试过程的支撑，如图 3-1 所示。下面我们就好好讨论讨论这个主题，包括虚拟技术与 Docker 技术、基础设施即代码、持续集成环境、单元测试 TA 框架、系统测试 TA 框架、验收测试 TA 框架（包含需求实例化与 BDD 框架）、DevOps 工具链等。

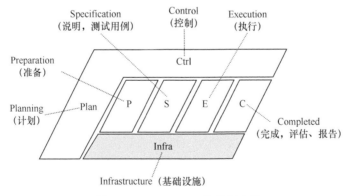

图 3-1　TMap NEXT 结构示意图

3.1　虚拟机与容器技术

早期的测试环境都采用物理机器，例如其测试所用的应用服务器就是一台实实在在的机器，要安装一个系统耗时较长。在软件测试中，有时进行下一轮测试时需要将测试环境恢复到最初的状态，而不得不重新安装测试环境，耗费很长时间。在进行性能测试时，需要数量庞大的测试机，需要安装几十台甚至几百台环境配置相同的机器，其工作量也相当大，而且还占用很大的实验室空间，投入很大。这样的场景在测试中却经常遇到，所以我们必须借助新的计算机技术来解决这类问题，这就是本节讨论的虚拟机和 Docker 技术。

　　在真实计算机系统中，操作系统组成中的设备驱动控制硬件资源，负责将系统指令转化成特定设备控制语言。在假设设备所有权独立的情况下形成驱动，这就使得单个计算机上不能并发运行多个操作系统。虚拟机为了克服这种局限性，引入了底层设备资源重定向，可以隔离资源、进程和用户权限等，每个虚拟机由一组虚拟化设备构成，其中每个虚拟机都有对应的虚拟硬件，只能感知和使用其内部的虚拟资源，而不能使用其他虚拟机的资源。虚拟机工作原理示意图如图 3-2 所示。

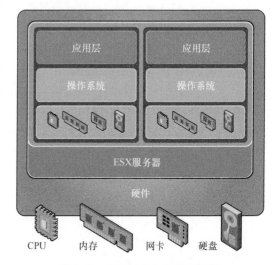

　　另外，虚拟机能提供虚拟资源的管理，为虚拟机分配一定量的资源，虚拟机能够使用所分配的资源，但不能超出资源最大使用量。这样，我们可以在单台物理机器上安装多个系统，允许用户可以同时运行多个操作系统、多个操作系统版本或实例，而不是只有每次运行一个操作系统的多重启动环境，

图3-2　虚拟机工作原理示意图

且不会影响高层应用层。虚拟机能整合空闲的系统资源，充分利用硬件资源，节约能源和空间，并能提升系统的运作效率，有利于测试环境的建立和维护。

> ▶ 根据 VMware 官方的统计，在目前的客户环境中至少有 70% 的服务器利用率只有 20%～30%，而通过虚拟技术可以将服务器的利用率提高到 85%～95%。

> ▶ 如果内存加大到 48GB 或更高，一台机器可以虚拟 10～20 台服务器，而原来几百台服务器的要求，现在只需要买 10 台或几十台服务器就可以了，占用物理空间小很多，管理这几十台逻辑的服务器要简单得多，从数据中心空间、机柜、网线、耗电量、空调等方面大大节省维护费用。

> ▶ 能够快速完成虚拟机的环境安装和恢复，因为只要花几分钟装载之前备份的镜像文件，而不需要每次为恢复原来版本进行重建系统的工作。这在自动化测试时特别有用，每一个测试套件执行完以后，都需要恢复最初的测试环境，就要靠虚拟机镜像来

创建机制（rollback）回滚，在几分钟之内就能把系统恢复到之前的初始状态。

▶ 标准化环境和改进安全，包括高级备份策略，在更少冗余的情况下，确保高可用性，容易实现添加、移动、变更和重置服务器的操作。

▶ 通过部署在刀片式（机架式）服务器上的虚拟中心来管理虚拟和实体主机，建立一个逻辑的资源池，连续地整合系统负载，进而优化硬件使用率和降低成本。

常见的虚拟机软件有：VMware 公司的 VMware GSX/ESX Server、VMware Workstation 和 VMware Player，微软公司的 Virtual Server、Virtual PC 与 VirtualBox，以及其他公司的 VMLite WorkStation、Xen、QEMU、twoOStwo 和 svista。

今天虚拟技术已成熟，更多采用更加灵活方便的容器技术。容器和虚拟机类似，都可以看作是虚拟实体，满足隔离性和可管理性。但是，容器不需要包含虚拟的硬件，也不需要包含虚拟的操作系统（Guest OS），而是通过命名空间（Namespace）技术实现隔离性，以及通过操作系统进程组的资源控制完成资源的分配和管理，如图 3-3 所示。所有的容器实例直接运行在宿主机中（直接运行在宿主机操作系统之上），所有实例共享宿主机的内核，这和上述虚拟机是不一样的。容器相对于虚拟机有以下好处。

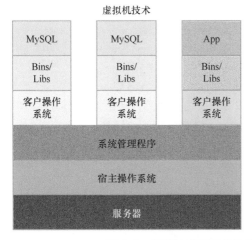
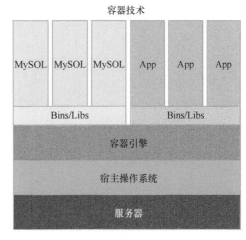

图3-3　容器和虚拟机的比较（相关内容引自nvidia博客）

▶ 镜像体积更小，因为只包括应用软件系统和所依赖的环境，没有内核，属于轻量级应用。

▶ 创建和启动更快，不需要启动 Guest OS，这样启动的时间基本就是应用本身启动的时间。

▶ 层次更高，降低额外资源开销，资源控制粒度更小、部署密度更大。

> 使用的是真实物理资源，因此不存在性能损耗。

在容器技术不得不提 Docker。Docker 几乎成了容器技术的代名词，虽然容器技术早就有了，但是一直没有形成一个标准，也缺少良好的管理工具。像 Linux 原生支持的容器 LXC，对环境依赖性强、可移植性差，也缺乏相应的管理工具包。虽然 Docker（由 dotCloud 公司开源的）也是基于 LXC 的高级容器引擎，但它在上层构建了一个具有强大功能的工具集，并形成了事实上的工业标准，能够把应用以及应用所依赖的环境完完整整地打成了一个包，这个包部署到不同环境上都能正常运行。

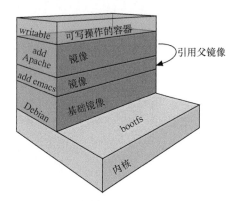

Docker 其创新在于它的镜像管理，所以有人简单地概括为 Docker = LXC + Docker 镜像。Docker 镜像的创新之处在于使用了类似层次的文件系统 Aufs——由多个镜像层层叠加而成，从基础（Base）镜像开始，在上面加入一些软件构成一层新的镜像，依次构成最后的镜像，如图 3-4 所示。今天，Docker 不仅仅支持 Aufs，而且也支持 Devicemapper、Btrfs 和 Vfs 等文件系统。

图 3-4　Docker 镜像的多层次构成示意图
（相关内容引自"深度开源"论坛）

3.2　基础设施即代码

基于虚拟技术（如前面介绍的虚拟机和容器技术）和并行计算技术等，可以构建分布式的计算机平台，即最近十几年流行的云平台（Cloud Platform）。而将这种云平台作为一种服务，为多个项目的研发环境提供服务，人们就希望它具有良好的可伸缩性（俗称"弹性"），可以动态地、灵活地分配各个项目所需的资源（如存储能力、计算能力、传输能力等），这种应用的典型案例来自于亚马逊公司的弹性云（Amazon EC2）。这样的云平台管理给我们带来很大的挑战，那种依赖手工管理的传统方式已经不能满足要求，无法快速做出响应，必须需求环境管理的自动化，这样慢慢形成两个优秀实践。

① 一切都是 API，环境的安装、升级和配置都通过 API 调用方式实现。

② 基础设施即代码（Infrastructure as Code，IaC），通过机器可读定义文件管理和配置计算机数据中心的过程，而不是物理硬件配置或交互式配置工具，即可以在版本控制系统中使用脚本或声明性定义来描述资源的配置。

基于上述两项实践，将应用软件部署和环境部署可以统一起来，允许开发人员使用与应用软件部署相同的工具快速部署应用程序及其所依赖的运行环境，也可以由工具动态地创建、销毁和更新产品运行所需的环境（包括服务器、负载均衡器、防火墙配置、第三方依赖等）。作为代码方法的基础架构被推广用于云计算，也特别适合维护和管理软件测试的基础设施，因为软件测试的基础设施是经常需要更新的，而且是希望在晚上进行，实施无人值守的自动化测试。

IaC 的价值可以分解为 3 个可度量的类别：环境维护成本、速度和风险。基础设施自动化可以更好地体现维护过程的可视性，消除人为错误和违规操作带来的风险，并能显著地提高运维速度。IaC 通常采用两种操作方式。

① Push：控制服务器将配置推送到目标系统，例如工具 Ansible Tower、Otter、SaltStack、Terraform 都采用这种推送方式。

② Pull：要配置的服务器主动地从控制服务器获取其配置，例如工具 CFEngine、Chef、Puppet 都采用这种主动的拉取方式。

而 IaC 可以分为以下 3 类。

① 声明式（功能性），定义了所需的状态，着重于最终的目标配置应该是什么。

② 命令式（程序式），以适当的顺序执行环境部署或配置的特定命令，侧重如何改变基础设施配置以实现某个特定的部署目标。

③ 智能（环境认知），在系统执行需要发生的事情以实现不影响相关应用程序的期望状态之前，智能决定正确的期望状态。重点在于考虑到通常在生产环境中运行的同一基础设施上运行的多个应用程序的所有相互关系和相互依赖关系，配置应该以某种方式进行。

IaC 要实现标准化、高度的自动化和可视化等目标，必须遵守如下一些基本原则。

▶ 复用性。环境中的任何元素都可以轻松复制，在其他场景中使用。

▶ 一致性。无论何时，创建的环境各个元素的配置是完全相同的。

▶ 快速反馈。能够频繁、容易地进行变更，并快速知道变更是否正确。

▶ 可视性。所有对环境的变更易理解、可审计、受版本控制。

3.3　持续集成环境

基于虚拟技术和 IaC，我们开始构建软件测试环境。在软件测试环境构建中，要考虑和研发环境的集成，这主要指持续集成（Continuous integration，CI）环境和各种自动化测试框架，如单元测试框架、系统测试框架、验收测试框架（含 BDD 测试框架）和 DevOps 工具链等。在本节中，我们先讨论 CI 环境的搭建，后面再讨论自动化测试框架。

良好的 CI 环境能够实现自动构建、自动部署、自动验证，并能实时地将这些环节的结果发布到 Web 服务器上，供相关人员随时浏览。CI 环境主要涉及的工具如下。

▶ 代码管理工具，如 GitHub、GitLab、BitBucket、SubVersion 等。

▶ 版本构建工具，如 Ant、Gradle、Maven 等。

▶ CI 调度工具，如 Jenkins、BuildBot、Bamboo、Fabric、CircleCI、Teamcity、Travis CI、CruiseControl 等。

▶ 自动部署工具，如 Capistrano、CodeDeploy、Superviso、Forever 等。

▶ 配置管理工具，如 Ansible、Bash、Chef、CFengine、Puppet、Rudder 等。

▶ 代码静态分析工具，如 Findbugs、C++Test、CppTest、IBM AppScan Source Edition、Fortify Static Code Analyzer。

▶ 单元测试，如 JUnit、CppUnit、Mocha、PyUnit。

▶ 版本验证（测试）工具，如 Selenium、Appium 等。

其环境构成结构，如图 3-5 所示，并采用虚拟机或容器技术，降低建设及其维护成本，力争做到高度的自动化，可以达到"无人值守"的水平，同时能够适应不同项目的需求，实现多管道构建技术，同时进行多个不同版本的构建。

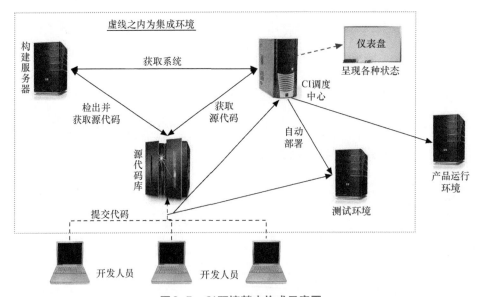

图 3-5 CI 环境基本构成示意图

3.3.1 版本管理与构建

Git 是一个分布式、自治的代码版本管理系统，开发人员远程存取方便，所以分布比较广的、相对松散的团队用 Git 比较好。如果直接使用 Git 在线服务 Github，那就更方便，直接使用其提供的代码管理功能，而且还可以用 GitHub 的 Pull Request 进行代码评审。GitHub 借助 Pull Request 这个工具，不仅能完成代码的审阅（review），而且可以将代码合并到主干上，能够实现更为简洁的 GitHub Flow 的分支管理策略。通过 Pull Request @ 团队成员，即指定某团队成员评审自己的代码，指定成员跳转到指定分支后可以对代码进行评论，提出改善建议。这样，借助 Pull Request 帮助改善逻辑及缺陷，还可以通过触发器触发 CI 自动进行集成测试。

基于代码库，随时自动地检出（check out）代码并构建一个可以运行的版本——持续构建，这是 CI 中一个基本的任务。持续构建的工具比较多，依赖于所用的编程语言，常用的代码工具如下。

▶ Java：Ant、Maven、Gradle(Groovy)、Buildr。

▶ C/C++：make，BuildAMation。

▶ Ruby：Rake、Capistrano。

▶ .NET：NAnt、MSBuild。

▶ 跨语言：ElectricAccelerator、CMake、nmake。

更全的构建工具列表，可以参考维基百科。Maven 凭借其强大的依赖配置战胜 Ant，可以说 maven 成了 Java 构建的标准，所以这里以 Maven 为例，介绍如何安装和使用构建工具。其他工具，也值得了解或关注。特别是后起之秀 Gradle，目前受到开源社区和软件企业的关注，应用也越来越广泛。因为 Gradle 能更快地进行构建、能够处理大规模构建、支持多平台和多语言、采用比 xml 更简洁的 DSL 来完成配置等优势。

Maven 安装与配置，参考官方网站的介绍即可，在此就不再详细介绍。在这里只是简单介绍一下其配置文件 settings.xml 和 pom.xml。

① settings.xml 是多个项目在 maven 中共享的环境参数设置文件，包括 localRepository、interactiveMode、usePluginRegistry、offline、pluginGroups、servers、mirrors、proxies、profiles、activeProfiles 等。

② pom.xml 是某个项目具体的环境参数设置文件（pom：project object model），主要设置项目名称、版本、所依赖的组件（dependencies）。

使用 maven 构建时所需要的 jar 包，先在本地仓库（localRepository）找，默认本地仓库是放在当前用户目录下 .m2 文件夹（USER_HOME/.m2）。如果本地没有，则去远程的中央仓库下载，可以打开 .m2 的 settings.xml 进行修改。而 profiles 可以在 settings.xml、也可以在 pom.xml 中设置，只是 settings.xml 中的 profiles 是 pom.xml 子集，只包含 4 项内容：activation、repositories、pluginRepositories 和 properties。

Maven 能够覆盖整个软件发布生命周期的，从验证、编译开始，到测试、安装、部署等，通过运行 mvn 命令实现，包含相应的选项，如下所示。

命令：mvn [options] [<goal(s)>] [<phase(s)>]

▶ Options：可选的参数，如 -version , -h 等。

▶ Goal(s)：构建的目标，如 :describe、:create 等，还可为目标传递一些参数，如 groupId、artifactId 等。

▶ Phase(s)：maven 构建生命周期中的某个阶段，会执行生命周期中该阶段之前的所有命令，使项目处于指定的"状态"。

▶ validate：验证项目是否正确以及相关信息是否可用。

▶ compile：编译。

▶ test：通过 JUnit 等单元测试。

▶ package：根据事先指定的格式（如 jar）进行打包。

▶ integration-test：部署到运行环境中，准备进行集成测试。

▶ verify：对包进行有效性和质量检查（BVT）。

▶ install：安装到本地代码库。

▶ deploy：在集成或发布环境，将包发布到远程代码库。

在默认的生命周期之外，还有两个"阶段"：

▶ clean：清除以前的构建物。

▶ site：生成项目文档。

例如：

$ mvn help:describe -Dcmd=compiler:compile

$ mvn my_plugin:create -DgroupId= com.happystudio -DartifactId=testZilla

$ mvn install:install-file -DgroupId=<your_group_id> -DartifactId=<your_artifact_id> -Dversion=<version> -Dfile=<path_of_jar_file>-Dpackaging=jar

-DgeneratePom=true

3.3.2　CI 管理工具的安装

持续集成（CI）很普遍，是敏捷开发模式提倡的"快速迭代""持续交付"的基础。CI 要做到自动构建、自动部署和自动验证等，这必然依靠工具。更准确地说，这依赖于能够执行 CI 全过程的基础设施。构成其基础设施的工具比较多，除了上面介绍的代码仓库管理系统、构建工具，最核心的工具就是 CI 调度管理工具，用来完成整个过程的调度、管理，包括各个版本构建状态的显示。

这里以 Jenkins 为例，先介绍其实现原理，然后再介绍如何完成其安装、配置和应用。Jenkins 是在 2011 年从 Hudson 改名过来的，Hudson 项目由原 Sun 公司在 2004 年创建，2005 年 2 月首次在 java.net 发布其第一个应用版本，两年后，就取代 CruiseControl 等工具，成为业界更好的选择。由于 Sun 公司被甲骨文（Oracle）公司收购，Hudson 这个开源项目为了避免和甲骨文公司引起纠纷，遂改名为 Jenkins。

Jenkins 由 Java 开发，运行在 Servlet 容器中（例如 Apache Tomcat），支持各种代码版本管理工具，可以执行基于 Apache Ant 和 Maven 的项目，包括执行 Shell 脚本和 Windows 批处理命令。Jenkins 可以通过多种手段触发构建，如代码提交时（事件）触发、类似 Cron 作业的定时触发、构建完成时（事件）触发、通过一个特定的 URL 进行请求来触发等。而且，把部署流程比喻为一个长长的管道，每个管道相对独立，并由一系列节点（作业）构成，完成某作业后才可以进入下一节点，如图 3-6 所示，覆盖整个软件构建、验证和发布全生命周期。

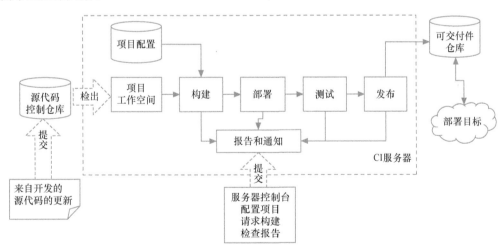

图3-6　Jenkins持续集成管理流程（实现原理）

Jenkins 安装非常简单，把其最新版本下载下来解压，把得到的 war 包直接放到 tomcat 下，启动 tomcat，Jenkins 就安装完毕。在此之前，自然要准备好 JDK、Tomcat 环境。接下来，就是创建项目并进行配置，每个项目要配置一个 Job（见图 3-7），即单击左上角的"新建"，输入项目名称，选择项目类型，如"构建一个 maven 项目"，然后就进入该项目的相关配置，包括"源码管理、构建触发器、Build（构建）、前置/后置步骤（Pre/post Steps）、构建设置、构建后操作"等选项的配置，具体操作如下。

图3-7   Jenkins新建项目管理（Job）界面

① 源码管理：选择 CVS、Git 或 SVN 其中一项，如选 SVN 后，再配置其仓库地址（Repository URL）、用户登录信息（Credentials）、本地模块目录（Local module directory），而且 Jenkins 会自动验证地址等信息，给予提示。

② 构建触发器：选择事件触发、定时触发等选型；假如选定时触发，需要输入构建时间，如"0 13,19 * * *"，表示每天的 13 点和 19 点整进行构建，其配置规则是"分时天月年"，中间用空格隔开，"*"代表任意取值。

③ Build：root POM 和 goals/options，这里可能要出错，就需要在"系统设置"（图 3-8 中"管理 Jenkins"选项组中的第一项）的 maven 配置项中添加 maven 目录。

④ 构建设置：用于选择发布哪些结果、是否进行邮件通知。

图3-8   Jenkins管理（配置）主界面

系统设置的内容很多，这里就不详细介绍，设置项主要如下。

▶ 主目录、系统消息、执行者数量、标记等。

▶ 生成前的等待时间、SCM 签出重试次数等。

▶ 全局属性：如环境变量（Environment variables）等。

▶ Create Job Advanced：如 Allow anonymous browsing，Send Mail per failed Maven Module 等。

▶ Maven Info Plugin：如隐藏 Snapshots、Snapshots/ 发布风格等。

▶ Maven Configuration：默认的（全局）settings provider 等。

▶ JDK、CVS、Subversion、Git、Ant、Maven 等设置。

▶ Jenkins Location、SSH Server、邮件通知等设置。

这样配置后，就可以构建新的版本，如单击某个 job 后面的"手动构建"（Schedule a build），会在左边的 Build Queue 或者 Build Executor Status 显示正在构建的任务。构建完之后，刷新页面，就能看到结果。如果构建失败，点击项目后面的数字进入项目的"控制台输出"（Console Output）就能查看构建失败的原因，也可以从指定的邮箱中检查"构建失败"的邮件通知。

如何将代码版本管理系统和 CI 调度工具集成呢？这就借助其扩展性来实现。对于 SVN，其扩展性比较好，可以支持不同的访问方式，除了本地直接访问方式，可以考虑 DAV（Distributed Authoring and Version）Web 访问方式、SVN（借助 svnserve 服务）接口实现。例如，SVN 和 Jenkins 集成就比较简单，在 Jenkins 配置中输入 SVN 代码库（Repository）的 URL 地址，以及连接认证所需的用户名和口令。

3.4 自动化测试框架

CI 环境是支持整个研发与交付的环境，从图 3-5 中可以看到，软件测试环境是其中关键组成部分，而且测试环境不仅要支持 CI 环境，还要支持更大规模的测试活动（如测试开发、测试资源管理等）和更丰富的测试类型（如性能测试、安全性测试、易用性测试等）。软件测试基础设施的核心是自动化测试平台——基于测试自动化框架构建是一个为测试提供各种服务的集成系统。

3.4.1 自动化测试框架的构成与分类

可以设想一下自动化测试开发与执行的场景。首先，研发人员根据测试任务的要求，开发和调试自动化测试脚本，并能基于脚本和测试环境组合成测试任务，而这些任务能够在晚上自动执行。这就需要在下班前预先安排测试任务，如在某个 Web 页面提交测试任务、查看测试结果。这种测试任务能够按某种机制（定时、版本构建成功后发消息通知）自动启动执行，而且需要找到可用的测试资源来执行测试任务，这依赖于安装在测试机器上的代理来进行交互通信，获得机器状态、运行测试工具和将测试日志发送到某服务器上供分析。所以，自动化测试框架的构成如图 3-9 所示，它集成了测试脚本开发环境、测试执行引擎、测试资源管理、测试报告生产器、函数库、测试数据源和其他可复用模块等，而且还能够灵活地集成其他各种测试工具，包括单元测试工具、系统功能测试和性能测试工具等。

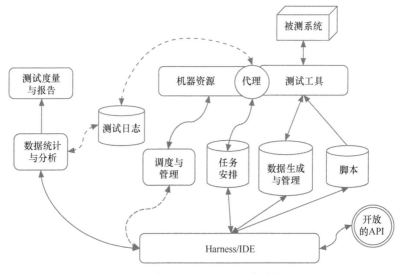

图3-9　自动化测试框架的基本构成

框架和工具的根本区别是：框架只是完成一个架构，用户可以根据自己的需求进行填充，如进行二次开发，增加具体的、特定的功能，还可以集成其他不同的测试工具；而一个测试工具相对固定，无法进行二次开发，也不能集成大量的第三方测试工具。

① Harness/IDE：TA 框架的核心，相当于"夹具"，其他 TA 框架的组成部分都能作为插件与之集成，而且承担脚本的创建、编辑、调试和管理等。

② TA 脚本的管理：包括公共脚本库、项目归类的脚本库，这部分可以与 github 这样的代码管理工具集成。

③ 测试资源管理：增加、删除和配置相应的测试设备（软硬件资源），并根据它们的使用状态来分配测试资源。

④ 测试数据管理：测试数据的自动生成、存储、备份和恢复等。

⑤ **开放的接口**：提供给其他持续集成环境、开发环境或其他测试环境的集成接口。

⑥ **代理（Agent）**：负责 Harness 与工具的通信，控制测试工具的运行。

⑦ **任务安排（Scheduler）**：安排和提交定时任务、事件触发任务等，以便实现无人值守的自动化测试执行。

⑧ **数据统计分析**：针对测试结果（含测试工具运行产生的日志），生成可读性良好的测试报告（如 HTML 格式的测试结果）。

自动化测试框架能够与 CI 环境、配置管理系统和缺陷管理系统等集成起来，持续构建后直接触发自动化测试，做到 CI 与持续测试无缝集成。测试工具所发现的缺陷能自动记录到缺陷库中，形成一个良好的开发和测试整合的环境。例如，开源 TA 框架——STAF（Software Testing Automation Framework）提供测试所需的基本服务（如配置、文件传输、进程处理、消息队列、资源池、跟踪、日志、监控等），提供 TA 框架所需的底层通信，并使不同的测试工具进程之间交换数据。STAF 需要和软件自动化框架支持（Software Automation Framework Support，SAFS）及自动化框架执行引擎（STAX，STAf eXecution engine）结合起来使用。另外一个通用的测试框架是 Robot Framework，将在后面详细介绍，因为它更适合归入验收测试自动化测试框架。

过去谈到自动化测试框架，会谈到数据驱动的测试框架和关键字驱动测试框架。目前自动化测试框架一般都支持数据驱动，数据驱动的技术主要体现在"脚本中可以定义参数变量，参数变量的取值通过数据文件或特定的数据表来实现，实现脚本和数据的分离。而且在实际的项目中，许多测试用例的操作行为或步骤是一样的（如登录功能的测试用例），不同的是输入数据（如用户名、口令、验证码等）不同，测试用例体现在输入数据上，所以数据驱动的脚本很有价值，将来修改和丰富测试用例，只要修改数据文件（表），而不影响自动化测试脚本。关键字驱动脚本将在 3.4.3 节介绍。

也有人从其他角度，如从脚本的语言或描述方式对自动化测试框架进行分类[32]，分为以下 4 种类型。

① 函数型自动化测试框架，属于轻量型的测试框架。它只是通过函数的方式来定义和调用测试用例，借助 IDE 平台管理测试用例集，从而快速的实现自动化测试，比如 xUnit 等。

② 单领域语言型，通过自然语言或者关键字形式的领域特定语言（DSL）描述测试用例，形成更清晰、更易理解的自动化脚本，如 RSpec、Jasmine、Mocha 等。

③ 多领域语言型，通过多句或者多个关键字的领域语言来描述一个特定的场景，使得测试用例更容易阅读和理解，并且比较容易形成一套活文档系统，如 Cucumber、JBehave、

SpecFlow、Robot Framework 等。

④ 富文档型。通过富文档的方式来描述负责的软件测试场景，甚至可以增加业务流程图或者系统用户界面等，如 Concordion、Fitnesse、Guage 等。

如果团队只关注快速实现自动化测试，可以选择函数型自动化测试框架。如果为了解决知识传递问题，让测试用例更可读和易懂，这时适宜选择单领域语言型。如果为了进一步解决和非技术人员协作开发的问题、让测试脚本更具可读性和可维护性，拥有一套活文档，可以选择多领域语言型自动化测试框架或富文档型。有的框架只支持自己特定的脚本，有的框架可以支持流行的编程语言，如 Robot Framework、Selenium、Appium 等，我们选择框架时，应该优先选择后者。

为了大家更好应用自动化测试框架，这里将自动化测试框架分为单元测试框架、Web UI 功能测试框架、移动应用测试框架、API 测试框架和验收测试框架。下面将逐一做详细介绍。

3.4.2 单元测试框架

说起单元测试框架，不得不提 JUnit——一个经典的自动化测试框架（事实上的业界标准），由此形成单元测试框架家族 xUnit，演化成一些单元测试的基本规则，包含了面向其他编程语言的框架，如 CppUnit、NUnit、PyUnit、DBUnit、HttpUnit 等。理解了 JUnit，其他单元测试框架的理解和应用就信手拈来。

JUnit 目前常用的版本是 JUnit 4.x，开发平台的一个插件（jar 包），它提供了一系列的组件，其中核心的组件是 junit.framework 和 junit.runner。

▶ Framework 测试架构，负责构建测试，包括测试集、测试用例和测试结果的收集级，对应 TestSuite、TestCase、TestResult、Assert 这些类。还有一些类负责监控执行过程、扩展接口等，如 TestListen、Test 等。

▶ Runner 运行平台，负责测试的执行和结果显示，对应一个类 TestRunner。这个类在不同的运行环境是不同的，在文本测试环境中采用的是 junit.textui.TestRunner。BaseTestRunner 则是所有 TestRunner 的超类。

整个构成如图 3-10 所示。简单地说，一个 TestRunner 运行一个 TestSuite，该 TestSuite 可以由若干个 TestCase（或者由其他 TestSuite）所组成。运行结果由 TestResult 收集，由 TestRunner 来报告这些信息。对于通过的测试只要给出结果即可，倒是没有通过（failure）的测试需要给出足够的信息，让研发人员知道为什么测试没通过、是什么原因导致的，所以有 ComparisonFilure、AssertionFailureError 两个类处理测试失效的情况。

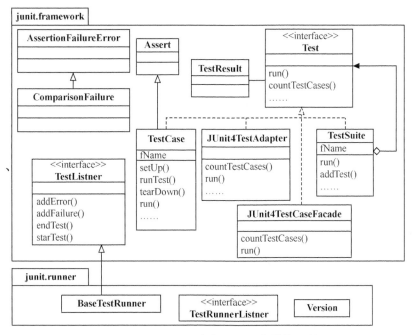

图3-10 framework包与runner包的关系图

测试最显著的特点就是要对执行结果进行验证，即单元测试的 Assert（断言）语句，这就依赖 JUnit 中的 Assert 类所提供的方法如下。

▶ assertEquals()，查看对象中存的值是否与期望的值相等，与字符串比较方法 equals() 类似；

▶ assertFalse() 和 assertTrue()，查看变量是否为 false 或 true，如果 assertFalse() 查看的变量的值是 false 则测试成功，如果是 true 则失败，assertTrue() 与之相反；

▶ assertSame() 和 assertNotSame()，则比较两个对象的引用是否相等和不相等，类似于通过 "==" 和 "!=" 比较两个对象；

▶ assertNull() 和 assertNotNull()，查看对象是否为空和不为空；

▶ fail ()，意为失败，执行它会直接抛出错误。

JUnit 4.4 版以后还增加了一种 assertThat 方法来表示断言，代替 Assert 类中的各种方法，但这种断言需要基于 Hamcrest 框架来引用。Hamcrest 能提供一套匹配符 Matcher，使得 assertThat 断言的使用更接近自然语言。例如，assertEquals(except, actual) 就可以写成 assertThat(except, is(actual))；assertThat(n, anyOf(greaterThan(16), lessThan(8)))，表示如果 $n>16$ 或 $n<8$，则 assertThat 为真。

JUnit 还引入理论机制（Theory）、假设机制（Assumptions）、特定分类执行机制（Categories）、规则机制（Rule）等更多的功能，可以对用例进行参数化控制、对用例进行分类执行和可以灵活定义注释进行重写等，为测试工作的独立和管理提供更多便利操作。

在测试类中不是每个方法都是用于测试的，使用 @Test 标注的才属于测试方法，才会在 Runner 中生成运行结果，其他方法不会在 Runner 中产生结果。@Test 就是 JUnit 中的一个 Annotation（标注），JUnit 里其他的标注都是以 "@" 开头所引导的，示例如下。

- ▶ @Before：初始化方法，在每一个测试方法执行之前执行。

- ▶ @After：每个测试用例执行之后要执行的方法，一般用于释放参数、释放空间等操作。

- ▶ @BeforeClass：针对所有测试，只执行一次，且必须为 static void。整个测试类执行之前执行的操作，常用于准备被测对象，或者部署测试环境。

- ▶ @AfterClass：针对所有测试，只执行一次，且必须为 static void。整个测试类执行之后执行的操作，常用来释放对象或恢复测试环境等。

以上 4 种标注是在某些阶段必然被调用的代码，称之为 "Fixture"。 Fixture（装置）也是验收测试框架中的基本概念。

运行器中的 Errors 和 Failures 是不同的。Errors 是表示测试代码的错误，是测试方法不可预料的，是由意外问题引起的错误，如 ArrayIndexOutOfBoundsException（超出数组边界的错误等），面板上显示在其后的数字代表错误数，Failures（失效）是表示测试失效的方法数，是被 assert() 方法检查到的各种失效，图 3-11 表明有一个测试失效。

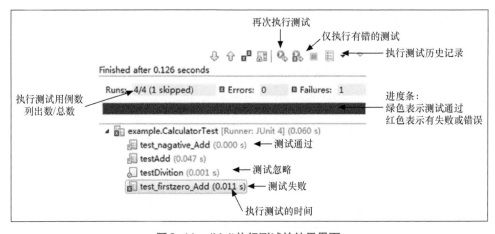

图 3-11　JUnit 执行测试的结果界面

2016年年初，JUnit 5 ALPHA 版本已推出，适用于 Java 8 程序的单元测试。这个版本增加了一些新特性，如采用分组断言（Grouped Assertion），一个方法的某个断言失效，该分组的其他断言还会被执行。

xUnit 框架与 JUnit 框架大体相同，主要包括 4 大要素——测试 Fixtures、测试集、测试执行和测试断言，其中测试 Fixtures 是指一组被测程序单元测试成功的预定条件或预期结果的设定，目的是为编写、运行测试用例、反馈测试结果以及记录测试日志等工作提供所需的软件环境（infrastructure）。例如，CppUnit 是通过派生 TestFixture 类来编写测试类，即由若干个 TestCase 组成 TestFixture，而 TestFixture 则是建立被测类的实例，并编写 TestCase 进行测试。

JavaScript 虽然也有 JsUnit、QUnit 框架，但更流行的框架要属 Jasmine、Mocha、Buster.js、DaleJS、PhantomJS、TestSwarm、JsTestDriver、Intern 等。

3.4.3 UI TA框架

虽然著名的测试金字塔告诉我们尽量多做 API 层的自动化测试，但 UI 层的自动化测试和用户需求、业务更接近，从测试来看，比较彻底，而且有时不得而为之，如拿不到 API 或作为独立的第三方测试。UI 框架很多，比较常用的有 Windows 客户端测试的 AutoIT、Mac OS 上的 sikuli 和 Web 测试的 Watir、Selenium 以及跨平台的（测试不同类型的）UI 框架。还有 Micro Focus Unified Functional Testing (UFT)、SmartBear TestComplete、TestPlant eggPlant、IBM Rational Functional Tester、Tricentis Tosca、Katalon Studio、Robot framework（把它定义为验收测试框架，在后面介绍）等。这里以 Web UI 自动化测试框架 Selenium 为例进行详细介绍。

早期的 Selenium RC（remote control）已经被 WebDriver 代替，简单地理解为由 Selenium 1.0+WebDriver 构成 Selenium 2.0。现在，我们谈 Selenium，其实就是指 Selenium 2.0，它有 4 个组件，即 Selenium IDE、WebDriver、Selenium 客户端 API 和 Selenium Grid。下面就此展开讨论。

1. Selenium IDE

Selenium IDE 一个用于 Selenium 测试的完整集成开发环境（IDE），最初由 Shinya Kasatani 创建，并于 2006 年捐赠给 Selenium 项目，以前被称为 Selenium Recorder。它是作为 Firefox 附加组件实现的（可以从 Firefox 菜单"工具"下选择"Selenium IDE"启动它），可以直接录制在浏览器 Firefox 的用户操作，并能回放、编辑和调试测试脚本，调试过程中可以逐步进行或调整执行的速度，并能在底部浏览日志和出错信息，如图 3-12 所示。

▶ 左边窗口可以创建和管理测试集（Test Suite）和测试用例（test case）。

▶ 右边是脚本显示和编辑的窗口，即显示某个测试用例的脚本，并能编辑脚本中某行命令（Command）、被操作的对象如 UI 元素（Target）或值（Value），还能调整脚本行的上下顺序。

▶ 底部有 log、UI 元素等浏览窗口。

打开 Selenium IDE，默认就处在录制状态，如果不是，就点击录制操作按钮 ●。在 Firefox 中打开被测 Web 系统主页（如 myconnect 网站，即 Base URL）进行相应的操作，在这过程中还可以右击，增加相应的验证点，如图 3-13 所示。选择其中一个命令，如 verifyText（它与 AssertText 的区别是验证不通过是否继续执行，前者只会报错、还会继续往前执行，后者验证不通过就会停止执行）。测试就是验证的过程，通过期望结果和实际结果比较以判断功能特性是否正常，Selenium 会自动增加一些必要的验证，如图 3-12 所示的 "assertTiTle" 对窗口的验证，因为窗口如果不出现，就无法执行下列的操作。

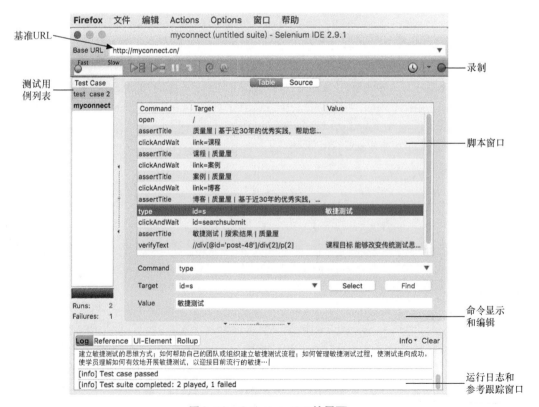

图3-12 Selenium IDE 的界面

图 3-13　对搜索结果进行验证操作界面

Selennese 是 Selenium 的一种特殊的测试脚本语言，以关键字驱动的表格形式存在（关键字驱动脚本也是自动化测试框架中的一个重要概念），形成三段式的脚本，即操作、被操作的对象及其值，如图 3-12 中的"clickAndWait"就是一个关键字，即用户的操作（或命令），操作的对象是"link=课程"，链接和按钮操作没有值，但"type"操作就有值，即在对象（id=s）中输入字符串"敏捷测试"。Selenese 提供在浏览器中执行操作的命令以及从结果页面中检索数据，如图 3-13 所示。

在 Firefox 55 升级后，Selenium IDE for Firefox 停止工作，将不再维护。但是，用户可以在一些较旧的 Firefox 版本（Firefox 55 之前版本）上运行 Selenium IDE，或尝试其他替代解决方案，如 Robot framework、Katalon Studio。

2. WebDriver

WebDriver 可以跳出 JavaScript 的沙箱，针对不同的浏览器创建更健壮的、分布式的、跨平台的自动化测试脚本。基于特定的语言（支持 Java、C#、Python、Ruby、Php、Perl、Javascript 等）绑定来驱动浏览器对 Web 元素进行操作和验证。这样，脚本能够支持分支、循环结构，具有良好的结构化，脚本执行更快、有更强的处理能力，能够更好地满足测试的需求。基于 Webdriver，就可以直接编写自动化测试脚本，如代码示例 3-1 所示，完成页面打开、Web 元素定位与操作，直到浏览器关闭。

代码示例 3-1　Selenium WebDriver Java 测试代码

```
public static void main(String[] args) {
    // 首先创建一个 FireFox 浏览器webdriver的实例，并让浏览器访问必应
    WebDriver driver = new FirefoxDriver();
    driver.get("http://cn.bing.com");
// 获取页面的 title
    System.out.println("Home Page title: " + driver.getTitle());

    // 通过id找到input的web UI元素，并在此域内输入"软件测试"，并提交
    WebElement element = driver.findElement(By.id("sb_form_q"));
// 或通过xPath来定位web元素
// element = driver.findElement(By.xpath("*[@id='sb_form_q']"))
    // 在此域内输入"软件测试"，并提交
```

```
element.sendKeys("软件测试");
  element.submit();

  // 通过判断 title 内容等待搜索页面加载完毕
  (new WebDriverWait(driver, 10)).until(new ExpectedCondition<Boolean>() {
    public Boolean apply(WebDriver d) {
          return d.getTitle().toLowerCase().endsWith("软件测试");
    }
  });
  System.out.println("Result Page title: " + driver.getTitle());
  driver.quit();
 }
```

之前在 IDE 录制的脚本，也可以通过 "文件→ Export Test Case as" 输出特定编程语言（如 Java、C#、Python、Ruby、Php、Perl 等）的脚本。关于 webdriver，更多内容可以参考官方网站。用浏览器的 driver（如 driver = new FirefoxDriver()），能够模拟浏览器操作页面的可视化过程。如果将 driver = new FirefoxDriver() 改为 driver = new HtmlUnitDriver()，则浏览器行为在后台模拟运行。为了能进行持续验证，可以和 maven 等构建环境集成起来，只要在其配置文件 pom.xml 中增加 dependency，如下所示进行配置即可。

```
<?xml version="1.0" encoding="UTF-8"?>
<project xmlns="http://maven.apache.org/POM/4.0.0"
   xmlns:xsi="http://www.w3.org/2001/XMLSchema-instance"
   xsi:schemaLocation="http://maven.apache.org/POM/4.0.0
http://maven.apache.org/xsd/maven-4.0.0.xsd">
   <modelVersion>4.0.0</modelVersion>
   <groupId>MySel20Proj</groupId>
   <artifactId>MySel20Proj</artifactId>
   <version>1.0</version>
   <dependencies>
       <dependency>
           <groupId>org.seleniumhq.selenium</groupId>
           <artifactId>selenium-java</artifactId>
           <version>2.53.0</version>
   </dependency>
   <dependency>
       <groupId>org.seleniumhq.selenium</groupId>
       <artifactId>htmlunit-driver</artifactId>
       <version>2.20</version>
   </dependency>
   </dependencies>
</project>
```

3. Selenium 客户端 API

Selenium 客户端 API，即以 WebDriver 为中心的组件，作为在 Selenese 编写测试的替代方案，测试也可以用各种编程语言编写。然后这些测试通过调用 Selenium Client API 中的方法与 Selenium 进行通信。Selenium 目前为 Java、C#、Ruby、JavaScript 和 Python 提供客户端 API。

Selenium WebDriver 直接通过浏览器自动化的本地接口来调用浏览器，如代码示例 3-1 中第 2 行代码所示。它支持众多的浏览器：Firefox、Google Chrome、HtmlUnit、Internet Explorer、Opera、Safari 等。Selenium Webdriver 通过 API 调用完成各种浏览器的操作，如：

- ▶ driver.get(myURL)

- ▶ driver.findElement(By.id(DOMobject_ID))

- ▶ driver.findElement(By.xpath (DOMobject_xPath))

- ▶ driver.getTitle()

- ▶ driver.click()

- ▶ driver.manage().addCookie(cookie)

- ▶ driver.manage().getCookie()

......

4. Selenium Grid

Selenium Grid 是一个服务器，提供对浏览器实例（WebDriver 节点）访问的服务器列表，管理各个代理节点的注册和状态信息，允许测试使用在远程机器上运行的 Web 浏览器实例，接受远程客户端代码的请求调用，然后把请求的命令再转发给代理节点来执行，从而构筑分布式的测试环境，进行并行的功能测试（平行地执行测试用例），大大缩短测试时间。Selenium Grid 起着交换中心（Hub）的作用，多个客户端可以连接这个 Hub，获取对浏览器实例的访问权限，从而能够同时对被测系统进行测试。

使用 Selenium，Grid 远程执行测试的代码与直接调用 Selenium Server 是一样的，只是环境启动的方式不一样，需要同时启动一个 hub 和若干个节点（node）：

```
java -jar selenium-server-standalone-x.xx.x.jar -role hub
    java -jar selenium-server-standalone-x.xx.x.jar -role node -port 5551
java -jar selenium-server-standalone-x.xx.x.jar -role node -port 5552
......
```

Selenium Grid 还能提供更强大的转发能力——根据用例中测试的类型将相应的用例转发给符合匹配要求的测试代理（节点），如用例中指定了在 Mac OS Safari 11.0 版本上进行测试，那么 Selenium Grid 会自动匹配注册信息为 Mac OS、且安装 Safari 11.0 的代理节点，如果匹配成功则转发测试请求，如果失败则拒绝请求。

概括起来，Selenium Grid 允许在多台机器上同步运行测试，并集中管理不同的浏览器版本和浏览器配置，完成自动匹配与转发，如图 3-14 所示。

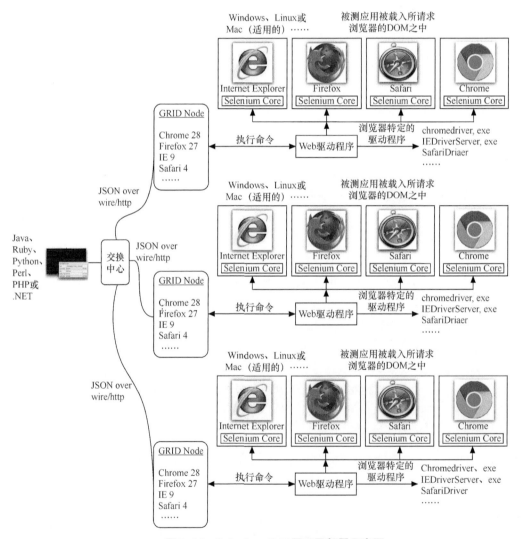

图 3-14　Selenium Grid 原理及部署示意图

3.4.4 移动应用TA框架

移动 App 有很多的 TA 框架，人们还习惯于将它们划分为如下 3 类。

▶ 基于 Android 的 TA 框架，如 Robotium、Selendroid、ATAF 等。

▶ 基于 iOS 的 TA 框架，如 KIF、Kiwi 等。

▶ 跨平台 / 混合式的 TA 框架，如 Appium、Ranorex Studio、Calabash 等。

这里没有列上 Xcode instruments，因为它不能算框架，属于 Mac OS 自带的、用于动态跟踪和分析 OS X 和 iOS 代码的实用工具。虽然它可以同时跟踪多个进程，并检查所收集到的数据，从而帮助我们实现 iOS 应用的自动化测试，包括功能测试组件 UI Automation、性能分析组件 leaks（内存泄露）、allocations（资源分配）等。Appium 可以看作 Selenium 在移动端的实现，前面已经详细介绍了 Selenium，所以在此就不做详细介绍，大家可以参考官网。

在 Android 平台上，Espresso 能为我们定位移动应用 UI layout view（ViewMachers）、完成 UI 交互操作（ViewActions）和判定当前所选定 view 的状态以完成测试所需的验证（ViewAssertions）等提供 API，但它需要借助 JUnit 运行机制来完成测试执行，所以还不能算一个框架。虽然 Android UI Automator 能帮助我们完成跨多个 app、跨系统的功能 UI 的自动化测试，但主要也是提供功能 UI 测试的 API Java 函数库和自动执行测试的引擎，也不能算是一个完整的测试框架，而是可以被其他框架调用。这里主要通过介绍 Robotium 让大家掌握移动应用框架的构成和运行机制。举一反三，在应用其他框架时，也不会有什么困难。

Robotium 结合 Android 官方提供的 App 驱动机制（Instrumentation），针对常用的操作进行了易用性的封装，能够对各种控件（Activity、Dialog、Toast、Menu 等）进行操作，模拟各种手势操作、查找和断言机制的 API。如图 3-15 所示，其中增加了一层 Solo test case，这样就简化了自动化测试的脚本，使脚本更具可读性，执行效率更高，并能显著降低脚本开发和维护的工作量。同时，它具有以下功能。

▶ 支持对 native 和 WebView 的操作，使之能够对各种安卓应用都可以进行测试。

▶ 能自动地支持多个安卓 Activities。

▶ 有单独的录制回放工具（需要购买）。

▶ 可以和 Mave、Gradle、Ant 等工具进行集成，构造持续集成环境。

图 3-15　Robotium 基本层次结构

下面给出 Robotium 的脚本示例：

```java
public class EditorTest extends
                ActivityInstrumentationTestCase2<EditorActivity> {

  private Solo solo;

  public EditorTest(){
                super(EditorActivity.class);
}

public void setUp() throws Exception {
      solo = new Solo(getInstrumentation(),getActivity());
}

public void testPreferenceIsSaved() throws Exception {

                solo.sendKey(Solo.MENU);
                solo.clickOnText("More");
                solo.clickOnText("Preferences");
                solo.clickOnText("Edit File Extensions")
                solo.clickOnText(solo.searchText("rtf"));

                solo.clickOnText("txt");
                solo.clearEditText(2);
                solo.enterText(2,"robotium");
                solo.clickOnButton("Save");
                solo.goBack();
                solo.clickOnText("Edit File Extensions");
                Assert.assertTrue(solo.searchText("application/robotium"));
  }

  @Override
  public void tearDown() throws Exception {
      solo.finishOpenedActivities();
  }
```

MonkeyRunner 采用 C/S 架构，通过 Jython 来解释 Python 脚本，然后将解析后的命令发送到 Android 设备上以执行测试。它还允许在 Python 脚本中继承 Java 类型，调用任意的 Java API。Monkeyrunner API 由 com.android.monkeyrunner 命名空间中下列 3 个类组成。

▶ MonkeyRunner：提供连接到设备或者模拟器的方法，也提供了为 MonkeyRunner 脚本创建 UI 界面的一些函数，最常用的函数是 waitForConnection，返回 MonkeyDevice 对象。

▶ MonkeyDevice：则代表一个设备或模拟器，封装了一系列方法，实现如安装 / 卸载应用、启动活动、向应用发送按键或触摸消息等各种操作，如 installPackage、removePackage、press、touch、type、wake、startActivity、MonkeyImage takeSnapshot 等。

▶ MonkeyImage：完成屏幕抓图、转化图片格式、图像比较、将图像写入文件等操作。

MonkeyRunner 和 JUnit、Eclipse 等集成起来，从而形成移动应用的自动化测试框架，如图 3-16 所示。其中：

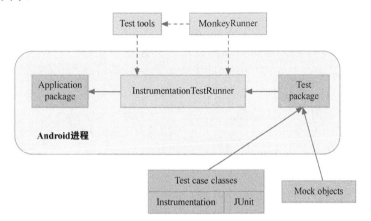

图3-16　基于MonkeyRunner的TA框架示意图

▸ InstrumentationTestRunner 是针对被测 app 而运行测试脚本的执行器；

▸ Test tools，即与 Eclipse IDE 集成的、构建测试的 SDK tools；

▸ MonkeyRunner，提供 API 开发测试脚本，以便能在 Android 代码之外来控制设备；

▸ Test package 被组织在测试项目中，遵守命名空间，如被测的 Java 包是 com.mydomain.myapp，那么测试包就是 com.mydomain.myapp.test。

测试用例相关的类（Test case classes）构成，如图 3-17 所示。

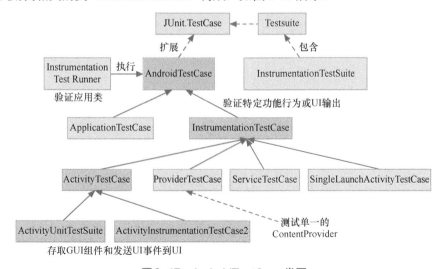

图3-17　AndroidTestCase类图

3.4.5　面向 API 的 TA 测试框架

往往采用分层模式来进行自动化测试（TA），如图 3-18 所示的金字塔模型，它最早由 Mike Cohn 在其著作中提出。这模型告诉我们，相对上层 UI 测试，TA 更适合进行 API 测试（面向接口的系统功能测试）。相对 UI 的 TA，API 的 TA 更容易实现、执行起来也更稳定，脚本维护工作量也小。当然，最大的投入应该投在单元测试上，因为单元测试的 TA 几乎没有困难，能够做到百分之百 TA，而且单元测试运行的频率更高，代码每天在改、经常重构，这些都需要测试支持。这也就是告诉我们，按照这个金字塔模型来进行自动化测试规划，能够产生最佳的 TA 产出投入比（ROI），用较少的投入获得很好的收益。所以，针对系统功能测试，我们应该首先考虑面向接口的 TA。

图 3-18　自动化测试金字塔

API 以各种形式存在，每一个应用都可以定义自己特定的应用接口规范。这里讨论通用的、相对规范的 Web Services 接口和 Restful 风格的接口，支持 XML、JSON 数据格式的绑定。基于 Web Service 接口的功能测试，持 SOAP、WSDL、WS-Addressing、WS-Policy、WS-ReliableMessaging、WS-Security 和 WS-SecurityPolicy 等 Web Services 的标准，能够生成不同参数组合的 SOAP 消息，发送给服务端，再检查能否获得正确的返回值。RESTful API（符合 REST 设计风格的 Web API）有下列 3 个特点。

① 直观简短的资源地址：URI，如前所述。

② 消息传输支持众多协议规范：JSON、XML、YAML 等。

③ 不像 SOAP 一般只通过 POST 方式提交请求，而 RESTful API 对资源可以支持一系列的请求方法，包括 POST（创建 / 追加新的资源）、GET（获取资源信息）、PUT（替换资源）和 DELETE（删除资源）等。

REST 是一种架构风格，而 SOAP 是一个协议，需要遵守规范。REST 没有标准，但大部分 RESTful Web 服务实现会遵守 HTTP、URI、JSON 和 XML 标准等。

面向接口的自动化测试工具比较多，如 Linux/Mac OS 自带的命令 curl、Google Chrome 插件 Advanced REST Client 和 Firefox 插件 Rest Client 以及 RobotFramework、JMeter、SoapUI、TestNG+HttpClient、Postman 等。下面对部分工具进行介绍。

▶ JMeter 一般被认为是性能测试工具，但可以应用于面向接口的功能测试，支持 Web Services 接口测试。

▶ SoapUI 是专业面向接口的测试工具，支持 SOAP、Restful 不同风格的接口测试。

▶ REST Assured 是为了简化基于 REST 服务的测试而建立的 Java 领域特定语言（DSL），支持 POST、GET、PUT、DELETE、OPTIONS、PATCH、HEAD 等各种方式的请求，并能进行对这些请求的响应之验证。类似 JUnit 框架，可以在测试代码中增加 @before、@after、@test 来完成测试的前置条件的设置、后置条件的设置和测试的执行，可以通过 given().param 增加参数，还可以通过 given().cookie、given().header、given().contentType 等设置 HTTP 的 cookie、header 和类型。还可以使用使用 JSON schema 去验证，那样会大大减少测试用例和代码的数量。

这些工具可以参考笔者写的《软件测试——基于问题驱动模式》中的相关章节。而从面向接口的 TA 框架来看，它不仅仅是测试工具，除了能够支持常见接口协议的实现和封装、面向这些协议的接口测试执行（如通过 HttpClient 和服务端进行交互完成测试），还能提供下列功能。

▶ 测试用例和测试集的管理，如采用 JUnit、TestNG 进行测试脚本的管理。

▶ 测试任务调度中心，如通过 Shell 脚本调度执行。

▶ API 文档分析器：将 API 文档进行分析，分析每个 API 的业务逻辑及其参数、参数值。或者"模版定义"。即考虑业务规则和逻辑定义，完成数据结构定义、参数设置及其组合设计，例如利用因果图中"或、与、非"等来定义接口业务功能逻辑。

▶ 业务 API 库，对 API 的管理，清楚业务逻辑所涉及的接口和类，从而能够生成测试代码或测试数据。

▶ 测试数据准备（包括参数值的自动生成）和自动清理，包括对 csv、XML、JSON 等数据格式的支持。

▶ 测试脚本及其执行支持数据驱动方式，从数据文件读入接口请求数据。

▶ 支持用例多线程执行，缩短执行时间。

▶ 和开发（Git）、构建（Maven）、持续集成（Jenkins）等环境的集成，接口环境和日志的管理。

▶ 断言方式的扩展，如通过 AssertJ 提供丰富的断言，用户可以更灵活地、更方便地验证 API 结果。

▶ 测试结果的展示、查询，支持定制化测试报告、邮件通知测试结果，如通过 ReportNG 输出丰富多彩的测试报告。

这里侧重介绍面向接口的 TA 框架 Postman。

Postman 是一个完整的 API 开发与验证的测试平台，它包括 6 个部分。

▶ 发布（PUBLISH）：使用 Postman Collections 和 Documents 更快地为开发人员提供 API。Collection 是一组请求，相当于 test suite，可以在某特定的环境中运行一系列请求。

▶ 监控（MONITOR）：创建自动化测试来监视 API 的正常运行时间，响应性和正确性。

▶ 文档（DOCUMENT）：创建漂亮的网页浏览文档。

▶ 设计 & MOCK：在 Postman 设计与使用 Postman 模拟服务。

▶ DEBUG：测试 API、检查响应、添加测试和脚本。

▶ 自动化测试（AUTOMATED TESTING）：使用 Postman collection runner 运行自动化测试。这里主要介绍一下它的自动化测试构成和特性。

1. Newman

Newman，即 Postman CLI（Command line interface，命令行接口），从命令行运行并测试 Postman Collection，如：

```
$ newman run mycollection.json
```

Newman 可以带比较多的参数选项，使之有很强的执行能力。

▶ --folder [folderName]：指定某文件夹来运行。

▶ -e, --environment [file|URL]：指定 JSON 文件描述的 Postman 环境。

▶ -d, --data [file]：指定 json 或 csv 格式的数据文件。

▶ -g, --globals [file]：指定 JSON 格式的 Postman 全局文件。

▶ -n, --iteration-count [number]：定义运行的迭代次数。

▶ --delay-request [number]：指定多少个请求之间有一次延迟。

▶ --timeout-request [number]：指定请求 timeout 的时间。

而且能够和开发环境、构建环境等进行集成。

▶ 从 Node.js 项目中以编程方式运行 Postman Collections。

▶ 可以收集未通过测试的数据、定制所需的报告（客户自定义报告）。

▶ 可以建基础库，扩展其应用方式。

▶ 基于Postman Runtime构建，集合在Newman上的运行与在Postman本地应用上完全相同。

▶ 与 Jenkins 集成，可以在 Docker 中运行。

2. 使用Collection Runner自动测试

▶ 运行 Postman Collection 中的所有请求，如图 3-19 所示。

▶ 自定义可在产品线、开发或其他环境中运行，支持不同层次（Global、Collection、Environment、Local、Data）的变量，然后基于 JSon 文件来定义环境。

▶ 使用数据文件作为每次迭代的参数，如 JSon 或 CSV 格式的数据文件。

▶ 记录每个请求和响应以进行详细的调试。

图 3-19　Postman Collection Runner 实际运行界面

3. 基于良好的API文档实现更好的测试

▶ API 文档，可作为网页查看，内容包括示例请求、标题和其他元数据以及与请求、文件夹和 Collection 相关的描述。

▶ 基于所选语言的代码示例。

▶ 可定制的标志、颜色和域名，可以使用带有嵌入式图形、表格的 Markdown 样式自定义描述以补充文档。

▶ 直接从 Postman Collection 描述创建的文档，Postman 使用有序的请求和文件夹来组织文档，以反映 Collection 的结构。

4．更简单，强大的团队协作

▶ 具有基于用户的视图和编辑权限的团队库。

▶ 详细的活动反馈（Activity Feed）逐行比较和时间戳。

▶ 基于 Postman collections 的协作——最常用的 API 格式。

3.4.6　验收测试框架

之前谈到验收测试 TA 框架，首先会讨论 Fitnesse，但今天就有更多的选择，包括 ATDD（验收测试驱动开发）、BDD（行为驱动开发）甚至需求实例化的自动化测试框架都可以纳入验收测试框架，包括 Cucumber、Calabash、RobotFramework、SpecFlow、JBehave/ NBehave/CBehave、RSpec、JDave、Gauge 等。作为验收测试 TA 框架，不同于之前的 TA 框架，就是直接从业务需求出发，将业务需求直接转化为脚本，其脚本是用户、业务人员能够理解的。例如 Fitnesse 就是业务需求以表格方式在自动化框架中被描述，即它的测试脚本（Fit 和 SliM）就是大家熟悉的表格，如表 3-1 和表 3-2 所示（来自 Fitnesse 官方网站），虽然背后是靠 Fixtures 代码来解析这种直观的脚本（测试用例）。这里介绍一个相对通用的验收 TA 框架 RobotFramework 和 BDD 测试框架 Cucumber。

表 3-1　Fit Action Fixture 示例

Action Fixture		
start	fitnesse.fixtures.CountFixture	
check	counter	0
press	count	
check	counter	1
press	count	
check	counter	2
enter	counter	5
press	count	
check	counter	6

表 3-2 SliM ScriptTable（脚本表格）示例

script	login dialog driver	Bob		xyzzy
login with username	Bob	and password	xyzzy	
check	login message	Bob logged in.		
reject	login with username	Bob	and password	bad password
check	login message	Bob not logged in.		
check not	login message	Bob logged in.		
ensure	login with username	Bob	and password	xyzzy
note	this is a comment			
show	number of login attempts			
$symbol=	login message			

1. RobotFramework

RobotFramework（简称 RF）是基于 Python 开发的、可扩展的通用框架，但官方更愿意称它为验收测试或 ATDD 的通用测试自动化框架，因为它具有易于使用的表格测试数据规则，支持关键字驱动（能够精细地控制关键字）、数据驱动和行为驱动。RF 测试功能还可以通过用 Python 或 Java 实现的测试库进行扩展，用户可以基于现有的关键字、使用之前创建测试用例相同的语法创建更高层次的关键字。RF 提供了远程测试执行接口可以进行分布式测试执行，同时测试多种类型的客户端或者接口。除此之外，RF 还具有下列特性。

▶ RF 是通过测试库识别被对象、操纵被测对象，其框架周围有一个丰富的生态系统，由各种通用测试库和工具组成（见附录 B），如使用"selenium2Library"库测试 Web 客户端、使用 SSH 库完成命令行操作（服务器）的验证、使用 Scapy12 对报文的收发及编解码的测试。自然，用户使用 Python 和 java 可以创建自己需要的测试库。

▶ 测试用例支持文本文件（TXT 或 CSV 文件）和 HTML 格式，使用制表符分隔数据。可以方便的使用任何文本编辑器或 EXCEL 编辑测试用例。

▶ RF 提供专用的用例编写环境——RIDE，它提供一些高亮、抽取关键字等特性，使得用户可以更专注于测试用例的设计和优化，而不用关心格式等细节问题。

▶ 测试用例中支持变量使用、if 语句和 for 循环语句，可以利用"标签"功能对测试用例进行分类和有选择执行。

▶ 提供变量文件（带环境变量的配置文件），可以保证一套测试代码能够在不同的环境中无差别运行。

▶ 提供了命令行接口和 XML 格式的输出，可以与版本管理工具结合，进行持续集成。

▶ 测试执行报告和日志是 HTML 格式，容易阅读。

▶ 提供了测试执行事件的监听接口，并且可以自定义接口中的脚本，如用例执行前，"start_test"接口中的脚本就会被执行；用例执行结束后，"end_test"接口中的脚本就会被执行，这样用户可以自定义"start_test""end_test"接口中的脚本。

▶ RF（包括 RIDE）对中文的支持也很好。

RF 是 Apache License 2.0 下发布的开源软件，该框架最初是在诺基亚网络上开发的，现在由 Robot Framework Foundation 赞助，其项目托管在 GitHub 上。

2. Cucumber + Calabash

在"2.2 测试驱动开发"介绍了 ATDD 和 BDD 开发模式，在敏捷开发中得到较为广泛的应用，但这需要自动化测试框架的支持，下面就介绍支持 BDD 和需求实例化的自动化框架。

说起 BDD 自动化测试框架，大家首先想起的就是 Cucumber，它使用自然语言来写其自动化脚本，更易读，其 Step Definition 相当于关键字驱动的脚本。脚本支持 Ruby/JRuby、Java、Groovy、JavaScript、Jython、C++、Tcl、.NET (using SpecFlow)、PHP (using Behat) 等，可以和 Ruby on Rails、Selenium、PicoContainer、Spring Framework、Watir、Serenity 等集成，能同时做服务器和手机端的功能测试。例如，手机端的功能测试用 Calabash，使用 Cucumber 将 Android 的测试框架 Robotium 和 iOS 的测试框架 Frank 封装起来，使得 Cucumber 的 Step 可以调用 Robotium 和 Frank 进行测试。实现方式是在 Calabash 中使用 Ruby 实现一层胶水代码，和服务器功能测试代码连结起来，并根据不同的 Step 调用不同的测试驱动层代码从而实现同一个测试用例同时包含服务器端和手机端测试，实现了端到端的系统集成测试。

Cucumber 执行 .feature 文件，这些文件包含用 Gherkin 语言编写的可执行规范。Gherkin 是纯文本英语（或其他 60 种以上语言之一），具有一些特定的结构。Gherkin 的设计非常容易被非程序员学习，但其结构足以允许对大量实际领域中的业务规则进行简要描述。一个简单的示例如下。

```
Feature: Refund item

  Scenario: Jeff returns a faulty microwave
    Given Jeff has bought a microwave for $100
    And he has a receipt
    When he returns the microwave
    Then Jeff should be refunded $100
```

其中 Feature 通过 .feature 文件来描述系统的一个特性、功能点或用户故事，只是软件功能的高级描述及其相关场景分组的一种方式。一个 Feature 有 3 个基本要素：关键字 Feature、名称（位于同一行）和可选的描述（可以跨越多行），但 Cucumber 工具不关心名称或描述，名称和描述只是用于记录该要素的重要方面，如简要说明和业务规则列表（通用验收标准）。

Scenario 是特定的场景，说明业务规则的具体示例，由一系列步骤组成，是系统的可执行规范。一个 Feature 通常对应多个 Scenario，每个 Scenario 通过 GWT 格式描述，如下所示。

▶ Given：给定什么条件，即描述初始上下文，配置系统处于所定义的某种状态，如创建和配置对象或将数据添加到测试数据库中。如果有多个条件，请选用 And、But 等关键字，提高其可读性。

▶ When：当什么事件或动作发生时，即描述触发系统的事件、与系统的交互性操作。这里一般只有一项，如果不是，可能要分割为多个场景。

▶ Then：产生什么结果，即描述预期的结果，会使用断言来比较实际结果是否达到预期的结果。

如果在一个 .feature 文件中的所有场景中重复相同的 Given 步骤，那么就可以归并为 Background（背景）。当 GWT3 项的格式一致，只是取值不同（业务的输入或输出数据是变化的），这时就可以使用 Scenario Outline（场景大纲）。Scenario Outline 部分后面总是跟着一个或多个 Examples（示例）部分，这些部分是表格的容器（Data Tables，采用 "|" 符合隔离数据），也就是完成了之前说的 "需求实例化"。该表必须具有与 Scenario Outline 步骤中的变量相对应的标题行，表中每一行相当于创建一个新的场景，填入对应的变量值，如图 3-20 所示。

```
Scenario: feeding a small suckler cow
  Given the cow weighs 450 kg
  When we calculate the feeding requirements
  Then the energy should be 26500 MJ
  And the protein should be 215 kg

Scenario: feeding a medium suckler cow
  Given the cow weighs 500 kg
  When we calculate the feeding requirements
  Then the energy should be 29500 MJ
  And the protein should be 245 kg
```

```
Scenario Outline: feeding a suckler cow
  Given the cow weighs <weight> kg
  When we calculate the feeding requirements
  Then the energy should be <energy> MJ
  And the protein should be <protein> kg

Examples:
  | weight | energy | protein |
  |    450 |  26500 |     215 |
  |    500 |  29500 |     245 |
  |    575 |  31500 |     255 |
  |    600 |  37000 |     305 |
```

图 3-20　从多个一致性 Scenario 转化为 Scenario Outline

使用 UI 自动化（如 Selenium WebDriver）自动执行场景大纲被认为是不好的做法，因为通过用户界面（UI）验证业务规则的速度很慢，出现故障时很难确定错误的位置。Scenario

Outline 的自动化代码应绕过 UI，直接与业务规则实现进行通信，这样执行的效率很高，错误也很容易诊断修复。

除此之外，还可以用"""描述字符串（Doc Strings）参数值、用 @ 描述标签（Tags）、用 # 进行注释（Comments）等。其报表支持多种格式，包括 Pretty（Gherkin 格式的标准输出，带色彩和错误堆栈信息 stack traces）、HTML、JSON、JUnit 等。

3.5 DevOps完整工具链

DevOps（Development 和 Operations 的组合）代表一种文化、运动或实践。旨在促进软件交付和基础设施变更软件开发人员（Dev）和 IT 运维技术人员（Ops）之间的合作和沟通。它的目的是构建一种文化和环境使构建、测试、发布软件更加快捷、频繁和可靠。这很大程度上依赖于工具，在 DevOps 上现在已形成完整的工具链，如图 3-21 所示。

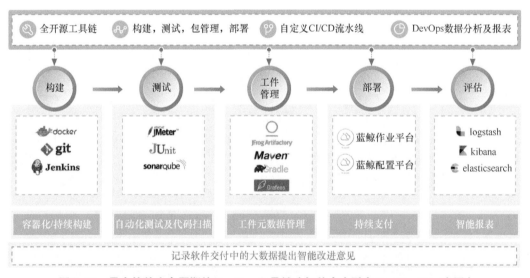

图3-21 贯穿软件生命周期的DevOps工具链（相关内容引自DevOpsOne官网）

图 3-21 相对简单地展示了 DevOps 工具链，包含了最常见的 5 类工具（构建、测试、工件管理、部署和评估等工具），而相对完整的 DevOps 工具链，需要覆盖大概 14 类工具，按交付过程列出如下。

① 编码 / 版本控制：维护和控制源代码库中的变更。

② 协作开发：在线评审工具、在线会议平台等。

③ **构建**：版本控制、代码合并、构建状态。

④ **持续集成**：完成自动构建、部署、测试等调度。

⑤ **测试**：自动化测试开发与执行、生成测试报告等。

⑥ **打包**：二进制仓库、Docker 镜像仓库。

⑦ **部署**：完成在服务器（集群）上自动部署软件包。

⑧ **容器**：容器是轻量级的虚拟化组件，它以隔离的方式运行应用负载。它们运行自己的进程、文件系统和网络栈，这些资源都是由运行在硬件上的操作系统所虚拟出来的。

⑨ **发布**：变更管理、发布审核、自动发布。

⑩ **编排**：当考虑微服务、面向服务的架构、融合式基础设施、虚拟化和资源准备时，计算系统之间的协作和集成就称为编排。通过利用已定义的自动化工作流，编排保证了业务需求是和用户的基础设施资源相匹配的。

⑪ **配置管理**：基础设施配置和管理，维护硬件和软件最新的、细节的记录包括版本、需求、网络地址、设计和运维信息。

⑫ **监视**：性能监视、用户行为反馈。

⑬ **警告 & 分析工具**：根据事先设定的警戒线发出警告、日志分析、大数据分析等。

⑭ 应用服务器、数据库、云平台等维护工具。

现在有丰富的开源软件工具，可以构成相对比较完整的 DevOps 工具链，如图 3-22 所示。如果希望看到更丰富、更细的 DevOps 工具链，可以列出 32 类测试工具，差不多涵盖了整个软件研发与维护生命周期所需的全部工具。

① **代码管理**（SCM）：GitHub、GitLab、BitBucket、SubVersion、Coding、Bazaa、JFrog Artifactory。

② **构建工具**：Ant、Gradle、maven。

③ **自动部署**：Capistrano、CodeDeploy、Superviso、Forever。

④ **持续集成**（CI）：Jenkins 2.0 及其 Pipeline 插件、Capistrano、BuildBot、Bamboo、Fabric、CircleCI、Teamcity、Tinderbox、Travis CI、flow.ci Continuum、LuntBuild、CruiseControl、Integrity、Gump、CodeFresh、CodeShip、Go。

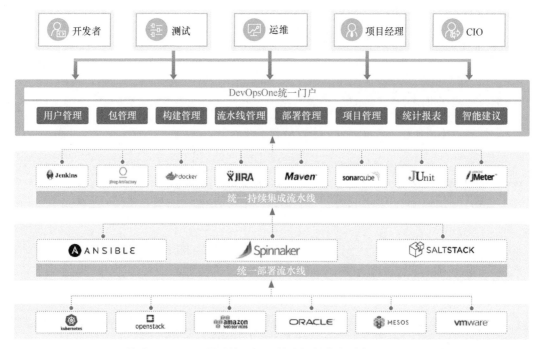

图 3-22　构成 DevOps 工具链的开源工具（相关内容引自 DevOpsOne 官网）

⑤ **配置管理**：Ansible、Bash、Chef、CFengine、Puppet、Rudder、RunDeck、SaltStack、Script Rock GuardRail、Vagrant。

⑥ **容器**：Docker、Rocket、Ubuntu（LXC）、第三方厂商如（AWS/阿里云）、ElasticBox。

⑦ **编排**：Kubernetes（K8s）、Core、Apache Mesos、Rancher。

⑧ **微服务平台**：OpenShift、Cloud Foundry、Mesosphere。

⑨ **服务开通**：Puppet、Docker Swarm、Vagrant、Powershell、OpenStack Heat。

⑩ **服务注册与发现**：Zookeeper、etcd、Consul。

⑪ **单元测试**：JUnit、CppUnit、Mocha 、PyUnit、QUnit、PHPUnit、Nexus、TestNG。

⑫ **代码静态分析工具**：Findbugs、C++Test、CppTest、IBM AppScan Source Edition、Fotify Static Code Analyzer、Visual Studio、Google's Closure Compiler、JSHint、ychecker、PyCharm。

⑬ **API 测试**：JMeter、Postman、SoapUI、Rest-Assured、Dubbo。

⑭ 功能测试：Selenium、CircleCi、Appium。

⑮ 性能测试：JMeter、Gradle、nGrinder、Gatling、LoadRunner。

⑯ 安全性测试工具：IBM AppS can、OWASP ZAP、Coverity、Fortify SSC、Knocwork insight、Peach Fuzzer、Android Tamer、Firebug、Wireshark、SQLInjector、SQL Power Injector、OWASP SQLiX。

⑰ 验收测试框架：RSpec、Cucumber、Whatever、Capybara、FitNesse。

⑱ 脚本语言：Python、Ruby、shell。

⑲ 缺陷跟踪：BUGtrack、JIRA、GitHub、MantisBT。

⑳ 日志管理：ELK、Logentries、CollectD、StatsD、Logz.io（ELK）、Splunk、Sumo Logic

㉑ 系统监控、警告 & 分析：Graphite、Icinga、Nagios、PagerDuty、Solarwinds、Ganglia、Sensu、Zabbix、AWS CloudWatch、Graphite、Kibana、ElasticStack（Elasticsearch、Kibana、Logstash 以及 Beats 等）。

㉒ 性能监控：AppDynamics、Datadog、DynaTrace、New Relic、Splunk。

㉓ 压力测试：JMeter、Blaze Meter、loader.io。

㉔ 预警：PagerDuty、pingdom、厂商自带如 AWS SNS。

㉕ HTTP 加速器：Varnish。

㉖ 基础环境：RouterOS、VMware ESXi、FreeNAS、OpenLDAP。

㉗ 消息总线：ActiveMQ、SQS。

㉘ 应用服务器：Tomcat、JBoss。

㉙ Web 服务器：Apache、Nginx、IIS。

㉚ 数据库：MySQL、Oracle、PostgreSQL 等关系型数据库；cassandra、mongoDB、redis 等 NoSQL 数据库。

㉛ 项目管理（PM）：禅道、Jira、Active Collab、Asana、Taiga、Trello、Basecamp、Pivotal Tracker、VersionOne。

㉜ 知识管理：MediaWiki、Confluence。

3.6 小结

今天的软件测试不再是简简单单地搭建一个测试环境，一定要把它上升到"基础设施"的高度上，把它看成软件测试正常运行所必须具备的良好基础，包括自动化测试框架、网络、测试机器、测试工具等，形成团队甚至整个公司共享的分布式软件测试平台或云计算测试服务平台，能够提供各种测试服务，具体如下。

▶ 测试计划、测试用例、测试数据等管理。

▶ 能开发、调试和运行自动化测试脚本。

▶ 执行各种测试，包括功能测试、性能测试和安全性测试。

▶ 呈现测试结果、缺陷和质量状态，及时了解项目的测试状态。

▶ 支持持续集成、持续发布，和研发流程能集成起来。

▶ 和运维集成起来，可以开展在线测试、日志分析，甚至收集用户的反馈。

自动化测试框架也可以为不同层次（单元、接口或系统等）的测试服务、不同类型的产品测试服务，所以要分别为单元测试、接口测试 /API 测试、系统测试建立各自的测试框架，再集成起来，在脚本开发、测试执行各个层次可以独立执行，但在资源调度、测试结果呈现等方面，可以共用平台，类似采用 SonarQube 那样的平台，将所有代码评审、代码静态分析和各种动态测试的结果整合到一个仪表盘（dashboard）上，整体呈现出来。

在今天，有丰富的开源工具，可以构成完整的 DevOps 工具链，让构建、集成、测试、部署和维护等工作贯通起来，形成高度的自动化，从而我们能够有效地利用这样的基础设施，为测试服务，提高测试效率、缩短产品上线时间、降低产品测试维护成本。

第 4 章

准备：个体与团队

今天，各种形式的团队都存在，传统的项目经理主导的研发团队、互联网公司的产品经理主导的团队、敏捷开发模式的自组织团队等，因此软件测试的组织也千差万别，大概有下列几种情况。

① 测试外包出去给第三方的公司，这种情况下，测试独立性最强，测试和开发几乎没有协作，很难实施全程软件测试。

② 有独立的测试团队，项目中设立测试经理和测试组长，系统测试工作由测试团队完成，测试相对独立，但和开发人员有密切合作，还是可以实施全程软件测试。

③ 没有独立测试团队，但团队中有测试工作的负责人或 Owner。例如，笔者建议在敏捷 Scrum 特性团队中设立 Test Owner，指导整个团队开展测试，并对测试计划、设计和执行的质量负责。

④ 测试和开发高度融合。没有专职的测试工程师，只有软件工程师，只是不同的时间扮演不同的角色，有时是开发人员，有时是测试人员。

建立什么样的组织取决于整个开发模式，在敏捷的特性团队中不应该有独立测试团队，而在传统的开发中就会存在相对独立的测试团队。除了测试外包，其他 3 种形式的组织都是可以开展全过程的软件测试，甚至将测试扩展到运维，实施 DevOps。基于 CMMI 的 3 层组织体系，具有普适的价值，即将参与研发的人分为个体、团队和组织。

① 个体：研发人员（如测试工程师），为团队提供合格的成员。

② 组织：代表着企事业单位，建立流程、质量、培训等保障体系，为团队提供指导、支持和服务。

③ 团队负责项目，最终交付高质量的产品。

下面就侧重讨论测试人员个体和研发团队的测试能力。组织属于软件过程管理、质量管理或更高层次的讨论主题，超出本书的范畴。

4.1　全栈，体现了技术深度

有一阵子，国内不少人提倡"全栈工程师"，有人将"全栈工程师"误解为"需求分析和定义、设计、编程、测试"所需技能融于一身，成为全能工程师。百度百科对它的解释也是"掌握多种技能，并能利用多种技能独立完成产品的人"，侧面印证了这点。大家想想，成为这样的"全栈工程师"很不现实，对大多数人（非天才）来说，单项工作（需求、设计、编程、测试等中的一项）都不一定做得好，何况这么多的工作？所以这里存在一个误区。

国外并没有人提倡"全栈工程师"，而是"全栈开发人员"或"全栈程序员"，其来源于英文"full stack developer"，简单的解释就是：在软件开发中某一类**开发技术栈**（Web 开发、移动应用开发）融会贯通的开发人员（程序员），这里的"栈"是指"技术栈"（Technology stack），而不是贯通前面所说的各项工作，因为之前也没有人提到"工作栈"这样的概念。之前，往往会分前端程序员（如 HTML5、CSS3、JavaScript 的编程）、后端程序员（如 Java、PHP 的开发）和接口开发人员（如 Web Socket、Restful API、JSON 等），而对于"全栈程序员"，应该是能前后贯通的，就不分前后端了，而成为 Web 全栈程序员（软件开发工程师）。栈体现了技术深度，而不是工作的广度，这样理解"全栈程序员（称为全栈开发工程师也无妨）"就正确了。

如果还不理解或不同意这种观点，那我们不妨先简单介绍一下栈的概念。

栈（stack）是一种数据结构——只能在一端进行插入和删除操作的特殊线性表。它按照"先进后出"原则存储数据，先进入的数据被压入（push）栈底，最后的数据在栈顶，如图 4-1 所示。读取读数据时，从栈顶开始弹出（pop）数据（最后压入的数据第一个被弹出出来）。栈具有记忆作用，对栈的插入与删除操作中，不需要改变栈底指针。

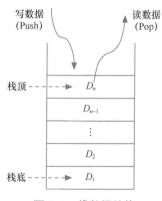

图 4-1　栈数据结构

全栈不仅局限于技术全栈，而且还适合层次不太深的技术，例如采用 PHP、Python、jQuery 编程，结合 HTML、CSS 的展示，成为"全栈程序猿"是没问题，特别是 Node.js 平台出现，让 JavaScript 前后端贯通更容易了。但是，Web 前端也远远不是从前那样用一个 jQuery 框架就可以了，今天的 Web 前端需要用到模块化开发、多屏兼容、各种复杂的交互与优化，多达 7 ～ 8 层技术栈，要成为这样的全栈程序员是有挑战的。例如万维网联盟（World Wide WebConsortium，W3C）给出 Web 技术架构的层次，虽然包含 4 层，但涉及到的技术分为 6 类。

① 交互类：XHTML、SVG、CDF，SMIL、XForms、CSS 和 WCID。

② 移动类：Mobile SVG、SMIL Mobile、XForms Basic、CSS Mobile、MWI BP。

③ 语音类：VoiceXML、SRGS、SSML、CCXML 和 EMMA。

④ Web 服务类：SOAP、XOP、WSDL、WS-CDL 和 WS-A。

⑤ 语义 Web 类：OWL、SKOS 和 RIF。

⑥ 隐私类：P3P、APPEL、XML 加密、XML 签名和 XKMS 等。

假定我们正在架构一个模块化 Backbone/AngularJS 前端，同时优化内容交付和调整 CSS 中的硬件加速层，然后实现一个异步非阻塞服务器 (配有预先渲染的模板)，并推送到 AWS 集群，还要考虑其安全性和可扩展性。响应式地设计 UI 和移动优先（mobile-first）是必不可少的，利用 CSS 预处理器来节省时间、设置 Nagios 进行监控，还要考虑外部各种移动设备（包括智能穿戴）的兼容性。理想情况下，当持续集成服务器由于端到端测试失败而检测到错误构建时，要发送包含构建错误消息的 SMS。这么多技术，一个工程师可以吃透吗？

今天的系统越来越复杂，设备、CDN、Cloud、前端、NoSQL、应用程序等，有人就数据库开发技术栈就整理出 30 多个技术点，今天成为一个全栈开发人员反而很难，每一层或每一类技术都需要专家。如果几十年前，反而容易，因为设备和业务都简单，一个人通常会用 C 语言、FORTRAN 语言或汇编语言从头到尾编写完整的软件程序。

人们曾做过调查，绘制一个技能雷达图，涉及 UX、HTML、CSS、JavaScript、后端脚本语言和 SQL 等层次，让 Web 开发者为每个层次的技能领域按 10 分制给自己打分，大多数人都认为自己掌握较广的技能，得分不高也不低，在各层次技能上得分介于 5 和 8 之间。我们可以忽略他们自己评分的尺度，但他们认为自己是什么样的开发者——全能的网络开发者，虽然没有用"全栈工程师"这个词。但是，如果每个开发者给自己打分，总分限制在 30 分。这时他们经过一番皱眉和讨论之后进行自我评分，这次结果就很不一样，**从原来分布比较均匀转变为分布极不均匀**，如图4-2所示，即在有限制的情况下，他们承认自己擅长什么和不擅长什么，擅长的技能会打 8 分、不擅长的打 2 分，也就自然而然地暴露了哪些开发人员是前端的开发人员、哪些开发人员是后端开发人员。

今天学习的语言 / 框架的基础知识通常几个小时内可以从互联网上找到，也不是所有层次或组件的代码都需要自己一行一行地去写，许多层次的代码或现成的组件、平台或框架等都是可以从网络上下载的，根本用不到这些方面的技能，就能构建出一个系统，似乎感觉自己就是一个全栈开发工程师。所以，了解 Web 开发中的一些技能和真正掌握这些技能之间的区别，现在正在变得越来越模糊。虽然你有集成或整合的能力，这种能力也很有价值，但依旧不能代表你是真正的全栈开发人员。一个初出茅庐的开发工程师，感觉自己都懂，似乎是一个"全栈工程师"，但是当他深入到某项技能之后，才知道自己之前只了解皮毛，此时才会真正意识到专业化的限制有多大，成为一个领域的专家已经不容易了。

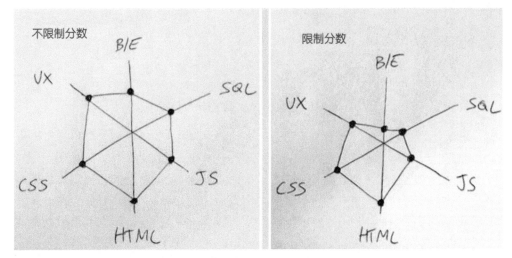

图 4-2　Web 开发者给自己技能打分的两种情况（相关内容引自 Andy Shora 博客）

但是不了解和自己工作相关的知识，他连整合能力也没有了，和其他研发人员的沟通和协作也变得的困难。如果有全面的知识，容易形成全局性思维，做前端的开发人员会想到后端服务器的要求，开发人员了解测试，有利于和测试人员的协作，而且有时在项目后期，整个团队都要上去做测试。这就是人们经常说的 T 字型技能，要有一定的知识、技能广度，具备全局性思维，还要有一项精通的技能。如果你更优秀些、能力更强些，可以成为双 T 字型人才，即有两项特长。

技术的确有两个发展方向：横向水平发展、纵向深度发展。横向发展的最好结果是瑞士军刀，也有可能什么都会，但又什么都不会；纵向发展的最好结果是削铁如泥的龙泉宝剑，也有可能是坐井观天，丧失职业的发展空间。这两个方向都没有对与错，只要保持开放的精神和学习的态度，发展到一定程度会相互溶合，形成 T 字型人才，既有广度也有深度。

计算机技术变化比较快，技能经常要更新或切换，最有价值的技能是自我学习能力。理想的开发人员应该愿意去学习任何有价值的新技术，但也要承认在某些新领域需要专家（团队中的资深人员）的帮助。

上述讨论，不仅适合开发人员，也适合测试人员。Web 测试人员可以拥有贯通 Web 技术栈（深度）的技能，独立完成 Web 的自动化测试；Android App 测试人员可以拥有贯通 Android 技术栈的技能，独立完成 Android App 的自动化测试；如果是性能测试工程师，可以拥有贯通性能测试方案分析、设计、脚本开发、环境部署和调试等技术栈。甚至作为 Web 测试人员或移动应用测试人员，不仅能够针对 Web 应用或移动应用进行功能测试，也能够进行性能测试、安全性测试、兼容性测试，那我们就以 Web 测试人员为例，究竟构造怎样的"测试技术栈"进而成为优秀的测试工程师？

为了更好理解，先从构造测试环境开始，也就是从技术栈的最底部开始，逐步推向技术栈的顶层。今天的测试环境，不仅是被测对象及其赖以生存的软硬件环境，而且包括支持持续集成（CI）、代码静态分析和自动化测试的测试基础设施。这一层次（涉及内容比较多，最好将这一层进一步分为 2 ～ 3 层），涉及虚拟机、容器、操作系统、数据库、中间件、Web 服务器等的安装与配置、操作，还涉及 CI 工具、测试工具的集成、测试框架的构建。往上一层，理解后端和前端的接口（Webservice）、通信协议（如 HTTP、SSL 等）、XML/JSon 数据交换等；再往上一层，对 Web 页面技术（JavaScript、HTML、DOM）的理解和自动化脚本开发与调试（如识别被测对象），最后一层，要能理解产品所在的业务领域知识，然后结合业务进行测试设计、对测试覆盖率进行分析等。作为一个参考模型，按被测对象（系统）和测试方两个技术栈来考虑，相当于构建双 T 型技能，如图 4-3 所示。

被测对象的技术栈	测试技术栈
业务领域知识	结合业务，测试分析/设计能力
JavaScript、HTML、DOM	代码覆盖率分析/性能分析/发全评估
XML/Jason解析	对象识别，漏洞模式，渗透测试
HTTP、Soap/Restful webservice	FindBugs/Jcov，内存分析
Apache/Nginx安装、配置	Java或Python脚本编写能力
MySQL/Redis/MongoDB安装、配置	Selenium/WebDriver/TestNG/JMeter
Linux安装、配置	Jenkins/Robot Framework
Docker容器/VMware虚拟技术	Windows/Docker/虚拟技术

图4-3 Web测试工程师技术栈示意图

最后，我们期望能培养拥有类似图 4-3 这些技能构成的全栈测试工程师。

4.2 个人测试能力模型

谈完"全栈工程师"这个话题之后，我们来讨论软件工程师需要哪些测试能力。正如前面所说，研发团队存在形式有多种多样的——测试完全独立、测试半独立和测试融合的。如果软件工程师以做开发为主，兼做测试，对测试能力要求就偏低，侧重单元测试、接口测试的能力，在系统测试上更多扮演用户角色，基于场景进行测试；如果软件工程师以做测试为主，兼做开发，对测试能力要求就高，侧重掌握系统的功能测试和性能测试等方面的测试能力。在实际的工作岗位上，人们又将测试开发（侧重自动化测试平台和框架、工具的开发，而不是脚本的开发）和业务测试（完成产品功能特性的测试任务，包括测试设计和执行）分开，一些大的公司（通常其开发的系统规模也大）将性能测试、安全性测试单独拿出来交给性能测试工程师、安全工程师。甚至有些大公司让资深的测试工程师负责测试的分析建模与设计，其他工程师负责测试的执行与缺陷跟踪。所以不同岗位的人，对测试技能的要求也不一样，但不外乎向下面 3 个方向发展。

① **技术管理**，如阿里的 M 系列，走经理、总监……职业发展路径，更需要加强团队管理、协调、领导力、计划能力、风险控制等技能。

② **测试开发或专项测试**，侧重自动化测试框架、平台开发和性能测试等，成为测试架构师、技术专家，自然会加强业务建模、系统架构设计、编程（代码）、脚本开发与调试、环境构建（云容器）等方面的技能。

③ **业务测试**，侧重产品的功能测试、易用性测试等，成为资深测试工程师、业务测试专家，会加强业务分析、测试策略制订、测试用例设计、情境性思维等方面的技能。

纯碎的算法、工具等测试，可能不需要业务，但绝大多数的测试工作都和业务相关，需要业务相关的领域知识。不管是向哪个方向发展，还是需要如下一些共同的基本能力和基础知识。

▶ **测试基础理论**，如软件工程学、测试基础知识、操作系统、数据库、形式化方法、心理学等。

▶ **基本测试能力**，如计算机操作能力、测试基本方法、测试工具的使用等。

▶ **基本软实力**，如沟通能力、学习能力、观察力、专注力、测试思维等。

这些基本能力和基础知识也是可以处于不同水平的，如沟通能力，对一般工程师、资深工程师、经理、总监等有不同的要求。微软对沟通技巧分为 4 个层次（水平），如表 4-1 所示。

表4-1　不同层次的沟通技巧

水平1	▶ 有效地将预期的信息传达给听众 ▶ 以良好的组织方式传达他/她的想法 ▶ 有效的演讲（口头陈述或报告）
水平2	▶ 针对不同的对象（听众）设定合适的沟通目标 ▶ 清楚、简明、快速地表达观点 ▶ 以易于理解的方式解释信息 ▶ 自信地向中小规模的观众做演讲

续表

水平3	▶ 针对不同的听众，能以深受其欢迎的形式传播想法和信息
	▶ 各种不同情况下回答问题时，能当场做出明智的决定
	▶ 为各种规模、内部或外部的观众提供清晰有效的口头演讲
	▶ 与高级管理人员能进行有效沟通，在宝贵的时间内获得最大收益
水平4	▶ 选择适合听众的语言、语调和格式，有效地传达复杂的概念和问题
	▶ 在各种不同的情况下，面对困难或具有挑战性的问题能做出清晰、简洁和可信的回应
	▶ 即使在有争议或困难的情况下，也可以通过各种媒体与广泛和多样的受众进行有效沟通
	▶ 熟练地向复杂或困难的观众做出令人信服的演讲
	▶ 非常有效地与行业高管进行有效沟通，在宝贵的时间内获得最大收益

多数软件公司会强调创新、协作、表达等，引导大家达成共识；敏捷价值观则强调"开放、尊重、协作、反馈、简单、勇气、承诺、专注"（可以理解为工程师的素质，这也是一种软实力）。各个公司因其文化不同对软实力的要求不一样，如微软公司强调工程师具有下列个人素质。

▶ 行动导向的（Action Oriented）。

▶ 沉着冷静（Composure）。

▶ 信念和勇气（Conviction and Courage）。

▶ 创造力（Creativity）。

▶ 处理歧义（Dealing with Ambiguity）。

▶ 诚实和可信任（Integrity and Trustworthiness）。

▶ 智力（Intellectual Horsepower）。

▶ 自信心（Self Confidence）。

▶ 自我发展（Self Development）。

这里没有提到思维能力，**但从测试角度看，思维能力和学习能力一样重要，**是测试人员核心能力，后面会单独、详细地讨论这种能力。从测试工作来看，除了软实力、领域知识、业务理解能力和熟悉程度、质量和项目管理能力、代码能力等，有以下基本的测试技能。

▶ 需求挖掘与评审能力。

▶ 测试分析（包括测试需求与风险分析）能力。

▶ 测试策略制定与实施。

- ▶ 测试计划能力。

- ▶ 测试（结构与用例）设计能力。

- ▶ 自动化测试框架设计。

- ▶ 自动化测试脚本开发。

- ▶ 测试环境部署与配置能力。

- ▶ 测试执行能力。

- ▶ 专项测试（如安全性测试、性能测试等）能力。

- ▶ 缺陷定位与分析能力。

- ▶ 产品质量评估能力。

- ▶ 测试过程评估。

- ▶ 测试工作总结能力。

- ▶ 文档能力。

低水平的测试就会执行，像用户那样执行，几乎没有门槛，那不是专业人员，可以忽略。谈到专业测试，人们往往首先想到的是测试设计。**但测试设计的基础是分析，而分析的基础是测试思维方式和思维能力。**而且测试人员最好先做几年开发——理解架构、程序和代码等，具备良好的开发能力，了解开发人员的思维和习惯，然后再做测试，就更容易成长为优秀测试工程师。在许多公司（如华为），把开发者测试（主要是单元测试、集成测试）称为"LLT：Low Level Testing（底层测试或低层测试）"，只有具备底层测试能力，才能走向高层测试。

有了上面两层能力，基本可以开始工作了，做 LLT、做功能测试，但还缺一层能力。不理解业务，一定做不好测试。基于业务知识、基于分析能力，培养自己的设计能力、自动化测试能力，才能成为一个合格的测试工程师。如果没有业务、没有分析、没有测试基础，自动化测试能力只是空中楼阁。现在流行"测试开发"岗位，也应该是"测试在先、开发在后"。成为合格的测试工程师之后，可以追求一些突破，在专项测试、测试效率或速度、管理等上面寻求突破，成为测试领域技术专家、成为技术管理者等。

根据上面的讨论，这里就设法呈现出软件测试能力图谱，如图 4-4 所示，全方位解析研发人员（不局限于测试人员）需要哪些方面的测试能力、这些能力之间有什么关系、具有哪些能力才能成为一名合格的测试工程师，以及如何不断提升自己的能力、向哪些方向进行突破、发展。

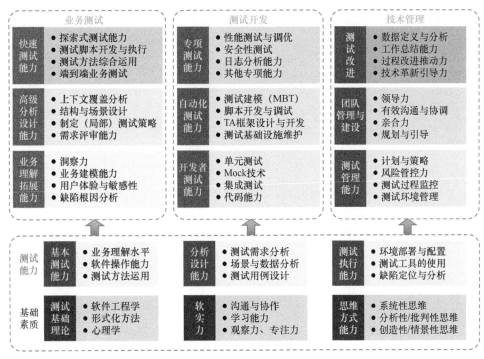

图 4-4 软件测试能力模型

4.3 软件测试思维训练

因为人类已经进入一个智能的时代，缺乏思维能力就可能很快被这个社会所淘汰。不仅仅是一般简单机械的劳动会被机器所代替，而且越来越复杂的工作也会被机器人所代替，未来留给人类的工作空间会越来越小，最终可能只剩下那些需要强大的思维能力才能完成的工作。

4.3.1 软件测试系统性思维

爱因斯坦曾说过，教育的价值不是学习大量的客观知识，而是思维能力的训练。

针对软件测试思维训练，首先和大家讨论软件测试的系统性思维。为什么先讨论这个问题呢？因为有的同学眼睛、视力丝毫没有问题，但常常还是像"盲人摸象"一样，看问题很片面，只看到软件测试的局部或某个侧面，甚至眼中只有测试用例和缺陷，连质量模型、Test Oracle、测试策略都不了解，对用户、业务、技术和开发关系等也关注不够。在第 1 章，我们就知道，Test Oracle 是指"对测试执行结果是否通过测试的判断准则（the mechanism for determining whether a test has passed or failed）"，如果不知道 Test Oracle，如何做测试？但有人会说，"没什么影响吧，我不是已经好好做了几年的测试？"但又有谁知道如下情况呢？

▶　你的测试质量和效率怎样？

▶　缺陷命中率有多高（有多少缺陷误报）？

▶　有多少缺陷（非那种出错的功能缺陷，而是另一类缺陷，如易用性、合规性、合理性、一致性、潜在经济 / 健康的风险性等方面的问题）在你眼前被错过？

▶　交付的质量又如何？

如果不知道产品质量模型和使用质量模型，如何评估一个软件产品的质量是否符合要求、是否能够上线？"幸运"的是，软件属于高科技产品，得到国家特别的"优待"，软件产品和服务可以不遵守国家标准也能上线（一般工业产品没有这种"待遇"），但如果这样下去，人类社会有一天可能会毁于自己开发的软件，幸好不遵守国家标准也能上线的产品一般不是关键性系统（生命攸关的系统、使命攸关的系统），关键性系统（如航空航天、核工业、军工等行业产品）的研发还是遵守相应的国家标准和行业标准的。

如果以系统性思维来分析和解决问题，就不会出现：

▶　只见树木不见森林；

▶　片面地追求单个目标；

▶　被表象所迷惑，看不到本质；

▶　忽视某些产品质量风险；

▶　千里之堤，溃于蚁穴；

▶　用线性的思维方式来理解非线性的问题；

而是会整体地、多角度地、多层次地分析问题。软件测试的系统性思维会帮助我们能够全盘掌控软件测试的目标、要素及其之间的关系，理解缺陷是质量的对立面，而软件测试又是发现缺陷，所以软件测试要从质量出发，根据质量要求确定测试目标，然后寻求测试方法来有效地达到测试目标，基于找到的测试方法来设计测试用例，从而快速地、尽可能多地发现缺陷，如图 4-5 上半部分所示。从管理角度看，质量依旧是中心，从质量本质出发获得软件测试的先进思想（如"零缺陷质量管理"会帮我们建立

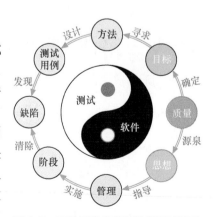

图 4-5　系统思维来理解软件测试体系

"TDD——测试驱动开发"的思想),然后指导我们的测试管理,最终落实到具体的实施,即分阶段清除缺陷,如图4-5下半部分所示。需求的缺陷在需求评审时尽量找出来,设计的缺陷在设计评审时尽量找出来,而不是等到系统测试时。

有了系统性的思维,对测试结构、黑盒测试方法等会重新审视,这样可以把握测试自身、测试方法的精髓。例如,对软件测试、黑盒方法,我们就会关注测试的输入、输出,还会关注被测系统(延伸为"被测对象")的所处环境、条件、接口等。针对输入,也不仅仅看到正常的输入数据,而且要考虑异常的数据输入、不同角色的用户操作等。针对 Test Oracle 也不局限于 Spec/ 标准等确定性的准则,还有不确定性的准则,如图4-6所示。

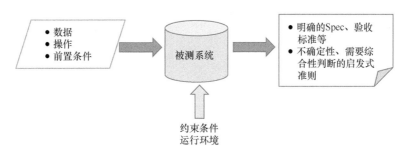

图4-6 系统思维来考察被测系统

针对软件测试的目标、功能看,也不会仅局限于发现缺陷、验证功能特性的正确性等,会思考软件测试的其他价值,包括提供产品质量信息、完整地评估软件质量、不断地揭示软件产品的质量风险、评估测试的经济效益(投入产出分析与 RoI)、增加管理者的信心等。例如,当我们思考最基本的概念"什么是软件测试?"时,就会从不同的角度去思考,正向的、反向的、狭义的、广义的……

① 发现缺陷。

② 验证软件测试产品的功能。

③ 确认产品是否真正满足要求。

④ 帮助管理层和用户建立对产品的信心。

⑤ 获取质量信息。

⑥ 全面评估软件质量水平。

⑦ 揭示产品的质量风险。

⑧ 降低劣质成本。

有不同的思考，就有不同的测试策略、测试方法，就会决定我们如何指定测试项的优先级，并且会影响测试分析、设计与执行等活动。

除了从不同维度测试软件产品，如进行不同的类型测试（功能测试、性能测试、安全性测试、兼容性测试……）和进行不同层次的测试（单元测试、集成测试、系统测试…），借助系统性思维，会督促我们去全面了解做好测试的成功要素、影响我们做好测试的各种因素等，例如笔者之前在写《完美测试》时，构建了一个软件测试的金字塔，如图 4-7 所示，列举了软件测试 5 个要素：质量要求、人员、技术、资源、流程等。在 2016 年绘制的软件测试思维全景图，**软件测试的要素被概括为：思想（流派）、方法、方式、技术、流程（过程）、管理**等。当然，人、团队是做好测试的决定性的要素。除此之外，还要考虑项目中的范围、进度、业务领域、市场等因素的影响。

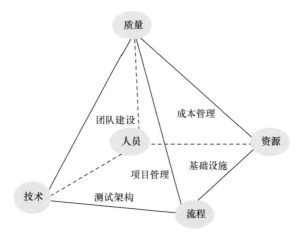

图 4-7　软件测试金字塔模型

基于系统性思维，了解测试的成功要素、影响测试的各种因素等之后，还要确定它们之间的关系，能够将它们连接起来，而不是孤立地对待它们。只有了解它们之间的关系、相互影响，才能更准确地确定测试范围、采取更有效的测试方法（如组合测试），才能比较彻底地完成测试，即能从多个层次、多个维度来保证测试的充分性，这样的充分性才是客观、可靠的。

▶ **系统构成的依赖性**　业务需求决定了用户角色的需求，而这些会反映在系统功能上，或者说，功能需求是为了支撑业务需求。

▶ **系统构成的层次性**　针对业务需求的验证就是传统意义上的验收测试，而系统测试是为了覆盖系统功能和非功能性需求，而集成测试、单元测试则是为了覆盖接口、代码层次等。

▶ **系统的交互性**　业务数据贯穿整个系统处理的过程，包括业务规则和流程，整个过程中如何保证数据的完整性、一致性、保密性等，确保数据和系统功能的和谐相处、有效协作。

> ▶ **系统的反馈性**　测试分析是测试设计的基础，测试设计是执行的基础。反过来，测试执行、设计分别为设计、分析提供反馈，以帮助我们优化测试的分析、设计。

> ▶ **系统的全局性、综合性**　站在更高的层次上，能够综合运用与管理测试方式、测试方法、测试数据等。

……

所以系统性的思维不仅从整体上把握被测试对象，如采用黑盒方法着重考察在不同的上下文驱动下系统的输入 / 输出，考察系统的不同的应用场景、不同的运行平台之下的测试；而且，经常需要对系统进行分解、分层，考虑它们的相互影响，各个击破，并考虑风险与效率的平衡。例如，如何分配 UI、API、单元的测试投入，达到质量和效率的最佳收益（虽然许多团队没这么考虑过）。系统思维具有以下特点。

① **全局思维**：站得高、看得远。例如，不仅关注自己的测试任务和被测试的模块，而且还关注和自己测试任务相关的测试任务、和被测模块相关的接口与模块，不会忽视测试边界以及外部因素对自己测试区域的影响。

② **整体思维**：被测软件常常就是一个系统，自然需要整体地去看待这个系统，正如黑盒测试方法，将被测系统看成一个整体，不受系统内部细节的干扰，测试人员更有精力去关注系统的输入、外部条件和系统所处的环境。

③ **抽象思维**：去伪存真，忽略细节，帮助我们理解被测系统的构成关系，有助于系统思维的实现。如果实实在在地去认知一个软件系统，不仅受物理因素影响，不利于整体思维、全局思维，而且不容易把握系统的各个单元之间的关系，只有抽象，将系统抽象为逻辑关系，更容易看清楚系统的构成。例如，网络设计、系统设计，一般都先进行逻辑结构设计，逻辑结构设计通过评审之后，再进行物理结构的设计或配置。

④ **结构化思维**：从系统的构成看，一定是由若干个单元构成，而且不应该是杂乱无章的，其构成是结构化的，具有层次性，是可以分解的。这样有利于分解一个大规模的被测系统和看似无从下手的测试目标，形成模块和子系统，再各个击破。

⑤ **多维度思维**：不会片面地看问题，而是从不同的角度去研究被测试的对象，例如启发式测试策略，会从产品、项目、质量要求、测试技术等多个方面研究被测的系统，综合考虑测试项目的上下文，能够比较彻底、有效地完成测试任务。

针对更具体的软件测试计划、分析、测试设计等工作，系统性思维显得更重要。系统性思维在测试的各项工作中都可以使用，需要在日常工作中去训练。有了系统性思维能力，测试工作不仅做得又快又好，还能感受软件测试的系统之美。

4.3.2 分析性测试思维

系统性思维是一种全局思维、结构化思维，关注被测系统的各个要素及其之间的连接关系，从不同的角度观察被测对象，能够逐层分解系统，从而有利于工作的开展和团队的合作。虽然系统性思维也包括抽象和分解等过程，但总感觉缺少解决问题的完整思路，系统性思维只是要求不能片面看问题，不能以偏带全、不能只见树木不见森林。在测试过程中，最终需要我们分析问题和解决问题，这时就要求我们有严格的分析性思维，如何开始，如何推理，如何做出决策，分析性思维会为我们指出一条解决问题的正确思路。

分析性思维（Analytical Thinking）属于逻辑思维、理性思维、科学性的思维方式，也可以说是"纵向思维"——根据逻辑推理不断深入问题的一种思维方式。分析性思维帮助我们建立一种循序渐进的思维方法，从收集问题的相关信息、比较不同来源的信息、明确真正的问题到得出适当的问题解决方案，一步一步地去解决问题。

① 明确要解决的问题，以及要达到的目的或目标。

② 为解决问题收集相关的各种数据、信息。

③ 整理和分析数据、信息，为解决问题找到依据、原因。

④ 分析和识别问题所面对的假设、条件、场景。

⑤ 从依据、假定等出发，进行逻辑推理，得出解决方案。

⑥ 从工程角度看，得出一个解决方案还远没有结束，必须得到多个解决方案。

⑦ 为评估解决方案设立评估标准，即评价什么样的解决方案是更优的方案。

⑧ 基于评估标准，分析各个方案的利益、所带来的负面影响等。

⑨ 基于上述评估分析（定性或定量），从上述方案中选出一个较优的方案。

⑩ 给出明确的结论或观点，为结论做出合理的解释。

分析过程中还会采用一些定量分析或定性工具，如亲和图、因果图，最终会收敛到问题的答案或解决方案上。软件测试的用例设计就有因果图方法，分析多个原因（系统 / 模块的输入）和多个结果之间相对复杂的关系。例如自动售货机的软件测试，有多个输入。

▶ 选择什么货物。

▶ 付多大面值的钱（一元硬币，5 元、10 元、20 元纸币）。

▶ 有没有零钱找。

这些因素之间还存在着一定关系，可以通过"与、或、非"等关系来描述，在不同关系的组合情况下得到不同的结果，这个分析过程就可以借助因果图来分析。当问题复杂时，我们一般会借助工具完成分析的过程。

根据康奈尔大学教授 Robert J. Sternberg 对人类认知的研究，人们的认知能力主要来源于分析性思维、创造性思维和实用性思维。从认知的层次看，分析能力的层次也比较高，是在记忆、理解、应用之上，如图 4-8 所示。而且，在问题分析和解决过程中，评价也是离不开分析性思维。甚至创造性思维也能得益于批判性思维，而我们可以把批判性思维（在 4.4.3 节单独讨论）归为分析性思维的一种思维方式。

说了这么多，还没谈到软件测试。别急，现在就来讨论以下问题。

▶ 软件测试和分析性思维究竟有什么关系？

▶ 分析性思维对软件测试究竟有多大价值？

▶ 分析性思维如何应用于软件测试中？

1. 软件测试和分析性思维之间的关系

第一个软件测试流派就是分析流派（见图 4-9），即传统的软件测试方法就是基于分析性思维构建起来的，把软件测试看作是软件工程（软件工程是计算机科学、数学、管理科学等综合性学科）的一个分支，具有符合科学逻辑的、结构化的知识体系，相对客观、严谨、规范，是完全可以分析、度量的。从这个角度看，人们通过分析能够完整理解软件，通过分析能够全面验证软件需求、设计和实现的一致性，软件测试是一门技术性强的工作。

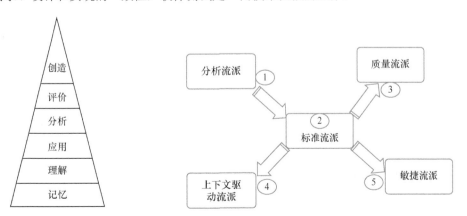

图 4-8 人类认知金字塔模型（Bloom's Taxonomy）   图 4-9 软件测试 5 大流派示意图
　　　　 （引自 PrismNet 官网）

从软件测试工作本身看，测试主要目的之一就是发现软件的漏洞，那么如何快速有效地发现缺陷呢？就是寻求与用户需求、质量要求冲突的点，那就先要收集用户需求、质量要求，了解需求文档定义了各项具体的需求点，这些需求点能回溯到原始需求吗？这些定义是否正确描述了实际的用户需求？这些都需要逐条进行对比分析。碰到有疑问的地方，就需要和用户进行沟通、交流以求证。同样，软件设计的功能是否都可以回溯到需求？是否真实反映了需求并以相对合理或最优的方式实现这些需求？也需要通过比较分析、综合性分析，基于客观的事实进行推理分析，发现软件设计和需求的不一致性，发现代码实现和设计的不一致性，从而找到缺陷。

软件测试另一个主要目的之一就是完整评估软件产品，那么如何评估软件产品质量？如果要客观评价软件产品质量，就需要定义一系列量化的客观指标，这些指标定义是否全面、系统和合理，也需要系统地分析，例如，需要建立质量模型，可以结合前面的系统性思维，对指标进行分解，度量指标越来越明确，如图 4-10 所示，并能采集到相应的数据来表征这些指标。最终能准确地、客观地评估软件质量。

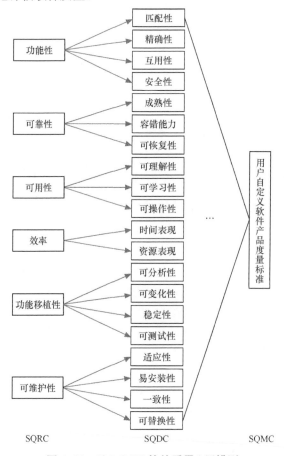

图 4-10　ISO 9126 软件质量 3 层模型

谈到分析性思维，就需要我们理性地对待测试，讲科学、重逻辑，如果能用数学的方法解决问题尽量用数学的方法，能用定量的方法就不用定性的方法，能客观分析就不要主观臆断，这样的软件测试才比较可靠，能够解释清楚。通过上面的分析，实际上也清楚地告诉我们：软件测试是怎么一回事、软件测试的工作如何去做。

- ▸ 测试就是去验证需求和设计的一致性、代码和设计的一致性。

- ▸ 面对测试问题，可以构建合适的质量模型、数据模型。

- ▸ 测试的效果（效率和质量）需要度量，而且可以度量。

- ▸ 测试的过程就是一个分析的过程，从需求源头开始分析，到过程分析、测试结果分析。

- ▸ 分析的方法可以是结构化方法、也可以是面向对象的方法。

……

2．分析性思维对软件测试的价值

即使从其他软件测试流派的观点看，没有分析性思维，就无法完成软件测试。只是其他流派可能强调标准、质量模型、上下文等，终究离不开分析的过程，除非不需要思维，完全对照标准进行检查，或者有什么仪器能够自动读出数据，就能得出测试的结果。如果是这样，当然也不需要研发人员的工作，测试工具就把这些事做了（也许未来机器人可以做到这一点，但制造这样的机器人需要人类更强的分析能力）。但现实中，我们还无法将产品需求、客户期望直接输入到某个工具中，就能得出测试结果。况且，我们面对的测试系统都比较复杂，产品需求、客户的期望也需要经过分析整理，才能转化为质量的要求、测试的目标，才能作为测试的输入。测试的输出结果也要分析，才能知道究竟如何影响软件产品整体质量或某个质量属性。

3．分析性思维如何应用于软件测试中

在测试中要解决的问题很多，包括确定测试范围、测试风险排序、制订测试策略、设计测试用例、评估测试结果、评价产品质量等，这些地方都是分析性思维发挥巨大作用的地方，测试设计是核心，但设计的基础是测试分析。例如，就以"确定测试范围"为例，讨论一下如何运用分析性思维。

为什么要确定测试范围？确保测试能够达到测试目标。测试目标是什么？保证新实现的业务特性正常运行、已有业务不受影响？

- ▸ 为了确定测试范围，需要收集各种信息，例如这个项目哪些功能做了修改？从业务关系看哪些功能会受影响？还可以了解系统内部结构，或借助工具进行代码依赖性分析，了解如果哪些功能的代码修改了，会影响哪些代码、从而会影响哪些功能？新的版本会不会修改数据库？产品线上的数据和改动的数据库是否兼容？最近一段时间，有没有新的终端设备、新的操作系统版本、新的浏览器版本发布？是否支持？开发会不会做代码重构？如果代码重构，会重构哪些模块的代码？性能、安全性、兼容性……有什么新要求？

▸ 整理获得的业务信息、运行环境信息、要修改的代码模块、受影响的代码信息，找出这些信息和测试范围之间的关系。

▸ 研发过程中，这些改动是确定的？会不会增加新的需求？哪些改动在什么情况下会取消？哪些需求相对明确？哪些需求相对不稳定？

▸ 基于项目质量、进度要求，基于对业务、系统的理解，确定测试项。

▸ 这里可能有些选项。如果开发质量达到预期水平而且能及时提测，测试范围可能会适当增加；如果开发质量比较差或代码耦合性偏高，测试范围要增大；如果开发提测时间延误，测试范围要缩小……

▸ 测试范围的确定主要平衡的就是效率和质量，而这取决于本项目的特点和特定的期望（项目目标）。清楚选择不同的测试范围，可能带来的测试风险或带来额外的测试工作量。

▸ 根据基于风险的测试策略和本项目的特定期望（质量第一或进度第一），来决定优先考虑的测试方案（范围选项）。

具体案例具体分析，在后面的章节会有所体现，分析的思路会更清晰，而且会借助思维导图、业务流程图等进行分析，呈现会更直观。

分析性思维逻辑性强、系统性强，依据事实，按先后次序，一步一步地推理，客观、合理，最终会收敛到一点，就从 A 点（各种因素的输入）出发，通过分析，抽丝剥茧，去繁就简，最后得到 B 点（输出结果或结论），如图 4-11 所示。

图 4-11　分析性思维会解开从 A 点到 B 点的谜团

4.3.3 批判性测试思维

2000 多年前，在谈到正义和非正义时，苏格拉底（Socrates）和尤西德姆斯（Euthydemus）有一次精彩的对话。

苏格拉底向尤西德姆斯提问道："虚伪是人们中间常有的事，是不是？"

"当然是"，尤西德姆斯回答。

"那么，我们把它放在正义和非正义的哪一边呢？"苏格拉底问。

"显然应该放在非正义的一边。"

"人们彼此之间也有欺骗，是不是？"苏格拉底问。

"肯定有"，尤西德姆斯回答。

"这应该放在两边的哪一边呢？"

"当然是非正义的一边。"

"是不是也有做坏事的？"

"也有"，尤西德姆斯回答。

"那么，奴隶怎么样呢？"

"也有。"

"尤西德姆斯，这些事都不能放在正义的一边了？"

"如果把它们放在正义的一边，那可就是怪事了。"

"如果一个被推选当将领的人奴役一个非正义的敌国人，我们是不是也能说他是非正义呢？"

"当然不能。"

"那么我们得说他的行为是正义的了？"

"当然。"

"如果他在作战期间欺骗敌人，怎么样呢？"

"这也是正义的"，尤西德姆斯回答。

"如果他偷窃，抢劫他们的财物，他所做的不也是正义的吗？"

"当然是，不过，一起头我还以为你所问的都是关于我们的朋友哩"，尤西德姆斯回答。

"那么，所有我们放在非正义一边的事，也都可以放在正义的一边了？"苏格拉底问。

"好像是这样。"

这就是苏格拉底反诘法，批判性思维可以追溯到"苏格拉底反诘法"。

1. 什么是批判性思维

批判性思维是指一种合理的反思性（反省的）思维，是一种训练有素的思维方式的体现。批判性思维属于分析性思维一种，只是它更倾向于质疑、反思，在没有得到充分证据的情况下不轻易相信结论。它借助观察、经验、反思、推理或沟通等收集信息，并对这些信息进行抽象、分析、解释、演绎、综合或评估，以此决定相信什么或做什么。批判性思维是一种思维方式和能力，不受学科或专业的限制，任何论题都可从批判性思维的视角来审视。

像上面苏格拉底那种无止境的设问、追问或质疑，就是批判性思维的体现。任何人下结论之前，或多或少包含了假定和推理，而作为批判性思维的践行者就可以质疑其假定、推理的过程，进而质疑其结论，这样可以消除认知中的误区，突破知识构建时的边界，重新认识某个主体。如"人们彼此之间也有欺骗"分为恶意欺骗和善意欺骗、对朋友的欺骗还是对敌人的欺骗。但如果不仔细想，就会局限于一般意义的恶意欺骗，正如尤西德姆斯不假思索地回答："当然是非正义的一边。"之所以有这结论，其中包含了假定——"通常意义上的（恶意）欺骗"，而忽视了某些情况下的"善意欺骗"或欺骗敌人。如果尤西德姆斯这样回答"对朋友的恶意欺骗是属于非正义的"，苏格拉底就不容易抓住漏洞。实际上，人类认知是有限的，人们在常识下（普遍接触的条件，这也是有边界的）得出的理论，当达到或超出边界时，认知就会发生谬误。例如，现在人们常常用"黑天鹅事件"比喻发生了意想不到的事情。原来欧洲人通过对天鹅的观察，认为天鹅都是白色的，这是普遍法则（成为一种常识），但是后来发现澳洲的天鹅是黑色的，证明原来的普遍法则不成立。

"你是谁？"，这样一个简单问题，容易回答吗？回答自己的名字有意义吗？还是要从不同的角度想，是不是问自己以下问题。

- ▶ 一个好人？

- ▶ 一个人民的教师？

- ▶ 一个来自农村的乡下人？

- ▶ 一个来自东北的汉子？

......

这样简单的问题都难以回答，因为要看问问题的人问这话的目的是什么？想弄清楚有关你的哪些信息？就是要考虑上下文、语境。许多信息包含着一定的模糊性、不确定性和局限性，只有消除这种模糊性、不确定性和局限性，认知才会前进一大步。如果总是认为信息是明确的、已知的，思想就很可能陷于"僵化"、固步自封。而具有批判性思维的人，其心态相对开放，能够虚心倾听他人不同的观点，接受不同于自己但正确的观点。

没有审视和分析就不能做出正确的判断。批判性思维促进我们重新审视问题或主题、意图和陈述之间实际的推论关系，勇于质疑证据，去分析和评估陈述、论证的过程。清楚对方以下问题。

▶ 是表达一种信念、判断还是一种经验？

▶ 其理由正当、充分吗？

▶ 仅仅是个人的感觉？

▶ 有前提吗？什么情况下才成立？

▶ 相关的因素都考虑了？

▶ 有依据支撑吗？

▶ 依据来源哪里？来源可靠吗？

也就是要评估陈述的可信性，分析其推理的合理性、前后逻辑关系的严谨性等。批判性思维不仅质疑别人的陈述，也可以质疑自己的信念、主张或判断，如以下情况。

▶ 抱着实事求是的态度，避免主观臆断，促进我们自己收集数据、证据。如果与个人主张、信念冲突，依旧尊重事实，有必要调整自己的观点。

▶ 表明问题所处的语境（上下文），明确列出陈述所涉及的条件。

▶ 根据客观事实和上下文做出可信的假定、制订合理的原则。

▶ 听取不同的意见，对不同的意见采取宽容的态度，防范个人偏见，尽量系统全面地考虑问题；即使在欠缺全面知识的情况下，也能明白权宜之计有时是必要的。

▶ 明确阐释概念或问题，避免含糊其辞，采用规范的术语。

▶ 有警觉性地去接受多种解决问题的方法，审慎地做出判断。

▶ 以强有力的论证形式表达论证，合理推理，客观预测，准确地陈述结论。

批判性思维践行者，不仅具有良好的系统性思维、分析性思维，而且更具求知欲，敢于怀疑自己，更加开放、自信，不断追求真理，使自己的认知不断深入下去，修正自己，更加成熟。

2. 批判性思考者与非批判性思考者的区别

一是，批判性思维，更看重客观事实、客观数据，尽量收集信息，寻求证据。二是，思想开放，善于倾听大家的意见，没有偏见，考虑不同的选项，可以听取不同的意见加以分析，主动审视问题，依赖逻辑思维来做出审慎性判断，三是不轻易下结论，对自己所观察到的现象会进行论证，甚至进行概率统计分析，得出更合理的结论。而批判性思维的对立面——可以看作是一种直觉思维、惯性思维，容易按以往经验做出判断，也容易感情用事，比较随意、盲目，甚至直接引用他人的观点，自己缺乏深度思考，还不容易听取别人的意见，存在偏见，甚至出现一些极端的观点，而不顾及这种观点存在的前提。

耶鲁大学校长莱文认为教育就是培养批判性思考者，曾经这样评价中国的本科教育：缺乏跨学科的广度；缺乏批判性精神的培养。我们如何理解批判性思考者与非批判性思考者的区别呢？可以参考《超越感觉——批判性思考指南》一书的总结，这里直接给出其对比，如表 4-2 所示。

表 4-2 批判性思考者与非批判性思考者的比较

批判性思考者	非批判性思考者
以诚待己，承认自己所不知道的事情，认识自己的局限性，能看到自己的缺点	假装自己知道的比做的还多，无视自己的局限性，并假设自己的观点无差错
把问题和有争议的议题视为令人兴奋的挑战	把问题和有争议的议题视为对自我的损害或威胁
尽力领会复杂性，对其保持好奇心和耐心，并准备花时间去解决难题	对复杂性缺乏耐心，宁可困惑不解也不努力搞明白
把判断建立在证据而不是个人喜好上；只要证据不充分就推迟判断。当新证据揭示出错误时，他们就修改判断	把判断建立在第一印象和直觉反应上。他们不关心证据的数量和质量，并且顽固地坚持自己的观点
对他人的思想感兴趣，因而愿意专心地阅读和倾听，即使他们往往不同意他人的观点	只关注自身和自己的观点，因而不愿关注他人的观点。一看到不同意见，他们往往会想"我怎么能够反驳它？"
认识到极端的观点（无论是保守的还是自由派的）很少正确，所以他们避免走向极端，践行公正性并且寻求平衡的观点	忽视平衡的必要性，优先考虑支持他们既成观点的看法
践行克制，控制自己的感情而不是受感情所控制，三思而后行	容易遵从自己的感情和冲动地行动

3. 批判性思维在软件测试中的应用

基于批判性思维，我们需要重新定义"软件测试"——软件测试就是测试人员不断质疑被测系统的过程,这在第 1 章做了介绍。批判性思维在测试中的应用,直接体现在探索式测试中。探索式测试中"设计、执行、分析、学习"体现了批判性思维的"抽象、应用、分析、综合或评估",或者说,测试人员就需要具备良好的"抽象、应用、分析、综合或评估"能力,分析和评估软件产品的质量。这就要求测试人员:

▶ 善于和产品经理、业务人员、开发人员的沟通,收集 SUT 及其测试的相关信息;

▶ 善于分析所收到的信息,能够用结构化的思维呈现测试需求等;

▶ 善于观察,能敏锐地捕捉到异常现象;

▶ 总结自己的测试经验、业务经验,实现更好、更快的测试设计;

▶ 随时反思自己的测试设计、测试操作过程和测试分析等;

如在 1.9 节中所讨论的面试,面试官需要根据被面试者的具体回答,改变面试的策略或问题。面试的问题虽然有一定的规律可循(类似测试方法或测试规律),但针对每一个被面试者的提问还是千差万别,就是每个被面试者都有自己的特定、自己的故事,面试官需要根据不同的上下文来决定问什么问题。测试也一样,每一个被测试的系统或功能特性都是不一样的,没有一成不变的测试思路,测试人员都要根据上下文不断改变测试的思路或方法,追求更高的测试效率。所以说,**探索式测试是开放的、动态的,强调上下文驱动。**"设计、执行、分析、学习"循环中的"分析"是对当前执行测试的结果进行分析,基于当前的分析获得学习,然后设计出更好的测试(test)。测试的结果是在变的,分析和学习就要理解这种变化,对产品的理解也在不断深入,需求可能也会改变,设计和代码也重构了,这些都意味着"新的设计和执行"的上下文在改变,给了我们测试优化的空间,要求我们对测试策略、测试思路也要做出相应的调整。

即使在传统的测试方式中,批判性思维也能发挥很好的作用,当然,我们可以将批判性思维看作是分析性思维的一种分支,只是它更强调"质疑""求真"的思维方式,对假定、推理过程、结论进行主动的审视,这和测试思维有着非常高的吻合性。所以,批判性思维是软件测试人员需要掌握的看家本领,在工作中我们需要不断进行训练、不断提升这项技能。

4.3.4 创造性、发散性测试思维

说起发散性思维,大家也许比较熟悉,它属于创造性思维的一种,可以理解为水平思维。而分析性思维正好相反,是一种收敛性思维,也可以说,是一种垂直思维,不断深入思考的思维方式。从这个角度看,发散思维和分析性思维是对立的,一个发散,一个收敛,它们有太多的区别,如表 4-3 所示。

表4-3　批判性思维和分析性思维对比

批判性思维	创造性思维
分析的	联想产生的
收敛的（思维）	发散的（思维）
垂直思维	水平思维
概率	可能性
逻辑式判断	浮现式判断
聚焦	弥散、扩散
客观	主观
努力给出全部答案	给出其中一个答案
左脑思维	右脑思维
语言的	视觉的
线性的	关联的
推理的	丰富的、新颖的
是，但是	是，而且

但它们又是统一的，因为在问题分析和解决过程中，往往先发散，尽量收集各种事实、各种影响因素，然后再归纳总结，收敛到问题的解决方案上，谁也离不开谁，形影不离。而且，良好的批判性思维不是限制自己的创造性思维，而是会提升创造性思维的能力，因为具有良好的批判性思维会质疑过去大家认可的"真理"，挑战过去的思维习惯，了解人们认知所限，知晓环境（上下文）变化，产生新的连线，从而有所突破。

多数科学家都是具有良好的批判性思维，质疑现在的"定理"，然后不断实验，演绎出新的定理。例如 20 世纪 50 年代，人们都在研究制造晶体管的原料——锗，其中关键性技术是提炼出非常纯的锗。诺贝尔奖获得者、日本科学家江崎在长期试验中，无论怎么仔细操作，总免不了混入一些杂质，其结果严重影响了晶体管参数的一致性。有一次，他突然想，假如采用相反的操作过程，有意添加少量杂质，结果会是怎样呢？经过试验，当锗的纯度降低到原先一半时，反而是一种性能优良的半导体材料。正如明代哲学家陈献章所说："前辈谓学贵有疑，小疑则小进，大疑则大进。"在贝尔实验室创办人塑像下镌刻着下面一段话"有时需要离开常走的大道，潜入森林，你就肯定会发现前所未有的东西"。批判性思维和创造性思维在某些方面也有一些相通的，具体表现如下。

▶　抽象到一定高度，然后再往上走一步，就有新的发现。

▶　复杂的问题，经过简化，也会打开另一扇门。

▶　具有独特的视角，批判性思维能看到别人看不到的特殊场景，从独特的思维角度去创造性思维才会产生新的、有价值的想法。

▶ 批判性思维和创造性思维训练的结果，是人具有广阔的视野，看问题更深刻，思维更加敏捷和灵活。

▶ 思维中也存在一些技巧，运用技巧，会让你思维与众不同。

虽然大家熟悉发散性思维，但遇到问题时，是否能打破过去思维的框框，有良好的创造性思维能力？还真不一定，例如有的人遇到问题时，思路僵化，容易陷入困境，而不是从多角度、多侧面、多层次、多结构去思考、去寻找答案。

那就做一个 5min 的练习，说说"砖头"究竟有多少种用途 / 作用？现在给你 5min，合上书，开始写。想出多少种作用？有的人 5min 想不到 5 种，有的人会强些，能够想到七八种。你想到几种？10 种，还是 20 种？如果思路打不开，受习惯思维、传统思维或现有知识的限制，可能只想到 6 ～ 7 种。发散性思维需要不断训练自己的思路开放性，虚实结合，阴阳互补，善于联想、类比，善于扩散、幻想，善于从不同视角去想，善于颠来倒去……

当然，创造性思维是一种逆向思维、发散性思维、水平思维、直觉思维、形象思维，虽然有时看问题要独特、要有深度，但更追求广度，更需要灵感，更需要联想。

在软件测试分析和设计中，常常需要借助良好的发散性思维，发现更多的测试点、列出更多的应用场景、识别出更多的测试风险和设计出更多的负面测试用例……如图 4-12 所示。这时我们常常用思维导图来帮助我们，让我们的思维展开翅膀，飞得更快、更远，然后又能灵活整理、分类，思路清晰，而不会出现混乱的局面。

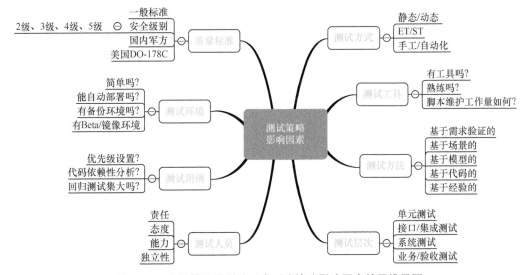

图 4-12　发散性思维训练形成测试策略影响因素的思维导图

4.4 软件研发团队测试组织与能力

虽然一些关键领域的软件产品开发还在采用传统的瀑布模式，今天更多的研发团队在实施敏捷开发模式，开发和测试有更深的融合，独立的测试团队越来越少。例如，微软公司过去显得较为传统，开发人员与测试人员的比例为 1:1，甚至在 Windows 操作系统这样的团队高达 1:2，成为软件测试的标杆，过去每当人们谈到软件测试的重要性，必搬出"微软"这块金字招牌。而从 2012 年，特别是 2014 年之后微软公司开始转型，开发和测试进行融合，专职测试人员从之前的一万多人降到三百多人，测试团队就更不存在。从这几年微软的营收和股价看，微软转型还是很成功的。

在此，就不讨论"测试团队"的测试能力，而是直接讨论研发团队的测试能力。每个研发团队所处的环境不一样，开发与测试融合的深度也不一样，也无需全民再重新学一次微软或 Google 公司。如果团队质量文化很好，而且团队成员在多个方面（如智力、责任感、技术）表现优秀，没有专职的测试人员应该也是可以的。大家一起先分析、设计和编程，然后在一起做系统测试，而且可以采用交叉测试（张三开发的代码 / 特性让李四测试 /）等方式，打破思维障碍和心理障碍。如果再进一步，实施 ATDD、BDD 和需求实例化等实践，测试在先，开发在后，测试驱动开发，更彻底的质量保障，在测试驱动开发模式下，每个人的测试能力是必须的，团队测试能力会逐渐在产品演化过程中建立起来。

一般情况下，研发团队可以保留专职的测试人员，而且是对正在转型的研发团队，推荐设立测试责任人（Test Owner，TO），可以更好地做好项目的测试计划、测试架构设计、测试过程跟踪与协调等工作，帮助团队更有效地完成测试；同时，具体地或手把手地指导团队成员如何做好测试，帮助团队构建测试能力。特别是当一个产品的研发需要多个团队共同协作来完成开发，这时各个团队测试范围之间容易形成空隙（覆盖不到的地方），需要有人审查和协调；针对系统的集成测试和整体测试策略、计划（相当于主计划，Master Test plan）等也需要有人负责和协调，这时候 TO 的作用就很明显。

研发团队测试能力模型，其中一个就是《Google 软件测试之道》中所描述的团队"测试认证"（Test Certified），通过水平考核，从级别 1 开始，逐步提升，达到级别 5，每一级别都有徽章。但这种认证更适合研发团队的测试能力鉴定，同时具有 Google 的特色，如 Google 将测试分为 3 级。

① 小型测试：和单元测试类似，测试执行时间短，一般在几秒内。小型测试一般借助 Mock 技术完成一个单独函数或独立功能模块的测试，侧重发现典型功能性问题、数据损坏、错误条件等缺陷。

② 中型测试：一般会涉及两个或稍多模块之间的交互，重点在于验证这些功能的交互性

和彼此调用时的功能是否正确，接近集成测试。

③ 大型测试：一般涵盖更多的功能模块，关注所有模块的集成，侧重于真实用户使用场景和实际用户数据，验证软件是否满足用户最终需求（类似验收测试），可能需要消耗数个小时或更长的时间才能完成测试。

这类划分是其他企业没有的。基于这样的划分，可以定义不同级别的团队测试能力，如表4-4所示，侧重要求了对测试的认知、冒烟测试、集成测试、单元测试等。对团队要求也不算很高，到了级别5，单元测试覆盖率要求也只有不低于40%，整体测试覆盖率不低于60%，而且这种覆盖率如何度量？是指代码行覆盖率吗？

表4-4   Google测试能力认证的5种级别

项目	级别1	级别2	级别3	级别4	级别5
测试认知与管理	确定非确定性的测试，测试分级	如果测试运行没通过，就不会做发布	所有重要的代码变更都要经过测试	没有不确定性的测试	任何严重的缺陷都要增加一个对应的测试用例
持续集成（冒烟测试）	使用，创建冒烟测试	每次代码提交前通过冒烟测试		提交任何新代码之前自动运行冒烟测试，且须在30min内完成	
集成测试		每一个功能特性有1+集成测试用例	新增的重要功能	所有重要的功能	
静态分析					积极使用可用的工具
整体测试覆盖率	开始使用工具	≥50%（增量）		≥40%	≥60%
小型测试覆盖率		≥10%（增量）	≥50%（增量）	≥25%	≥40%

4.5 软件研发团队测试过程改进

软件研发团队的测试能力也离不开过程能力，过程能力为团队承担新项目时能否达到期望结果提供支撑，而且像TPI这类过程模型也不局限于流程的定义，基本涵盖了测试的各个方面——它们称为"关键过程域"。

▶ 对相关利益者的承诺（Stakeholder Commitment）。

▶ 介入程度（Degree of Involvement）。

- ▶ 测试策略（Test Strategy）。

- ▶ 测试组织（Test Organization）。

- ▶ 沟通（Communication）。

- ▶ 报告（Reporting）。

- ▶ 测试过程管理（Test Process Management）。

- ▶ 估算和计划（Estimating and Planning）。

- ▶ 度量（Metrics）。

- ▶ 缺陷管理（Defect Management）。

- ▶ 测试件管理（Testware Management）。

- ▶ 测试方法实践（Methodology Practice）。

- ▶ 测试人员专业化（Tester Professionalism）。

- ▶ 测试用例设计（Test Case Design）。

- ▶ 测试工具（Test Tool）。

- ▶ 测试环境（Testing Environment）。

所以一个团队的测试能力要想全面提高，也可以参考这类模型，从各个关键域来检查自己的实际状况（模型提供了检查点），参考模型提供的改进建议，来提高这方面的能力，如图 4-13 所示。具体内容可以参考笔者所写的《软件测试方法和技术（第 3 版）》4.5 节相关内容。

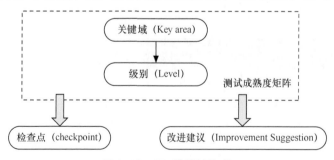

图 4-13　TPI 模型的构成

敏捷开发模式下，测试过程如何改进呢？也可以从 TPI 出发，经过"守、破、离"这样实现从量变到质变的软件测试过程改进。毕竟传统的软件研发几十年所积累的经验是有价值的，测试分析、设计、脚本开发、缺陷管理等测试基础能力的建设与改进路线图依旧值得敏捷团队的学习与吸收，获得启发性的思考，不仅要知道做什么、如何做，而且要知道为什么要这样做。在掌握基础能力之后，开发者可以挣脱束缚，抛弃自我的幻觉，寻求"突破"——局部创新和局部重构，逐步进行过程改进，过程如下。

▶ 借助思维导图快速地完成测试分析。

▶ 让测试流程无缝地接入 Scrum 流程。

▶ 设定 Test Owner 角色。

▶ 采用 BDD 自动化测试框架 Cucumber。

▶ 不写测试用例，大胆地采用探索式测试。

▶ 简化缺陷记录格式和及其生命周期的管理。

在这突破创新阶段，可以从下面 20 个方面（见图 4-14）去寻求改进，建设敏捷测试的能力，特别是以下几点。

图 4-14　敏捷测试关注的20项能力

▶ 良好的敏捷测试思维，包括价值驱动思维、上下文驱动思维、批判性思维等。

▶ 快速迭代的适应力，例如推动持续集成、BDD 和需求实例化等实施之后所带来的、快速构建高质量软件的能力。

▶ 领导整个团队开展测试活动的能力。

▶ 良好的面对面沟通、快速的质量反馈能力。

▶ 构建可测试性产品的能力，使之产品质量属性容易被验证。

▶ 能够构建准确的、稳定的、高效的基础设施或测试环境的能力。

▶ 自动化测试能力，含自动化测试框架、工具和脚本的设计开发能力。

▶ 每个成员个人的探索式测试和团队组织探索式测试的能力等。

▶ 良好的测试件和脚本的管理能力。

慢慢地打下良好的敏捷测试能力基础，水到渠成，就可以寻求"离"——超越传统的测试过程改进模型，不注重形式上的改进，甚至流程作为形式已经不存在了，已经到了炉火纯青的地步，一切都是那么自然地和敏捷开发、持续交付、DevOps 等融为一体。

4.6　DevOps 对软件测试人员的影响分析

DevOps 这个名字中的 Dev 是指整个研发生命周期，而 Ops 是指产品上线后所进入的运维周期。DevOps 旨在统一软件开发（Dev）和软件运维（Ops）的软件工程文化和实践，可以看做是敏捷开发模式的延伸，将持续集成（CI）、持续部署、持续交付（CD）扩展到运维，打通开发与运维之前的壁垒，在整个生命周期中消除传统的孤岛，促进研发与运维的协作，从而缩短软件产品交付周期，提高软件服务质量和交付频率，服务于业务目标，如 2.5 节所描述的那样。今天，咱们见证了 DevOps 被迅速采用，因为企业必须对市场变化做出更快的响应。借助 DevOps，企业能够加快产品上市的时间，更好地响应并满足了不断变化的客户需求，帮助企业获得竞争优势和业务的快速增长。

1. 测试进行得越快越好

DevOps 强调从构建、集成、测试到部署和运维等全过程的高度自动化，构建工具链（详见 3.5 节）或自动化全覆盖的持续研发的方法和工具，让基础设施、运维也成为产品代码的一部分，能够实现持续设计、持续编程、持续构建、持续测试、持续发布、持续部署、持续监控（持续 -X / C-X 实践）等，能够及早发现并更快地修复缺陷，整个研发更具透明性、运维环境更加稳定，实现越来越快的软件交付，减少协作、测试和沟通成本。从这个角度看，测试能力体现在测试效率和速度上，在保证满足质量的要求下，测试进行得越快越好。

谷歌、亚马逊公司的 DevOps 应用效果还是非常突出的：相对低效率的同行，高效率的 IT 组织遇到的失效减少为原来的 1/60，失败后恢复的速度提高到 168 倍、部署频率提高到 30 多倍、从研发周期缩短为原来的 1/200。因此，近年来有一股思潮，认为随着 DevOps 实践的兴起，测试需求正在下降。这个观点的支撑是：自动化方法已经足够先进，在整个研发、发布和运维过程中人为干预可以逐步减少，先进的、高度自动化的技术解决方案的速度和效率胜过了传统的、基于流程改进的 QA/ 测试方法。

在敏捷方法持续集成的环境的基础上构建 DevOps 的研发、部署全生命周期自动化环境

（如基于容器技术平台 Kubernetes 平台），向团队提供一键式 DevOps 测试环境和测试数据分析的解决方案，提供适应 DevOps 的统一的测试自动化框架和质量管理平台，在整个软件生命周期使软件质量状态具有良好的可视性。

2. 测试自动化受到很大的挑战

目前，高度自动化只是一种理想，落地实施还面临很大挑战，如图 4-15 所示，只有 32% 的研发团队的大部分测试是自动化的，而 42% 研发团队的大部分测试还是靠手工的。由于能力和资源等限制，自动化全覆盖就更难了。另外一个调查数据显示，只有 4% 的团队自动化测试率超过 90%。而且，工具发现缺陷的能力比较弱，即使能发现 60%～80% 的缺陷，还有 20%～40% 的缺陷会遗留到上线后，这样的质量对大多数应用（更不要说像银行、电信等关键系统）根本不能接受。其次，如果需求定义不规范、不可测或者需求不稳定，自动化测试就很难，还有诸如 UI、移动体验之类的组件呈现出许多不可控或不确定的因素，这对于自动化测试来说更具挑战性，而人类测试者却很容易地完成这类测试（UI 测试和易用性测试），自动化的代价反而大得多。再者，DevOps 只能适用于 SaaS 这类软件的研发与运维，非 SaaS 的软件研发很难采用。不同类型的产品、不同的用户和不同的研发团队，采用的软件开发模式和实践千差万别，DevOps 在许多场合是不适用的。

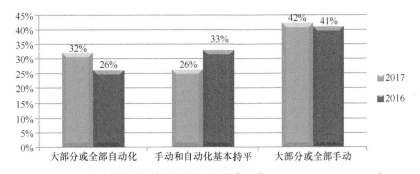

图 4-15 自动化测试的调查数据（图表源自 Dimisional Research）

技术的进步可以改善自动化测试，例如，面向接口的编程、微服务架构等实践可以让自动化测试容易开展，使被测对象具有很好的可测试性，自动化测试的覆盖率也会越来越高。而且，开发人员比较容易接受自动化测试，会越来越关注可测试性、健壮性和性能，这样自动化测试就有一定保障，形成良性循环，进一步提升自动化测试。

3. 业务层的测试不可忽视

靠自动化测试、缺陷大扫除这样的实践，软件质量还存在较大风险。没有人工智能（AI）的、传统的自动化测试发现缺陷的能力还是很弱的，而且当我们把主要精力放在技术、自动化上面，就很有可能忽视业务、忽视用户的需求。如果采取 ATDD、BDD 实践，情况会有所改善，让业务驱动需求，需求驱动开发，而且测试在先，开发在后，可以克服开发人员自己做测试的心理障碍、思维障碍。但是，对于复杂的业务逻辑，ATDD/BDD 就会面临较大的挑战，实施起来非常困难，现实中几乎难找到全程以 TDD 方式开发产品的公司。这时就需要专业的测试人员或业务人员、产品经理等进行业务层测试，完成业务端到端的测试。各个单元、单项功能没有缺陷，不能代表系统能够完全满足业务的需求，而系统满足业务的需求才是产品的终极目标。有些业务的测试，总是要结合用户对 UI 的操作来进行验证，这就需要团队在后期一起开展业务层的测试，甚至要求全公司人员参与，通过缺陷大扫除活动（bug bash session）来完成。

过去，测试依赖专职的测试人员，而且更不利的是，一个测试人员应对多个开发人员，质量问题很可能就落到这个测试人员身上。例如一旦发现上线遗漏 bug，大家的第一反应是为什么测试人员没有发现。这种情况，产品也很难达到高质量，因为难以实现充分的测试。如果要完成充分的测试，测试很容易成为项目进度的瓶颈，从而无法实现快速交付。许多情况下，要么质量得不到保证，要么做得很苦。总的来说，传统的软件测试理念不利于团队作为一个整体共同努力提高质量意识、质量监控和测试能力等。

4．少量的专业测试人员也是需要的

软件开发的各项工作都是专业的事情，软件测试也不例外。每个开发人员能做测试，这有信心。但让大多数开发人员成为高水平的测试能手，依旧困难重重。虽然对于极少数优秀的开发人员，的确可以相信，测试促进开发，开发促进测试，两者相辅相成，将开发和测试融于一身，反而是有利的。但绝大多数开发人员的原有本职工作做得不够好，要把两项工作都做得很出色，就更困难。所以有必要给软件产品质量增加一道守护——专业测试人员的系统测试，质量会有更好的保障。

当我们说，质量由团队负责，从我国国情看，质量可能就没有人负责，有时还需要一、两个 QA、TC 或质量助理专职人员。他们全程监控研发过程，帮助开发人员消除不规范行为，尽可能避免产生缺陷，尽一切可能来评价系统的伸缩性和性能，不断寻求机会提高代码的可复用性和可预测性，积极影响开发的质量意识，和团队一起防止缺陷进入实际的运行环境中，在整个开发周期中进行质量跟踪、持续改进质量。这种预防，不仅是产品缺陷预防，而且包括过程问题的预防，持续揭示产品质量风险、改进软件研发和运维的过程。

从这些角度看，少量的专职测试人员是必要的，特别是对质量有更高要求，希望获得更好的客户满意度。例如，可以在团队设置一个"测试教练（Testing Coach，TC）""测试顾问（Testing Consultant，TC）"或"质量助理（Quality Assistant，QA）"，他的主要任务包括：

▶ 参与前期需求分析和定义验收标准；

▶ 帮助团队提高整体测试技术和知识；

▶ 帮助开发人员制订测试策略（策略执行还是团队）；

▶ 定期组织 exploratory testing session（bug bash）；

……

5. "测试开发" 角色受宠

目前不少公司学 Google 公司，主要招聘"测试开发（Software Engineer in Test，SET）"人员。Google 的 SET 相当于一个开发角色，SET 做的事情已经不同于传统的测试人员所做的事情，而是：

▶ 开发测试工具，搭建和维护测试环境和测试框架；

▶ 把不同层次的自动化测试集成到持续集成管道（CI pipeline），改进和维护 CI pipeline，维护整个研发的基础设施；

▶ 指导开发使用这些测试工具或测试框架；

▶ 组织和指导团队制订自动化测试策略；

……

除此之外，SET 对软件开发的了解往往集中在可测试性、健壮性和性能等方面，基于这些理解，SET 构建框架服务于整个团队。开发人员不仅做单元测试，还用 SET 搭建的测试框架做系统测试、做手工测试，开发团队遵循持续交付和持续集成的原则，拥有独立的 CI 管道，耦合性降到最低，回归测试工作量很少，代码评审（code review）更容易，从一定程度上大大降低专业测试人员的需求，这样测试人员可以少招，测试开发可以多招些。

4.7 小结

今天在测试敏捷化环境下，强调个体与协作，侧重发挥团队的作用，迭代计划、任务估算等工作都是靠团队来实现，并具有下列这样的价值观：

▶ 质量不能靠测试人员，而是靠整个团队；

▶ 测试也不只是测试人员的事情。

但不管什么环境下，人在软件研发中是决定的因素，每个公司要尽可能招聘优秀的人，加强团队建设，每个团队则要加强对团队成员的职业规划、培育等工作。

这章内容主要分为两个方面：个体与团队，而且不局限于测试人员和测试团队，而是包括开发人员和开发团队。过去有一种对全栈工程师的误解，本章一开始就阐述"全栈工程师"是体现了技术深度，而不是工作的广度。我们鼓励工程师成为某类技术（如 Web 技术、移动技术）全栈工程师，自然也鼓励测试工程师成为某类技术全栈的测试工程师。在能力训练方面，除了给出三个不同发展方向的能力模型，侧重讨论如何在测试中进行思维训练，包括系统性思维、分析性思维（含批判性思维）、发散性思维等的训练。最后一节，还讨论了 DevOps 对软件测试人员带来的巨大挑战，从这一点也看出，测试人员必须在技术上有一个很好的拓展，才能应对这样的挑战。

如果开发团队做更多的测试，必须清楚他们的测试能力，像谷歌公司那样，需要对团队测试能力的内部认证。如果没有测试能力，就需要让测试专家、Test Owner 赋能给团队。团队的测试过程改进是一个永恒的主题，不断反思，参考一些模型，持续改进。

第 5 章

项目启动：知己知彼、百战不殆

作战时，如果不了解对方情况，包括兵力、布局等，就不容易打胜仗，甚至遭到伏击、彻底失败。孙子兵法说："**知己知彼，百战不殆**"，而今天的软件"使用质量标准"最后一项也特别提到"上下文（Context）覆盖"。"上下文"不但是测试而且是软件工程中的一个重要概念，主要指主要项目或产品研发所处的环境。任何项目的计划与执行、任何产品的需求分析与设计都应该针对上下文进行特定的考虑，即我们经常讲的 case by case。因为每个项目或产品所处的环境都不同，要么是业务、需求不同，要么是研发团队、工作环境、经济条件等不同，每个版本研发还处在不同的阶段，这些对研发的质量管理、进度控制等都有影响。图 5-1 所示的是软件使用质量模型（ISO 25010）。

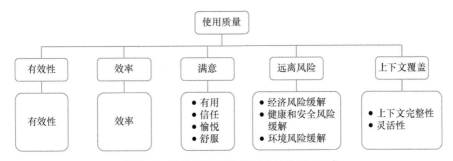

图5-1　软件使用质量模型（ISO 25010）

所以，当我们拿到一个项目要进行软件测试时，首先就要清楚项目的上下文，然后才能开始进行测试需求分析、做测试计划。与测试相关的上下文，主要有：用户及需求、项目目标、进度、适用的流程、业务领域、领域知识、行业规范、采用的软硬件技术、产品历史、竞争对手的产品（竞品）等。也可以参考启发式测试策略模型（Heuristic Test Strategy Model，HTSM），如图 5-2 所示，侧重考虑质量

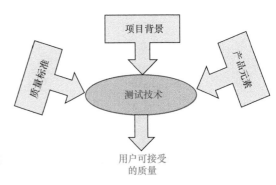

图5-2　启发式测试策略模型示意图

标准、项目背景、产品元素、测试技术等 4 个方面的各项因素，最终向用户交付具备其可接收的质量的产品。

第 4 章谈到，软件测试人员要具备良好的批判性思维，要善于提问，不断质疑被测试的系统，我们也要善于质疑所收集到的信息，例如以下情况。

- ▶ 信息的来源是否可靠？

- ▶ 用户或产品经理提供的材料不够全？

- ▶ 给出的信息是否不真实？

- ▶ 有没有漏掉某方面重要的信息？

- ▶ 某些情况是否会很快发生变化？

……

这样有助于我们正确、全面地收集用户与质量、项目、产品、测试技术等相关的信息，更好地为后续的测试需求分析、测试计划、测试设计服务。

5.1　用户与质量要求

软件测试是软件质量保证的一种诉求，软件测试的目标在一定意义上说，就是为了保障软件产品质量具有较高的水平。产品的质量主要靠构建，但所发布的产品质量在很大程度上依赖于软件测试的开展以及执行的结果。所以要做好测试工作，必须清楚地了解以下内容。

- ▶ 软件给谁用？

- ▶ 对质量有什么具体要求？

- ▶ 参照哪些质量标准？

5.1.1　用户是谁

哲学上有 3 个终极问题：你是谁？你从哪里来？你去向何处？

开发软件产品时，我们也几乎要问同样的问题——用户是谁？用户从哪里来？用户要做什么？因为当我们谈到用户时，尽管用了同一个词，每个人看到的用户可能是不一样的。在一个项目中，我们不管是开发一个软件产品还是拿到一个被测的系统，一定要清楚谁会用这个系统，才能回答这 3 个问题。

用户是谁？有天天离不开它的核心用户，也有偶尔使用的外部用户，例如，不要忽视后台维护、技术支持的系统用户。我们也不能停留在已经在用的现有用户，也要考虑未来哪些人会成为系统的潜在用户，可能涉及软件功能的演化，甚至整个系统的迁移。我们也可以针对"用户是谁"问一系列的问题。

▶　用户究竟由哪些人构成？

▶　儿童人多、年轻人多还是年长的人多？

▶　是一般人员还是职业人员？

▶　有哪些角色？

这里就可以用之前的发散思维，来寻找各类用户。然后，我们再分析这些用户来自哪里？用户可能来自企业（to B 产品），也有可能来自大众消费者（to C 产品），企业用户和消费者用户差异很大，可以理解为两个完全不同的市场。我们还需要进一步了解用户来自哪个具体的领域或行业，如金融、教育、税务、汽车、铁路、航空、互联网出行等，以及这些用户想做什么、会做什么，分析用户角色的行为，类似用例分析、用户故事的理解等。

要点：测试人员要站在客户角度想问题

做产品，不是写程序。如果技术人员把要做的事情仅仅看作是写代码、编程序和开发系统，而不是看作开发为客户服务的产品，那么问题可能会很严重。技术人员往往过多地从技术方面思考，而很少真正从客户的角度去想，有时也可以开发出比较精妙的、甚至让人惊叹的东西，但更大的可能性是所开发出来的产品将不是客户真正需要的、高质量的产品。在这种不正确的意识下开发出来的软件产品，缺陷会很多，很难满足客户的需求，并且开发效率低，会给企业带来很高的开发成本。

5.1.2　对质量有什么要求

软件的质量需求，从根本上说是为了引导和满足用户的需求，而软件质量具体表现在软件产品（或服务）固有的特性之上，如适用性、功能性、有效性、可靠性和性能等。在软件质量管理中，常常将软件质量特性分为功能特性和非功能特性。根据 ISO 25000 系列标准，软件产品质量包含 8 大质量特性——功能适应性、兼容性、可靠性、易用性、安全性、效率（性能）、可维护性和可移植性，如图 5-3 所示。每项质量特性还进一步分为多项子特性，不仅有利于理解质量特性，而且有助于测试（验证）和度量，如对软件功能，不仅要正确无误，不能偏离客户需求，功能的使用能够适应业务需求、适应实际的生产环境，而且功能设计要完整，不要漏掉某些功能，功能之间也不要重叠、冲突。

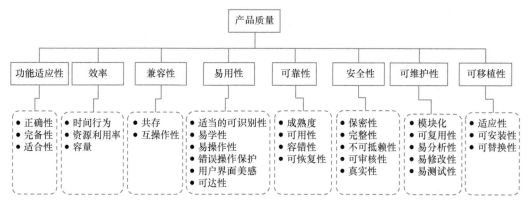

图 5-3　产品质量模型

基于这些属性，结合用户、业务和产品特点等进行更深入的分析，以了解对质量的具体要求，哪些质量特性需要优先关注。例如，对于政府内部办公自动化系统，早期版本的关键需求体现在功能和安全性、数据兼容性上，原因如下。

▶ 客户端机器和应用环境一般是统一配置的，客户端兼容性不是主要问题，但要考虑数据兼容性、系统与系统之间数据接口。

▶ 由于用户数不多，一般不会存在性能问题。

▶ 由于办公事务处理，实时性也不那么强，可靠性要求也不高。

▶ 办公自动化系统也没有选择余地，易用性要求也不高。

……

后续版本，再考虑提升系统的易用性和可靠性等。但如果是开发电子商务网站，除了功能适应性之外，要优先考虑安全性、可靠性、兼容性、易用性等，而且对这些特性要求也很高。性能，取决于用户，刚开始用户不多，性能不突出，后期用户数上去了，性能需要加强，但安全性、易用性一开始就必须受到足够的重视。

5.1.3　参照哪些质量标准

虽然软件的国际和国内标准较多，但软件行业关注不够。例如 ISO 29119 就是国际软件测试标准，许多测试人员不知道有这个东西，即使知道这个东西，平时也没按照这个标准去开展测试工作。但是，行业标准倒是必须遵守执行的，无论是航空航天、汽车电子行业，还是金融、交通等，都有相应的质量标准。

- ▶ EN/AS 9100A：国际航空航天质量管理体系标准。

- ▶ IEC 61508：电气 / 电子 / 可编程电子安全系统的功能安全。

- ▶ IEC 61511：过程工业领域安全仪表系统的功能安全要求。

- ▶ ISO 26262：道路车辆系统设计功能安全。

- ▶ EN50128：铁路控制和防护系统的软件。

- ▶ ISO 13485：医疗器械管理体系标准。

之前了解用户来自哪个领域或行业，就会收集该行业的规范和标准。例如，如果是为飞机系统做测试，就需要了解民用航空系统需遵守的标准规范，如美国航空无线电委员会（RTCA）制定的 DO-178C 系列标准成为民用飞机适航领域的重要标准，相关产业则必须严格执行下列标准。

- ▶ DO-178C（机载软件的审定考虑）。

- ▶ DO-248C（178C 的说明性文件）。

- ▶ DO-278A（空中交通管制等地面软件标准）。

- ▶ DO-330（工具鉴定要求标准）。

- ▶ DO-331（基于模型的设计和开发补充文档）。

- ▶ DO-332（面向对象技术补充文档）。

- ▶ DO-333（形式化方法补充文档）。

如果项目是证券行业的应用系统，就属于金融行业。金融行业就有 200 多项规范标准，表 5-1 只给出与测试相关的部分金融行业标准。

表 5-1　与测试相关的部分金融行业标准

标准名称	说明
JR/T 0067—2011	证券期货业信息系统安全等级保护测评要求
JR/T 0068—2012	网上银行系统信息安全通用规范
JR/T 0071—2012	金融行业信息系统信息安全等级保护实施指引
JR/T 0072—2012	金融行业信息系统信息安全等级保护测评指南
JR/T 0073—2012	金融行业信息安全等级保护测评服务安全指引

续表

标准名称	说明
JR/T 0098.1—2012	中国金融移动支付 检测规范 第1部分：移动终端非接触式接口
JR/T 0098.2—2012	中国金融移动支付 检测规范 第2部分：安全芯片
JR/T 0098.3—2012	中国金融移动支付 检测规范 第3部分：客户端软件
JR/T 0098.4—2012	中国金融移动支付 检测规范 第4部分：安全单元（SE）应用管理终端
JR/T 0098.5—2012	中国金融移动支付 检测规范 第5部分：安全单元（SE）嵌入式软件安全
JR/T 0098.6—2012	中国金融移动支付 检测规范 第6部分：业务系统
JR/T 0098.7—2012	中国金融移动支付 检测规范 第7部分：可信服务管理系统
JR/T 0098.8—2012	中国金融移动支付 检测规范 第8部分：个人信息保护
JR/T 0101—2013	银行业软件测试文档规范
JR/T 0045.2—2014	中国金融集成电路（IC）卡检测规范 第2部分：借记/贷记应用终端检测规范
JR/T 0114—2015	网银系统USBKey规范 安全技术与测评要求
JR/T 0130—2016	银行业软件异常分类
JR/T 0145—2016	资本市场交易结算系统核心技术指标

5.2 项目背景

　　软件测试是软件项目的一部分，要做好软件测试，自然需要清楚项目的背景，特别要抓住与软件测试相关的项目要素，如项目的目标、交付物、质量要求、范围、进度、可用的资源、（开发）团队、开发环境、相关利益者等，获取、分析和综合理解与这些要素相关的详细信息。通过了解软件项目的要素信息，能更好地明确测试目标、测试范围、测试进度安排、测试资源、测试环境等，采取相适应的测试方法和策略，更好地开展测试活动。

▶ **项目目标**：测试也是为了更好地实现项目的目标，或者说，测试目标是建立在项目的目标之上，虽然不同于项目目标。

▶ **交付物**：不仅要交付软件版本，而且要交付相关的文档，包括用户手册、管理员维护手册等，有些项目可能还要交付项目计划、测试计划、测试用例等。交付物也直接影响测试范围和测试工作。如果需要交付用户手册、管理员维护手册，这些文档也需要验证；如果要交付测试计划、测试用例，自然必须要有而且需要规范、易读。

▶ **质量要求**：上一节谈到用户和质量要求，但每个版本还有具体的要求，例如，这个版本中待实现的某个功能要求团队特别关注，而另一个功能只是一种尝试，这样在功能测试项的优先级安排上，前一个功能的优先级要高得多——尽早测试、充分测试。例如，这个版本的性能要比上个版本提高 30%，决定了性能测试验证的具体指标值。

▶ **项目范围**：界定项目的边界或待开发系统的边界，如哪些功能是该版本要实现的、哪些功能不是，以及哪些遗留缺陷必须修正。如个人所得税网上申报业务项目，只是完成"申报、查询"工作，还是否包括"税率调整通告、咨询、申诉、个税管理"等功能？是为某个行政区的居民服务，还是为全市、全国的居民服务的？需要和哪些已有系统集成？测试范围和项目范围直接相关，基于项目范围来分析测试范围，包括测试项、应用场景和边界。

▶ **进度**：项目的阶段划分、各个里程碑的日期等。项目什么时候启动？系统设计和编程又分别在什么时候完成？产品发布和市场宣传等日期是否已确定？测试的进度安排、甚至资源的安排都需要参考项目进度计划。

▶ **可用的资源**：每项测试活动都需要资源，而资源都是有限的，清楚项目的预算和资源，对测试人员安排、环境准备都是必要的。

▶ **项目类型**：是长期性产品开发，还是一次性项目？是独立项目，还是多方合作的综合性集成项目？是本地项目，还是外包项目？是企业应用系统，还是一般软件工具开发？

▶ **开发团队**：开发团队是否优秀？之前开发的代码质量如何？最近有什么新人加入？最近他们在业务、设计、编程上做过有效的培训吗？开发人员做了哪些测试工作？单元测试是否充分？代码评审效果如何？这些对测试策略、测试工作量都有较大影响，因为测试的对象就是他们的工作——软件设计、代码和集成的系统。

▶ **测试团队**：人员素质如何、有什么技能等情况，会决定我们采用什么样的测试方式、采用什么样的测试策略。

▶ **开发工具和语言**：是 Visual Studio，还是 Eclipse、PowerBuilder？是 C++、C#、Java/JSP、ASP、PHP、VB 等语言中的一种，还是混合编程语言？这些对测试环境搭建、自动化测试实施等也有影响。

不止上面这十项，还可以继续分析下去，包括项目的风险、项目的相关利益者等，而且不同的项目，关注的背景因素也不一样。总之，知己知彼，百战不殆。

5.3 产品元素

产品是我们的测试对象，自然更要关注。这也是我们经常说的，项目一旦启动，测试就要介入，这样不仅可以更清楚项目背景（即上一节所讨论的），而且也可以了解软件的架构设计，开发是如何考虑实现被测系统的。基于这些了解，我们能够更好地掌握被测系统。

面对被测系统，我们也可以问一大堆问题，具体如下所示。

▷　是 C/S 架构还是 B/S 架构？

▷　系统进行了很好分层设计吗？有 SDK 吗？提供丰富的 API 吗？

▷　如果是 webservice 接口，主要支持 REStful 接口吗？

▷　如果是 C/S 架构，客户端同时支持 Windows 和 MacOS 吗？

▷　支持移动应用吗？目前只支持 Android 而不支持 iOS 吗？

▷　……

为了更好分析被测对象，可以从以下几个方面去分析：

▷　**结构**：软件系统的结构体现在层次性、组件化和接口标准化等，这样测试也可以分层进行（分层测试）、面向接口进行测试（接口测试）、针对组件进行测试（各个击破）等。

▷　**功能**：这是很明显的，虽然软件满足业务需求，但业务需求一般都是由功能承载的。同时，还需要了解系统功能之间的依赖关系、功能之间的交互作用等。

▷　**数据**：从测试覆盖来看，可以分为两部分：控制流和数据流，控制流体现在代码逻辑覆盖、基本路径覆盖和业务流程覆盖，而数据流则侧重体现在业务数据覆盖上。黑盒测试方法的一个侧面就体现了数据驱动，数据的重要性不言而喻。

▷　**平台**：软件运行的平台，包括操作系统、数据库、浏览器、虚拟机、云平台以及平台参数的组合，可以理解为软件运行环境的兼容性测试。

▷　**操作**：用户的行为、操作方式，包括在手机上的手指触摸方式，也包括异常操作、操作场景等。

▷　**时间**：嵌入式系统、实时应用系统，对时间是有敏感性的，这也是需要关注的。

Google 还有对产品研究的一个模型：ACC，即特性、组件（结构）、能力 / 功能等。

▷　**测试技术特性**：Attributes (adjectives of the system)，区分竞争对手、提升产品质量的表现，如快、安全、稳定、优雅等。

▷　**组件 / 模块**：Components (nouns of the system)，系统构成的单元等，如 Google+ 的个

人信息、圈子、通知、帖子、评论、照片等。

▶ 能力 / 功能：Capabilities (verbs of the system)，特定组件要满足系统特性所需要的能力，如在线购物系统需要"用 HTTPS 处理交易、在购物篮里增加商品、显示库存、计算总额、按交易量排序"等。

5.4 测试方法和技术

在测试分析、设计、自动化测试中，会采用大量的测试方法和技术，但对于一个团队来说不一定掌握足够的测试方法和技术。另外，针对一个特定的项目或特定的功能，也不是把所有的测试方法都应用一遍，而是根据问题选择合适的方法。所以，针对测试方法和技术，也要做到知己知彼。

▶ 团队或团队成员目前掌握了哪些测试方法和技术？

▶ 当前项目采用什么样的测试方法和技术是更加合适的？

可以从不同层次、不同维度或角度去看。从高层次看，测试方法体现了方法论或流派。流派有基于逻辑分析的测试方法、基于上下文驱动的测试等；方法论有基于需求的方法，它涵盖了过去传统的黑盒方法（等价类划分、边界值分析等），而结构化方法涵盖了过去传统的白盒方法（语句覆盖、判定覆盖、条件覆盖等），但这样划分，在项目中没有多大的应用价值，而是根据方法的应用场景、技术特征来划分对应用者更有启发，例如以下划分。

▶ 基于直觉和经验的方法。

▶ 基于输入域的方法。

▶ 组合测试方法。

▶ 基于逻辑覆盖的方法。

▶ 基本路径测试方法。

▶ 基于故障模式的测试方法。

▶ 基于模型的测试方法。

▶ 模糊测试方法。

▶ 基于场景的测试方法。

我们可以将基于风险的测试看作方法，但更应该看作一种测试策略。自动化测试和手工测试相对应，可以看作测试方式，不一定要看作方法。还有一些测试技术，依赖于软件开发技术或应用领域，示例如下。

▶ 面向对象的软件采用面向对象的测试技术。

▶ 面向服务架构（SOA）会采用 SOA 的测试技术。

▶ Web 应用测试技术。

▶ 移动 App 应用测试技术。

▶ 针对嵌入式应用的嵌入式测试技术。

这样，项目在不同的技术领域，测试也要在这一领域去积累相关的测试技术。最后，再强调一下，不同的开发模式就有不同的测试实践，如敏捷开发中应该采用更适合敏捷的测试实践。

5.5 确定测试规范

为了确保后续的测试工作质量，需要制订软件测试规范。当然，对于一个软件组织来说，并不是等到每个测试项目到来时，才开始进行测试规范的制订。实际上，一个规范的软件组织，事先已有一套软件开发过程规范，这其中包括软件测试规范。但对于一个具体项目，可能要对组织层次上定义的测试规范进行剪裁，从而获得适合本项目的软件测试规范。不管是哪种情况，软件测试规范都是重要的，它伴随着整个测试过程，规范着测试活动的行为，能确保测试工作的质量，进而确保软件产品的质量。

概念

软件测试规范就是对软件测试的流程过程化，并对每一个过程元素进行明确的界定，形成完整的规范体系。规范一般形成在标准之后，与标准相比，规范显得更微观，往往是标准在某个领域的具体应用中逐步形成的，它更具领域特点、更易于操作。

软件测试规范可分为行业规范与操作规范，行业规范主要是指软件行业长期总结形成的通用规范，而操作规范则指某一公司在长期的软件测试工作中总结出的属于自己企业的规范，特别是专门提供测试服务的企业，这种操作规范的内容与实施情况往往是其取得软件开发商信任的法宝。

软件测试规范，可以参见GB/T 8566—2001《信息技术 软件生存期过程》和国际标准ISO/IEC TR 15504。

一个完整的软件测试规范应该包括规范本身的详细说明，比如规范目的、范围、文档结构、词汇表、参考信息、可追溯性、方针、过程 / 规范、指南、模板、检查表、培训、工具、参考资料等。这里主要讨论软件测试规范中实质性的内容，而不讨论一些附属性的内容（如规范目的、范围、文档结构、词汇表、参考信息、可追溯性等）。

在软件开发实践中，一般会从以下几个方面入手来规范测试过程，并在每个子过程中明确角色、职责、活动内容及所需文档。

- ▶ 角色的确定。

- ▶ 进入准则。

- ▶ 输入项。

- ▶ 活动过程。

- ▶ 输出项。

- ▶ 评审与评估。

- ▶ 退出准则。

- ▶ 度量。

1. 角色的确定

任何项目的实施，首先要考虑的是人的因素，对人进行识别与确认，软件测试尤其不能例外。在软件测试中，通常会把所有涉及的人员进行分类以确立角色，并按角色进行职责划分，如表 5-2 所示。

表 5-2　软件测试中最基本的角色定义

测试组长	业务专家，负责项目的管理、测试计划的制订、项目文档的审查、测试用例的设计和审查、任务的安排、与项目经理和开发组长的沟通等
实验室管理人员	设置、配置和维护实验室的测试环境，主要是服务器和网络环境等
资深测试工程师	负责产品设计规格说明书的审查、测试用例的设计和技术难题的解决，主要参与数据库、系统性能和安全性等技术难度较高的测试
自动化测试工程师	负责测试工具的开发、测试脚本的开发等
初级测试工程师	执行测试用例和相关的测试任务，侧重功能测试用例的设计和执行

2. 进入准则

进入准则也就是对软件测试切入点的确立。根据软件测试的广义观点，软件测试伴随着整个软件开发生命周期中的活动，在软件过程的各个阶段都离不开验证和确认活动。因此，软件项目立项并得到批准就意味着软件测试的开始。对于各个阶段，也需要定义测试进入准则，见下面"4. 活动过程"的描述。即使在敏捷测试中强调持续测试，但也有几个明显的节点，如产品发布计划、迭代（如 Scrum 中的 Sprint）计划、迭代、验收测试等进入准则。

3. 输入项

软件测试需要相关的文档作为测试设计及测试过程中判断是否符合要求的依据和标准，包括需求描述、系统设计、程序代码及软件配置计划等文档资料。这些文档都是测试的输入项，如表 5-3 所示。

表 5-3　软件测试输入项

软件项目计划	软件项目计划是一个综合的项目信息载体，用来收集管理项目时所需的所有信息	《项目开发计划》
软件需求文档	描述软件需求的文档，如市场需求文档（MRD）或用户故事（user story）、用例（use case）、用户行为和产品特性列表，以及利用 CASE、UML 工具建模生成的文档	《需求规格说明书》或 Product Backlog 或 Feature List
软件架构设计文档	系统架构设计文档主要描述系统整体结构设计方案、软件子系统划分、子系统间接口和错误处理机制等	系统架构设计说明
软件详细设计文档	详细设计文档主要描述模块或组件、类、对象等中的元素，如数据字典、对象属性、类的方法和全局变量等，可以据此实现编码	详细技术设计说明
软件程序单元	包括所有已完成的程序单元源代码、数据库脚本、系统配置文件等	
软件配置或集成计划	软件工作版本的定义、工作版本的内容、集成的策略及实施的先后顺序等	软件配置计划和说明
软件工作版本	按照集成计划创建的各个集成工作版本	可运行工作软件

4. 活动过程

（1）制订测试计划

角色：测试设计人员，一般由测试组长、资深测试工程师担任。

具体做法如下。

▶ 制订测试计划——收集和组织测试计划信息，并且创建测试计划。

▶ 确定测试需求——根据需求规格说明书、质量计划等收集和整理测试需求信息，确定质量需求和测试目标。

▶ 制订测试策略——针对测试需求，定义测试阶段、测试类型、测试方法、测试风险回避措施及所需的测试工具等。

▶ 建立测试通过准则——根据项目实际情况，为每一个层次的测试或每一个测试阶段建立通过准则。

▶ 确定资源和进度——确定测试所需的软硬件资源、人力资源及测试进度。

▶ 评审测试计划——修正评审中发现的问题，达成一致意见，最终签发。

（2）测试设计

角色：测试设计人员（测试工程师）。

活动描述：设计测试的目的是确定如何有效地完成测试需求所确定的测试任务，为每一个测试需求确定要执行的测试任务、测试脚本或用例集，并且明确测试执行的过程。这里以"设计测试用例"为例说明，测试脚本和测试用例类似，只是用脚本（代码）方式来描述测试执行的过程，而在其他一些测试方式中进行更高层次的设计。

设计测试用例，具体如下。

▶ 为每一个测试需求，确定其需要的测试用例。

▶ 为每一个测试用例，确定其输入及预期结果。

▶ 根据界面原型为每一个测试用例定义详细的测试步骤。

▶ 确定测试用例的测试环境配置、前置条件和后置条件。

▶ 为测试用例准备输入数据。

▶ 编写测试用例文档。

▶ 对测试用例进行评审。

（3）开发测试工具和脚本

角色：自动化测试工程师、测试工程师和程序员。

活动描述：实施测试的目的是创建可重用的测试脚本，并且实施测试驱动程序和桩程序。

▶ 根据测试过程，创建、开发测试脚本，并且调试测试脚本。

▶ 根据设计编写测试需要的测试驱动程序和桩程序。

（4）执行单元测试

角色：以程序员为主，测试工程师为辅。

活动描述：执行单元测试的目的是验证单元的内部结构及单元实现的功能，具体做法如下。

▶ 按照测试过程，手工执行单元测试或运行测试脚本自动执行测试。

▶ 详细记录单元测试结果，并评估测试结果，直至达到测试覆盖率（如代码行、分支覆盖率 >90%）。

▶ 回归测试——对修改后的单元执行回归测试。

（5）执行集成测试

角色：程序员和测试工程师。

活动描述：执行集成测试的目的是验证单元之间的接口是否一致、是否可靠等，现在采用的"持续集成"实践，单元测试和集成测试一般同时进行。

▶ 执行集成测试——按照测试过程，手工执行集成测试或运行测试自动化脚本执行集成测试。

▶ 详细记录集成测试的结果，并将测试结果提交给相关人员。

（6）执行系统测试

角色：（资深）测试工程师、测试实验室管理员。

活动描述：执行系统测试的目的是确认集成后的软件系统不仅满足功能性需求，还满足非功能性需求，如性能、安全性、兼容性等，具体做法如下。

▶ 执行系统测试——按照测试过程手工执行系统测试或运行测试脚本，自动执行系统测试。

▶ 详细记录系统测试结果，并对测试结果进行分析，提交测试结果和分析报告给相关人员。

▶ 回归测试——对修改后的软件系统版本执行回归测试。

（7）评估测试

角色：测试人员和相关人员。

活动描述：评估测试的目的是对每一次测试结果进行分析评估、提交测试分析报告，并根据评估结果，决定是否需要对测试计划进行修改、对下一次测试活动做出调整。

▶ 分析测试结果——由测试人员对每一次测试结果进行分析，并提出变更请求或其他处理意见。

▶ 评估阶段测试状态和产品质量状态，如对每一个阶段的测试覆盖率进行评估；对每一个阶段发现的缺陷进行统计分析；确定每一个测试阶段是否完成测试和提供测试分析报告并进行审查。

5. 输出项

软件测试输出项较多，但主要有软件测试计划、测试用例，还包括测试缺陷记录、测试结果分析报告等，如表 5-4 所示。

表5-4　软件测试输出项

输出项	内容描述	形成的文档
软件测试计划	测试计划包含项目范围内的质量要求、测试目标和测试需求的有关信息。此外，测试计划确定了实施和执行测试时将采取的策略，同时还确定了所需资源、测试环境、进度安排等	软件测试计划模板
软件测试用例	测试用例是为特定目标开发的测试输入、执行条件和预期结果的集合	软件测试用例模板
测试缺陷记录	测试结果记录测试期间测试用例的执行情况，记录测试发现的缺陷，并且用来对缺陷进行跟踪	测试缺陷记录模板
测试分析报告	测试分析报告是对每一个阶段（单元测试、集成测试、系统测试）的测试结果进行的分析评估	测试分析报告模板

6. 评审与评估

对测试输出项，按相应检查项或模板进行评审，对测试过程和结果也要进行相应的评审和评估，如表 5-5 所示。

表5-5　软件测试评审与评估项

验证与确认项	内容描述
软件测试计划评审	由项目经理、开发与测试、其他相关人员对测试计划进行评审
软件测试用例评审	由开发与测试、其他相关人员对测试用例进行评审
测试分析报告评审	由项目经理、开发与测试、其他相关人员对测试分析报告进行评审
质量保证（SQA）评审	由SQA人员对软件测试活动进行审计

7. 退出准则

退出准则满足组织 / 项目的（阶段性）测试结束的标准。

8. 度量

软件测试活动达到退出准则的要求时，对于当前版本的测试活动就结束了。软件质量量度工作，一般由 SQA 人员通过一系列活动收集数据，利用统计学知识对软件质量进行统计分析，得出较准确的软件质量可靠性评估报告，提供给客户及组织内部的管理层。

5.6　小结

知己知彼、百战不殆，测试计划之前，要尽量了解项目的来龙去脉，了解对测试影响的因素，如项目目标、业务需求、客户、进度、风险等，从而为后期的测试策划打下良好的基础。

测试是质量保证的重要手段，测试工作更要强调规范——规范的流程、规范的行为和规范的文档等，这一切要参考相应的质量标准、测试规范，形成有章可循，更好地构建高质量的测试过程，从而才能输出良好的测试结果——测试工作自身的高质量。

第 6 章

测试计划：分析与策略

测试计划是一个过程，而不仅仅是一个文档。测试计划有助于测试范围的确定、测试策略的优化和测试风险的规避。

在项目启动之后，就要着手软件项目的计划，包括软件测试计划。软件测试计划是整个开发计划的组成部分，依赖于公司质量文化、软件研发流程等，但同时，又具有一定的独立性，为了质量要求和实现测试目标而对测试的范围、活动、方法等进行有效的策划。在测试计划活动中，首先要确认测试目标、范围和需求，其中"测试需求分析"是关键任务，然后在测试需求基础上进行工作量估算、资源估算、进度估算、测试风险识别与分析，然后应对资源、进度和风险方面的挑战，制订测试策略。

无论何时进行测试估算，我们都是在预测未来，并会接受某种程度的不确定性。软件项目计划的目标是提供一个框架，不断收集信息，对不确定性进行分析，将不确定性的内容慢慢转化为确定性的内容，该过程最终使得项目团队或测试负责人能够对资源、成本及进度进行越来越合理、准确的估算。这些估算是软件项目开始时在一个限定的时间框架内做出的，并且随着项目的进展而不断更新。

测试计划活动过程伴随着软件产品的需求与设计的评审，而软件产品的需求与设计的评审反过来也有利于测试计划的制订。而且，测试计划必须建立在软件需求定义之上，为软件的质量需求验证和确认活动的开展进行规划和指导。

测试计划虽然会经准备、起草、讨论、审查等不同阶段之后才能完成一个相对合格的测试计划书。但计划不仅仅局限在完成一个测试计划的文档，它更应该是一个持续计划（planning）的过程。计划，往往是不断细化、不断优化、不断调整的过程。根据上下文的变化，如需求变更、发现未知的测试区域、新的测试风险发生等，及时调整测试计划。

① 计划初期是收集整体项目计划、需求分析、功能设计、系统原型、用户用例（use case）等文档或信息，理解用户的真正需求，了解新技术或者技术难点，与其他项目相关人员交流，力求在各个方面达到一致的理解。

② 计划起草。根据计划初期所掌握的各种信息、知识，确定测试策略，选择测试方法，完成测试计划的框架。测试需求也是测试用例设计的基础，并用来衡量测试覆盖率的重要指标之一，确定测试需求是测试计划的关键步骤之一。

③ 内部审查。在提供给其他部门讨论之前，先在测试小组 / 部门内部进行审查。

④ 计划讨论和修改。召开有需求分析、设计、开发等人员参加的计划讨论会议，测试计划的作者将测试计划设计的思想、策略做较详细的介绍，并听取大家对测试计划中各个部分的意见，进行讨论交流。

⑤ 测试计划的多方审查。项目中的每个人都应当参与审查（即市场、开发、支持及测试人员）。计划的审查是必不可少的，测试经理和测试工程师所掌握的信息可能不够完整、其理解可能不够全面和深刻。此外，就像开发者很难测试自己的代码那样，测试工程师也很难评估自己的测试计划。每一个计划审查者都可能根据其经验及专长发现测试计划的问题或针对测试策略或方法提出一些建议。

⑥ 测试计划的定稿和批准。在计划讨论、审查的基础上，综合各方面的意见，就可以完成测试计划书，然后报给上级经理，得到批准，方可执行。

⑦ 计划执行跟踪和修改。在实际计划执行过程中，由于测试需求、测试环境等因素发生变化，这就有必要对计划进行调整，满足测试的需要。

测试计划不仅是软件产品当前版本而且还是下一个版本的测试设计的主要信息来源，进行新版本测试时，可以在原有的软件测试计划书上做修改，但要经过严格审查。不同的测试阶段也可以单独制订相应的测试计划，如单元测试计划、集成测试计划、系统测试计划和验收测试计划等。有时需要根据不同的测试任务，制订特定的测试计划，如安全性测试计划、性能测试计划等。单个测试计划还是合成为一个整体测试计划，这取决于项目的规模和特点。中、小项目，一个整体的测试计划就能涵盖全部内容。如果是大型项目，则往往分开为多个独立的测试计划，甚至会形成一系列的计划书，如测试风险分析报告、测试任务计划书、风险管理计划、测试实施计划、质量保证计划等。

6.1 软件测试的目标

在分析测试需求之前，先要确定测试目标，而测试目标的确定，取决于质量要求。虽然在理论上，对软件质量的要求是比较明确的，但对不同的软件开发项目，其质量要求是不一样的，这在第 5 章我们已做了比较详细的讨论。这里，侧重讨论特定的质量要求，加强这方面的细节讨论，然后确定测试目标。最后，再根据测试目标，来分析测试需求。

6.1.1 分析软件产品的特定质量要求

手机是大家熟悉的产品,不同的用户群对一部智能手机的要求也是不同的,这就是第 5 章从用户、产品等不同角度来讨论产品的质量要求。从产品开发来看,的确要清楚,例如,低档手机(功能机)为谁开发?谁会用它?会如何用它?基于这样的分析,我们可能就这样定义功能机的特点、质量、需求。

▶ 通话正常、稳定。

▶ 通话质量要有一定保障。

▶ 待机时间长。

▶ 安全,电池不能发生爆炸。

▶ 外观大气美观,不要太重。

▶ 通信录、短信、闹钟等功能使用方便。

▶ 支持手写输入功能。

但对智能手机,对手感、用户体验、性能、外观质感等有更高的要求。虽然不同的产品类型、不同的应用领域和不同的业务,功能的质量要求存在较大差异,但一般来说,通用的功能质量要求如下。

▶ 每项功能都符合实际业务操作流程与规则。

▶ 功能逻辑清楚,符合使用者的习惯。

▶ 每一项功能运行正常、输出结果正确且满足相应的格式、精度。

▶ 能接受正确的数据输入,如最大输入的字符串数、特定的符号等。

▶ 能处理各种不正常的操作,对异常数据的输入可以进行提示、容错处理等。

▶ 支持各种应用的环境或场景。

▶ 能兼容功能所关联的硬件。

▶ 软件升级后,新功能能继续使用旧版本的数据。

▶ 与外部应用系统的接口有效。

以像 QQ 这类网上聊天工具为例，其产品的质量要求一定会包括功能正确、性能好、易用，但这样的质量要求还不够明确，对设定测试目标帮助不大，还需要进一步分析其质量要求。对于功能，可以逐条列出其主要功能，然后分析功能在质量上有没有一些特定的要求。例如以下内容。

① 支持语音、视频通话，就要确定语音、视频通话的质量要求，是否支持电信级业务服务水平即严格的 QoS 标准（服务质量）？支持高清视频（如 720p、1080p 等）通话吗？视频通话质量能够根据网络状况可调整吗？语音在延迟、回声、噪声、颤音等上面有具体的质量要求吗？视频通话对带宽最低限制是多少？

② 是否支持基于行业标准的会话发起协议（SIP）？

③ 单击姓名打开聊天窗口，可同时打开任意多个聊天窗口。可能就会问，最多能打开多少个窗口？有没有性能问题？

④ 邮件、通信录等涉及个人隐私，在安全性上有什么要求？

⑤ 密码设置有哪些参数约束？这些约束能否保证其较高的安全性？

⑥ 好友列表有没有限制（容量问题）？

⑦ 不同颜色的小球图标及不同的符号表示好友的在线状态，多少时间（如几十、几百毫秒、几秒）刷新一次？

⑧ 正常连接情况下，添加好友的时间是多少？

对一个日历应用软件，可能就简单些，其质量要求和一般 Web 应用软件的质量要求基本一致，主要体现在功能、性能、安全性、易用性等主要方面的同时，可能还会有下列的质量要求。

① 功能：计算正确、显示正常、逻辑合理等。

② 性能：正常时每个页面刷新显示时间不超过 3s，高峰时不超过 10s。

③ 安全性：登录安全，被邀请人只能看到当前事件，不能查看他人的其他事件等。

④ 易用性：日历能在不同显示方式之间方便、快捷切换，显示内容也能根据不同方式改变、能支持"直接拖拽"操作日历等。

为了进一步理解产品质量要求，可以看看大家熟悉的拼音输入法有什么具体的质量要求。《Windows 软件测试探秘》一书第 6 章就给出很好的实例，如表 6-1 所示。

表6-1 输入法质量核心指标

词库质量	性能指标（输入）	性能指标（无输入）
▶ 首选词命中率 ▶ 词库覆盖率 ▶ 前5候选词打分 ▶ 拼音正确度 ▶ 词条正确度	▶ 首次切入（无皮肤） ▶ 普通切入（无皮肤） ▶ 首次切入（特定皮肤） ▶ 普通切入（特定皮肤）	▶ 新词更新 ▶ 自动同步 ▶ 无后台操作

6.1.2 测试目标

目标指引方向，确定了目标，才能开始进行更周密的计划。所以，在开始制订测试计划之前，需要确定测试目标。软件测试的目标就是根据质量要求，逐项确定、验证软件的实际表现，提供软件产品完整的质量信息；同时，为了帮助团队向客户提供一个高质量的软件产品，软件测试的目标就是更早地、尽可能地将软件产品或软件系统中所存在的各种问题找出来，并促进各类开发人员尽快地解决问题。衡量测试目标的实现，就是通过测试覆盖率来衡量，通过对测试结果的分析，来明确产品质量要求、功能点或代码行（分支、条件等）的测试覆盖率。例如：

▶ 需求项和功能点覆盖率100%；

▶ 代码行覆盖率95%。

在确定测试目标时，往往需要对软件产品所涉及的业务功能和业务流程进行分析，从而进一步细化测试目标，设计出对应的测试用例来验证各项具体的测试目标是否实现。测试目标，可能会根据预算或时间限制进行调整。例如，下面有3个简单的目标，这些目标代表了功能测试的不同水准。

▶ 最低目标：正常的输入与正常的处理过程，有一个正确的输出。

▶ 基本目标：对异常的输入能捕获错误，并进行相应提示或屏蔽。

▶ 较高目标：对隐式需求进行测试。

以性能测试为例，最低目标是获取系统性能指标相关的数据，而中级指标是通过测试结果分析，能发现系统的性能瓶颈或内存泄漏等问题。更高的目标是根据系统的设计和测试结果，了解哪些系统的关键组件会影响系统的性能，确定每个关键组件可以达到的性能水准，从而可以定位性能问题，甚至提出性能改善的建议。

但针对具体项目或具体产品的测试目标，不仅根据产品质量要求进一步明确测试目标，还要根据项目背景环境（如进度、预算等）、测试团队能力和现有的技术来确定测试目标。例如，预算和进度限制测试的充分性，包括是否有足够的时间和资源去做兼容性测试、性能测试、安全性测试和可靠性测试等。即使对某项特定的测试，能够测试到什么深度和广度，都需要因地制宜地考量。因为从理论上讲，希望该有的测试都做了，每项测试都能做到 100%，但实际项目中，进度、资源、能力等都有限制，不可能达到理想的目标，也没必要。例如单元测试，理想的目标是百分之百覆盖代码行、分支和条件，但在实际项目中，可能将单元测试的目标定为代码行的覆盖率 50%、60% 或 80%。

再举一个例子。国际标准 IEC 61508 把系统安全完整性分为 0、1、2、3 和 4 这五个级别，而作为《铁路应用——通信、信令和处理系统——控制和保护系统用软件》欧洲标准 50128:2011，根据安全完整性，确定这一领域的软件系统的测试目标，即要所完成的测试，如表 6-2 所示。

表6-2　控制和保护系统用软件建议采用的测试目标

技术/方法	安全完整性等级 0	安全完整性等级 1	安全完整性等级 2	安全完整性等级 3
形式化证明	—	推荐	推荐	强力推荐
静态分析	—	强力推荐	强力推荐	强力推荐
动态分析和测试	—	强力推荐	强力推荐	强力推荐
度量	—	推荐	推荐	推荐
可追溯性	推荐	强力推荐	强力推荐	强制的
软件错误影响分析	—	推荐	推荐	强力推荐
代码的测试覆盖率	推荐	强力推荐	强力推荐	强力推荐
功能/黑盒测试	强力推荐	强力推荐	强力推荐	强制的
性能测试	—	强力推荐	强力推荐	强力推荐
接口测试	强力推荐	强力推荐	强力推荐	强力推荐

测试的目标要有具体的指标，可以被度量，在测试执行结束之前或之后，能够判断测试目标是否被达到。对各项质量要求的验证达到什么程度，能够给出数字描述的就尽量给出，从功能性到安全性、兼容性等逐项给出明确的目标。根据需要，测试目标需要进一步分为子目标，有利于目标度量和后续的测试需求分析，如图 6-1 所示。测试目标的分解可以根据被测的模块、组件或测试类型（如功能测试、性能测试、适用性测试、安全性测试等）等实现。在传统的测试中，子目标由测试集（Test Suite，或称为"测试套件"）；在探索式测试中，子目标由 Mission 来承担。

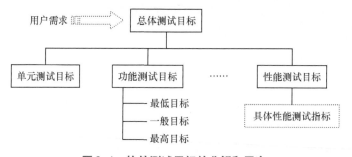

图6-1　软件测试目标的分解和层次

6.2　项目的测试需求

在掌控了软件项目的背景，了解了产品的质量要求和软件测试的基本需求之后，同时，测试人员也会阅读相关软件需求文档，参与需求评审。在这些基础之上，可以进行测试的需求分析，即包括下面这些工作。

▶　明确测试范围，了解哪些功能点要测试、哪些功能点不需要测试。

▶　知道哪些测试目标优先级高、哪些目标优先级低。

▶　要完成哪些相应的测试任务才能确保目标的实现。

然后才能估算测试的工作量，安排测试的资源和进度。测试需求分析是测试设计和开发测试用例的基础，测试需求分析得越细，对测试用例的设计质量的帮助越大，详细的测试需求还是衡量测试覆盖率的主要依据。只有在做好测试需求的基础上，才能规划项目所需的资源、时间以及所存在的风险等。

概念解释

▶　**测试点 / 测试项**：即具体的测试对象，可大可小，大到一个特性、一个功能模块、一种应用场景，小到一个输入框、一个 Web 页面、一种状态等。例如，可以将一个功能分为几个子功能，每个受影响的子功能被确定为"测试项"。如果子功能需要在不同的平台上运行，那么"某特定平台的子功能"可以被确定为"测试项"。就像功能一样，可以分解为子功能，测试项也可以进一步分为"子测试项"。"测试点"可以看作是测试项的通俗说法。将测试范围分解为测试项，一项一项地列出来，测试需求描述会很清晰，也适合分配测试任务。

▶　**测试优先级**：测试项执行的优先程度，优先级越高的测试项越要尽早执行、尽可能得到执行；优先级很低的测试项可在后期执行，如果没有足够的时间、可以忽视（不执行）。功能测试的优先级取决于功能自身的重要性和功能实现潜在的质量风险。

测试优先级是由下列 3 个方面决定的。

▶　从客户的角度来定义的产品特性优先级，那些客户最常用的特性或者是对客户使用或体验影响最大的产品特性，都是最重要的特性，其对应的测试用例优先级也最高。根据 80/20 原则，大约 20% 的产品特性是用户经常接触的，其优先级高。

▶　从测试效率角度看，边界区域的测试用例相对正常区域的测试用例优先级高，因为更容易在边界区域发现软件的缺陷。

> ▶ 从开发修正缺陷角度看，逻辑方面的测试用例比界面方面的测试用例的优先级高，因为开发人员修正一个逻辑方面的缺陷更难、时间更长或改动范围更大。这种修改，不仅仅是程序代码的修改，而且可能涉及软件设计上的变更。

6.2.1　测试需求分析的基本方法

测试目标一般借助测试覆盖率来度量，测试覆盖率也不仅仅是代码的覆盖率，它应该还包括功能覆盖率、业务覆盖率等。测试覆盖率是测试的始点也是测试的终点。

▶ 测试的始点是指测试分析的出发点是测试覆盖率。

▶ 测试的终点是指测试结果的评估以测试覆盖率来衡量。

测试需求达到的目标是希望尽可能覆盖所有需要测试的地方，即尽可能找出所有的测试项，不要漏掉测试项。如何判断测试项是否遗漏，关键就是以测试覆盖率来判断。要想不要遗漏测试项，就从测试覆盖率出发。但是，在软件结构没有设计出来、代码没有写出来之前，从测试覆盖率出发，主要从业务、功能去分析。业务可以转化为特性，特性可以分为功能特性与非功能特性。功能特性可以分解为特性、功能、子功能、功能点这 4 个层次，层次分解得越细，测试需求分析就越透彻，覆盖率就越有保障。非功能特性一般分为性能、安全性、兼容性、易用性、可靠性等。

随着项目开发的不断往前推进，系统的结构越来越清楚，代码也不断产生，这时可以基于技术角度来验证之前业务、功能所进行的需求分析。总之，测试需求的分析可以从两个不同的角度进行分析。

▶ **从业务角度进行分析**：通过业务流程、业务数据、业务操作等分析，明确要验证的功能、数据、场景等内容，从而确定业务方面的测试需求。

▶ **从技术角度分析**：通过研究系统架构设计、数据库设计、代码实现等，分析其技术特点，了解设计和实现要求，包括系统稳定可靠、分层处理、接口集成、数据结构、性能等方面的测试需求。

如果有完善的需求文档（如产品功能规格说明书），那么测试需求可以根据需求文档，再结合前面分析和自己的业务知识、测试工作经验等，比较容易确定功能测试的需求。如果缺乏完善的需求文档，就需要借助启发式分析方法，从系统业务目标、结构、功能、数据、运行平台、操作等多方面进行综合分析，了解测试需求，并通过和用户、业务人员、产品经理或产品设计人员、开发人员等沟通，逐步让测试需求清晰起来。要获得良好的测试需求，就是善于提问，从不同的角度去向用户、业务人员、产品经理、开发人员等提问，获取更多的一手信息。

▶ **业务目标**：所有要做的功能特性都不能违背该系统要达到的业务目标，多问问如何更好地达到这些业务目标，如何验证是否实现这些业务目标？

▶ **系统结构**：产品是如何构成的？系统有哪些组件、模块？模块之间有什么样的关系？有哪些接口？各个组件又包含了哪些信息？

▶ **系统 / 业务功能**：产品能做哪些事、处理哪些业务？处理某些业务时由哪些功能来支撑、形成怎样的处理过程？处理哪些错误类型？有哪些 UI 来呈现这些功能？

▶ **业务数据**：产品处理哪些数据？最终输出哪些用户想要的结果？哪些数据是正常的？又有哪些异常的数据？输入数据如何被转化、传递的？这中间有哪些过渡性数据？输出数据格式有什么要求？输出数据存储在哪里？

▶ **系统运行的平台**：系统运行在什么硬件上？什么操作系统？有什么特殊的环境配置？是否依赖第三方组件？

▶ **系统操作**：有哪些操作角色？在什么场景下使用？不同角色、场景有什么不同？有哪些是交集的？

上面这些分析，更多是从测试对象本身来进行分析，还包括用户角色分析、用户行为分析、用户场景分析等。我们还可以通过如下一些途径，帮助我们更好地完成测试的需求分析。

▶ 对竞争产品进行对比分析，明确测试的重点。

▶ 质量存在哪些风险，包括安全性漏洞等。

▶ 对过去类似产品或本产品上个版本所发现的缺陷进行分析，总结缺陷出现的规律，看看有没有漏掉的测试需求。

▶ 在易用性、用户体验上有什么特别的需求需要验证？

▶ 管理者或市场部门有没有事先特定的声明？

▶ 有没有相应的行业规范、特许质量标准？

测试需求分析过程，可以从源头——质量要求出发展开，如从功能、性能、安全性、兼容性等各个质量要求出发，不断细化其内容，挖掘其对应的测试需求，覆盖质量要求。也可以从开发需求（如产品功能特性点、敏捷开发的用户故事）出发，针对每一条开发需求确定对应的测试项。在这种情况下，需要排列和整合这些测试项看看能不能形成完整的测试覆盖面，最终也能支持质量的要求。测试需求分析，是一个分解的过程，也是一个合成的过程，先分解，再合成。通过不断分解，先要达到分析的深度，然后通过合成，确保测试需求的完整性、系统性。在整理测试需求时，还要根据功能特性对用户的价值、重要性和质量风险大小，决定测试项的优先级。

▶ 功能特性对用户的应用价值越大，其测试的优先级越高。

▶ 功能特性存在质量风险的可能性越大，其测试的优先级越高。

其次，**还要将稳定、确定性需求与易变、不确定性需求的分离，优先完成确定性需求的测试**，然后再完成不确定性需求的测试，尽量确保测试的有效性。

6.2.2　测试需求的分析技术

在软件测试需求分析过程中，可以采用有效的问题分析技术来帮助我们提高测试需求的有效性和工作效率。从测试需求分析来看，我们力求通过与各相关干系人的沟通，收集足够的、有价值的信息或数据，借助下列途径来达到良好的分析效果。

① 通过提炼，抓住主要线索，或作为整体来进行分析，使测试需求分析简单化。

② 通过业务需求或功能层次的整理，使测试需求分析**结构化、层次化**。

③ 通过绘制业务流程图、数据流程图等，使测试需求分析**可视化**。

④ 通过类比、隐喻，加强用户需求的理解，更好地转化为测试需求，使测试需求分析**形象化**。

在测试需求的分析中，能采用静态分析技术与动态分析技术、定性分析技术和定量分析技术，其中以静态分析技术、定性分析技术为主，但产品性能、用户行为分析和用户体验分析等也常采用定量分析技术。有时，会采用综合分析技术、模型分析技术等。

在测试需求分析时，产品本身往往处于需求分析和设计过程中，静态分析技术是常用的分析技术。静态分析技术包括如下。

① 通过系统建模语言（SysML）的需求图，可以更好地分析各项需求之间的关系，比较容易确定测试需求的边界。

② 通过状态图、活动图更容易列出测试场景，了解状态转换的路径和条件，哪些是重要测试场景等。

③ 实体关系图可以明确测试的具体对象（实体）及其之间的关系，进行相关分析。

④ 鱼骨图法、思维导图等，有一个清晰的分析思维过程，迅速展开测试需求，随时补充

测试需求等。

⑤ 代码复杂度静态分析工具，代码越复杂，测试的投入也需要越多。

⑥ 还可以用一些普通工具，如检查表。

⑦ 脑力激荡法，让大家发散思维，相互启发，让任何测试需求不会被错过。

而动态分析技术应用相对少一些，但在一些应用场景的分析中还是有帮助的，如前面提到的**竞争对手产品分析**。这是一种动态分析技术，通过操作竞争对手产品，全面了解相同业务的需求，在功能、逻辑、界面等各个方面深入挖掘测试需求。同理，需求原型分析技术——基于开发已构建的原型来进行测试需求分析，更能直观地理解产品，进而有助于测试需求的分析，达到类似效果。可以采用**仿真技术、模拟技术、角色扮演**等手段，也能帮助测试需求的分析。

6.2.3　功能需求分析

在分析测试范围时，一般先进行功能测试的范围分析，然后再进行非功能性测试的范围分析。对于功能测试，可以借助业务流程图、功能框图等来帮助我们进行测试的需求分析。在面向对象的软件开发中，也可借助 UML 用例图、活动图、协作图和状态图来进行功能测试范围分析。在功能测试中，不仅要完成业务逻辑的验证，还要进行用户界面和输入空间的验证，即业务规则、业务数据等多个方面的验证。总之，为了更全面地验证或评估软件功能的质量，开发者需要在各个层次（单元、接口和系统）和各个方面（代码、文档和系统）进行测试。也就是说，在功能测试中，不仅要进行不同层次的测试，还要针对不同空间或领域进行相应的测试。概括起来，功能测试需求，通常包括下列这些内容。

① 系统各个功能界面的验证。

② 系统端到端的业务逻辑验证，相当于借助业务把功能串起来进行测试。

③ 功能的一致性、交互性（多功能互操作）的测试，如系统应用中设定日期、时间，前后一致性的验证。

④ 面向接口参数及其组合场景的功能测试。

⑤ 系统的不同输入、结果输出的业务数据测试。

⑥ 功能的错误操作、异常操作的测试（属于负面测试）。

⑦ 功能实现用到的算法验证，有时需要建模或人工代码评审。

⑧ 数据库默认值、数据备份和恢复的测试。

⑨ 用户操作的易用性、用户体验，往往结合功能测试同时进行。

⑩ 功能相关的文档验证，如用户手册的验证。

针对具体项目，**可以根据业务分类、用户角色或用户操作区域等**，将系统的功能分解成若干个功能模块，然后按功能模块分别进行测试需求分析，有利于需求分析工作的展开。同时，也要明确系统的边界，特别是各个功能模块的隔离，界定边界，明确哪些关联关系、交互关系属于哪个功能模块的测试范畴。功能模块划分、按业务分类是最常见的做法，例如：一个证券 App 客户端测试，就会按照业务来划分、分为开户、股票交易、基金产品、理财产品、社区服务等。对一个银行业务系统，业务流程和操作都比较复杂，不仅按业务划分，还要按不同的用户角色进行区分，形成一个矩阵式的功能需求图。即使对一个相对简单的日历程序，测试需求分析也不简单。不仅要考虑基本的功能，如事件（包括各种活动、会议和待办事项等）添加、编辑、删除、显示和全文搜索等功能，而且要考虑页面整体显示方式、预约提醒、日历共享、个性化设定、通信录集成、输入的字体集、字体大小影响等，如图 6-2 所示。

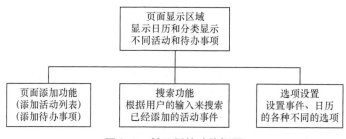

图6-2 某日历的功能框图

对于 Web 的功能分析，也可以从页面帧结构、布局来进行分析。例如某日历的显示区域设定为以下 4 个子区域。

① 顶部区域：搜索框和协作分享。

② 左边区域：快速创建事件、日历、我的日历和其他日历等。

③ 右边上面区域：按日、周、月等方式浏览活动，打印以及设置。

④ 右边大区域：日历显示和操作的主区域。

如图 6-3 所示，在显示上，要测试整体及其分类框架显示格式是否正确、排序是否正确、文字标记和超链接是否可以打开和跳转成功。重点要测试右边的主显示和操作区域，包括以日、周、月、年等不同方式显示、浏览和操作的验证。除此之外，Web 还有一些与功能相关的安全性、兼容性和应用场景等验证。

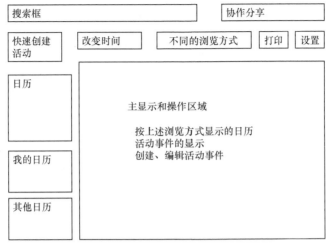

图6-3 某日历的显示区域分析

▶ 界面验证，包括前景色 / 背景色、图片显示、音频或视频在页面上播放等。

▶ 各个页面在用户是否登录的不同情况下的验证。

▶ 与应用数据库、第三方接口的验证。

▶ Cookie 和 Session 的验证，涉及加密等安全性验证。

▶ SSL、防火墙等不同网络应用场景下的测试。

▶ 不同的浏览器兼容性测试。

也可以采用思维导图的方式，更为方便、有效、直观地呈现测试需求分析结果，而且可以做到即时分析即时呈现，更好地支持测试分析思路的连贯性。图 6-4 就是某网盘功能测试需求分析的结果示意图，不仅呈现了清晰的 3 层功能测试项，逐步从基本功能、子功能扩展到功能点，还呈现了测试项的优先级。

▶ 优先级最高的：标为 "1"，如上传、下载、新建文件夹、按文件夹浏览等操作。

▶ 中等优先级：按不同格式浏览、删除等操作，标为 "2"。

▶ 低优先级：移动、重命名、邮件分享等操作，标为 "3"。

这里只是示例，优先级是根据功能重要性和质量风险来决定，可以和业务人员 / 产品经理、开发人员一起来讨论决定。

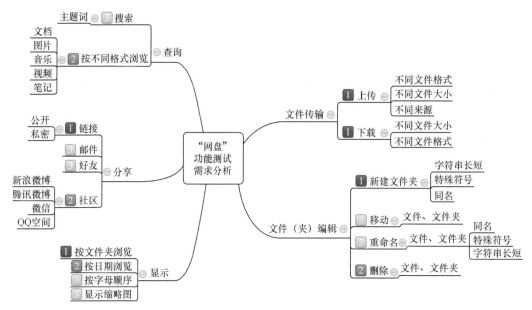

图 6-4 带有优先级的网盘功能测试项示意图

文件上传、下载，特别是"在线浏览"功能，和文件格式关联性强，需要明确支持哪些文件格式，包括 office 类文件、视频、图片、音乐和其他各种格式，也可以通过思维导图分析，如图 6-5 所示。如果全部格式要测试，测试工作量很大，可以选择常用的文件格式。

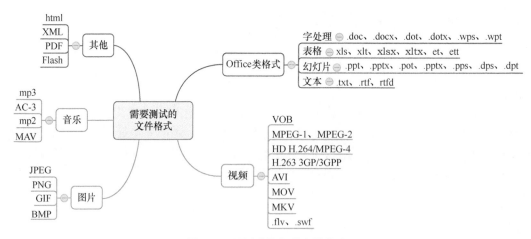

图 6-5 要测试的各种文件格式

这相当于业务数据的分析，在功能测试上，不仅要考虑业务数据，还要考虑业务规则，示例如下。

▶ 上传的文件大小（size）最大限制是多少？如小于 1GB。

- 一次能选择多少数量的文件提交上传？如一次小于 100 个。

- 一个文件夹中能记录 / 显示多少个文件？如小于 65536 个。

- 文件夹最多有多少层？如少于 99 层。

这些都需要明确，后续的测试用例设计需要了解各种限制或条件。

6.2.4　非功能性需求分析

为了验证系统是否符合非功能特性的质量需求而进行的测试是系统非功能性测试。非功能性测试需求主要涉及性能、安全性、可靠性、兼容性、易维护性和可移植性等，测试需求和质量属性存在对应的关系，如图 6-6 所示。从测试需求分析来看，因为每一个质量属性差异比较大，每一类非功能特性测试都需要单独分析，虽然它们之间存在相互影响，如安全性越高，就越有可能给易用性、性能带来更大的挑战。

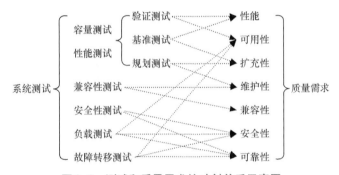

图 6-6　测试和质量需求的映射关系示意图

对于每一个应用软件系统，非功能特性的质量需求都是存在的，但是不同的项目类型对各个非功能特性的要求是不一样的，某个特性的重要性和具体需求差异比较大，因此需要根据项目或产品应用特点进行逐项分析。下面就 3 种典型应用场景进行简要的示例分析。

- 纯客户端软件，如字处理软件、下载软件、媒体（音频 / 视频）播放软件等在系统测试要求上是最低的，对性能、容错性、稳定性等有一定的要求，如占用较少的系统资源（CPU 和内存），而且能运行在不同的操作系统上，一般分为 Windows、Linux 和 Mac OS 等。在 Windows 上要支持 Windows 7、Windows 8 和 Windows 10 等。

- 企业内部的客户端 / 服务器（C/S）应用系统，如邮件系统、电子政务、即时通信系统等，在系统测试需求上比纯客户端软件复杂，要求功能正确、稳定性好。但整体上看，对性能、安全性、兼容性要求不高，虽然也会出现大量并发访问的用户，但用户数量处在相对低的水平；客户端是订制的开发软件，相对于浏览器来说，对端口、协议等限制比较容易做到，但也需要对权限控制、密码设置、数据加密等方面进行安全性测试；由于在企业内部，客户端应用环境也相对单一，可以配置相同的硬件、操作系统等。

▶ 外部大型复杂网络应用系统，如电子商务、网上银行、视频网站等，用户数量机器庞大、客户端设备种类繁多（特别是智能终端）、网络攻击机会多、和第三方支付系统集成等，在性能、安全性、兼容性、容错性、可靠性等都有很高的要求，确保身份认证正确，要确保信息安全和交易安全，还要允许大量并发用户的访问，而且系统时时刻刻都能正常运行，即每周 7 天、每天 24 小时（7×24）都能提供服务。

即使对于大型企业级应用系统，还存在着不同的应用模式，其系统的架构差异也很大，从主机系统逐步演化到分布式云平台、微服务架构，**必须结合架构和应用模式来分析非功能性测试需求，特别是可扩展性、可靠性、安全性等**。技术架构对功能影响相对比较小，例如采用黑盒测试方法，可以不关心系统的内部结构，而像用户那样进行测试，但非功能性测试就需要深入架构分析，才能更好地把握测试范围和测试方法。

除此之外，还有其他一些因素的影响，如项目的周期性和依赖性等。如果项目是一次性的，对可扩充性、可移植性等要求低，而长期性的项目（产品开发）对可扩充性、可移植性要求就很高。现在软件更多是以一种服务出现，如搜索、电子商务、共享单车、外卖等应用系统属于软件即服务的应用模式，对软件运行的服务质量（QoS）有明确的要求，不仅需要支持 7×24 不间断的服务，而且对可伸缩性、性能、安全性、容错性、兼容性、易用性等各个方面都有具体的指标要求，这就是按照服务级别协议（SLA）来定义。**SLA 指定了基本的系统性能要求，以及未能满足此要求时必须提供的客户支持级别和程度**。服务级别要求源自业务要求，对要求的测试条件及不符合要求的构成条件均有明确规定，并代表着对部署系统必须达到的整体系统特性的担保。服务级别协议被视为合同，所以必须明确规定服务级别要求，如表 6-3 所示。下面侧重可靠性和兼容性的测试需求讨论，而对性能、安全性的测试需求，在第 11 章和第 12 章分别进行讨论。由于篇幅所限，其他非功能特性就不在此详细讨论了，这并不意味着它们就没有测试需求，例如，可维护性（即系统维护的容易程度）测试的需求点也有好几项，包括代码内部规范性、代码复杂度、系统监视、日志文件、故障恢复、数据更新和备份等测试。

表6-3　影响QoS要求的系统特性

系统质量	说明
性能	指按用户负载条件对响应时间和吞吐量所作的度量
可靠性	指对系统资源和服务可供最终用户使用程度的度量，通常以系统的正常运行时间来表示
可伸缩性	指随时间推移为部署系统增加容量（和用户）的能力。可伸缩性通常涉及向系统添加资源，但不应要求对部署体系结构进行更改，无须修改代码，而能增加系统容量
安全性	指对系统及其用户的完整性进行说明的复杂因素组合。安全性包括用户的验证和授权、数据的安全以及对已部署系统的安全访问

续表

系统质量	说明
潜在容量	指在不增加资源的情况下，系统处理异常峰值负载的能力。潜在容量是可用性、性能和可伸缩性特性中的一个因素
可维护性	指对已部署系统进行维护的难易度，其中包括监视系统、修复出现的故障以及升级硬件和软件组件等任务

1. 可靠性测试

可用性（Availability）是指系统正常运行的能力或程度，在一定程度上也是系统可靠性的表现，可用性测试基本上等同于可靠性测试。可用性一般用正常向用户提供软件服务的时间占总时间的百分比来表示，即：

$$可用性 = 正常运行时间 / （正常运行时间 + 非正常运行时间）\times 100\%$$

系统非正常运行时间可能是由于硬件、软件、网络故障或任何其他因素（如断电）造成的，这些因素能让系统停止工作，或连接中断不能被访问，或性能急剧降低不能使用软件现有的服务等。

可用性指标一般要求达到 4 个或 5 个 "9"，即 99.99% 或 99.999%。

▶ 如果可用性达到 99.99%，对于一个全年不间断（7×24 的方式）运行的系统，意味着全年（525600min）不能正常工作的时间只有 52 min，不到一个小时。

▶ 如果可用性达到 99.999%，意味着全年不能正常工作的时间只有 5 min。

所以一个系统的可用性达到 99.999%，基本能满足用户的需求。当然，不同的应用系统，可用性要求是不一样的，非实时性的信息系统或一般网站要求都很低，可能在 99% 和 99.5% 之间，而对一些军事系统，则要求很高，如美国防空雷达系统全年失效时间不超过 2s，可用性高达 7 个 "9" 之上，达 99.999994%。

但可用性测试比较困难，不可能有足够的时间来进行测试，就只能采用空间换时间的办法，例如在高负载情况下进行为期一周或一个月的测试，以判断其可靠性。其次，就是对提高可靠性的措施进行测试，如故障转移的测试。

容错处理系统能够处理异常、错误操作而不至于系统崩溃，从而能够提供系统的可用性。例如，业务处理过程中中断事务时，系统能保存当前状态，程序能自动或提示重连接，或在某个时刻可以恢复操作。

2. 兼容性测试

兼容性测试需求是指明确要测试的兼容环境，考虑软、硬件的兼容，就软件兼容来说，不仅要测试系统自身的版本兼容、用户已有数据的兼容，还要测试与操作系统、应用平台或浏览器、和其他第三方系统以及第三方数据的兼容性。操作系统包括 Windows、Mac、Solaris、Linux 等，浏览器包括 IE、FireFox、Chrome 和 Safari 等，如表 6-4 所示，形成环境组合矩阵，明确兼容性测试需求。兼容性测试的组合不仅仅局限在操作系统、浏览器这两个因素，还有如下其他因素。

- ▶ 32 位、64 位 CPU。

- ▶ 手机平台 Android、iOS、Windows Phone。

- ▶ 支持不同的 Internet 连接速度。

- ▶ 是否支持 SSL。

表6-4　兼容性测试的环境组合

OS Browser	Windows 8	Windows 10	Windows 2018 Server	Ubuntu/Linux	Mac OS X
IE 8.0	√				
IE 11.0		√	√		
Firefox	√			√	√
Chrome		√		√	√
Safari			√		√

兼容性测试需要根据被测试应用的具体情况决定。现在许多应用都支持移动平台，而且多数功能都需要登录后使用，要支持 SSL，要考虑 iOS 和 Android 两个平台，这两个平台还有不同的操作系统版本，还要区分手机和平板电脑，以及不同的型号（屏幕尺寸、分辨率等）。

兼容性测试，不仅要覆盖软件系统之间兼容、和第三方系统之间的兼容，还需考虑同一个系统不同版本之间的兼容，特别是用户数据的兼容，数据兼容性测试是重中之重，因为对用户来说，数据更有价值。

- ▶ 客户端软件的不同版本和服务器端最新版本的兼容，一般来说，服务器上部署的都是最新版本，但客户端就不一定都升级了。

- ▶ 新版本的软件能够兼容以前各种版本产生的历史数据，确保数据向上兼容，如 Word 2018 能够正常打开之前多个 Word 版本的文件，包括 Word 97-2003 的老版本 .doc 文件。

6.3　测试工作量估算

在确定了测试需求、明确了测试范围之后，我们需要明确测试任务，估算测试工作量。基于质量需求和测试的工作量、测试环境、产品发布的设想时间等要求，就可以确定测试进度和所需的测试资源，或者基于现有的测试资源来决定测试的日程表。

在传统开发模式中，测试工作量估算是测试计划的基础工作之一。但在敏捷开发中，虽然也强烈建议有一个测试计划，但其测试计划简明扼要，主要是列出测试目标、测试边界、测试点、主要的测试风险和注意事项等。其测试任务在迭代计划（如 Scrum 的 Sprint Planning）会议中和开发任务一并考虑，可以采用 Scrum 估算扑克牌的方式来完成估算，这样测试工作量估算主要依赖个人经验、团队沟通等完成。即使是采用这种方式，对下面内容了解之后，有一个科学估算的基础，在敏捷开发中依旧会发挥作用。

6.3.1 工作量的估计

测试的工作量是根据测试范围、测试任务和开发阶段来确定的。测试范围和测试任务是测试工作量估算的主要依据。测试任务是由质量需求、测试目标来决定的，质量要求越高，越要进行更深、更充分的测试，回归测试的次数和频率也要加大，自然，测试的工作量会增大。处在不同的开发阶段，测试工作量的差异也挺大。新产品第一个版本的开发过程，相对于以后的版本来说，测试的工作量要大一些。但也不是绝对的，例如，第一个版本的功能较少，在第 2、3 个版本中，增加了较多的新功能，虽然新加的功能没有第一个版本的功能多，但是在第 2、3 个版本的测试中，不仅要完成新功能的测试，还要完成第一个版本的功能回归测试，以确保原有的功能正常。

在一般情况下，一个项目要进行 2 ～ 3 次回归测试。所以，假定一轮（Round）功能测试需要 100 人·日（man-day），则完成一个项目所有的功能测试肯定就不止 100 人·日，往往需要 200 ～ 300 人·日。可以采用以下公式计算：

$$W = W_0 + W_0 R_1 + W_0 R_2 + W_0 R_3$$

其中，W 为总工作量；W_0 为一轮测试的工作量；R_1、R_2、R_3 为每轮的递减系数。受不同的代码质量、开发流程和测试周期等影响，R_1、R_2、R_3 的值是不同的。对于每一个公司来说，可以通过历史积累的数据获得经验值。

测试的工作量，还受自动化测试程度、编程质量、开发模式等多种因素影响。在这些影响的因素中，编程质量是主要的。编程质量越低，测试的重复次数（回归测试）就越多。回归测试的范围，在这 3 次中可能各不相同，这取决于测试结果，即测试缺陷的分布情况。缺陷多且分布很广的话，所有的测试用例都要被再执行一遍。缺陷少且分布比较集中，可以选择部分或少数的测试用例作为回归测试所要执行的范围。

在代码质量相对较低的情况下，假定 R_1、R_2、R_3 的值分别为 80%、60%、40%，若一轮功能测试的工作量是 100 人·日，则总的测试工作量为 280 人·日。如果代码质量高，一般只需要进行两轮的回归测试，R_1、R_2 值也降为 60%、30%，则总的测试工作量为 190 人·日，工作量减少了 32% 以上。

自动化程度越高，测试工作量就越低。由计算机运行的自动化脚本效率很高，能使执行实际测试的工作量大大降低。但是在很多情况下，测试自动化并不能大幅度降低工作量，因为测试脚本开发的工作量很大。也就是说，**将总体的测试工作量前移了，从测试执行阶段移到测试脚本设计和开发的阶段，总体工作量没有明显降低**。同时，由于自动化脚本可以重复使用，而且机器可以没日没夜地运行，回归测试就可以频繁进行，如每天可以执行一次，这样任何回归缺陷都可以即时发现，提高软件产品的质量。

工作量的估计是比较复杂的，针对不同的应用领域、程序设计技术、编程语言等，其估算方法是不同的。其估算可能要基于一些假定或定义。

▶ **效率假设**，即测试队伍的工作效率。对于功能测试，这主要依赖于应用的复杂度、窗口的个数、每个窗口中的动作数目。对于容量测试，主要依赖于建立测试所需数据的工作量大小。

▶ **测试假设**，目的是验证一个测试需求所需测试的动作数目，包括估计的每个测试用例所用的时间。

▶ **阶段假定**，指所处测试周期不同阶段（测试设计、脚本开发、测试执行等）的划分，包括时间的长短。

▶ **复杂度假定**，应用的复杂度指标和需求变化的影响程度决定了测试需求的维数。测试需求的维数越多，工作量就越大。

▶ **风险假定**，一般考虑各种因素影响下所存在的风险，将这些风险带来的工作量设定为估算工作量之外的 10% ～ 20%。

6.3.2　工作分解结构表方法

要做好测试工作量的估算，需要对测试任务进行细化，对每项测试任务进行分解，然后根据分解后的子任务进行估算。通常来说，分解的粒度越小，估算精度越高。可以再加上 10% ～ 15% 的浮动幅度，来确定实际所需的测试工作量。比较专业的方法是工作分解结构表（WBS），它按以下 3 个步骤来完成。

① 列出本项目需要完成的各项任务，如测试计划、需求和设计评审、测试设计、脚本开发、测试执行等。

② 对每个任务进一步细分，可进行多层次的细分，直到不能细分为止。如针对测试计划，首先可细分为：

> ▶ 确定测试目标；

> ▶ 确定测试范围；

> ▶ 确定测试资源和进度；

> ▶ 测试计划写作；

> ▶ 测试计划评审。

"确定测试范围"还可再细分为功能性测试范围和非功能性测试范围的分析。"测试计划评审"可以再分为测试组内评审、项目组评审、公司质量保证小组评审和最终批准。

③ 列出需要完成的所有任务之后，根据任务的层次给任务进行编号，就形成了完整的工作分解结构表（如表6-5所示）。

表6-5　测试工作分解结构表

1 测试计划	4 测试执行
1.1　确定测试目标	4.1　第1轮新功能测试
1.2　确定测试范围	4.2　性能测试
1.3　确定测试资源和进度	4.3　安全性测试
1.4　测试计划写作	4.4　安装测试
1.5　测试计划评审	4.5　第2轮回归新测试
2 需求和设计评审	4.6　升级和迁移测试
2.1　阅读文档以了解系统需求	4.7　最后一轮回归测试
2.2　需求规格说明书评审	5 测试环境建立和维护
2.3　编写/修改测试需求	5.1　软、硬件购买
2.4　设计讨论	5.2　测试环境建立
2.5　设计文档评审	5.3　日常维护
3 测试设计和脚本开发	6 测试结果分析和报告
3.1　确定测试点	6.1　缺陷跟踪和分析
3.2　设计测试用例	6.2　性能测试结果分析
3.3　评审和修改测试用例	6.3　编写测试报告
3.4　设计测试脚本结构	7 测试管理工作
3.5　编写测试脚本基础函数	7.1　测试人员培训
3.6　录制测试脚本	7.2　项目会议
3.7　调试和修改测试脚本	7.3　日常管理
3.8　测试数据准备	······

除了用表格的方式表达之外，WBS 还可以采用结构图的方式，那样会更直观、方便，如图 6-7 所示。

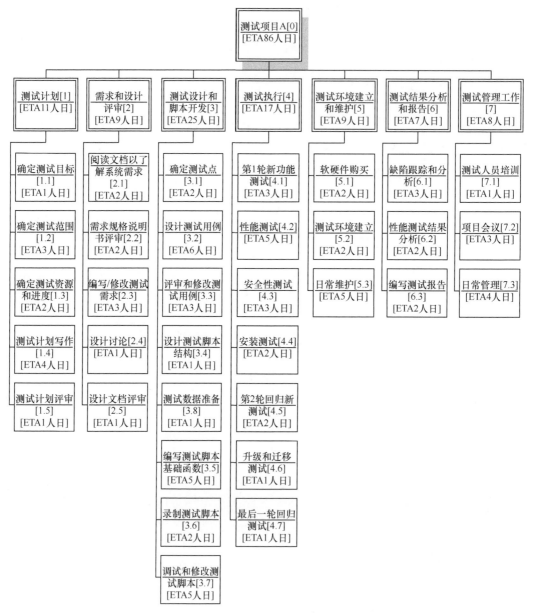

图6-7 工作分解结构图

当 WBS 完成之后，就拥有了制订日程安排、资源分配和预算编制的基础信息，这样不仅可获得总体的测试工作量，还包括各个阶段或各个任务的工作量，有利于资源分配和日程安排。所以，WBS 方法不仅适合工作量的估算，还适合日程安排、资源分配等计划工作。

6.3.3　工作量估计的实例

结合某日历的功能点可以看出，测试工作量与测试用例的数量成比例。根据全面且细化的测试用例，可以更准确地估计测试周期各阶段的时间安排。根据日历的功能计算，测试用例数为 $6 \times 60 = 360$ 例（以平均每个大模块 60 个用例来算）。除了测试用例数，还要考虑以下因素。

▸ 根据测试团队和项目的具体情况来算，如 6.3.1 节中的几个假定：效率假设、测试假设和应用的维数等。

▸ 测试平台、环境的不同组合，包括操作系统、浏览器、通信协议、防火墙、代理服务器等的组合。

▸ 回归测试频率和重复次数。

▸ 自动化测试的水平。

▸ 其他特定的因素，增加 10% ～ 20% 的余量。

在日历的测试中，做如下假定和分析。

▸ 所有人员为中级软件测试工程师的水平。

▸ 每个测试用例设计时间为 20min，包括评审、输入到用例管理数据库中等所用的时间。所以测试用例设计的时间为 120h，即 15 人·日。

▸ 70% 的测试用例可以进行自动化测试，30% 为手工测试。即自动化测试用例数为 252，手工测试用例数为 108。

▸ 每位工程师每天可开发 10 个测试用例的测试脚本，包括调试。所以测试脚本开发的工作量为 26 人·日。

▸ 要进行两次的回归测试，R_1、R_2 的值为 70%、40%，则单平台下手工运行的测试用例数为 $108 \times (1+70\%+40\%) = 227$。

▸ 对操作系统没有影响，而且不考虑 SSL 的支持，只考虑浏览器 IE 10.0、IE 11.0、Firefox 60.3、Firefox 63.0 和代理服务器的影响。作为交叉组合，共设为 4 种。

▸ 也没有必要在 4 种组合上运行所有的测试用例，两种主要组合运行 100% 的手工测试用例，另外两种组合运行 50% 的手工测试用例，即测试用例数为原来的 3 倍，所以手工运行的测试用例数为 $227 \times 3 = 681$。

▷ 假定每个测试工程师每天可以运行 60 个测试用例，即每个测试用例的执行要用 5min，运行测试用例要用 5h，另外 3h 用于处理缺陷报告和邮件、与开发人员沟通等。所以手工测试用例执行的时间为 12 人·日。

▷ 自动化测试的运行都在晚上进行，工程师需要时间分析测试结果、修改脚本适应新的变化、做缺陷报告等，估计要 5 人·日。

这样就估算出了功能测试的基本工作量，即 58（15+26+12+5=58）人·日。

对系统测试的工作量，可以按照同样的方法进行，所不同的是系统测试几乎是由测试工具完成的，工作量主要集中在环境构建、测试数据准备和结果分析等上面。表 6-6 给出了某日历程序所要的测试工作量。

表 6-6　测试工作量估算示例

任务	工作量（人·日）	说明
整个测试过程	88	下列各项的合计
需求评审与测试计划	8	是其子项的合计
评审需求文档和定义测试需求	4	
确定资源	1	
生成和评审测试计划文档	3	
设计测试用例	23	
分析测试用例结构	1	
测试用例设计方法讨论	2	
编写功能测试用例	12	包括集成测试
编写系统测试用例	4	
查看测试需求的覆盖率	2	
测试用例的评审	2	
开发自动化测试脚本	30	
录制和调试测试脚本	4	涵盖了系统测试的基础脚本
改为关键字、数据驱动结构	5	
基础函数的编写	6	
系统测试脚本的开发	4	
建立外部数据集合	3	包括系统测试的数据准备
重新调试、修改脚本	8	

续表

任务	工作量（人·日）	说明
测试执行	26	
设置测试环境	1	
功能测试（手工测试部分）	12	包括结果分析、缺陷报告
功能测试（自动化测试部分）	5	包括缺陷报告
系统测试	6	主要是性能、安全性测试等
评估、跟踪和验证缺陷	2	和项目经理、开发人员一起评审缺陷
测试评估	2	
评估测试需求的覆盖率	0.5	
编写和审查测试报告	1	
项目分析总结	0.5	

6.4 测试资源需求

分析测试范围之后，所需要的测试资源就比较清楚了。测试的资源需求，包括人力资源和软、硬件资源。人力资源，侧重如何组建测试组或指定测试角色，而软、硬件资源，对于不同的项目差异很大。这里只讨论一般的操作方法，测试环境的规划与建立，在第 3 章中已进行了讨论。

软件测试资源较为详细的分类如图 6-8 所示。

1. 人力资源需求

在完成了测试工作量的估算之后，软件测试项目所需的人员数目就能够基本确定了。软件测试项目所需的人员和要求在各个阶段是不同的。

① 在初期，测试组长或 TestOwner 首先要介入进去，参与需求评审、确定测试需求和测试范围、制订测试策略和测试计划等。

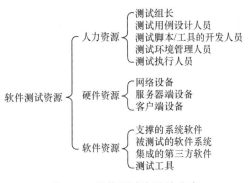

图 6-8　软件测试资源的分类

② 在测试前期，需要一些比较资深的测试设计人员、测试脚本或测试工具开发人员参与或负责软件测试需求的制订和分解、设计测试用例、开发测试脚本等工作。

③ 在测试中期，主要是测试的执行，测试需求的数量取决于测试自动化实现的程度。如

果测试自动化程度高，人力的投入则不需要明显的增加；如果测试自动化程度低，对执行测试的人员要求就比较多了。

④ 在测试后期，资深的测试人员可以抽出部分时间去做新项目的准备工作。

2. 测试环境资源

把建立所有必要的测试环境所需的计算机软件资源和硬件资源合称为测试环境资源。硬件提供了一个支持操作系统、应用系统和测试工具等运行的基本平台，软件资源包括操作系统、第三方软件产品、测试工具软件等，具体如下。

① 硬件：交换机、路由器、负载均衡器（Load balancer）、服务器、客户端 PC、智能终端（手机、平板电脑等）、特殊的显示卡和声卡、耳机、麦克风等。

② 支撑的系统软件：Linux 操作系统、Web 服务器（如 Apache）、中间件（如 Tomcat、WebLogic）、数据库系统软件 MySQL/Oracle 等。

③ 测试工具：JUnit、JMeter、Selenium、Appium 等。

6.5　测试里程碑和进度安排

软件测试贯穿软件产品开发的整个生命周期，从产品的需求分析审查到最后的验收测试，直至软件发布。从测试实际的前后过程来看，软件测试的过程是由一系列不同的测试阶段组成的，这些阶段主要有：需求分析审查、设计审查、单元测试、集成测试（组装测试）、功能测试、系统测试、验收测试、回归测试（维护）等。在软件测试项目的计划书中，需要给各个阶段指定一个明确的开始和结束时间，这就是通常所说的日程进度表（schedule）。项目进度安排，实际上取决于测试工作量和现有的人力资源。当人力资源充足时，测试周期短；当人力资源较少时，测试周期就会长。

里程碑一般是项目中完成阶段性工作的标志，即用一个结论性的标志来描述一个过程性任务明确的起止点，进度安排就是确定里程碑的起止点。一个里程碑标志着上一个阶段结束、下一个阶段开始，也就是定义当前阶段完成的标准（Entry Criteria）和下一个新阶段启动的条件或前提（Entry Criteria）。里程碑具有很强的时序性，还具有下列特征。

▶ 里程碑也是有层次的，在一个父里程碑的下一个层次中定义子里程碑。

▶ 不同类型的项目，里程碑可能不同。

▶ 不同规模项目的里程碑，其数量的多少不一样，里程碑可以合并或分解。

6.5.1 传统测试

在软件测试周期中，建议定义下列 6 个父里程碑。

▶ M1：需求和设计通过评审。

▶ M2：测试分析与计划通过评审。

▶ M3：单元测试与集成测试完成。

▶ M4：测试用例编写与脚本开发调试完成。

▶ M5：测试执行。

▶ M6：测试报告完成与项目总结。

每个里程碑再划分为子里程碑，如果项目周期很长，还可以对每个子里程碑进一步划分为更小的里程碑，以利于更有效的控制，如表 6-7 所示。

表 6-7　软件测试进度表示例

任务	天数	任务	天数	任务	天数	任务	天数
M21：测试计划制订	11	M23:测试设计	12	开发测试过程	5	验证测试结果	2
确定项目	1	测试用例的设计	7	测试和调试测试过程	2	调查突发结果	1
定义测试策略	2	测试用例的审查	2	修改测试过程	2	生成缺陷日记	1
分析测试需求	3	测试工具的选择	1	建立外部数据集	1	M62: 测试评估	3
估算测试工作量	1	测试环境的设计	2	重新测试并调试测试过程	2	评估测试需求的覆盖率	1
确定测试资源	1	M26: 测试开发	15	M42:功能测试	9	评估缺陷	0.5
建立测试结构组织	1	建立测试开发环境	1	设置测试系统	1	决定是否达到测试完成的标准	0.5
生成测试计划文档	2	录制和回放原型过程	3	执行测试	4	测试报告	1

6.5.2 敏捷测试

在敏捷测试项目中，如何明确测试的里程碑呢？万变不离其宗，敏捷测试也需要从测试计划到测试设计、再到执行，只是测试设计和执行的界限不那么分明，测试设计和执行往往交替或并列地开展。在敏捷测试中，甚至可以不需要测试用例，而是针对 Use Case 或 User Story 直接进行验证，并进行探索式测试。而节约出来的时间，用于开发相对稳定功能的自动化测试脚本，为后期的回归测试服务。自动化测试脚本将代替测试用例，成为软件组织的财富。如果测试自动化率很高，只要有新的版本，就进行回归测试，即持续的回归测试。综合上述考虑，敏捷测试的实际操作流程如图 6-9 所示，简单有效。

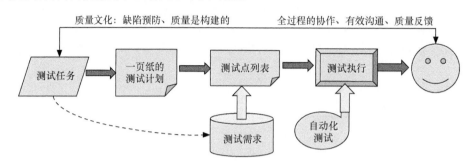

图6-9　敏捷测试流程简要图

在这样的流程中，大框架也没有什么不同，而且各项测试件（测试计划、需求、自动化脚本等）的评审还是需要的，只是没有明确的评审阶段，测试是一个持续的质量反馈过程，阶段性不那么突出，但还是可以设定一些控制点，即如下里程碑。

① 测试任务定义。

② 测试计划制订和评审通过。

③ 测试需求或测试点（或测试场景）列表制定和评审通过。

④ 验收测试结束。

6.6　测试风险分析

我们都知道测试是不能穷尽的。测试不能做到业务、数据、代码路径等全方位的百分之百覆盖率，我们也不能保证经过测试的、交付出去的软件版本不会存在任何缺陷，**这些都意味着软件测试总是有风险的，所以，软件测试的风险分析非常重要**。这里谈到的软件测试风险，更侧重产品质量风险，即造成测试的深度或广度不够，导致遗漏缺陷。测试风险管理包括测试风险的识别、分析和规避，即识别测试需求、设计和执行过程中的各种风险，然后分析其发生的概率、带来的影响、产生的原因等，最后确定哪些是可避免的风险、哪些是不可避免的，对可避免的风险要尽量采取措施去避免，对不可避免的风险制订防范措施，缓解风险或转移风险。

风险识别的有效方法是建立风险项目检查表，按风险内容进行逐项检查、逐个确认。对于测试的风险，可以给出如下一个风险项目检查表，如表 6-8 所示。

表6-8　软件测试风险项目检查表

类别	内容	示例
人员风险	测试人员的状态、责任感、行为规范等	因个人工作疏忽而漏掉缺陷；某个员工生病、离职等，造成资源不足，使测试不够充分或缩小了测试范围
环境风险	在多数情况下，测试环境是一个模拟环境，很难和实际运行环境一致	用户数据量、运行环境的垃圾数据、十几年的运行时间等
测试范围（广度）	很难完成100%的测试覆盖率，有些边界范围容易被忽视	测试很难覆盖模块之间接口参数传递、成千上万的操作组合等
测试深度	对系统容量、可靠性等测试深度不够	对互联网上的应用、操作行为和习俗等研究不够，测试时达不到实际的用户数
回归测试	回归测试，一般都不会运行所有的测试用例，而是运行部分的测试用例。越到测试后期，回归测试执行的用例数越少	修正一个缺陷后，除了验证这个缺陷，测试人员往往根据自己的经验来确定回归测试范围，而且这个范围很小
需求变更	软件需求变化相对较多，有时在后期还发生需求变更，从而影响设计、代码，最后反映到测试中来	需求变更后，文档不一致，测试用例没有及时更新、回归测试不足等
用户期望	测试人员不是用户，很难百分之百地把握用户的期望，这种差异也会带来风险	适用性测试就是一个典型的例子，不同的用户对界面的喜好和操作习惯都会存在或多或少的差异
测试技术	借助一些测试技术完成测试任务，可能有些测试技术不够完善，有些测试技术存在一定的假定，这都会带来风险	如正交实验法在软件测试中应用时，很难达到其规定的条件
测试工具	测试工具经常是模拟手工操作、模拟软件运行的状态变化、数据传递，但可能存在和实际的操作、状态和数据传递等的差异	如性能测试工具模拟1000个并发用户同时向服务器发送请求，这些请求都从一个客户端发出。而实际运行环境中，1000个用户从世界不同的地方、不同的机器发出请求，请求的数据也不同

在测试风险分析中，逐项检查，确认风险之后，要找出对策，以避免风险产生或降低风险所带来的影响。表 6-9 给出了软件开发中常见的风险，说明这些风险发生的可能性、对测试的影响和影响程度以及如何进行预防和控制。

表6-9　软件测试风险识别和控制措施

风险	可能性	潜在的影响	严重性	预防/处理措施
软件需求不清楚、变更导致测试需求及范围发生了变化	高	导致测试计划、工作量等发生变化	较严重	和用户充分沟通，做好调研、需求获取和分析，调整测试策略和计划

续表

风险	可能性	潜在的影响	严重性	预防/处理措施
开发进度延长，包括项目计划的变更、各个环节的进度拖延	中	推迟系统测试执行的时间和进度	严重	设定更多的子里程碑，控制整体进度，做好沟通和协调
由于设计时间不足、代码互审和单元测试不够，导致开发代码质量低	中	bug 太多、问题严重，反复测试的次数和工作量大	严重	做好软件设计、提高编码人员的编码水平、进行单元测试。严格控制提交测试的版本、调整测试策略和计划
对需求的理解偏差太大。原因是缺乏原型、与客户沟通不足、需求评审不到位	中	对 bug、设计的合理性等确认困难	严重	与用户、产品经理多沟通，并借助一些原型和演示版本来改进
测试工程师对业务不熟悉，主要原因是业务领域新、测试人员是新人或介入项目太迟	低	测试数据准备不足、不充分，测不到关键点，同时测试效率难以提高	一般	测试人员及早介入项目，与产品经理，市场、设计等各类开发人员沟通，加强培训，建立伙伴、师傅带徒弟的关系
由于项目提交日期的变更导致测试周期变更，一般是由客户提出的	低	系统测试总时间缩短，难以保证测试的质量	非常严重	严格控制项目的时间变更，多与客户沟通并得到客户的理解。调整测试策略、测试资源及计划

下面针对常见的日历程序（Web 应用）给出简单的风险分析，作为一个示例。

▶ **项目复杂度。**由于开始对项目的复杂度估计不足，导致项目后期的产品代码不能按时完成，这样势必会影响到测试的环节。

▶ **需求的变化。**用户的反馈、市场需求的变化会导致项目后期增加一些新的产品功能，这样就会使产品不能按照原定的测试计划完成，以致测试人员处于等待状态中。

▶ **服务器的升级。**基于 Web 方式的产品，随着不断推出的新服务器产品（如 Linux 和 Apache 的版本升级），其兼容性需要验证，而且其安全性、稳定性和性能等方面所受到的影响需要分析，在测试过程中更换第三方产品的新版本，就要面临这样一个问题——是否要重新测试已测试的范围。往往不会从头再来，而是根据已定义的策略进行选择性的测试。

▶ **数据库的升级。**基于 Web 方式的产品，后台一般都离不开数据库的支持。如果测试过程中遇到数据库表结构的变化、版本升级（例如 Oracle 9i 升级到 Oracle 10G），都会给测试过程带来风险。例如，升级后的数据库变得不稳定，有可能退回到原来的版本，影响测试甚至导致测试的失败。

▶ **测试环境的不稳定性。**例如被测试的服务器不能被访问，需要重新启动和配置，这会占用一定的时间。一旦不能访问测试环境，测试人员不仅无事可做，还常常会抱怨。这种情况影响了测试人员的情绪，最终也影响了测试结果。

▶ 国际化和本地化的影响。如支持哪些语言版本？国际化版本的测试策略和方法、翻译公司是否能及时完成任务，以及翻译是否准确也会带来风险。

测试风险的控制方法如下。

▶ 根据风险发生的概率和带来的影响确定风险的优先级，然后采取措施避免那些可以避免的风险。如测试环境不对，可以事先列出要检查的所有条目，在测试环境设置好后，由其他人员按已列出条目逐条检查。

▶ 转移风险。有些风险带来的后果可能非常严重，能否通过一些方法，将它转化为其他一些不会引起严重后果的低风险。如产品发布前发现某个不是很重要的新功能给原有的功能带来了一个严重的 bug，这时处理这个 bug 所带来的风险就很大。对策是去掉那个新功能，转移这种风险。

▶ 有些风险不可避免，就设法降低风险。如"程序中未发现的缺陷"这种风险总是存在，就要通过提高测试用例的覆盖率来降低这种风险。

▶ 为了避免、转移或降低风险，事先要做好风险管理计划。例如，把一些环节或边界上有变化、难以控制的因素列入风险管理计划中。

▶ 对风险的处理还要制订一些应急的、有效的处理方案。例如，为每个关键性技术人员培养后备人员，做好人员流动的准备，采取一些措施确保人员一旦离开公司，项目不会受到严重影响，仍可以继续下去。对所有过程进行日常跟踪，及时发现风险出现的征兆，避免风险。

▶ 在做计划时，估算资源、时间、预算等要留有余地，不要用到 100%。

▶ 制订文档标准，并建立一种机制，保证文档及时产生。对所有工作多进行互相审查，及时发现问题。

知识点

风险管理的基本内容有两项：风险评估和风险控制（见图 6-10）。

▶ 风险评估，主要依据 3 个因素：风险描述、风险概率和风险影响。可以从成本、进度及性能 3 个方面对风险进行评估，它是在建立在风险识别、风险分析和风险排序基础上的。通过评估可以确定这些风险的特点或可能带来的危害。

▶ 风险控制，制订风险管理计划和风险应急处理方案，来降低风险和消除风险。

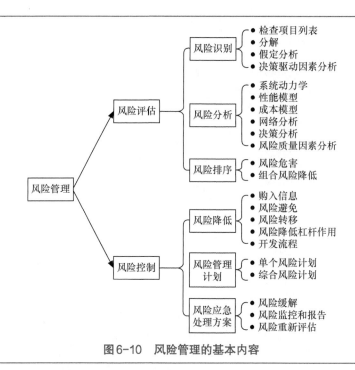

图6-10　风险管理的基本内容

6.7　如何制订有效的测试策略

　　通常情况下不论采用什么方法和技术，其测试都是不彻底的，一是不能穷尽测试，二是测试的时间极其有限，没有足够的时间完成所需的测试。虽然我们不能保证被测试程序中不存在遗漏的缺陷，但是，如果软件完成测试之后，遗漏的严重错误过多，则表明测试是非常不充分的，测试是失败的。测试不足意味着让用户承担很大的质量风险。反过来说，如果过度测试，则又会浪费宝贵的测试资源，产品迟迟不能发布，增大企业的成本。因此，在实际的测试计划中，"如何平衡测试的投入和质量的风险"是必须考虑的问题，需要考虑测试的范围取舍、需要适当地承受一些风险——哪些测试项优先级高，需要优先测试；哪些测试项优先级低，在时间不够的情况下就不测。也可以选择不同的测试方法，达到不同的测试效果，如在特别高效率的测试情况下，测试覆盖率有所降低，在某些情况下可能就是一种明智的决策。即在测试的取舍上、在测试投入与质量风险上，需要找到一个最佳平衡点。这就是测试策略发挥作用的地方。

1. 测试策略的内涵

　　为了最大程度地减少这种遗漏的错误，同时也为了最大限度地发现存在的错误，在测试实施之前要确定有效的测试策略。然后，根据测试策略，选定测试方法、确定测试范围等，丰富测试计划，制订详细的测试案例。依据软件项目类型、规模及应用背景的不同，我们将选择不同的测试方案，以最少的软、硬件及人力资源投入而获得最佳的测试效果，这就是测试策略目标所在。可以给"软件测试策略"下一个定义，即在一定的软件测试标准、测试规范的指导下，依据测试项目的特定环境约束而规定软件测试的原则、方式、方法的集合，这就是测试策略。测试策略完整的内容如下。

▶ 实施的测试类型和测试的目标。

▶ 实施测试的阶段及其相应的技术。

▶ 用于评估测试结果的方法和标准。

▶ 对采取测试策略所带来的影响或风险的说明等。

软件测试可以由手动操作软件去执行测试，也可以借助测试工具，自动执行测试。什么时候采用手工测试、什么时候采用自动化测试，都是测试策略需要考虑的。软件测试策略随着软件生命周期的变化，可能是因为新的测试需求或发现新的测试风险而不得不采取新的测试策略。在制订测试策略时，应该综合考虑测试策略的影响因素及其依赖关系。软件测试策略要依赖于测试人员本身所具有的能力、所掌握的测试方法和技术，而且还受到测试项目资源因素、时间等的约束，有时，还有一些特殊的要求所限制。

2. 测试策略制订的三项基本要素

软件测试策略制订有 3 项基本要素：输入、输出和过程。

① 输入，作为制订测试策略的依据，包括限制条件和已具有的资源。

▶ 所要求的软、硬件的详细说明，包括测试环境、测试工具等。

▶ 人力资源和测试进度的约束，包括测试组成员的角色和职责说明。

▶ 测试方法和衡量测试是否通过的标准。

▶ 被测软件组件或系统的功能性和技术性需求文档，及其变更请求的控制流程。

▶ 软件系统所受到的其他限制。

② 输出，制订策略的成果，即最终对所制订策略的定义或说明。

▶ 通过 / 失败的准则和测试风险评估的结果。

▶ 已批准和签署的测试策略文档。

> ▶　和测试策略相对应的测试计划、测试用例的设计思想和思路。

③ 制订策略的过程。测试组分析需求，参与设计的讨论，要求开发、编写针对所有测试级别的测试策略，并和项目组一起复审测试策略和测试计划。测试策略应该覆盖整个项目的生命周期，需要各类技术人员（系统架构师、数据库管理员、编程人员等）参与。各类技术人员相互之间应多交流、讨论，以保证制订正确的测试策略。

3. 如何制订测试策略

测试策略描述如何全面地、客观地和有效地开展测试，对测试的公正性、遵照的标准做一个说明。在制订测试策略过程中，需要考量用户特点、系统功能之间的关系、资源配置、上个版本的测试质量和已有的测试经验等各个因素的影响，从而找到问题的解决办法，包括采取哪些测试方法、采用什么样的测试工具等。尽可能地考虑到某些细节，借助创造性的思维或头脑风暴，往往能帮助找到测试的新途径。

为了制订正确的测试策略，先要明确其输入，包括被测的软件系统的功能性和技术性需求，以及测试目标、测试方法和完成标准等。然后，根据测试目标或测试需求确定测试的内容，评估各项测试内容可能存在的风险并确定测试的优先级，针对不同的测试内容选择最合适的测试方法、技术和工具，针对不同的测试风险采取不同的对策，最后确定测试策略，包括测试各个阶段完成的标准、所采用的方法和对策以及测试用例设计的取舍等。测试策略制订的步骤，如图 6-11 所示。

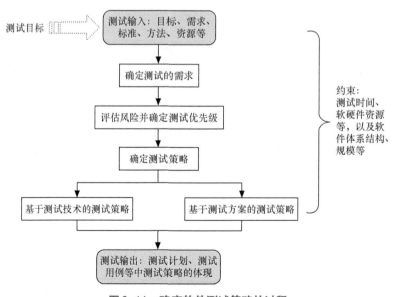

图6-11　确定软件测试策略的过程

在制订策略的过程中，权衡资源约束和风险等因素是很关键的，有效的测试策略就是为了降低风险，在有限的资源下完成给定的测试任务，优先级高的测试任务优先完成。如果不采取测试策略，就不能及时完成测试任务。而采取一定的测试策略（如新方法、特别的方法）能及时完成测试任务，或者是舍弃某些非常低或较低优先级的测试任务，从而增加了测试风险。所以，需要正确把握测试目标和测试风险之间的平衡，获得最佳的测试策略。

4. 如何更好地制订测试策略

针对不同的测试阶段（单元测试、集成测试、系统测试）、不同的测试对象或测试目标制订相对应的测试策略。例如，在单元测试，执行严格的代码复查，以保证在早期就能发现大部分的问题，而对功能性的回归测试，尽量借助自动化完成，而且要求每天执行冒烟测试或BVT（Build Verification Test，软件包验证测试），包括在安全性测试、配置测试执行时可进行一些探索性测试。所以在制订测试策略时，可选择的范围很大。

▶ 采用不同的测试方式，如加强静态测试、采用探索式测试就有可能解决进度的问题。

▶ 采用不同的测试方法，白盒方法准确有效，但黑盒方法能够直接面对业务，完成端到端的验证。

▶ 在选择不同的测试方式、方法时，需要考虑团队的能力，甚至需要考虑团队人员的责任心，如果能力强、责任心强，探索式测试效果会好得多。

▶ 测试用例的选择、优化，一般要求测试用例事先定义优先级，这样有多少时间或人力资源，就做多少测试，按优先级的顺序，从高向低来选择测试。

▶ 不同的测试层次（单元、集成、系统）其策略是不一样的。

▶ 新的测试环境是否是虚拟环境、新的测试工具是否易用等都是影响因素。

为了更好地确定软件测试策略，也可以试着问一些如下的问题，在寻找这些答案的过程中，也就找到了有效的测试策略。

▶ 如何确定回归测试的范围？

▶ 如何利用可重复性的测试？

▶ 测试缺乏可预见性，如何收集能衡量测试结果的指标？

▶ 如何建立稳定的、模拟系统实际运行的测试环境？

▶ 如何从无穷的输入数据中选择合理的、有效的测试数据集？

▷　如何加强静态测试——规格说明书、设计文档和程序代码等的审查？

▷　如何处理单元测试和集成测试的关系？

▷　如何处理手工测试和自动化测试之间的平衡，使它们的互补性得到发挥，测试的效率和质量到达最佳状态？

▷　如何衡量这份测试策略的有效性？

5. 基于测试技术的测试策略

著名的软件测试专家 Myers 指出了使用各种测试方法的综合策略。

▷　在任何情况下都要使用边界值分析方法，因为为边界值分析方法所设计的测试用例能很有效地发现软件代码的缺陷。

▷　等价类划分方法是对边界值分析方法的有效补充。

▷　如果软件某些功能的输入数据／条件存在多种组合情况，则一开始就可选用因果图法。

▷　错误推测法可以帮助追加一些比较特殊、不易直接推理出来的测试用例。

▷　对照程序逻辑来审查已有测试用例的逻辑覆盖程度。如果没有达到要求的覆盖率，则应当再增加一些测试用例。

▷　尽管用户更倾向于基于程序规格说明的功能测试，但是白盒测试能发现潜在的逻辑错误，而这种错误往往是功能测试发现不了的。

6. 分阶段的测试策略

▷　严格地执行代码复查，以保证在早期就发现问题，而不是在代码发布之后。

▷　利用单元测试和集成测试，可以尽早地发现更多的问题，并准备好自动化测试的 BVT。

▷　需要建立一个正规的且自动化的冒烟测试，只有 100% 通过冒烟测试，才能进入下一个阶段。

▷　在系统测试中，以每次发布用户基线为结束标志，用户基线会增长，同时也会逐渐地要求一些更为精确的性能测试。

▷　不能忽略安全性测试、可用性测试、配置测试和数据完整性测试。

▷　在功能性测试、安全性测试、配置测试中可进行一些探索性测试。

▶ 制订更为详细的 UAT（用户验收测试）测试计划，将其与测试脚本和培训材料一起提供给用户，以帮助用户快速提高并完成任务。

7. 基于测试方案的综合测试策略

▶ 根据软件产品或服务特性对客户的使用价值以及特性失效所造成的损失，来确定相应特性的测试优先级。产品特性的优先级越高，其被测试的时间越早，测试的力度也越大。

▶ 要使用尽可能少的测试用例，发现尽可能多的程序错误。一次完整的软件测试过后，如果程序中遗漏的（较）严重错误过多，则表明本次测试是不足的或失败的，这意味着可能让用户承担较大的利益损失风险。反过来说，如果过度测试，则又会浪费软件企业自身的宝贵资源。所以，需要在以上两点——风险和效率上进行权衡，找到一个最佳平衡点。

▶ 测试策略应该尽量的简单、清晰，例如可以在有限的白板上通过 2 ～ 3 行字和 1 ～ 2 个图就描述出测试策略来，或者可以通过一个简短的会议（20 ～ 30min），就能把测试策略解释清楚。

▶ 基于缺陷分析的测试策略。通过缺陷分析，可以更好地了解开发人员的习惯，找到容易犯错误的地方，可以更好地设计测试用例，更快地发现缺陷。也可以从缺陷出发，反推回去，找到合适的测试策略。

测试策略的实例

【实例1】基于测试技术的测试策略。对输入数据的测试，首先应考虑用边界值测试方法，一般要求使用等价类划分方法补充一定数量的测试用例，必要时用错误推测法再追加一些测试用例。如果功能规格说明书中含有输入条的组合情况，则需要进一步考虑选择因果图方法进行测试。

【实例2】基于测试方案的测试策略。根据软件产品或服务特性对客户的使用价值以及特性失效所造成的损失，来确定相应特性的测试优先级。产品特性的优先级越高，其被测试的时间越早、测试的力度越大。

【实例3】根据用户的需求来确定测试目标，而测试策略是由测试目标所决定的。例如，某些应用软件，用户对性能非常关注，而有些应用软件，用户对功能关注，而对性能不够关注。这样，一个应用软件的性能测试目标可以分为多个层次，从而对应不同的性能测试策略。

　▶ 用户高度重视：性能测试无处不在。在系统设计阶段，就开始进行充分、深入地讨论和验证性能问题。不仅对整个系统进行性能测试，而且对每个组件都实施性能测试。

▶ 用户一般关注：定义清晰的性能指标，只针对系统进行性能测试。发现性能问题并改进系统的性能，使系统尽量达到设计要求。

▶ 用户不太关注：可能不进行性能测试，只做功能测试。即使做性能测试，也就是在功能测试完成之后，进行性能测试，从而掌握系统的性能指标，而不需要事先定义性能指标，即没有严格的性能指标要求。

【实例4】杀毒软件是需要经常维护的，系统可能每天都要更新一次。如果每天都让测试人员去做一遍完整的测试之后再发布出去，不仅需要大量的人力与物力，而且由于心理因素，可能测试的实际效果也不好，这时，选择合适的自动化测试工具来完成回归测试是非常必要的。

【实例5】基于缺陷分析的测试策略。通过缺陷分析，可以更好地了解开发人员的习惯、容易犯错误的地方，可以更好地设计测试用例，更快地发现缺陷。也可以从缺陷出发，反推回去，找到合适的测试策略。

6.8 编写测试计划书

在软件测试需求和测试范围分析、工作量估计、测试资源和进度安排、测试风险评估、测试策略制订等工作做完之后，测试计划也就基本大功告成了。测试计划本身就是为了解决测试目标、任务、方法、资源、进度和风险等问题，所以当这些问题被解决或找到相应的对策和处理措施之后，测试计划剩下的工作就是写好这个文档，将上述内容描述清楚。有一点必须在这里说明的是，测试计划是一个过程，不仅仅是"测试计划书"这样一个文档，测试计划会随着情况的变化不断进行调整，以便于优化资源和进度安排，减少风险，提高测试效率，并及时修改"测试计划书"。

在计划书中，有些内容是介绍测试项目的背景、所采用的技术方法等的，这些内容仅仅作为参考，但有些内容（如人员组成、日程安排）也可以看作是一种结论或者承诺，是必须要实施或达到的目标，如测试小组的结构和组成、测试项目的里程碑、面向解决方案的交付内容、项目标准、质量标准、相关分析报告等。测试计划内容的焦点则集中在下列内容上。

① 目标和范围：包括产品特性、质量目标，各阶段的测试对象、目标、范围和限制。

② 项目估算：根据历史数据和采用恰当的评估技术，对测试工作量、所需资源（人力、时间、软硬件环境）做出合理的估算。

③ 风险计划：对测试可能存在的风险进行分析、识别，以及对风险的回避、监控和管理。

④ 进度安排：分解项目工作结构，并采用时限图、甘特图等方法制订时间 / 资源表。

⑤ 资源配置：人员、硬件和软件等资源的组织和分配包含每一个阶段和每一个任务所需要的资源。人力资源是重点，而且与日程安排联系密切。当发生类似到了使用期限或者资源共享的时候，要及时更新这个计划。

⑥ 跟踪和控制机制：包括质量保证和控制、变化管理和控制等，明确如何准备去做一个问题报告以及如何去界定一个问题的性质，问题报告要包括问题的发现者和修改者、问题发生的频率、是用什么样的测试用例测出该问题的、以及明确问题产生时的测试环境。

测试计划书的内容也可以按集成测试、系统测试、验收测试等阶段去组织。为每一个阶段制订一个计划书，还可以为每个测试任务 / 目的（安全性测试、性能测试、可靠性测试等）制订特别的计划书。

同时，可以为上述测试计划书的每项内容制订一个具体实施的计划，如将每个阶段的测试重点、范围、所采用的方法、测试用例设计的思想、提交的内容等进行细化，供测试项目组的内部成员使用。对于一些重要的项目，会形成一系列的计划书，如测试范围 / 风险分析报告、测试标准工作计划、资源和培训计划、风险管理计划、测试实施计划、质量保证计划等。对于更为详细的要求，可以参考本书附录 B。

6.9　小结

本章主要讨论测试需求和如何创建有效的测试计划。测试需求包括功能测试需求和非功能性测试需求，而非功能性测试需求包括性能、安全性、可靠性、兼容性、易维护性和可移植性等测试需求。对于非功能性测试需求，既要独立考虑它们各自的特点和各自的测试需求，也要考虑它们之间的关系和相互影响，例如安全性和可靠性密切相关，越安全越可靠，越可靠越安全。而安全性会增加许多保护措施，往往会降低性能。在整个系统测试需求分析时，不仅要考虑来自整体系统的测试需求，还要考虑系统数据、外部接口等测试需求，如图 6-12 所示。

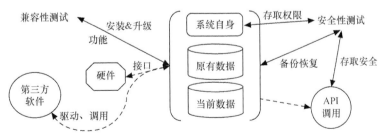

图6-12　系统测试不可忽视的对象——数据、外部接口

在测试计划过程中，主要应做好的各项工作如下所示。

▶　确定软件功能性、非功能性的测试需求，以及各个阶段的测试任务。

▶　进行测试范围分析，从而对测试工作量进行估算。工作量估算方法主要介绍工作分解结构表方法，并给出了实例。

▶　测试资源需求、团队组建，包括培训。

▶　测试里程碑和进度的安排。

▶　对测试风险进行分析。

▶　制订有效的测试策略。

最后完整地生成测试计划书，进行计划书的评审、跟踪和及时修改，测试计划是一个过程，不仅仅是"测试计划书"这样一个文档，测试计划会随着情况的变化不断进行调整，用于优化资源和进度安排，降低风险，提高测试效率。

第 7 章

测试设计：架构与用例

如何灵活地运用各种基本方法来设计完整的测试用例，并最终实现暴露隐藏缺陷的目标，全凭测试设计人员的丰富经验和精心设计。

在测试计划和测试需求的基础上，开始测试的设计，包括测试架构设计、测试用例的详细设计。测试需求和范围通过测试用例体现出来，并以更为有效的方式来执行测试，以便更快地发现程序的缺陷。测试用例是测试脚本开发、测试执行的基础。只有设计好测试用例，才能保证测试的覆盖率。在设计过程中还可以进行更深入的分析，反过来为设计服务，分析和设计也是交替进行，阶段性划分不是强制的。

本章将从软件测试实践中一些常用的测试用例设计思想、方法和组织角度，来阐述如何设计测试用例。通过本章的学习，可以了解和掌握以下的内容。

- ▶ 为什么需要测试用例？

- ▶ 如何根据项目的具体需求，构造测试用例结构？

- ▶ 测试用例有哪些基本元素组成？

- ▶ 设计测试用例时，需要遵循哪些基本的原则？

- ▶ 在测试用例设计方面，白盒测试方法和黑盒测试方法是如何体现出来的？

- ▶ 系统测试用例设计和功能测试用例设计有什么区别？

- ▶ 测试用例如何被组织起来完成不同阶段的测试任务？

7.1 测试框架的设计

测试用例是为某个特定测试目标而设计的，它是测试操作过程序列、条件、期望结果及相关数据的一个特定的集合，那么如何构造这个集合呢？测试用例的设计，类似于软件产品的设计，可以考虑面向对象、面向结构或面向方法来实现其框架，而且和分析一脉相承，结构化设计依赖于结构化分析、面向对象的设计（OOD）依赖于面向对象的分析（OOA），以及基于场景的设计依赖于基于场景的分析。**测试框架的设计可以算是软件测试的架构设计，而测试用例的设计属于软件测试的详细设计。**从广义上说，一个项目的测试解决方案的实现，都可以归为测试设计，毕竟这是解决"如何测"的问题，而测试需求是解决"测什么"的问题。自动化测试框架设计也归为软件测试的架构设计，但在测试知识基础之上，理解一个好的测试框架应包含哪些组件，如 Harness/ 控制中心、IDE、接口、代理、报告、任务管理、资源管理等，然后就变成软件系统架构设计的问题，请参考 3.4 节的相关内容。

7.1.1　从需求到测试用例

从需求出发来设计测试用例，这是一种很普通的思想，但是如何实现从需求到测试用例、如何做好这件事？大家并不清楚，而且缺乏清晰的思路。下面将讨论如何从用户的需求演绎出测试用例。让我们先看如图 7-1 所示的金字塔，金字塔顶是用户需求，经过中间几个环节——功能特性、用例、应用场景，到达底部，就能获得所需要的测试用例。

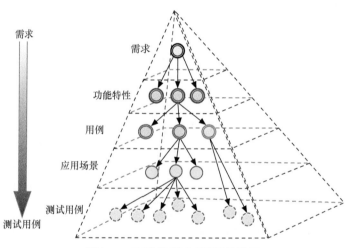

图 7-1　从需求到测试用例的演绎

需求来自业务，产品开发的最终目的就是解决业务问题或支持业务，需求一定是软件产品开发的根基，也是软件测试的源泉。产品中要实现的功能都来源于用户的实际需求，而设计好的功能也要能回溯到需求。理解了需求，也就是了解了软件产品功能设计与实现的上下文（背景），这样，无论是开发人员还是测试人员才能真正理解产品的功能特性（feature）。基于这样的思想，我们要测试产品的某个功能，就有一连串问题要问自己或问产品经理。

▶　这项功能解决了客户什么问题？

▶　这项功能对客户的价值是什么？

▶ 客户有了这项功能可以做什么？

▶ 客户如何使用这项功能？

▶ 客户在什么情况下会使用这项功能？

▶ 不同的用户在使用这项功能时有什么差异？

▶ 一个用户在不同的应用场景下使用该项功能，有什么不同？

▶ 这项功能，和以前某项功能有没有冲突？

这样可以帮助我们更好地理解功能特性和用户的需求。同时也看到，针对某个特定功能特性，不同的用户角色使用是不一样的，这就是用例（use case）——用户角色的行为分析，而每个用例（用户行为）又可能在不同的应用场景下产生。在敏捷开发模式下，虽然是通过用户故事（user story）描述需求，但用户故事对应的是用例——用户角色的行为分析，因为我们看到用户故事的模板就是"作为……用户角色，我要做什么，以达到什么目的"。但用户故事这样的描述又过于简单，不具有可测试性，为了每个用户故事不具有可测试性，需要增加验收标准，在行为驱动开发（BDD）中验收标准就被定义为一系列的场景，场景还不能代表测试用例，场景到测试用例还差一步，可以融入测试数据、测试条件，如加上通过等价类划分、边界值分析等方法获得的测试数据，就形成测试用例。所以在敏捷开发模式下，图 7-1 的描述也是合理且有意义的，只是可以更简单地描述用户故事和测试用例的关系——不同的测试数据或测试条件可以和用户故事、应用场景叠加，生成测试用例，如图 7-2 所示。

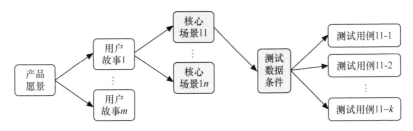

图7-2　基于用户故事的场景设计方法

从需求到功能、从功能到用例、从用例到应用场景，逐步分解，上一层和下一层都形成一对多的关系，到了最后这层就形成一个较庞大数目的测试用例。这样，我们为一个应用场景设计多个的测试用例，为功能特性设计几十个或几百个用例，功能特性的覆盖才是充分的，这样的覆盖率度量才有意义，否则是没有意义的。例如，我们给每一个功能特性设计一个测试用例，是不是也达到功能特性 100% 的覆盖率？你也无法说，哪个功能特性没有被覆盖，对吗？这样的覆盖率数据有意义吗？没有意义。从需求出发，像图 7-1 那样逐层分解，直到无法分解为止，再设计测试用例，是一种有效的分析与设计过程。

举一个例子来说明这个分析与设计的过程。聊天工具就是提供一切手段促进双方、多方的有效沟通，文字、语音、视频聊天都是为了达到更有效的沟通。其中"屏幕截图"功能就是为了解决文字无法表达的场景，帮助双方、多方的有效沟通。该功能会划定屏幕某个区域，将这块区域转成图片文件，传给对方。基于"屏幕截图"功能，可以分析其用例（用户行为），我们会问自己（自己也是用户）以下问题。

▶　有了这个功能，用户如何使用它？

▶　该功能有哪些基本的使用方法？

一般有 4 种基本的用法，即 4 个用例：

① 聊天窗口隐去，截取屏幕直接发送。

② 聊天窗口隐去，截取屏幕，在屏幕做些标记，然后发送。

③ 聊天窗口隐去，截取屏幕，在屏幕做些标记，保存下来，但暂时不发送。

④ 聊天窗口不隐去，截取当前聊天记录，保存下来。

针对每个用例，可以进一步分析有哪些应用场景。例如，针对用例"聊天窗口隐去，截取屏幕直接发送"，考虑下列应用场景。

① 要截取的屏幕很大，在发送后，如何显示？

② 待截取屏幕所在的窗口不在桌面上，如何先激活这个窗口，再截取屏幕？

③ 发送方的操作系统是 Windows、对方是 Mac OS，是否正常？

④ 发送方的操作系统是 Mac OS、对方是 Windows，是否正常？

⑤ 发送方机器的分辨率和对方分辨率不一致，会出现什么情况？

⑥ 如果是多方会话，是发给所有人还是单独发给某一人？

然后，再针对其他用例分析应用场景，这样就能比较彻底找出"屏幕截图"功能的操作方式和应用场景。最后，就能设计出足够的测试用例来覆盖"屏幕截图"功能。

7.1.2　基于 SUT 结构来组织设计

上文讨论了从需求、功能特性、用例（用户故事）到场景、测试数据 / 条件等这样一个完整的设计思路，但测试设计也可以从被测系统（System Under Test，SUT）的结构、质量特性甚至项目因素等方面的考量。例如,先考虑产品结构的构成,不同的模块对应着一组测试用例,将测试用例结构化,和产品模块对应;也可以将功能分解为主功能、子功能、子功能的子功能……,测试用例和功能结构有对应关系,呈现出层次结构,如图7-3所示。对于非功能性测试用例,则从具体的质量特性需求来划分。

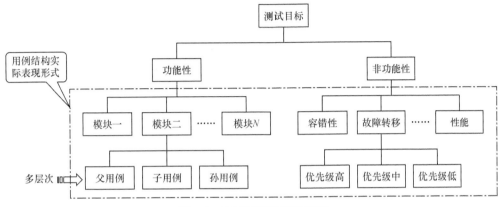

图7-3 测试用例框架示意图

测试用例分为多个层次是很明显的,例如,在"登录"功能模块中,可以分为3个层次,如下例所示。

实例

用户身份合法性验证(父用例)
↳用户名验证(子用例)
　↳正常用户名的输入(孙用例)
　　└含有特殊字符的用户名
　　└字母大小写无关性测试
　　└非法用户名
　密码验证
　└正常密码
　└含有特殊字符的密码
　└字母区分大小写的测试
　└密码有效期验证
　└密码保存
　└忘记密码后找回密码功能

在测试设计过程中，首先聚焦测试框架——组织测试用例的结构，不仅能更有效地完成所需要的测试用例设计工作，而且还能获得其他收益。

▶ 可以根据产品特性建立起测试用例之间的关系。

▶ 容易创建为测试执行的任务。

▶ 提高测试执行的效率。

▶ 容易进行测试覆盖率的度量，提高测试的可视性。

▶ 更容易操作测试用例的评审。

▶ 更好地组织和维护测试用例。

在上一节，侧重基于用户需求（更多是功能特性）来进行测试设计，如果从业务角度看，测试设计要考虑的业务元素主要如下。

▶ **业务流程**，而且流程也可以分为多个层次——企业级流程、部门流程、具体事务流程，按层次设计测试，如图 7-4 所示。

▶ **业务活动构成完整的流程**，测试设计覆盖每项活动及其上下文（前置条件、后置条件）。

▶ **业务规则**一般和活动结合起来，取决于前置 / 后置条件，贯穿整个业务流程中。

▶ **业务数据**，数据活动的输入 / 输出数据，部分体现在业务规则上。

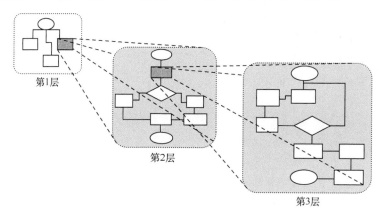

图7-4 业务流程图逐层细化示意图

从测试设计看，可以按部门流程或事务流程，逻辑测试用例可以体现在测试活动上，然后结合具体的规则、业务数据来设计具体的测试用例。就像软件系统结构分层一样，分为数据层、逻辑层和展示层，仅仅完成业务逻辑的验证是不够的，还要对用户界面和输入空间的验证。我们在讨论软件测试方法时，经常谈到的等价类划分、边界值分析、决策表、因果分析等方法，这些都是服务于输入空间的验证。文字是否对齐、图片是否变形、色彩是否和谐，等等，则需要我们对用户界面（UI）进行验证。而程序的可维护性、可靠性的验证，需要在代码层次进行人工评审、工具分析。所以，从 SUT 结构的角度看，测试设计涉及以下 4 个方面，如图 7-5 所示。

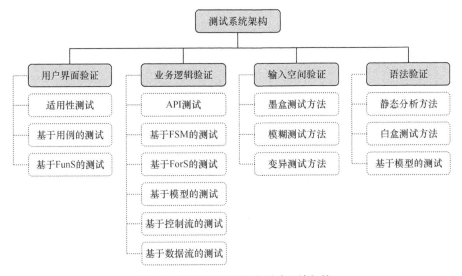

图7-5　基于SUT结构的测试系统架构

▶ 业务逻辑，包含业务流程、业务规则等。

▶ 输入空间，包含正确操作和异常操作、业务数据（包括值、精度、格式等）的测试。不仅是数据的准确性，还包括数据兼容性、安全性等。

▶ 用户界面，包括系统 UI 整体布局、颜色搭配、字体、文字、图片、操作按钮等所有 UI 元素。

▶ 代码规范性、可读性等。

不同的测试层次会侧重采用不同的设计方法，如基于用例的测试，主要适用于用户界面测试，但也会用于业务逻辑验证；而基于模型的测试，主要用于语法验证和业务逻辑验证等。图 7-5 系统地介绍了不同测试领域的测试方法，其中几个用英文书写的说明如下。

▶ 有限状态机（Finite State Machine, FSM）。

▶ 形式规格说明（Formal Specification，ForS）。

> 功能规格说明（Functional Specification，FunS）。

> 逻辑测试用例是相对抽象的测试用例，要么测试用例中测试数据被参数代替，要么测试的前置条件或后置条件是一种逻辑条件的描述，逻辑测试用例是不能被执行的。
>
> 逻辑测试用例示例如下。
>
> ① 用户名正确，密码正确，则用户登录成功。
>
> ② 用户名正确，但密码不正确，则用户登录失败，并提示"用户名或密码错误"。
>
> 具体的测试用例，或称为实际测试用例，可以被执行的，参数已经被替换为具体的测试数据，前置条件或后置条件也不再是逻辑关系的描述，而是具体的逻辑关系条件。
>
> 具体的测试用例示例如下。
>
> ① 用户名输入"david"，密码输入"MyPassWd"，期望的结果：登录成功。
>
> ② 用户名输入"david"，密码输入"mypasswd"，期望的结果：登录失败，并显示"用户名或密码错误"。

7.2　测试设计要考虑的因素

测试设计是建立在测试分析的基础之上，在测试分析时，我们已经掌握了不少有关测试的信息，包括项目背景、业务需求、领域知识、团队、进度、预算、风险等，这些因素自然会影响测试设计与执行。我们知道，不可能穷举所有的测试场景或组合，所以在设计测试用例时，更需要认识到这一点，要学会如何抓住测试的重点、要点或者关键点，这些地方的测试设计工作是重点，要进行充分分析与设计，达到理想的覆盖率，然后以点带面，展开其他区域的测试设计。测试设计主要考虑的因素如下。

① 测试需求目标，包括功能性测试需求目标、非功能性测试需求目标。功能性的测试比较清楚，正确与否的判断能一目了然。而非功能性测试，其相对性比较强，需要从不同的侧面进行比照。

② 用户实际使用的场景。从用户的角度来模拟程序的输入，包括用户的操作习惯，使产品更能贴近用户的需求。加强培养测试人员的用户体验意识，让他站在用户的角度去思考产品的每一个特性，确保为测试用例建立正确的判断依据。

③ 软件功能需求规格说明书、产品设计文档等，是测试用例设计的主要参考文档。这些文档对产品特性的描述方法、格式和详细程度，也会影响到测试用例的设计。

④ 测试的方法对测试用例的设计影响大。在测试用例的设计思路上，白盒测试方法和黑盒测试方法是从不同的哲学思想来解决问题的，前者从内部逻辑思路来考虑，后者从外部功能

思路来考虑。

⑤ **被测试的对象**。客户端软件和服务器端系统、分布式系统和集中式系统、异步系统和同步系统等，其测试用例的侧重点或测试剖面是不同的，需从不同的侧面去发现软件系统的弱点或薄弱环节。

测试用例的设计，就是围绕软件质量需求，分析质量需求的每一个剖面，使测试用例能覆盖各个剖面及测试点。测试设计的基本原则如下。

① 试图找出系统或组件的薄弱环节、边界点等，因为这些特殊区域有必要得到更多的测试，尽力降低测试的风险，达到所设定的测试目标。

② 测试用例是设计出来的，需要思考和优化，有助于高效地、全面地发现软件系统中可能存在的各种问题，而不是简单地编写，更不是简单地复制产品功能设计规格说明书（或类似文档）的内容。

③ 先设计高优先级测试项的测试用例，再设计低优先级测试项的测试用例。如果缺少风险分析，就先设计主要功能的测试用例，再设计次要功能的测试用例；

④ 先设计正面的、主路径的测试用例，再设计负面的（如异常、非法的操作）、扩展路径的测试用例，虽然后者更容易发现缺陷。

7.3 如何运用测试设计方法

测试设计方法有很多（5.4 节已经简单、系统地做了介绍），主要包括如下几种。

▶ 基于直觉和经验的方法。

▶ 基于输入域的方法。

▶ 组合测试方法。

▶ 基于逻辑覆盖的方法。

▶ 基本路径测试方法。

▶ 基于故障模式的测试方法。

▶ 基于模型的测试方法。

▶ 模糊测试方法。

▶ 基于场景的测试方法。

而关于具体的方法，其详细介绍可以参考《软件测试方法和技术（第 3 版）》第 3 章的内容，这里就不做详细的介绍，而是侧重讨论如何运用这些方法。

1. 测试设计服务测试目标

测试需求分析与计划时确定了测试目标，而测试方法服务于测试目标的实现。衡量测试设计是否成功，主要评估其测试充分性，而测试充分性的量化指标就是通常所说的测试覆盖率。测试覆盖率有不同层次的或不同维度的定义。

① 最基本的功能覆盖，如冒烟测试、版本验证测试等测试要求或目标，一般由最高优先级的测试用例组成，大约占总测试用例的 20%。

② 中等程度覆盖，如覆盖常用功能、关键功能和次要功能，但不包括特殊场景、异常操作、异常数据，一般由高优先级和中等优先级的测试用例组成，大约占总测试用例的 80%。

③ 尽可能覆盖，各种复杂场景、异常操作、异常数据等都覆盖，由所有测试用例组成。

测试覆盖率也可以从代码、功能点、场景等维度去衡量。代码维度又分为语句覆盖、判定覆盖、条件覆盖、判定 / 条件覆盖、条件组合覆盖、MC/DC 覆盖等，如图 7-6 所示。如果单元测试目标是达到 100% 判定覆盖率，测试设计方法就要采用判定逻辑的逻辑覆盖方法，通过分析和设计，逐步达到测试目标。如果系统功能测试目标是覆盖其各种应用场景，这时测试就要基于场景的设计方法，以求达到测试计划中定义的测试目标。

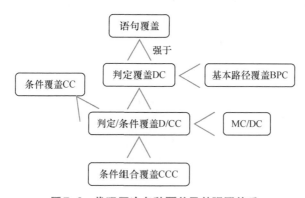

图 7-6 代码层次各种覆盖及其强弱关系

2. 控制流和数据流

上面提到可以从代码、功能点、场景等维度去衡量测试覆盖率，但场景、功能点具有不确定性，比较确定的测试覆盖率是基于数据分析的数据流和基于逻辑结构分析的控制流。测试设计方法就是通过测试用例的不断设计、优化，最终达到控制流和数据流的覆盖。

▶ 在代码层，控制流体现在语句覆盖、判定覆盖和基本路径覆盖，数据流体现在变量的定义和使用。

▶ 在业务层，控制流体现在业务流程图，数据流体现在数据流程图。

那我们先从一个非常简单的"用户登录"功能开始，看看如何用业务流程图来描述它，然后再将其转化为测试用例。业务流程图从单击"登录"按钮开始，进入如图 7-7 所示的界面，然后输入账号或邮箱地址、密码、验证码等。就是这样一个简单的登录功能，其业务流程图就不是很简单，占了整整一页纸，如图 7-8 所示。

图7-7 用户登录界面示例

根据上述的流程图来设计测试用例，需要覆盖每个分支和条件，以保证测试的覆盖率。首先分为"不能自动登录"和"自动登录"两类；其次，对于"不能自动登录"的测试，要考虑分别输入账号和邮箱地址。而且要考虑不同输入项的错误，包括账号、邮箱地址、密码、验证码等。这样，就可以设计下列 16 个测试用例。

① 输入错误的账号，其他各项正确。

② 输入错误的邮箱地址，其他各项正确。

③ 输入正确的账号，输入错误的密码，验证码正确。

④ 输入正确的账号和密码，输入错误的验证码。

⑤ 输入正确的邮箱地址，输入错误的密码，验证码正确。

⑥ 输入正确的邮箱地址和密码，输入错误的验证码。

⑦ 输入正确的账号、密码和验证码。

⑧ 输入正确的邮箱地址、密码和验证码。

⑨ 输入正确的账号、密码和验证码，单击"看不清，换一张"。

⑩ 输入正确的账号、密码和验证码，标记"下次自动登录"。

⑪ 输入正确的账号、密码和验证码，去掉"下次自动登录"标记。

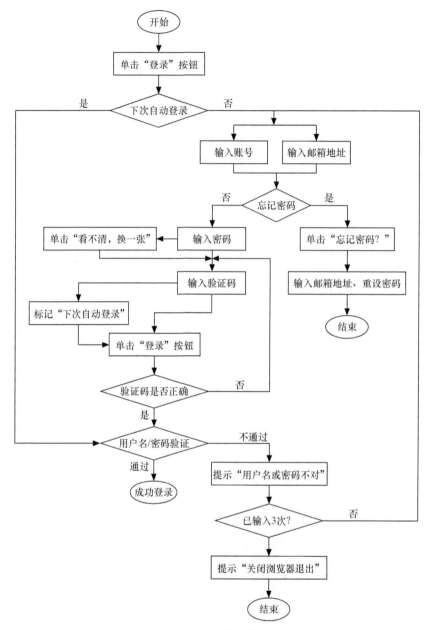

图7-8　用户登录的流程图

⑫ 输入正确的邮箱地址、密码和验证码，标记"下次自动登录"。

⑬ 输入正确的账号，输入错误的密码，验证码正确，单击"登录"按钮，重复进行 3 次以上。

⑭ 输入错误的账号，输入正确的密码和验证码，单击"登录"按钮，重复进行 3 次以上。

⑮ 输入邮箱地址，单击"忘记密码"，按提示进行操作。

⑯ 什么都不输，单击"忘记密码"，按提示进行操作。

3. 清楚某种方法的应用场景

每个方法都有一定的应用场景，或者说，在特定的场景下选择合适的方法。没有最好的方法，只有合适的方法。示例如下。

▶ 表单中单个输入框的测试属于单因素问题，选用等价类划分和边界值分析；等价类划分让我们优化测试数据，并关注无效等价类，而边界值分析方法让我们关注边界值，而且要关注最靠近边界值的另外两个值。

▶ 如果考虑多个条件（因为是条件，只是成立或不成立）组合作用时，这时选用决策表方法。如果很难构造出决策表，就可以先用因果图分析，再由因果图产生决策表。

▶ 如果不是条件，而是多个因素 / 变量，每个因素 / 变量有多个选项（取值），这时看能否完成全组合。如果完全组合数很大，就考虑选用两两组合（pairwise）方法或正交实验方法。

▶ 黑盒测试方法，也不一定是我们无法看懂代码、了解内部结构而不得不**被动**采用的方法；当我们避免内部结构的影响，而重点关注输入 / 输出、外部事件、外部环境的影响，完全可以**主动**采用黑盒测试方法。

▶ 当我们想尽可能采用自动化测试方式时，决策表方法、完全组合测试方法、状态图测试方法、有限状态机等方法会优先考虑。

4. 灵活运用测试方法

逻辑覆盖、基本路径覆盖属于白盒方法、结构化方法，一般应用于单元测试或代码层次上，但我们知道逻辑覆盖是基于控制流的测试方法，但不局限于代码层，可以应用于业务层，这时就需要我们画出业务流程图，通过对业务流程图的分析，设计测试用例覆盖其判定或分支、基本路径，达到业务流程的良好覆盖，比较彻底地支持业务的正常运行。

等价类划分、边界值分析是针对输入域、变量来进行针对性的测试，但同样也是一种测试设计的思路，让我们关注测试项、测试场景等进行分类处理，合并同类项，并注意边界，特别不要忽视不同模块、不同子系统等测试范围的边界，这些地方要覆盖到。而对组合测试，一方面要看我们有多少时间或人力资源，另一方面要看产品质量要求。有足够的资源或产品质量要求特别高，就尽力做到全组合测试，否则就考虑两两组合测试、正交实验法和分类树方法等。

5. 综合运用方法

没有任何单一的方法就能满足测试设计的需求，而是运用多种方法，才能满足测试设计的需求。例如，等价类划分和边界值分析就经常结合起来使用。另外，在单元测试中，我们主要采用逻辑覆盖方法（包括语句覆盖、判定覆盖、MC/DC 等）来进行测试。但基于输入域的方法（如等价类划分、边界值分析等方法）也需要被运用在变量引用、函数参数或接口参数的测试上，这就是基于需求的测试方法（黑盒测试方法）和结构化的测试方法（白盒测试方法）相互结合，形成灰盒测试方法。

7.4　非功能性测试也存在设计

性能测试、安全性测试、兼容性测试、可靠性测试等存在测试设计，性能测试、安全性测试留到第 11 章和第 12 章分别讨论，这里以可靠性测试中"故障转移（fail-over）"的验证设计为例，展示非功能特性测试的设计。

随着 SaaS 应用的普遍增多，"故障转移"功能显得越来越重要，其测试的重要性不言而喻。故障转移包括应用域内服务器之间的本地故障转移，以及域与域之间、服务器集群之间的异地故障转移，图 7-9 描述的是应用域内服务器之间的本地故障转移的逻辑示意图。针对本地故障转移，如何设计测试用例呢？

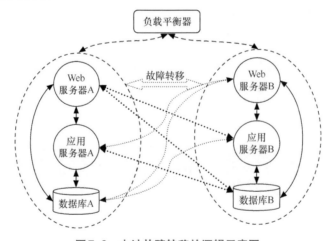

图7-9　本地故障转移的逻辑示意图

在正常情况下，Web 服务器 A 与应用服务器 A 相互协调工作，处理业务流程，它们两者都可以直接存取数据库 A。

▶　当应用服务器 A 发生故障，不能正常工作时，Web 服务器 A 和应用服务器 B 进行通信，相互协作，共同处理业务。

▸ 如果是数据库 A 发生故障，不能正常工作时，Web 服务器 A 和应用服务器 A 只能存取数据库 B。为了给用户无任何变化的印象，数据库 A 和数据库 B 必须保持同步。

▸ 如果应用服务器 A 和数据库 A 一起发生故障，这时 Web 服务器 A 和应用服务器 B 通信并直接存取数据库 B。

▸ 如果是 Web 服务器 A 发生故障，由负载平衡器处理，即用户只能访问 Web 服务器 B。系统的整体容量、性能等降低，但系统还是可以提供服务。

对 Web 服务器 B、应用服务器 B 和数据库 B，道理一样。

根据这样的分析，就比较容易设计故障转移的测试用例了。让服务器发生故障的最简单的方法是拔掉某个服务器的网络线。但有时也不可靠，网络通信中断和服务器实际发生故障的判断可能是不同的，除非都以网络连接超时作为标准。最终，故障转移的测试用例设计如表 7-1 所示。

表 7-1 故障转移测试用例的典型示例

序号	用例名称	前提	步骤	期望结果
1	应用服务器故障转移	应用服务器 A 不工作	启动服务；进行操作使之满足前提；观察结果；一段时间后，消除故障；（重新）启动服务；再观察结果	Web 服务器 A 连接到应用服务器 B，而且功能正常，但 Web 服务器 A 还是可以存取数据库 A，应用服务器 B 没有改变，访问数据库 B。故障消除后，Web 服务器 A 又自动连接到应用服务器 A
2	数据库故障转移	数据库 A 不工作		Web 服务器 A 和应用服务器 A 都连接到数据库 B，而且功能正常。故障消除后，又自动连接到数据库 A
3	应用服务器和数据库故障转移	应用服务器 A 和数据库 A 都不工作		Web 服务器 A 连接到应用服务器 B 和数据库 B，而且功能正常。故障消除后，恢复原状，又自动连接到应用服务器 A 和数据库 A
4	Web 服务器故障转移	Web 服务器 A 不工作		所有用户访问 Web 服务器 B，而且功能正常，应用服务器 B 正常，没有通信连接上的变化。故障消除后，又自动连接到 Web 服务器 A

7.5 探索式测试之设计

在传统测试中受传统软件开发模型的影响，测试的流程经过测试计划、设计测试用例（test case）、执行测试用例这样经典的过程。类似于拍电影时需要剧本一样，测试用例可以看做手工执行的脚本，而工具执行测试需要像程序代码那样的自动化测试脚本，测试用例和自动化测试脚本都可归为测试的"脚本"。所以，传统测试多数情况下都是先设计脚本，之前也没有可执行的程序，这段时间先完成设计，一旦程序可以运行，就可以进行大规模测试（执行）——基于脚本的测试执行。而探索式测试强调测试的学习、设计和执行同时展开，也就是没有测试用例，而是靠头脑想，一面想一面测试。这里的"想（思考）"就是设计，在头脑中设计，但不需要通过文字来描述出来。这样让人感觉，探索式测试没有单独的设计，但真的不需要设计吗？

如果探索式测试只是对某个具体功能进行补充测试，的确也没有必要进行设计，由某个测试人员去完成就可以了。虽然测试的效果依赖于个人的能力，但可以通过交流发现测试中的问题，再进行补充性测试。如果在敏捷测试中，以探索式测试为主，则意味着整个产品的各项功能都通过探索式测试完成。如果这时没有很好的流程管理，测试过程一定会混乱；如果没有系统性的设计，测试的充分性如何保证？所以，人们提出了基于会话的测试管理（Session-Based Test Management, SBTM）（参见 SATISFICE 官网）方法来管理探索式测试，如图 7-10 所示。

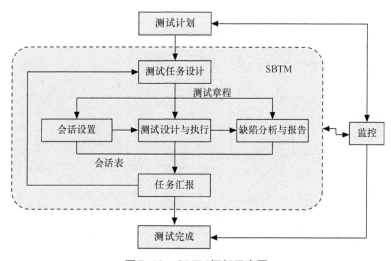

图7-10　SBTM框架示意图

从图 7-10 中可以看出，探索式测试的计划、监控和测试完成等这些环节没有变化，该怎么做测试计划就怎么做，因为测试的输入（项目目标、进度、资源、需求、风险等）和输出（测试目标、产品质量等）是一致的，测试过程依旧要监控，测试结束的定性／定量标准也是一样的，最终要达到测试计划定义的测试目标。

在测试计划之后就是基于子目标的测试任务（Mission，也可以翻译为"富有使命的任务"）的设计。这个测试计划需要一系列的任务来覆盖，也就是说，项目的整个测试目标分解为清晰的、具体的测试目标。完成一个特定的测试目标，需要通过一个或几个会话（Session）来完成，而一个特定的会话是一个不受打扰的特定时段（Time-box，通常是 90min）的测试活动，是探索式测试管理的最小单元。探索式测试可以看做"不断地问系统或质疑系统"的过程，一次测试活动可以理解为"测试人员和被测试系统的一次对话"，如图 7-11 所示。每个会话自然关联一个特定的测试目标或任务（即任务），一系列会话相互支持，有机地组合在一起，周密地完成测试整个产品的各种任务。所以，这里的任务、会话需要设计，相当于大颗粒度的测试设计，而不需要进行细颗粒度——测试用例的设计。设计出来的每个任务需要描述，这种描述可以看作对会话执行的指导书，在 SBTM 中被称为章程（Charter）。因此，探索式测试中计划（Plan）、任务、会话和章程的关系可以描述成如图 7-12 所示。

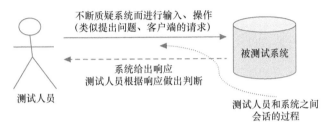

图 7-11　探索式测试诠释为：测试人员和 SUT 之间的会话

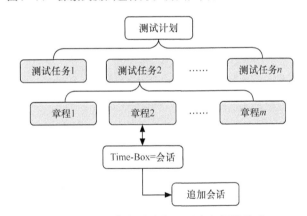

图 7-12　探索式测试主要元素之间的关系

任务和章程的设计，可以从功能特性、用户故事或操作场景出发来进行测试，目标是能够覆盖测试需求分析整理出的所有测试项，最终目标和传统测试是一致的，即覆盖产品的所有功能特性。只是在探索式测试中，每个人、每个会话相对独立，这时采用角色扮演来模拟客户的业务处理思路、操作思路来进行比较好，所以基于场景的测试设计用在这里比较合适。对于 Google 日历的测试，也可以分为下列一些任务。

▶　作为公司中层管理者，安排自己各种例行会议。

▶　作为公司高层管理者，让秘书安排各种会议。

> ▸ 作为老师，使用日历管理自己的课程安排。

> ▸ 作为一个培训公司，为各位讲师安排行程。

> ▸ 作为一个兴趣小组的成员，在小组日历中的使用和操作。

> ▸ 整个公司都用 Google 日历又会怎样？

这种角色扮演，可以发现一些特别的应用场景，或者说用户的各种需求更容易被挖掘出来。但测试的重复覆盖问题也比较严重，有些地方还可能会被漏测。也可以从系统操作场景出发，来设计任务，如下所示。

> ▸ 正常创建各种事件，重点测试每周多次例会。

> ▸ 浏览和修改事件，特别测试拖拽操作。

> ▸ 及时提醒开会者，包括各种提醒方式。

> ▸ 和各种移动设备同步有没有问题。

> ▸ 群组日历的测试。

> ▸ 日历导入、导出的测试。

章程的描述格式（见表 7-2）和测试用例描述比较接近，也是描述测试什么（哪些测试点）、如何测试和测试目标，但层次是不一样的，章程站在更高层次上指导一次 90min 左右的测试，一个测试用例执行时间往往是 5 ～ 10min。

表 7-2 任务描述的格式（模板）

测试任务 ID 和名称（满足唯一性）	
特定的主题/角色	明确的主题（被测功能名称、场景、环境或扮演的用户角色），如 "一个新手使用 Google 日历拖拽修改功能"
特定的测试目标	该任务完成要达到的具体的测试目标。例如，"通过拖拽修改功能测试，以考察其操作是否方便、是否能方便某个会议设置为重复性会议、是否在各种浏览器上效果都一样"
初始设置	执行 Session 所具备的初始环境而进行的相关设置。如，"需要两台机器，一台安装 Windows 8 操作系统，有 IE 和 Firefox 浏览器，另一台安装 Mac OS X 操作系统，有 Chrome 和 Safari 浏览器，两个 Gmail 账户等"
优先级	根据测试需求分析（功能特性对客户的价值、质量风险）判断该任务执行的优先级。如，"这个功能使用方便，用户喜欢用，高优先级"
参考	可参考的产品需求文档、设计文档、测试需求文档、测试计划等。如，"参考 Google 网站上关于日历的帮助，以及 Apple iCalendar 或微软 Outlook 日历"

续表

测试任务ID和名称（满足唯一性）	
数据	事先需要准备的测试数据（文件），如"事先可以在Outlook建好不同类型的多个会议，保存为iCal或csv文件"
活动	具体的测试活动，如进行哪些主要操作。如"对单个独立会议、每周一次例会、每周3次例会、每月两次会议等分别进行操作，可以在某天内不同的时间、不同日期、跨周、跨月等之间进行拖拽操作"
测试判断依据	如何判断测试结果是否正确的依据或方法。如"拖拽操作的结果和用edit event对话框修改的结果一样，显示正常，时间修改正确，达到和Outlook日历同样的操作和显示效果"
变数或风险	测试时可能碰到的突发事件等。如"如果测试时间不够，及时记录做了哪些操作，决定是否需要增加一个新的会话来完成操作。另外，屏幕分辨率、拖拽速度是否会对显示有影响，目前不确定"

7.6　测试用例规范性与评审

测试用例的质量关系到测试执行的质量和测试工作本身的质量，那么，如何保证测试用例的质量？首先，要对用户需求、服务质量要求、产品特性有深刻且全面的理解；其次，采取正确、恰当的方法进行用例设计；再者，按照测试用例的标准格式或规范的模板来书写测试用例。除此之外，对测试用例的检查、评审，也是一种提高测试用例质量的主要且有效的手段。

7.6.1　测试用例的构成

测试用例是对测试场景和操作的描述，所以必须给出测试目标、测试对象、测试环境要求、输入数据和操作步骤，概括为5W1H。

▶ 测试目标：Why ——为什么而测？功能、性能、可用性、容错性、兼容性、安全性等。

▶ 测试对象：What ——测什么？被测试的项目，如对象、函数、类、菜单、按钮、表格、接口、整个系统等。

▶ 测试环境：Where ——在哪里测？测试用例运行时所处的环境，包括系统的配置和设定等要求，也包括操作系统、浏览器、通信协议等单机或网络环境。

▶ 测试前提：When ——什么时候开始测？测试用例运行时所处的前提或条件限制。

▶ 输入数据：Which ——哪些数据？在操作时，系统所接受的各种可变化的数据，如数字、字符、文件等。

> ▶ 操作步骤：How ——如何测？执行软件和程序的先后次序步骤等。如打开对话框、单击按钮等。

这还不够，因为缺少一个评判的依据。如果没有评判标准，在执行完测试用例后，就不能根据测试结果来确定测试是否通过。所以，每个测试用例必须说明其输出标准——所期望的输出结果。所期望的输出结果，实际就是测试的验证点，每个测试用例最好只有一个验证点。

除了用例的基本描述信息，还需要上面讨论的用例框架所需的信息——所述模块、优先级、层次。为了今后管理方便，还要加上其他信息，如测试执行的预估时间、关联的测试用例，是否为自动化测试类别、关联的缺陷等。

综上所述，使用一个数据库的表结构来描述测试用例的元素，如表 7-3 所示。

表 7-3　测试用例的元素列表

字段名称	类型	注释
标志符	整型	唯一标识该测试用例的值，自动生成
测试项	字符型	测试的对象，可以从软件配置库中选择
测试目标	字符型	从固定列表中选择一个
测试环境要求	字符型	可从列表中选择，如果没有，则直接输入新增内容
前提	字符型	事先设定、条件限制，如已登录、某个选项已选上
输入数据	字符型	输入要求说明或数据列举
操作步骤	字符型	按操作步骤的顺序，准确详细地描述
期望输出	字符型	
所属模块	整型	模块标识符
优先级	整型	1，2，3（1 对应的优先级最高）
层次	整型	0，1，2，3（0 对应最高层）
关联的测试用例	整型	上层（父）用例的标识符
执行时间	实数型	分钟
自动化标识	布尔型	T 和 F
关联的缺陷	枚举型	缺陷标识符列表

7.6.2　测试用例书写标准

在编写测试用例过程中，需要参考和规范一些基本的测试用例编写标准，在 ANSI/IEEE 829-

1983 标准中，列出了与测试设计相关的测试用例编写规范和模板。标准模板中的主要元素如下。

▶ **标识符（Identifier）**：每个测试用例应该有唯一的标识符，它将成为所有与测试用例相关的文档 / 表格引用和参考的基本元素。这些文档 / 表格包括设计规格说明书、测试日志表、测试报告等。

▶ **测试项（Test Item）**：测试用例应该准确地描述所需要测试的项及其特征，测试项应该比测试设计说明中列出的特性描述更加具体，例如，我们做 Windows 计算器应用程序的窗口测试，测试对象是整个应用程序的用户界面，其测试项将包括该应用程序的界面特性要求，例如窗口缩放测试、界面布局、菜单等。

▶ **测试环境要求（Test Environment）**：用来表征执行该测试用例需要的测试环境。一般来说，在整个测试模块里面应该包含整个测试环境的特殊需求，而单个测试用例的测试环境需要表征该测试用例单独所需要的特殊环境需求。

▶ **输入标准（Input Criteria）**：用来执行测试用例的输入需求。这些输入可能包括数据、文件，或者操作（例如鼠标的左键单击、键盘的按键处理等），必要的时候，相关的数据库、文件也必须被罗列。

▶ **输出标准（Output Criteria）**：标识按照指定的环境和输入标准得到期望的输出结果。如果可能的话，尽量提供适当的系统规格说明来证明期望的结果。

▶ **测试用例之间的关联**：用来标识该测试用例与其他的测试（或其他测试用例）之间的依赖关系。在测试的实际过程中，很多的测试用例并不是单独存在的，它们之间可能有某种依赖关系，例如用例 A 需要在基于 B 的测试结果正确的基础上才能进行，此时我们需要在 A 的测试用例中表明对 B 的依赖性，从而保证测试用例的严谨性。

7.6.3　测试用例评审要点

测试用例是软件测试的准则，但它并不是一经编制完成就成了准则。测试用例在设计编制过程中要组织同级互查。完成编制后应组织专家会审，需通过后才可以使用。评审委员会可以由项目负责人和测试、编程、分析设计等有关人员组成，也可邀请客户代表参加。

在测试用例评审之前，要定义或明确评审的标准。在定义测试用例的评审标准时，首先要清楚什么样的测试用例是好的？好的测试用例应该符合如下条件。

▶ 测试范围的覆盖率高，依据特定的测试目标的要求，覆盖所有的测试范围或内容。

▶ 测试用例设计具有反向思维，有效地发现缺陷。测试是为了发现缺陷，能更快地发现缺陷，或更有可能发现潜在的缺陷。

▶ 易用性。设计思路容易被理解，测试用例的组织结构合理，测试用例的执行比较顺畅，操作连贯性好。

▶ 易读性。前提条件、步骤和期望结果等描述清楚、准确。

▶ 易维护性。应该以很少的时间来完成测试用例的维护工作，包括添加、修改和删除测试用例。易用性和易读性，也有助于易维护性。

测试用例的评审，可以从测试用例的框架和结构开始，然后逐步向测试用例的局部或细节推进。

▶ 为了把握测试用例的框架、结构，要分析其设计思路是否符合业务逻辑，是否符合技术设计的逻辑，是否可以和系统架构、组件等建立起完全的映射关系。

▶ 在局部上，应有重有轻，评审时应抓住一些测试的难点和系统的关键点，从不同的角度向测试用例的设计者提问。

▶ 在细节上，检查是否遵守测试用例编写的规范或模板，是否未漏掉每一元素，每项元素是否描述清楚。

设计测试用例时，应寻求系统设计、功能设计的弱点。测试用例需要确切地反映功能设计中可能存在的各种问题，而不要简单复制产品规格设计说明书的内容。测试用例的评审，可以从正、反两方面进行检查。正面，测试用例要求全面；反面，测试用例要有创造性，思路要开阔。

▶ 设计正面的测试用例，应该参照需求和设计文档，根据关联的功能、操作路径等设计测试用例。基本事件的测试用例应包含所有需要实现的需求功能，覆盖率达 100%。

▶ 设计负面的、异常的测试用例，往往可以发现更多的软件缺陷，显得更为重要。例如，考虑错误的或者异常的输入。在进行电子邮件地址校验时，考虑错误的、不合法的（如没有 @ 符号的输入）或者带有异常字符（单引号、斜杠、双引号等）的电子邮件地址输入，尤其是在做 Web 页面测试时，通常会出现一些字符转义问题而造成异常情况。

通过检查表来进行测试用例的评审，也是一种简单而有效的方法，例如，针对检查表中的各项问题，是否都能回答“是”。如果答案都为“是”，意味着测试用例通过了评审。

▶ 在设计测试用例前，是否先画好了 UML 时序图、状态图或数据流程图等？

▶ 是否有常见错误表提供给编写测试用例使用？

▶ 测试用例的设计思路合理吗？与产品设计、技术设计吻合吗？

▶ 测试用例的结构层次清晰、合理吗？

▶ 软件需求的所有功能点是否都有对应的正常功能用例？

▶ 每个正常用例是否都有对应的异常用例？

▶ 测试用例是否覆盖了所有已知的边界值，如特殊字符、最大值、最小值？

▶ 测试用例是否覆盖了已知的无效值，如空值、垃圾数据和错误操作等？

▶ 测试用例是否覆盖了输入条件的各种组合情况？

▶ 测试用例是否覆盖了各种安全性问题？

▶ 测试用例是否覆盖了负载平衡和故障转移等方面的可用性问题？

▶ 是否考虑了兼容性测试用例？如是否测试了新版本同以前版本的数据、接口的兼容性？

▶ 是否考虑了关联功能的测试用例？例如，用户修改了自己的邮箱地址，那么提醒、报告等是否会发送到新的地址？

▶ 是否所有的接口数据都有对应的测试用例？

▶ 测试用例的前提条件、操作步骤描述是否明确、详尽？

▶ 当前测试是否最小限度地依赖于先前测试或步骤生成的数据和条件？

▶ 测试用例检查点（验证点）描述是否明确、完备？

▶ 是否重用了以前的测试用例？

概念

  检查表（Check List）是用来帮助评审员找出被评审的对象中可能的缺陷的。检查表是一种常用的质量保证手段，也是正式技术评审的必要工具，评审过程往往由检查表驱动。一份精心设计的检查表，对于提高评审效率、改进评审质量具有很大帮助。

▶ 可靠性。人们借助检查表以确认被检查对象的所有质量特征均得到满足，避免遗漏任何项目。

▶ 效率。检查表归纳了所有检查要点，比起冗长的文档，使用检查表具有更高的工作效率。

如何制订合适的检查表呢？概括起来有以下几点。

▶ 不同类型的评审对象应该编制不同的检查表。

▶ 根据以往积累的经验收集同类评审对象的常见缺陷，按缺陷的（子）类型进行组织，并为每一个缺陷类型指定一个标识码。

▶ 基于以往的软件问题报告和个人经验，按照各种缺陷对软件影响的严重性和（或）发生的可能性从大到小排列缺陷类型。

▶ 以简单问句的形式（回答"是"或"否"）表达每一种缺陷。检查表不易过长。

▶ 根据评审对象的质量要求，对检查表中的问题做必要的增、删、修改和前后次序的调整。

7.7 测试集的创建

当遇上大量的测试用例时，如何更有效地使用、执行这些测试用例呢？这就需要创建测试集（Test Suite，更正确的术语是"测试套件"，只是叫测试集顺口一些）。通过测试集，将服务于同一个测试目的或某一运行环境下的一系列测试用例有机地组合起来。测试集是按照测试计划所定义的各个阶段的测试目标决定的，即先有测试计划，然后才有测试集，如图 7-13 所示。

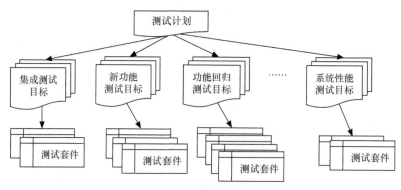

图7-13　测试计划和测试集的关系

为了说明测试集的作用，以"功能测试"来进行讨论。在功能测试中，至少存在以下几种情况需要创建测试集。

① 在当前开发的版本中，并不是所有的功能模块都发生了改动，只有某些功能模块发生了变化，所以对于这些模块的测试要优先进行，这些模块要得到足够的测试。我们可以创建由这些改动模块的测试用例构成的测试集。

② 在修改的模块时，也不需要选择所有的测试用例，要根据测试用例的优先级来进行测试，优先级高的要先测试，所以针对不同的优先级（I, II, III），就创建不同的测试集。

③ 多数情况下，因为一个平台（如操作系统或浏览器）上所存在的缺陷会占所有平台上缺陷的 80% 以上，甚至 90% 以上，所以开始时，可以创建一个平台上（如 Windows Vista）的测试集。

④ 多数情况下，自动化测试和手工测试是相互并存的，所以有必要为自动化测试、手工测试分别建立测试集。

⑤ 在手工测试中，会受到硬件的限制，有的测试人员使用 Windows 平台，有的测试人员则使用 Mac 平台，这时可以建立和测试人员相对应的测试集。

⑥ 在回归测试中，可以先运行曾经发现缺陷的测试用例，然后再运行从来没有发现缺陷的测试用例。因为程序的缺陷还是存在着一定规律的，或者开发人员会存在一定的编程习惯，所以曾经发现缺陷的测试用例更有价值，更容易帮助找到缺陷。这时，需要分别建立测试集。

⑦ 有时，还要针对不同的用户群来定义测试目标，也就是建立相应的测试集。

在把测试用例组织成测试集时，通用的基本方法有下列 3 种。根据程序的功能模块进行组织是最常用的方法，同时可以将 3 种方式混合起来，灵活运用。例如可以先按照不同的程序功能块将测试用例分成若干个模块，再在不同的模块中划分出不同类型的测试用例，按照优先级顺序进行排列，这样，就能形成一个完整而清晰的、有优先次序的有效套件，如图 7-14 所示。

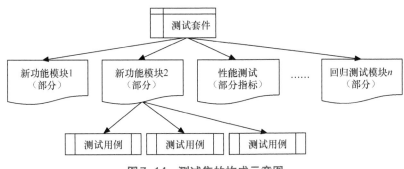

图 7-14　测试集的构成示意图

① 按照程序的功能模块组织。应用程序的规格说明书一般是按照不同的功能模块进行组织的，因此，按照程序的功能模块进行测试用例的组织是一种很好的方法。将属于不同模块的测试用例组织在一起，能够很好地检查测试所覆盖的内容，实现准确地执行测试的计划。

② 按照测试用例的类型组织。将不同类型的测试用例按照类型进行分类组织测试，也是一种常见的方法。在一个测试过程中，可以将功能 / 逻辑测试、压力 / 负载测试、异常测试、兼容性测试等具有相同类型的用例组织起来，形成每个阶段或每个测试目标所需的测试用例组或集合。

③ 按照测试用例的优先级组织。与软件错误相类似，测试用例也拥有不同优先级，我们可以按照实际测试过程的需要，自己定义测试用例的优先级，从而使测试过程有层次、有主次地进行。

结合测试用例框架、具体测试用例和测试集，我们就可以获得测试用例一个完整的面貌，如图 7-15 所示。

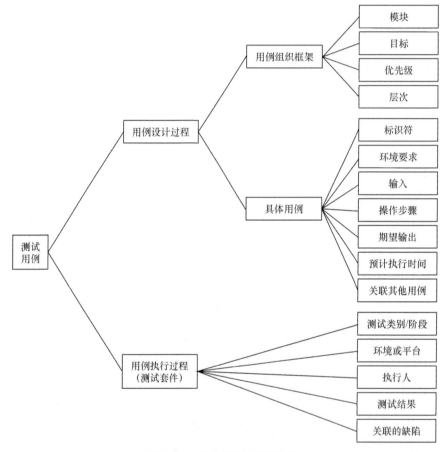

图 7-15　有效的测试用例组织

▶ 测试用例设计过程包括用例框架、具体测试用例描述。

▶ 用例框架，包含模块划分、测试目标、优先级和层次。

▶ 单个用例描述，包含"标识符、测试环境要求、数据输入或条件、操作步骤、所期望的输出"等基本信息，还包括本测试用例预计执行的时间、关联测试用例的标识（父 Case 或子 Case）等其他信息。

▶ 用例执行过程，可以通过测试集体现出来，但测试结果、缺陷等需要在执行后才能记录下来。

概念

测试集（Test Suite）。根据测试计划的测试目标分类和阶段划分，为不同的阶段、不同的测试目标选用一系列测试用例，并针对特定的测试环境来进行测试，满足质量要求。由一系列测试用例和与之关联的测试环境组合而构成的集合，就是测试集。

7.8 小结

测试用例的设计是测试过程中一个很重要的组成部分，围绕测试用例形成的测试过程和组织方法是一个比较复杂的软件过程。测试用例的设计也是循序渐进的过程，它是随着测试过程的进行和完善而逐渐成熟起来的。

在测试用例设计过程中，首先将焦点集中在框架的设计上，通过框架的建立，可以更有效地完成所需要的测试用例设计工作。通过测试框架，可更好地体现测试设计的思路以及有效地组织测试用例。

在功能测试用例的设计方法中，主要介绍了等价类划分法、边界值分析法、错误推测法、因果图法、功能图法、正交实验设计法等，包括举例说明如何将等价类划分法和边界值分析法结合起来使用。

在系统测试用例设计中，通过讨论故障转移、Web 安全性等方面的测试用例设计，了解系统测试用例的设计思路。最后，着重讨论如何做好测试用例的评审工作，包括测试用例的书写标准、测试用例评审的要点和方法，以及比较完整的测试用例评审检查表。

第 8 章

测试执行：自动与探索

一个有效且高质量的测试执行过程是一个立体作战的过程，从基于脚本的测试到探索式测试，从每日构建验证到回归测试，无不孕育着智慧和策略。

有效的测试计划是指导测试用例设计以及测试执行的纲要性文件，是测试项目成功的前提和必要条件，而测试设计则是测试执行的基础，成功的测试设计已经预示着测试即将走向胜利。但是，测试的最后胜利还要依赖于测试的执行，再好的计划也是需要贯彻的，更需要根据执行情况进行调整，测试设计也不可能完美，也需要在执行中完善，特别是探索式测试的执行就更需要在执行中学习、设计、再学习、再设计。

在整个测试执行阶段中，我们需要面对如下一系列问题。

▶ 如何确保测试环境满足测试用例所描述的要求？

▶ 如何保证每个测试人员清楚自己的测试目标和测试任务？

▶ 如何保证测试用例得到百分之百的执行？

▶ 如何根据实际情况调整测试计划？

▶ 如何发挥探索式测试的作用？

▶ 如何保证所报告的软件缺陷正确，描述清楚，没有漏掉信息？

▶ 如何在验证 bug 或新功能与回归测试之间寻找平衡？

▶ 如何跟踪 bug 处理的进度使严重的 bug 及时得到解决？

下面我们就逐一回答这些问题，帮助大家顺利完成功能测试的执行。

8.1 测试执行概述

当测试计划、测试用例和测试脚本就绪后，我们就开始执行测试。这时，可以说，万事俱备，只欠东风，即需要准备特定的测试环境和测试执行任务的具体安排。正如第 3 章介绍，今天的测试平台、持续集成（CI）环境等作为基础设施，在公司这个层次去建设，一般在项目启动之前就已就绪。每个项目更多是使用这个环境，在 CI 环境上配置特定的项目参数、Shell 脚本等，完成被测试系统的自动部署和配置。环境的设置，还会结合云平台技术、虚拟化技术或容器技术，这些可以参观其他相关书籍。

测试的执行过程，也不是想象的那样简单——按部就班地执行，即不能按照测试计划一步一步地去执行，因为有时会有新的问题出现、发现新的测试需求，这时就需要调整测试计划，这就是我们经常强调的，测试计划不是一个文档（测试计划书），而是一个计划的过程。一个有效且高质量的测试执行过程是一个讲究策略、不断优化的、立体作战的过程，会有许多并发的工作同时进行，包括版本构建验证测试（BVT，类似冒烟测试）、新功能测试、缺陷验证、非功能性测试、回归测试等，也包括手动执行测试用例、自动化执行测试脚本和探索式测试等不同方式的融合，它们构成了多个层次并行的测试空间，如图 8-1 所示。将这个执行时间分为两个阶段，前半段强调测试效率、侧重发现缺陷，后半段重点是降低风险、系统地覆盖测试范围。

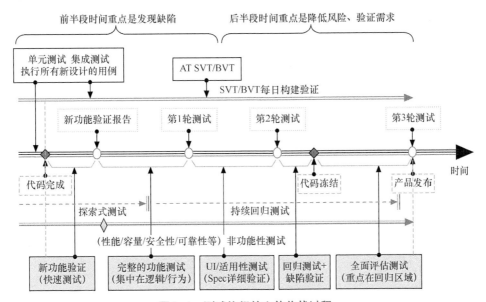

图 8-1　测试执行的立体作战过程

▶ **前半段**：以发现缺陷作为焦点，例如前半段要求发现 70% 以上的缺陷，强调测试深度。哪个地方最有可能发现缺陷就在哪里测试，越有可能发现缺陷的测试用例越要优先执行。测试用例的执行，应该是帮助我们更快地发现缺陷，而不是成为"发现缺陷"的障碍——使发现缺陷的能力降低。缺陷发现得越早，对项目越有利，不仅开发人员有更充足的时间修正缺陷，更有信心和耐心去修正缺陷，产生更少的回归缺陷，而且对测试也有利，回归测试有更充足的时间、也相对稳定。

▶ **后半段**：验证客户的需求，测试从客户角度出发，哪些功能对客户越有价值就越要多测试。强调测试覆盖率，强调测试广度，尽量采用地毯式测试，每个功能点都不放过。这样对交付产品的质量更有信心。

在这里，我们特别要说一下 BVT、功能测试策略、探索式测试和持续回归测试，使大家对测试执行的立体作战过程有更深刻的理解。

① **BVT** 是在不影响功能测试整体计划的前提下进行的，一般自动执行。BVT 能完成对持续构建的软件版本进行基本功能的验证，避免由于新产生或修改的代码引起一些非常严重的缺陷而无法进行测试，特别是能及时发现模块或组件之间接口产生的严重缺陷，以保证持续集成的有效性。

② **功能测试策略**。功能测试的安排要从缺陷产生的概率、修正的难度来考虑。缺陷产生的概率越高，或者开发人员修正某类缺陷的难度越大，其测试的执行就越要靠前。所以，测试执行的原则有以下几点。

▶ 先安排新功能的测试或最受影响的原有功能的测试。

▶ 先进行某一个平台的深度测试（即图中的快速测试），后进行更广泛的环境、平台组合上的测试。

▶ 先安排功能的逻辑和行为方面的测试，后安排界面测试。

③ **探索式测试（ET）**，前面已经介绍，在头脑中设计，设计、执行和学习同时进行，根据上一个测试结果来决定下一个要进行的测试，并强调学习、不断优化测试的价值。ET 的目的也是发现缺陷，可以贯穿整个测试周期，在项目早期可以一面学习和熟悉产品、一面发现问题，同时可以帮助测试用例的完善，一举三得；在项目后期可以作为基于测试脚本的测试（Scripted Testing）的一个很好补充，以发现隐藏更深或更偏僻的缺陷，降低产品质量风险。ET 可以作为主导性的测试方式，也可以作为辅助性的测试方式，取决于测试周期、质量要求和团队成员的能力。

④ **持续回归测试**。只要有代码改动，就有回归测试。在项目开发过程中，每天不是在为新特性写代码就是修改缺陷，就需要回归测试，而且是持续进行。验证完修正的缺陷之后，就要适当地围绕着缺陷修改做回归测试，或者完成新功能的测试后进行回归测试。最彻底的办法是让回归测试自动化，即针对已通过测试的功能特性及时完成自动化脚本的开发。

正如第 1 章谈到的基于 test oracle 来理解测试，将测试看作检测已知的和试验未知的，已经做过的测试即回归测试，自然最适合自动化测试，未做过的测试可能是未知的，适合手工的探索式测试（这里主要指功能测试，可靠性测试和安全性测试的未知测试，会借助工具进行随机测试、模糊测试，虽然也算是自动化测试，但不同于一般的自动化测试，随机测试、模糊测试具有明显的不确定性）。基于这样的思路，在敏捷测试中，如果开发人员、测试人员相对独立（即有专职的开发人员和测试人员），采取探索式测试（ET）和自动化测试（TA）有机结合的策略，详细讨论见 8.4 节。

8.2　测试执行的准备

如前面所述，在测试执行前需要做些准备，包括环境建立、人员培训等，正所谓磨刀不误砍柴工，做好了测试执行的准备工作，实际的执行过程就会顺利，执行的效率和质量都会有保证。例如，参与测试执行人员之前没有参与需求评审、设计评审，那么他们对软件系统处理的业务、用户需求和系统技术实现等掌握的信息很少，对项目背景不够了解，对产品特性不够熟悉，这就要求对测试人员进行相关的培训和产品知识的传递，甚至包括召开测试执行前的动员会议。如果建立了良好的反馈机制、伙伴关系（Buddy System）、文档管理系统、知识库（Knowledge Base）和论坛等，那就更好。

8.2.1　测试任务安排

小项目测试任务安排比较简单，如在敏捷开发环境中，团队小，交流比较充分，交流每个团队成员可以主动去任务池中领取任务，这样匹配性会更好。而对于大项目，测试任务的安排相对要复杂些，要做到公平合理，任务分配应建立在非常了解各项测试任务（如难度和工作量等）和团队成员（如技能、特长等）的基础之上，发挥每个人的特长，并做到工作量相对均衡，虽然能者不一定多劳，但难度高的项目一定要给能者。能者，也分技术强、业务强等类型，任务的难度也体现在技术深度、业务复杂度等不同方面，所以要区分对待。例如，某些业务复杂的任务需要安排给熟悉业务的老员工，而偏技术的接口测试，则可以安排技术强的、新来的工程师。

计划是一个过程，任务安排也是一个不断调整、优化的过程。在设计测试用例时，就预估每个测试用例执行所需的时间，并记录在测试用例数据库中，为后期估计备用。根据每个测试用例的预估时间，可以算出每个测试模块的工作量。在实际执行之后，可以调整之前的预估时间，将来测试任务估算就更准确了。

分析软件模块之间的关系，将关联性很强的若干个（子）任务安排给一个人。例如，日历选项（年、月、周、日等）和日历显示关联性很强，不宜将它们分开交给不同的人测试。如果那样，容易忽视相互之间的影响（集成关系）或边界区域，容易存在测试的漏洞。**任务不能安排得太紧，适当留有余地。**任务安排很紧，测试执行会被打折扣，或者测试中的一些细节、疑点会被忽略，测试人员也会缺少思考，不会举一反三。

不同的阶段可以适当交叉互换测试人员，既能发挥每个人不同的经验和思维能力，提高测试覆盖率，又能起到相互检查、督促的作用，更好地保证测试的质量。如在第一轮测试中，甲负责日历显示模块的测试，乙负责创建 / 编辑模块的测试；在第二轮中，则可以让甲与乙测试的模块进行互换。

8.2.2　测试环境的建立与配置

虽然有良好的基础设施，甚至有统一的自动化测试框架、测试平台，但每个项目还需要检查本项目的测试环境是否完全具备，包括测试数据、测试工具等，也包括被测系统的部署、配置是否正确。如果可能的话，开发一个测试环境审计工具，自动检查环境的配置项是比较彻底的方法。如果没有，就建立一个环境检查表（Checklist），靠人工逐项检查，例如以下几项。

▶ 测试环境是否独立？会影响其他测试或被其他测试影响吗？

▶ 网络环境是否正常？包括 SSL 证书是否过期、是否需要代理服务器、负载均衡器、防火墙？配置是否正确？

▶ 被测系统的数据库服务器、应用服务器、Web 服务器配置是否正确？

▶ 被测系统的客户端硬件型号、操作系统版本是否齐全？

▶ 测试机的工具及其配置是否就绪？

▶ 测试脚本是否调试过？版本和被测系统是否匹配？

▶ 所需的各种第三方软件（如浏览器）有吗？版本正确吗？

▶ 持续集成环境配置是否正确？包括邮件、触发机制、发布测试报告等。

▶ 测试件管理（服务器）是否正常？

▶ 测试数据是否就绪？有备份的环境吗？

▶ 之前的测试数据 / 日志是否备份？现在的环境是恢复到原始环境了吗？

▶ 是否部署两个不同的版本（如上次已发布的版本和当前最新的版本）以有利于进行比较，确认改动了哪些地方或是否是回归缺陷？

回归缺陷。在前一个版本（Release）或前一个软件包（Build）上不存在的缺陷，在当前（新）的版本或当前软件包上存在的缺陷，称为回归缺陷。根据参照对象（版本、软件包），回归缺陷可以分为版本回归缺陷和软件包回归缺陷。

8.2.3 测试自动化运行平台

测试自动化对环境要求更高——高稳定性、配备齐全，满足在无人值守的情况下执行测试任务等。理想的自动化测试情景是这样的。

- 能够把大量测试个案分配到不同的测试机上去同时运行。

- 可以让某台服务器管理测试的机器，调度测试任务，即可以根据机器空闲状态，及时将任务安排在空闲的测试机上。

- 可以在某个测试环境上，运行不同的测试工具，而且是并行、协同地完成同一个测试任务。

也可以把大量的系统测试及回归测试安排到夜间及周末运行。如在下班前将所有要运行的测试脚本准备好，预先安排好，并由系统定时自动启动测试工具和运行测试脚本。如在晚上10点以后开始执行测试任务，第二天一上班（早上）就能拿到测试结果。

要做到这些，就需要构造一个稳定的测试环境和一个灵活的、自动化程度很高的测试工具运行平台（框架），如图8-2所示（同时参考第3章）。这里，对图中所描述的自动化测试运行平台做一个简单的说明。

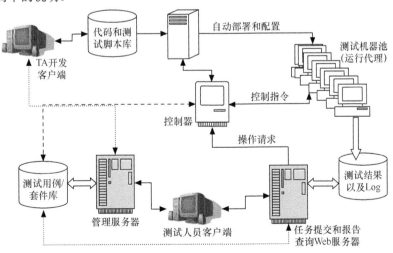

图8-2 测试自动化运行平台

①　控制器是这个环境的核心，负责测试的执行、调度，从服务器读取测试用例，向测试环境中的代理（Agent）发布命令，获取代理的反馈，直至借助代理跟踪测试机的状态。代理是驻留在每台测试机上非常小的独立的监控程序。

②　机器池（Machine Pool）是由一组测试用的服务器或 PC 构成的，负责测试任务的执行。每台机器运行代理程序，可以接受控制器发来的指令，启动测试工具，执行任务，而且可以将机器状态（忙、闲）反馈给控制器，有益于硬件资源调度。

③　Web 服务器负责显示测试结果，生成统计报表、结果曲线；作为测试指令的转接点，接受测试人员的指令，向控制服务器传送。同时，根据测试结果，自动发出电子邮件给测试或开发的相关人员。Web 服务器，有利于开发团体的任何人员方便地查询测试结果，也方便测试人员在自己的办公室预先安排任务、提交任务和运行测试。

④　文件服务器存放待测试的软件包和测试工具、测试脚本，并能实现向机器池自动部署新的软件包，并使测试工具可以存取脚本。

⑤　管理服务器负责测试用例和测试套件的创建、编辑和其他维护工作。

对于可以自动执行的测试任务，通常会在上班时间将任务定制好，下班后由系统自动启动任务执行，第二天上班再来检查测试执行的结果。但是，经常会出现本来需要执行整晚的工作，第二天却发现才执行了 5 分钟，就因为程序的一些异常错误而终止了，而且这种情况经常发生。因此，测试工具或脚本应具有相应的容错处理特性，可以自动处理一些异常情况并对系统进行复位，或者允许用户设置跳过某些错误，然后继续执行下面的测试脚本。

自动化执行的另一个方面，就是对结果的分析。如果系统报告的测试用例执行失败，可能是脚本的问题、也有可能是产品的问题，需要对每个失败的结果进行具体的分析，以确定问题出自哪里。如果是脚本问题，需要进一步调试，并修改脚本，直至没有问题。如果确定是软件缺陷，就进入缺陷报告的流程。平台能提供手工分析的窗口，对测试结果进行进一步的处理。

8.3　如何有效地创建测试集

在实施测试时，测试用例作为测试的标准，测试人员一定要按照测试用例的前提、测试数据、测试步骤等完成具体的测试，并在测试用例管理软件中记录测试结果。在实践中，测试数据是与测试用例分离的，按照测试用例准备一组或若干组供测试用的原始数据以及标准测试结果。特别是测试像报表之类数据集的正确性，按照测试用例规划，准备测试数据是十分必需的。除正常数据之外，有时还要根据测试用例设计大量边缘数据和错误数据。

功能测试执行过程中，如图 8-1 所示，测试要经过以下几轮不同的测试执行的子阶段。

▶ 新功能的快速测试。

▶ 完整的功能性测试，并集中在逻辑性、行为方面的测试。

▶ 界面、适用性测试。

▶ 探索式测试和回归测试。

为了有效地执行某个测试任务，需要选择某批测试用例构成一个集合，这就是测试集（Test Suite）——在 7.7 节已做了详细介绍。创建良好的测试集，有利于测试用例的复用和管理，提高工作效率，也比较容易完成测试审查、跟踪的工作。

一个测试子目标对应一个相应的测试集，一个特定的测试任务可以则看作"测试集＋特定的测试环境"，可能有多个测试任务共用相同的测试集，只是因为测试环境不一样。但有时不同的测试用例或模块对环境的敏感度是不一样的，这时选择测试用例和测试环境需要统一起来考虑，考虑将来如何更好地复用这些测试集。

测试集可以按照下列不同维度（功能模块、测试用例优先级、新功能和回归测试、手工测试与自动化测试等）去构建，如图 7-14 所示。但在执行过程中，还会建立一些小的测试集或为了特别目的的测试集，测试集是动态的，能够有助于测试执行的组织、跟踪和管理，就可以去做。示例如下。

▶ 发现缺陷的测试用例比从来没有发现缺陷的测试用例更有价值，可以将过去发现缺陷的所有用例构造成一个新的测试集。

▶ 所有新增加的、最近修改的测试用例被优先选择，构造成一个新的测试集。

▶ 对于代码改动大的模块所关联的测试用例会被优先选择，构造成一个新的测试集。

▶ 最容易受影响的测试用例会被优先选择，构造成一个新的测试集。

▶ 不容易受影响的测试用例优先级会比较低，构造成一个新的测试集，一般不执行，但最后一轮测试会执行。

▶ 如果建立了程序代码和测试用例的映射关系，那就更容易动态地生成回归测试用例集。每当需要时，可临时生成。

如果做得好，可以开发工具或插件，让系统自动生成测试集，而不是靠手工去处理。测试环境因素多的话，要运行不同的测试环境是不可能的，这也可以用两两组合方法生产环境组合，极大地减少测试环境。即使实现了自动化测试，这样做常常也是必要的，因为测试时间是有限的。

8.4 敏捷测试的执行

敏捷测试的执行和传统的测试执行会有比较大的差别。在传统的测试执行过程中，阶段性比较强，各个里程碑都有严格的进出标准，更强调规范、过程的严格监控，缺陷的报告和跟踪。敏捷测试则强调持续测试、持续的质量反馈，更强调测试的速度和适应性，强调和开发密切沟通、协作等。那么在敏捷测试的执行有哪些优秀的实践、有哪些注意事项呢？

8.4.1 策略与实践

敏捷测试执行究竟如何进行，则主要看能否有效地支持敏捷开发最有价值的目标——持续交付。在传统开发中，一个版本的开发周期比较长，一般在半年到一年，甚至更长（像早期 Windows 操作系统，长达 3～5 年），这样测试的周期有两个月到半年，回归测试有较大的回旋空间和有效的策略辅助，测试人员受到的挑战比较小。但在敏捷开发环境下，一个迭代周期通常是 2～4 周，最后验收测试只有几天，测试的范围涵盖新功能的测试和已有功能的测试。因为每次迭代都会增加新的功能，在经过几次迭代后，回归测试范围在不断增大，而每次迭代周期是固定的，如图 8-3 所示，虚线框住的已有特性。这样，在非常有限的时间内要完成越来越多的回归测试，如果没有自动化测试，几乎变得越来越不可能。所以，敏捷测试的执行更依赖于自动化测试。

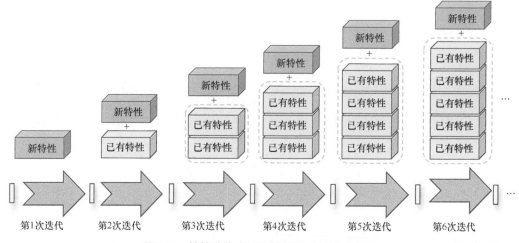

图 8-3 敏捷迭代中不断增长的回归测试范围

另外，敏捷强调沟通与协作，强调"可工作软件胜于完备的文档"，容易会导致软件文档不够充分、产品设计不足，新功能的需求不够明确。一个迭代内的新功能是逐渐成长起来的，如果沟通与协作不充分，针对新功能的自动化脚本开发会困难重重。借助沟通，直接对用户故事的验证，采用手工方式测试更有效——即针对当前迭代（如 I_n）的新功能，采用探索式测试方式进行测试。开发人员完成一个特性，测试人员就可以立即展开测试，而且能更有效地发现缺陷。敏捷实施持续构建，每天都有可工作的软件，甚至一天有几个版本，但要验证的东西并不多，况且人最具灵活性，增加什么测什么、改什么测什么，而且不需要写测试用例，效率更高，把省下来的时间用于开发上一个迭代（如 I_{n-1}）已完成的功能特性的自动化测试（TA）脚本，如图 8-4 所示。如果开发人员做了较充分的单元测试，那么测试人员对新功能的验证所用的时间更少，这样有更多的时间来开发上一个迭代已实现功能特性的 TA 脚本。这时，I_{n-1} 功能特性已相对稳定，自动化脚本开发和调试都没什么障碍，效率相对较高。如果产品代码开发和自动化测试脚本开发并行开发，开发和调试都比较困难、也很不稳定，自动化测试脚本开发工作效率低。而且，因为是开发上一个迭代（如 I_{n-1}）已通过评审的功能特性的自动化测试脚本，就不会因为特性没通过评审而浪费 TA 脚本的投入。这样做的结果，也确保所有的回归测试是自动化测试，这也符合自动化测试的特点——回归测试最适合自动化测试，而自动化测试发现缺陷的能力比较弱。新功能测试交给手工测试，但又不是之前先设计详细的测试用用例再执行，这样就很有可能没有时间开发自动化脚本。

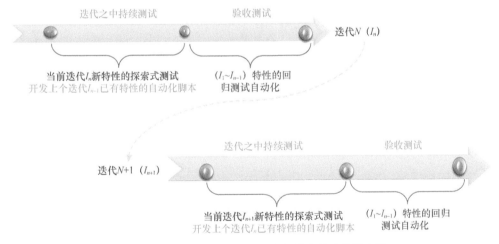

图8-4 敏捷测试中ET和TA有机结合策略的示意图

敏捷测试的持续测试，就是持续地对产品相应的功能特性进行验证，包括单元测试、集成测试和新功能特性的验证。一旦某一部分新代码完成，就可以对这部分进行测试，这样的事每时每刻都在发生，而不是等到所有代码完成后才开始测试。开发人员做了比较充分的单元测试，测试人员则侧重端到端（End-to-End）的测试，确保正确而完整地实现业务流程，包括业务逻辑的合理性、易操作性。

如果敏捷开发执行验收测试驱动开发（Acceptance Test Driven Development，ATDD），就可以按照用户故事验收标准来执行测试，并辅以探索式测试。如果没有采用 ATDD 或缺乏测试的参考依据，这就可以完全采用探索式测试方式进行。测试的准则可以采用下列启发式测试准则来帮助自己对问题的判断。

▶ **产品愿景**（Vision）：该项新开发的功能特性（以下简称"该项功能"）是否和产品愿景一致？

▶ **业务**（Business）：从操作逻辑、业务流程来分析，是否合理？有没有冲突？

▶ **用户期望**（User Expectation）：根据对客户业务的理解或通过对用户行为的分析、扮演用户的角色等，判断该项功能是否和用户期望一致？

▶ **声明**（Claim）：该项功能是否和公司（如管理层、市场部、产品经理等）曾就该产品所做的各种声明？

▶ **竞品比较**（Comparable Product）：和竞争性产品进行比较来判断产品的合理性。

▶ **历史性**：该项功能是否和上一个版本各项功能保持连贯性、一致性？

▶ **合规性**：该项功能是否符合相关法律、条例和规范等？

这些准则，经常需要综合考虑，从而对测试结果做出正确的分析与判断。如果从启发式准则形成明确的准则，最好记录下来。就像探索式测试，有些探索执行最终被证明是没有价值的，而有些是有价值的。我们应该记录这些有价值的测试，使之转化为可执行的 TA 脚本，用于将来的回归测试。

8.4.2　探索式测试的执行

7.5 节介绍了基于会话的测试管理（SBTM），在其执行前就需要明确各个任务和如何执行好测试的任务指导说明（章程）。有了这个，每个测试人员就可以去领取任务或由测试主管安排好任务，然后按照这个指导，理解好自己的测试目标，掌握测试的要点，一个一个地去执行测试。

每个会话都是一个独立的、1 ～ 2h 的测试活动。测试人员在开始前，可以做些准备，把自己的思路理清楚，甚至在纸上把测试的路径画出来，准备好测试环境和必要的测试数据，然后集中注意力、全神贯注地进行测试。在测试时，不仅可以根据上一步的测试结果，决定下一步的测试，而且可根据从系统得到的信息、新发现的缺陷，调整自己的测试方向，甚至跳出原来的测试任务，抓住新发现的机会，挖掘更多的缺陷。在 SBTM 中就提到有两个数据要记录：

章程 / 机会（原来规定的任务 / 新发现的测试区域）。一方面尽量完成章程所规定的任务，另一方面不要受它太多的约束，如果发现更具有风险的区域，可以跳出事先定义的任务进行测试，目的是发现更多的缺陷，最大限度地降低质量风险。

在测试中发现了 bug，也需要及时分析，看能否获得举一反三的启发，有更大收获，同时要记录缺陷。即使不能确定是缺陷，可能是缺陷的问题或疑问也需要记录下来，在测试后再和测试主管或其他人员进行沟通，进一步确定这些问题（Issues）是否为缺陷。测试后，会在会话表（测试任务报告）中记录任务分解（Task Breakdown）数据——TBS（Test/bug/Setup，实际测试 / 缺陷分析与报告 / 环境设置）各自占用的时间。这些数据配合简报有助于估算测试速度、评估测试效率，例如，在 bug 上花了较多时间，需要看看是不是缺陷比较多？如果报的缺陷不多，就要看看是在缺陷分析上耗了太多时间、还是在报告缺陷上耗费了太多时间？再继续调研，可以改善测试过程，提高测试效率。这个文字的报告（会话表），只要遵循简单的格式（如"#"标记各项内容），就可以产生易于自动分析的报表，通过特定工具汇总，产生整个项目的总测试报告和图表。这个报告要记录以下项。

- #Area：测试的范围，做了哪些功能点或平台的测试。

- #Duration：测试总的时间。

- #Test、#Bug、#Setup、#Charter/Opportunity：上面已介绍。

- #Notes：测试人员的感想，叙述已完成的测试故事。即为什么测试？如何测？为什么这样的测试已足够好？以及哪些地方质量不够好？哪些地方还要加强测试？

- #Bugs：确认是缺陷的记录。

- #Issues：是问题或疑问，但不能确定缺陷的记录。

在探索式测试执行过程中，除了提供上述文字报告，口头的任务汇报（Debriefing）更重要，即测试人员和测试主管就任务的执行情况进行一个交流。测试人员要善于汇报，抓住重点，把自己的担心或好的建议表达出来；测试主管也要善于提问，善于发现测试人员的测试问题，从而在下一个会话执行时得到改进。好的任务汇报，可以用"PROOF"来描述。

- Past（过去）：这个 Session 已做了哪些测试？

- Results（结果）：在这个 Session 测试中收获或达到哪些具体的测试目标？

- Obstacles（障碍）：测试没有做好或做得不够充分的问题或障碍是什么？

- Outlook（展望）：还需要做哪些测试、加强哪些测试？

▶ Feelings（感觉）：整体测试或这部分质量如何？

这样的口头汇报就是一次很好的反思，反思当前的测试进展并优化测试计划：也许为当前章程追加一个会话；也许再增加一个新的章程，以弥补先前测试的不足等。甚至像微软采用的 Bug Bash（缺陷大扫除），大家都来做探索式测试，更彻底清除软件中的缺陷。

探索式测试执行也需要借助工具，例如录制工具、会话创建和管理工具、报告工具和全面支持手工测试工具等。例如，发现的缺陷记录比较简单，事后记不清，不能再现，这样就可以浏览录制的视频。这类工具，在互联网上能找到，例如 Session Tester、BB TestAssitant、DebugMode Wink 等。

知识点

Bug Bash 就是为了发现那些隐藏很深、逃过了计划测试的缺陷。在 Bug Bash 活动中，可能会专门划出一个时间段（通常 1～3 天），让所有参与项目的人员集中全部精力，运用各方面的知识，尽全部智慧来搜寻软件产品的缺陷。这是一个非常有意思的活动，以下组织这样的测试活动的一些经验。

▶ 尽管这是一个测试活动，但参与者并不仅仅局限于测试人员，还包括项目经理、开发人员和高层管理人员，如同全民动员起来进行测试，集思广益。

▶ 要鼓励各部门进行领域交叉搜索，因为新的思路和视角通常有助于发现更多的 bug。

▶ 为了调动积极性，增强趣味性，可以适当引入竞争机制。例如，当活动结束时评出"发现最多缺陷""发现最严重缺陷"的个人，给以物质和精神奖励。

▶ 可以分专题展开缺陷大扫除活动，比如安全性、用户界面可用性、国际化和本地化等。

8.5　用户体验和易用性测试

许多产品都应用人体工程学的研究成果，使产品更具人性化，人们在使用时更加灵活、舒适。软件产品也是一样，始终关注软件使用者——用户体验（User Experience，UE），让用户获得赏心悦目的体验，这就依赖于精心设计的软件用户界面（User Interface，UI）。这也告诉我们为什么每个产品的开发都需要资深的产品经理和 UI 设计师，而且 UI 设计师正发挥越来越大的作用。

8.5.1　易用性测试的标准

简单地说，易用性（usability）就是容易发现、容易学习和容易使用。更深地看这个问题，就需要全面评估用户界面，使它包含 7 个要素：符合标准和规范、直观性、一致性、灵活性、舒适性、正确性、实用性，这也是适用性测试所依据的标准。

正确性和一致性比较容易理解。正确性的问题一般都很明显，比较容易发现，例如某个窗口没有被完整显示，文字不对齐，文字拼写错误，密码输入时没有用"*"自动屏蔽等。软件的一致性包括自身的一致性以及软件与其他软件的一致性，如使用的术语、字体是否一致，界面的各元素风格是否前后一致等。下面着重讨论另外 5 个要素。

1. 符合标准和规范

对于现有的软件运行平台（如 Windows、Mac OS 或 Linux），通常其 UI 标准已不知不觉地被确立了，已成为大家的共识。如软件安装界面应该有什么样的外观，何时使用复选框，何时选用单选按钮，在什么场合使用恰当的对话框——提示信息、警告信息或者严重警告信息等。如图 8-5 所示，3 种不同提示信息的图标就不一样，提示信息是白色，而警告信息是黄色，严重警告是红色，警醒效果不断升级。

图 8-5　Windows 的 3 种不同的提醒方式

因为多数用户已经熟悉并接受了这些标准和规范或已经认同了这些信息所代表的意义，如果用"提示信息"代替"严重警告"，很难引起用户的重视，用户随手关闭这个窗口，可能会造成严重的后果。所以，用户界面上各种信息应该符合规范和习惯，否则得不到用户的认可，使得产品不受欢迎。测试人员就把与规范、习惯不一致的问题报告为缺陷。软件所运行的平台标准和规范，可视为和产品规格说明书同样重要，这是测试执行的依据。

2. 直观性

用户界面的直观性，要求软件功能特性易懂、清晰，用户界面布局合理，对操作的响应在用户的预期中，如某个对话框在预期出现的地方出现。例如，输入日期采用日历形式，如图 8-6 所示，数据统计结果用报表的形式等都很直观。Google 搜索引擎受大家欢迎，不仅因为其搜索速度快，结果准确，而且其界面非常洁净，没有多余的功能，非常明显地突出了搜索功能，这是一个典型的例子。

3. 灵活性

软件可以有不同的选项满足不同用户的需求、喜好，用不同　图 8-6　日期输入界面的直观性的方式来完成相同的功能，这样会深受用户的欢迎，如 MP3 播放器软件可以通过设置面板颜色、形状，来迎合年轻人的特征。灵活性也可能发展为复杂性，太多的状态和方式的选择，不仅增加用户理解和掌握的困难程度，而且多种状态之间的转换，操作路径的复杂，增加了编程的难度，可能会降低软件的可靠性。计算器程序提供了两种方式（标准型和科学型）以满足不同用户的需求，充分体现了灵活性，如图 8-7 所示。

图8-7　计算器程序的灵活性

4. 舒适性

舒适性主要强调界面友好、美观，如操作过程顺畅、色彩运用恰当、按钮的立体感以及增加动感等。如操作系统 Windows Vista 在窗口打开、关闭过程中动感很好，许多对象的立体感和色彩表现丰富。图 8-8 所示的状态信息让用户清楚目前的工作状态，即使多等些时间，心情也不会烦躁。另外，左手鼠标的设置给惯用左手的人带来了便利，也为右手十分劳累时提供了另一种途径。

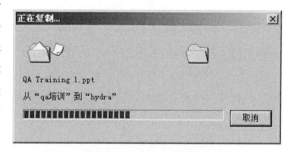

图8-8　复制文件的状态

5. 实用性

实用性不是指软件本身是否实用，而仅仅指具体特性是否实用。在产品说明书的审查、准备测试、实际测试等各阶段都应考虑具体特性是否对软件具有实际价值，是否有助于用户执行软件设计的功能。如果认为没有必要，就要研究其存在于软件中的原因。无用的功能只会增加程序的复杂度，产生不必要的软件缺陷。

大型软件的开发周期很长，经过多次反复地修改、调整，容易产生一些没有实用价值的功能。因为增加某项新的功能，可能导致原先设计的某些功能已没有多大价值。

总而言之，软件适用性测试，除了一些 UI 标准和规范之外，更多需要的是经验和直觉。从上述 7 个要素出发，全面衡量软件的适用性，最终会给用户一个好的体验。另外一种办法就是，临时聘请真正的用户——社会上不同职业的人员来参与这方面的测试，并观察测试过程中的表情、行为，或者倾听用户的意见，获得第一手的反馈信息。例如，微软公司就建立了 20 多个专门为适用性测试的实验室，如图 8-9 所示。

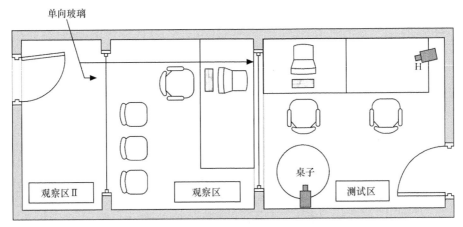

图8-9　适用性测试实验室的示意图

示例

一个 Web 的日历应用程序，对页面布局、响应时间等要求较高。在 UE 和易用性测试时，注意检查事件浏览各种方法（日 / 周 / 月 / 年）的方便性、直观性和灵活性，检查各种窗口对象及其特征（菜单、大小、位置、状态和中心）是否都符合标准等。可以建立一个如表 8-1 所示的检查表。

表8-1　检查表

检查项	测试结果或评估意见
窗口切换、移动、改变大小时正常吗？	
各种界面元素的文字（如标题、提示等）正确吗？	
各种界面元素的状态（如有效、无效、选中等状态）正确吗？	
各种界面元素支持键盘操作吗？	
各种界面元素支持鼠标操作吗？	
对话框中的默认焦点正确吗？	
数据项能正确回显吗？	

续表

检查项	测试结果或评估意见
对于常用的功能，用户能否不必阅读手册就能使用？	
执行有风险的操作时，有"确认""放弃"等提示吗？	
操作顺序合理吗？	
按钮排列合理吗？	
导航帮助明确吗？	
提示信息规范吗？	
窗口切换、移动、改变大小时正常吗？	

8.5.2 如何进行 A/B 测试

图 8-10 是某产品线上产品销售额变化曲线，其中加粗的一段代表某一个版本上线后近一个月的表现，一个月后回滚到原来版本。从数据看，一直在增长，但表现不尽如人意——增长速度不明显，但我们无法知道产品的新功能对用户产有怎样的影响。如果有两个版本（一个是新版本、另一个老版本）同时上线，新版本表现的确不够好，这样就能说明问题——新功能对用户没有产有更积极的影响。这就是我们要做 A/B 测试的原因，需要科学的验证，有助于产品的功能、运营和市场策略改进的科学决策。

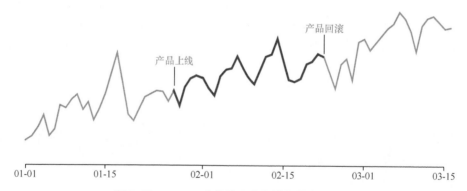

图 8-10　Airbnb 产品线上产品销售额变化曲线

具体来说 A/B 测试。例如，产品新版本增加了一个新引入机器学习的智能推荐算法，目标是提升 10% 的订单量，结果是不是能产生这样的效果，需要进行 A/B 实验。因为市场影响的因素很多，最好的办法是上线两个版本。

▶ A 版本是老版本、没有智能推荐算法。

▶ B 版本是新版本、带新的智能推荐算法。

用户使用这两个版本的机会都是 50%，即随机、等价分流同一地区的产品用户，监控该地区的销售量，进行对比，如图 8-11 所示。这时，对它们的其他影响因素一样，不同的就是功能特性——是否带智能推荐算法，这样就可以验证新的推荐算法是否产生良好的收益——增加 10% 的销量。这里也告诉我们 A/B 测试也是人工智能软件的一种有效的测试方法。

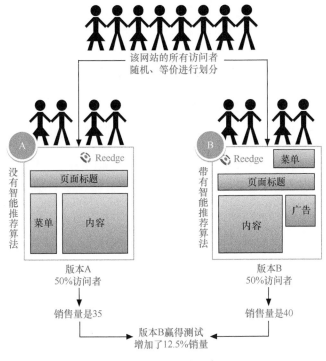

图 8-11　A/B 测试示意图

再举两个例子。无论页面怎么变化，亚马逊的购物车按钮的造型不变，但当用户单击它时，会有一个绿色提示纹案配合显示出来。为什么亚马逊要用这样一种设计呢？因为它做过大量的 A/B 测试，发现只有这样的一种文字和 UI 才能达到转化率的最高。在 Google 的搜索页面，广告位左移几个像素，都很可能会带来营收增长，虽然完全没有理论解释，甚至你都绝对不相信，但是 A/B 测试会告诉我们：这就是事实。所以，**任何产品的改动和优化都需要 A/B 测试才能上线。**

A/B 测试的具体操作方式是什么样的？

要考虑随机流量的选择，怎么同时支持多个变量、单个变量、多个实验、单个实验？怎么能够比较方便地选择实验版本，知道多长时间才能得到可信的结果？

某个公司做了一个很有意思的 A/B 测试，希望能够提升"天气消息"页面的分享率。改进了分享按钮，发现 3 种不同的改进方法，对比原方法都有一个变化。有一个方法可能是看上去提升了 5%，但是执行区间（结果变动范围）是 -1% 到 +10.4%，这说明什么呢？说明分享率有可能会下降了 1%。但是第 3 种方案就特别理想，它可以提升平均 18% 的分享率，执行区间从 11.9% 到 23.6%，这说明第 3 种方案的分享按钮发布上线，至少让分享率提升 11.9% 以上。

如果没有好的统计工具，执行区间算得不对，实验结果也就不准确。这时就可以考虑使用第三方的 A/B 测试工具，我们就可以专注设计迭代方案上，达到在有限的资源投入情况下，最大化提高 A/B 测试的收益。这些方案通过第三方平台就可以发布给用户或者消费者，然后自由调整实验流量，让其中 10% 的用户试试这个方案，10% 的用户试试那个方案，根据数据反馈，分析方案的好坏，这就是 A/B 测试实践中的方法。像大型公司（如腾讯、阿里、Facebook、Google），只要用发布给 1% ～ 5% 的用户来做实验就足够了，所有重要页面的修改或是业务流程的调整，也必须先让 1% ～ 5% 的用户来试用，相当于灰度发布。再分析实际的数据（如访问时间、留存、转化率等）决定是全面发布还是回滚到上一个版本。

理想的 A/B 测试平台，可以轻松开展实验，包括实现简一的改版、一键发布做很多的 QA 测试、抢流量、一键回滚。如果发现了 bug，立即关闭实验。实时获取准确的实验结果，加快执行区间的收敛，支持大量并发实验等。

1. A/B 实验过程

① 确立优化目标。要设立"可以落实到某一个具体功能点的、可实施的可量化的目标"，也就是我们通常说的"可验证性"，如上面例子中"通过增加智能推荐算法功能以提高 10% 的销售额"，具体并量化的目标，就可以针对它形成一系列相关的 A/B 测试实验方案。

② 分析数据。通过数据分析，我们可以找到现有产品中可能存在的问题，这样可有针对性地提出相应的优化方案。

③ 提出想法。A/B 测试的想法会以"假设"的方式提出。例如，"假设把注册流程中的图片校验码方式改成短信校验码的方式，我们的注册转化率可能提升 10%"。基于这个假设，我们会设计相应的 A/B 测试，并通过实验的数据验证这个假设是否成立。

④ 重要性排序。因为开发资源、环境、市场等因素的制约，需要根据待解决问题的严重性、潜在收益、开发成本等因素对所有想法进行优先级的排序，并选择最重要的几个想法进行 A/B 测试。

⑤ 实施 A/B 测试并分析实验结果。对于 A/B 测试来说，结果可简单地分成两种：有效和无效。无效的 A/B 测试实验，既是教训也是经验，思考如何判定一个想法是有价值的、如何设计一个成功的实验方案。有效的结果验证了想法，就可以全面上线。

⑥ 迭代整个流程，进行下一轮 A/B 测试。

A/B 测试也是一个持续的过程—快速迭代、快速优化、再迭代、再优化，不断提高用户体验，不断增加公司的盈利。极端情况下，一个产品经理一天能做 10 个左右 A/B 测试，一周下来完成几十个 A/B 测试，一个月下来，完成 100 个 A/B 测试，其中 20% 成功，一个月后增加 20% 盈利，也是相当可观的。

2. 高效 AB 测试的 8 条实用经验

① **效果惊人**：微小改动带来 KPI 的巨大营销。比如说像素、颜色、文案等都有可能带来巨大的影响。

② **耐心测试**：但是大多数改动是不会有大幅度提高，这很容易理解。如果用户根本对这块不关心，在那儿改来改去也不会有什么效果。

③ **Twyman 法则**：凡是看上去很出人意料的图表，通常都是因为数据统计错了。如果实验结果很好，非常有可能是数据统计错了。

④ **你很不同**：复制他人的经验往往得不到什么效果。

⑤ **速度很关键**：任何能够加速用户响应时间的改动都一定会带来 KPI 的提升。所以如果技术人员、产品、市场营销的代理公司，说他们可以加速你的 H5 加载时间，加速用户响应的速度，无论如何都要支持他去做。

⑥ **关注产品质量**：单击率很容易提高，重要的是提升用户真正的体验。举个例子，电商有时加强价格的展示会降低加入购物车的单击率。一个电商加强了商品价格的展示方式，让用户更醒目地看到价位，结果发现加入购物车单击率或者商品的浏览率降低了一半以上。这好像是个非常糟糕的改进。但这其实是一个很成功的改进，提升产品质量，使得用户的购买率上升了很多。为什么呢？用户更容易找到想买的商品，体验提升，销量提升。

⑦ **快速轻量的迭代**：尽量不要做复杂的大量改动的大实验。这样做便于追因，改了一个什么地方，产生了什么效果，而不是改了 10 个地方产生了一个效果。这 10 个地方改动都是对我有正向的效果吗？不一定。

⑧ **用户数量是基数**：几千上万的用户才可以展开高效的预测。

8.6　回归测试

在软件生命周期中，需要修正已发现的缺陷，或者是增强原有的功能、增加新的功能，这些活动都可能会触及其他地方的代码，影响正常运行的原有功能，从而导致软件未被修改的部分产生新的问题。因此，每当软件发生变化时，就必须重新测试原来已经通过测试的区域，验证修改的正确性及其影响，即实施回归测试。回归测试，是为检验修正缺陷是否会引起原有正常功能出现新的缺陷（回归缺陷，Regression Bug）而进行的测试。不论是开发全新的软件（第1 版本），还是不断升级已有的产品，回归测试都是不可少的。所以，一个完整的测试可以看做是新改动的功能特性的验证测试和回归测试的组合。在一般测试中，首先会进行新功能的验证，新功能出现错误的可能性要大得多，然后验证修正的缺陷，再针对新功能和修正的缺陷进行相应的回归测试。

在软件产品实现过程中，新功能的实现固然重要，可以增强产品的亮点和竞争力，增加市场份额，但是不能正常工作的已有功能所引起的客户抱怨会大得多，因为客户已经习惯使用已有功能了。而对于新功能，客户还没开始使用，没尝到甜头，所以不会那么敏感，甚至还不知道有这个新功能。曾经有一个调查显示，95% 的用户喜欢功能稳定，不要经常变化的软件，只有 5% 的用户喜新厌旧。如果在软件发布时，发现某个新功能的问题较多，可以在客户知道前去掉（disable）这个功能，这对现有软件产品或软件服务的影响较小。所以，从这个意义上说，回归测试显得更为重要。

但是，对于一个长期的软件产品来说，因为功能不断增加，回归测试所占的比重越来越大。这样，因为项目有限的时间和成本的约束，每次回归测试都重新运行所有的测试用例是不切实际的，而且从执行效率看，也是不必要的。所以，需要从测试用例库中选择有效的测试用例，构造一个缩减的、优化的测试用例套件来完成回归测试。当测试组不得不构造缩减的回归测试用例组时，有可能忽略了少数将发现回归缺陷的测试用例，错失了发现回归缺陷的机会。如果采用了代码相依性分析等安全的缩减技术，就可以决定哪些测试用例被删除后不会影响回归测试的结果。然而，代码相依性分析有时也会遇到困难，或缺乏工具，或拿不到源代码（如测试外包、第三方测试等），在这种情况下就需要采取有效的回归测试策略。

回归测试的策略

选择回归测试方法应该兼顾效率和风险两个方面，力争平衡，但每个项目侧重点是不一样，有的侧重测试效率，强调尽量降低工作量，但风险增大；有的侧重降低风险，强调尽量降低风险，但工作量会有增加。下面是常见的回归测试策略。

① 再测试全部用例。测试用例库中选择全部测试用例构成回归测试包，这是最安全的方法，遗漏回归缺陷的风险也最低，但测试成本最高。再测试全部用例几乎可以应用到任何情况下，基本上不需要进行用例分析和设计，但它是最保守的、最简单的策略，一般不建议使用。

② **基于风险选择测试。**基于一定的风险标准从测试用例库中构造缩减的回归测试用例套件。首先执行关键的、风险系数大的和可疑的测试，跳过那些次要的、例外的测试用例或那些功能相对稳定的模块。可以根据代码依赖性分析或根据业务逻辑关系判断很易受关联的测试用例，这些测试用例要优先被选择执行。

③ **基于操作剖面选择测试。**基于软件操作剖面（指从用户操作维度看）选择测试用例是依据哪些功能是用户最常用的，如 80/20 原则，其中 20% 的常用功能，用户有 80% 的时间在用它们，这些功能不能出问题，一旦出问题都是很严重的问题，这些相关的测试用例要优先被选择执行。

综合运用多种测试策略也是常见的，如常常把第①种和第②种回归测试的策略两者结合起来使用，这样更安全，可能会执行全部测试用例的 40%，也比第①种策略减少了 60% 的工作量，也有较高的效率。如果能结合代码依赖关系、代码与测试用例的映射关系，这样更科学地确定回归测试范围，也就是人们常说的"精确测试"。

随着软件缺陷的不断修正，软件修改的范围会越来越小，所以从回归测试的效率来看，所选择的测试用例也越来越少。再说，逐步递减测试用例的过程，也是细化的、不断深入的过程。在这个过程中不断增加一些新的测试用例，这些测试用例可能是先前遗失的、未曾设计的。回归测试的过程，一方面，测试用例随测试范围的缩小而减少，另一方面，随着测试范围不断细化并逐渐清晰，需要增加前期忽视的测试用例，以完善测试用例。但后者增加的测试用例有限，从整体上看，测试用例绝对数量在不断减少，如图 8-12 所示。

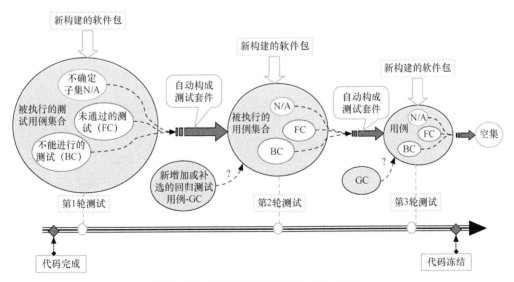

图 8-12　回归测试用例套件变化的过程

8.7　软件缺陷的报告

软件测试就是为了更早、更快地发现缺陷。换句话说，缺陷的发现可以看作是测试工作的主要成果之一。所以，从这个角度看，缺陷报告是测试人员的一项重要工作，是联系测试人员和开发人员的纽带。将缺陷准确地报告出来，至少有如下 3 项收益。

▶ 加快缺陷的修正。任何一个开发人员都可以按照缺陷报告的描述再现软件缺陷。多数情况下，只有再现软件缺陷，开发人员才能确定缺陷产生的根本原因，从而修正缺陷。

▶ 产品的质量评估。记录下缺陷，可以了解各个模块、各个功能特性存在哪些缺陷，根据缺陷数据，能客观地对产品质量（包括设计、编程等）有一个客观的评价。

▶ 预防缺陷。通过所记录的缺陷分析获得经验和教训，有助于在今后的软件开发中预防缺陷。

8.7.1　缺陷的属性及其描述

为了准确报告、清楚地描述软件缺陷，首先需要全面地定义软件缺陷的属性。从实践经验知道，为了提高工作效率、将来的缺陷分析、缺陷预防和改进开发流程，软件缺陷往往被定义了 10 多种属性，并被分类组织，如表 8-2 所示。

表8-2　软件缺陷的属性

类别	属性名称	含义简要说明
可跟踪信息	缺陷标识	缺陷的唯一标识，用于识别、跟踪、查询、排序、存储管理等，可以使用数字序号表示
基本描述信息	标题	对缺陷的概括性描述，方便列表、浏览、管理等
	详细描述	包括前提、操作步骤、期望结果、实际结果等，其中"前提、操作步骤、期望结果"一般来自测试用例，在缺陷中追加不同于期望的实际结果，以确认缺陷，并标识那些影响到缺陷表现的要素。"期望结果"与需求或设计规格说明书、用户需求等一致，达到了软件预期的功能。测试人员要站在用户的角度对它进行描述，这个描述提供了验证缺陷的依据
	环境	缺陷发现时所处的测试环境，包括操作系统、浏览器等
	所属项目/模块	缺陷所属哪个具体的项目或模块，要求精确定位到模块、组件一级
	产品信息	属于哪个产品、哪个版本等
	状态	缺陷一旦被发现之后，其被跟踪过程中所处的状态，如"激活的/打开的、正在处理、延迟修复、已修正、无法解决、已关闭"等状态构成了缺陷自身的生命周期

续表

类别	属性名称	含义简要说明
修正所需信息	严重程度	指因缺陷引起的故障对软件产品使用或某个质量特性的影响程度。其判断完全是从客户的角度出发，由测试人员决定。分为"致命"、"严重"、"一般"和"较小"4种程度
	优先级	缺陷被修复的紧急程度或先后次序，主要取决于缺陷的严重程度、产品对业务的实际影响，需要考虑开发过程的需求（对测试进展的影响）、技术限制等因素，由项目管理组（产品经理、测试/开发组长）决定。一般分为"立即修复、高优先级、正常和低优先级"等4种级别，例如"立即修复"希望缺陷4h之内修复、"高优先级"希望缺陷24h之内修复
	类型	属于哪方面的缺陷，如功能、用户界面、性能、接口、文档、硬件等
	可能性	缺陷产生的频率。大多数缺陷产生的频率是100%，但也有一些缺陷产生的频率在1%和90%之间
	缺陷提交人	缺陷提交人的名字（会和邮件地址联系起来），即发现缺陷的测试人员或其他人员
	缺陷指定解决人	估计修复这个缺陷的开发人员，在缺陷状态下由开发组长指定相关的开发人员；自动和该开发人员的邮件地址联系起来。当缺陷被报出来时，系统会自动发出邮件
	来源	缺陷产生的地方，如产品需求定义书、设计规格说明书、代码的具体组件或模块、数据库、在线帮助、用户手册等
供事后分析所需的信息	产生原因	产生缺陷的根本原因，包括过程、方法、工具、算法错误、沟通问题等，以寻求流程改进、完善编程规范和加强培训等，有助于缺陷预防
	构建软件包跟踪	用于每日构建软件包跟踪。是新发现的缺陷，还是回归缺陷？基准（baseline）是上一个软件包
	版本跟踪	用于产品版本质量特性的跟踪。是新发现的缺陷，还是回归缺陷？基准是上一个版本
	提交时间	缺陷报告提交的时间
	修正时间	开发人员修正缺陷的时间
	验证时间	测试人员验证缺陷并关闭这个缺陷的时间

一般来讲，缺陷的严重等级和优先级相关性很强，但是，低优先级和高严重性的错误也是存在的，反之亦然。例如，产品徽标很重要，一旦它丢失了，这种缺陷是非常严重的。但这时，如果有更多的缺陷影响测试的进程，那么修正这个缺陷的优先级相对来说就不高了。因为修正这个缺陷，不影响其他任何地方，假如重新设计产品徽标，可以留到最后修正。

软件缺陷的详细描述，除了上述这些属性需要描述，还要考虑抓住一些软件运行出错时的日志（log），例如出现软件崩溃现象，需要使用类似 Soft_ICE 或 WinDBG 等工具捕捉内存快照或系统日志文件，作为缺陷附件提供给开发人员。有时，文字描述不够清楚，不过一张图片就能解决问题，即一图胜千言。

8.7.2 如何有效报告缺陷

软件缺陷的描述是软件缺陷报告的基础部分，也是测试人员就一个软件问题与开发小组交流的最初且最好的机会。一个好的描述，需要使用简单、准确、专业的语言来抓住缺陷的本质，提供了如何复现当前缺陷的所需信息（包括截图、Trace log 等）。否则，它就会使信息含糊不清，可能会误导开发人员，或造成开发人员的抱怨，甚至影响团队的合作关系。准确报告软件缺陷是非常重要的，原因如下。

▶ 清晰准确的软件缺陷描述可以减少被开发人员退回来的缺陷数量。

▶ 提高软件缺陷修复的速度，使每一个小组能够有效地工作。

▶ 提高测试人员的可信任度，可以得到开发人员对有效缺陷的快速或及时响应。

▶ 加强开发人员、测试人员和管理人员的协同工作，让他们可以更好地工作。

在多年实践的基础上，我们积累了较多的软件缺陷的有效描述规则，主要有以下几个方面。

▶ 单一准确。每个报告只针对一个软件缺陷。在一个报告中报告多个软件缺陷的弊端是缺陷常常只是部分被修复，不能得到彻底的修正。

▶ 可以再现。提供缺陷产生的精确操作步骤，使开发人员容易看懂，可以自己再现这个缺陷。通常情况下，开发人员只有再现了缺陷，才能正确地修复缺陷。

▶ 完整统一。提供完整、前后统一的产生软件缺陷的步骤和信息，例如图片信息，Log 文件等。

▶ 短小简练。通过使用关键词，可以使软件缺陷的标题描述既短小简练，又能准确解释产生缺陷的现象。如"主页的导航栏在低分辨率下显示不整齐"中的"主页""导航栏""分辨率"等关键词。

▶ 特定条件。许多软件功能在通常情况下没有问题，而是在某种特定条件下才会存在缺陷，所以软件缺陷描述不要忽视这些看似细节但又必要的特定条件（如特定的操作系统、浏览器或某种设置等）。这些条件是帮助开发人员找到原因的线索，如"搜索功能在没有找到结果返回时跳转页面不对"。

▶ 不做评价。在软件缺陷描述中不要带有个人观点，不要对开发人员进行评价。软件缺陷报告是针对产品、针对问题本身，将事实或现象客观地描述出来就可以了，不需要任何评价或议论。

8.8 小结

测试的执行是测试计划贯彻实施的保证，是测试用例实现的必然过程，严格地执行测试不会使测试工作半途而废。

在测试执行前，首先实施有效的培训和知识传递，准备好测试环境和安排好执行测试的人员，并确立正确的测试执行策略。因为一个有效、高质量的测试执行过程是一个立体作战的过程，有许多并发的工作同时进行，包括功能测试、系统测试、每日构建（Daily Build）验证、探索式测试、每日缺陷验证和回归测试等。

其次，需建立有效的测试集，优化组合测试的环境。然后，在测试执行的过程中，清楚地知道如何执行测试自动化的任务、如何采取适当的回归测试策略。最后，介绍如何报告缺陷，包括哪些内容构成缺陷的属性和描述信息。

在测试执行过程中，需要注意的事项如下。

▶ 严格审查测试环境，包括硬件和网络配置、软件设置以及相关的或具有依赖性的第三方产品的版本号等，确保测试环境的准确性。

▶ 测试执行的过程也充满了挑战，需要不断思考，优化环境组合、精心挑选测试用例、确定有效的回归测试范围等，不断提高测试执行的效率，同时降低测试执行的风险。

▶ 所有测试集、测试任务和测试执行的结果，都通过测试管理系统进行管理，使测试执行的整个操作过程记录在案，保证其良好的可跟踪性、控制性和追溯性，便于控制好测试的进度和质量。

▶ 对每个阶段的测试结果进行分析，保证阶段性的测试任务得到完整地执行并达到预定的目标。

准确、清楚和完整地报告缺陷，使开发人员能及时再现缺陷，从而促进缺陷得到及时的修正。

第 9 章

永不收尾：持续反馈与改进

只要有新的版本发布，就有新的测试。测试过程，也是一个螺旋上升的过程，周而复始，直至软件生命周期的结束。

在完成了单元测试和集成测试、系统测试之后，测试过程并没有结束。为什么说软件测试还没有结束？那是因为还有许多事需要去做，例如：

▶ 用户验收测试；

▶ 部署验证；

▶ 在线测试。

测试过程是伴随着整个软件的生命周期的，软件在整个生命期中不断得到维护，而在维护过程中，要么修正软件缺陷，要么增强产品特性，软件一直都处在变更之中，设计及代码修改和重构，都离不开测试，包括新功能特性的测试、回归测试等。

9.1 验收测试

验收测试，从其原意上看，是和用户共同进行测试的活动，强调的是用户的参与和在用户的环境上进行。对于一个为最终用户开发的软件项目，验收测试是非常合适和必要的。但是，如果是开发通用性产品或提供软件服务，则很少说"验收测试"。在产品发布前，与用户共同完成验收测试的可能性就比较小，往往会转变为另两种测试——α 测试和 β 测试。从这种意义上看，验收测试就不存在，或者说，我们不得不将"验收测试"扩展为广义的概念——在软件产品完成了功能测试和系统测试之后，在产品发布之前所进行的软件测试活动。所以，如果是公司自行开发的产品，可以由测试人员和产品设计部门、市场部门等共同进行，可能还包括技术支持、产品、培训等部门人员。

在敏捷测试流程（如 Scrum）中也有验收测试，和传统的验收测试概念也不一样，简单地理解为用户故事的验收，或根据任务完成的定义（DoD）对一个开发任务的验收。也可以看做是针对要交付的版本进行全面的回归测试，因为之前是持续测试，一方面主要是单元测试和集成测试，侧重各个功能特性（或用户故事）的测试，对整个系统或业务层面测试不够；另一方面，持续测试比较零碎，版本不断更新，完成一点测试一点，需要系统性的回归测试。

总之，验收测试是传统研发阶段的最后一项测试，也称为交付测试。即当软件完成功能测试、界面测试和各种系统测试之后，我们需要依据软件规格说明书，对软件进行一次全面的测试，完成对软件整体质量的评估。但今天，软件成为一种服务，验收测试不一定是最后一项测试，因为我们还可以进行上线后的测试——在线测试。

概念

α测试（Alpha test）。先在公司内部的环境上运行，由公司员工自己先试用。在许多公司，α测试成为必须经过的一个环节，并写入流程中。微软公司在其产品上市之前，都会在内部全面进行试用，尽力去发现软件中所存在的错误，从而可以及时地向开发团队提供意见反馈。微软公司将这种α测试戏称为"吃自己做的狗食"（eating its own dog food）。如果自己都不喜欢，怎么能将产品推出去呢？

β测试（Beta test）。一般情况下，让少数用户或公司的合作伙伴使用，提出反馈意见和发现缺陷，像微软公司、Oracle公司等都是这样做的。如果没有真正的用户参与β测试，是不会将像操作系统、数据库管理系统这样非常关键（critical）的产品推向市场的。在软件服务（主要是免费的软件服务）中，产品可能先上线，对用户宣称，这不是正式版本，而是一个试用版本（Beat版），让用户试用，提供反馈、报告缺陷。甚至，有人开始喊"永远的Beta版"。

1. 产品规格说明书的验证

针对项目的验收测试，双方——甲开发方和用户一般会根据产品规格说明书（相当于合同附件）或合同条款，严格检查产品，逐字逐句地对照这类文档上对软件产品所做出的具体详细的要求，确保所开发的软件产品符合用户预期的各项要求，即验收测试是检验产品和产品规格说明书的一致性，是对软件开发的技术合同执行情况的验收，同时应该考虑用户的实际使用情况。

文档也是软件的一部分，不仅要测试可执行的程序，还要对文档进行验证，所以除了产品规格说明书的严格验证，还要对系统安装文档、技术支持文档和用户手册（或帮助文档）等进行验证。文档验证，主要是验证文档的正确性、完备性和可理解性。

▶ 正确性是指不要把软件的功能和操作写错，也不允许文档的内容前后矛盾。

▶ 完备性是指文档不可以"虎头蛇尾"，更不许漏掉关键内容。文档中很多内容对于开发者来说可能是"显然"的，但对用户而言不见得都是"显然"的。

▷ 可理解性是指文档要让大众用户看得懂，能理解。文档中的术语、缩写词，用户是否理解？内容和主题是否一致？

很多程序员能编写出好程序，却写不出清晰的文档。测试人员应与文档作者密切合作，仔细阅读文档，严格按照每个步骤进行操作，检查每个操作界面，尝试每个示例，这些都是进行文档测试的基本方法。

知识点

▷ **联机帮助文档或用户手册**。这是人们最容易想到的文档。用户手册是随软件发行而印制的小册子，通常是简单的软件使用入门指导书。而详细的帮助内容通常以联机帮助文档的形式出现。在帮助文档中有索引和搜索功能，用户可以方便快捷地查找所需信息。多数情况下，联机帮助文档已成为软件的一部分。

▷ **指南和向导**。它们是程序和文档融合在一起形成的，是引导用户一步一步完成任务的一种工具。如 Microsoft Office 助手。

▷ **安装、设置指南**。简单的指南可以是一页纸，复杂的指南可以是一本手册。

▷ **示例及模板**。例如开发平台软件附带了许多例子、微软 Office 软件提供了大量的 Word/PPT 模板。

▷ **错误提示信息**。这种信息常常被忽略，但也是软件 / 文档的一部分。一个较特殊的例子是服务器系统运行时检测到系统资源已达到临界值或受到攻击，会给管理员发送警告邮件。

▷ **用于演示的图像和声音**，现在越来越多的软件拥有这部分资料。

▷ **授权 / 注册登记表及用户许可协议**。

▷ **软件的包装、广告宣传材料**。有些用户会认真对待这上面的信息，并很好地利用它们。但错误或缺少必要的信息可能会带来麻烦，所以甚至标签上的信息等均是文档测试的内容。

---

2. 用户环境的验证

验收测试必须在真实的运行环境中或非常接近实际的环境中进行。测试环境与实际运行环境的不同往往会导致遗漏严重的缺陷，或者用户到时根本不能完成安装或操作，这样的例子已有很多。例如，一个数据库查询系统，在拥有少量数据时工作正常，而在实际环境中，可能拥有海量的数据，因为查询操作语句没有优化，耗时太长，所以不能被用户接受。

验收测试，强调须在用户环境下进行，这和 β 测试是一致的。β 测试一般运行在产品实际的环境上。规范的软件服务公司，在部署产品发布给用户之前，先会在内部同样标准的环境（β 测试环境）上运行一段时间（如两周、一个月或几个月等）。验收测试，要么在用户现场进行，即在真正的用户环境上运行，要么在公司内部或真实模拟用户环境的测试环境下进行。

概念

模拟用户的环境也不容易，因为用户各种各样的环境都是可能存在的。

▶ 在服务器端，用户之间的数据差别较大，而且还会出现意想不到的垃圾数据。

▶ 在网络方面，防火墙的产品类型、安全策略和配置等，千变万化。

▶ 在客户端，用户安装了各种各样的、不同的应用程序，它们之一中某一种或几种程序可能和被测试的软件有冲突。测试时，至少要考虑多种情况，如在全新机器（fresh machine）安装，在比较脏（应用程序很多）的机器上安装，在原来老版本上直接升级，先卸载旧版本再安装新版本等测试场景。

3. 通过准则和验收结果

通过了解软件功能和性能要求、软硬件环境要求等，特别是要了解软件的质量要求和验收要求，来制订验收通过准则。对于验收测试，一般要求编写单独的测试计划，在测试计划中定义明确的验收通过准则。验收通过准则需要得到用户的评审和同意。根据验收通过准则分析测试结果，做出验收是否通过的评估及测试评价。通常会有以下 4 种情况。

▶ 测试项目通过。

▶ 测试项目没有通过，并且不存在变通方法，需要很大的修改。

▶ 测试项目没有通过，但存在变通方法，在维护后期或下一个版本中改进。

▶ 测试项目无法评估或者无法给出完整的评估。此时必须给出原因。如果是因为该测试项目在验收通过准则中没有说清楚，则应该修改准则。

4. 验收测试结束的标志

① 完全执行了验收测试计划中的每个测试用例。

② 在验收测试中发现的错误已经得到修改，并且通过了测试或者经过评估留待下一版本中修改。

③ 完成软件验收测试报告。验证报告的内容，应包括如下所有特性的清单。

▶ 已经实现的特性，标识为通过。

▶ 特性没有实现的缺陷报告。

▶ 特性基本实现，但与产品说明书中的内容有不一致的缺陷报告。

▶ 特性基本实现，但软件程序本身存在一些问题或错误的缺陷报告。

9.2 部署验证

在互联网时代，软件逐渐成为一种服务——软件即服务（Software as a Service，SaaS），软件系统需要部署到实际的产品运行环境上，即在软件服务提供商的数据中心内部署应用系统。在部署之前要进行验证。而在客户端上，没有本质的区别，只是要考虑移动设备的安装，这是新的特点。

9.2.1 客户端软件安装测试

这里以传统个人电脑（如 PC、iMac）的应用软件为讨论对象，而现在的应用更多的是手机、平板电脑的移动应用。对于移动应用更强调一键式安装和自动安装，重点是检查设备和系统的兼容性、用户数据安全性等，也有通过提供在线测试服务的云平台，能够自动完成移动 app 应用在上千种真机环境上的安装测试。毕竟手机型号太多，一般小公司不会投资去建这样的测试环境，而是借助这种云测试服务完成测试，成本要低不少。

像 B/S 架构好像没有客户端服务，但还是有些应用需要在浏览器中安装控件或插件，这时也需要进行安装测试，因为用户权限、浏览器设置等对安装都有影响，如检查是否能自动判断浏览器（IE、FireFox 等）进而下载相应的 ActiveX 或 Plug-in、能否成功安装插件。

1. 安装前

考虑不同的测试环境，如至少要准备两种环境——已安装了先前版本的环境、从未安装待测软件的机器。如果计算机已存在多个旧版本，可能要准备更多的测试环境——安装了不同版本的环境，相当于有不同的升级方案的验证。例如，已发布了 4 个版本，现在是第 5 个版本。一般不会强制用户从第 1 个版本升级到第 2 个版本，再逐步升级到第 3 个、第 4 个、第 5 个版本，这很麻烦。那就要测试：

▶ 第 1 个版本直接升级到第 5 个版本；

▶ 第 2 个版本直接升级到第 5 个版本；

▶ 第 3 个版本直接升级到第 5 个版本；

▶ 第 4 个版本直接升级到第 5 个版本。

当然也需要考虑两种不同的安装方式：先卸载再安装和直接在原版本上安装。不管是哪一种方式，一定要检查用户的数据，确保原有的用户数据不被删除，完好无损。数据比系统重要，安装测试时，这个测试点不能放过。

在崭新的机器上进行安装测试也是必要的，因为用户的计算机环境和技术人员的计算机环境差异很大。

实例

某客户端产品进行安装测试时十分顺利，在准备发布之前的一次演示中发生了意外，在按安装说明书进行安装时，总是不能成功。测试经理对测试结果产生了很大的疑问，经过再三分析，发现真正的原因就是测试人员的测试用机已安装了Java实时运行环境程序（JRE），而安装该软件需要Java运行环境，但在安装过程中既没有提示安装JRE，也没有判断机器是否已安装JRE，从而导致在客户机器上安装失败。

2. 安装测试过程

在安装测试过程中，要严格按照安装说明书或相关文档进行。除此之外，还有如下一些要点。

- ▶ 安装的容错性，即安装过程中是否会出现不可预见的或不可修复的错误；若出现错误，是否有提示；若出现错误，是否能退出；系统安装中止、卸载后是否可恢复到原来状态。

- ▶ 安装的灵活性，即是否提供了多种安装模式（快捷的、用户定制的、完整的）；安装步骤是否可以倒退（退到前一步）；用户是否可以中途退出安装；是否能选择、更改安装目录。

- ▶ 易安装性，即安装过程是否简单、清楚；是否有简明、正确的提示信息。如果存在某些复杂的安装步骤，是否可以由计算机自动完成。

- ▶ 检查是否能自动判断客户端所使用的操作系统进而自动下载native客户端或Java客户端。

- ▶ 安装程序是否占用过多的系统资源；是否与其他系统有冲突；是否影响整个系统的安全性；是否会破坏其他文件或配置。

- ▶ 安装过程中是否对硬件有自动识别能力。

- ▶ 应按照文档去做，不要根据自己的理解来改变安装的步骤和设置。

- ▶ 在安装文档中，是否有过于专业的术语；所有描述是否都容易理解。

3. 安装结束

检查安装是否达到目标，包括系统是否能正常运行，系统是否可以使用原有的一切数据等。对安装过程中发现的问题，需要报告缺陷，这和产品本身的缺陷没有两样。

9.2.2　后台系统的部署验证

后台系统的部署验证和客户端安装测试有什么区别呢？**一般会复杂得多，特别是在系统配置上，配置项选择、配置项组合会很多。**后台系统的部署往往以命令行方式进行，这时应该用"复制/粘贴"方式来执行安装过程，以保障安装文档得到100%的测试。另外，要考虑以下因素。

① 和系统升级策略、数据兼容性、数据迁移等一同考虑，才能圆满地完成部署测试。

② 如果系统部署环境复杂，如多台服务器集群、分布式网络环境、大量的用户数据、各种配置文件、第三方系统集成等，要检查是否存在"hard code"的配置参数，否则到了真实的运行环境，系统仍不能正常工作。

③ 要检查能否恢复到部署之前的状态，一般要求提供回滚（roll back）的程序，因为有可能本次升级的版本存在严重问题或新版本还不如旧版本那样受用户喜欢。

多数情况下，服务器端多个软件版本并存，系统安装时，要考虑不同的软件升级方案或途径，并考虑系统数据的迁移和备份，如图 9-1 所示。

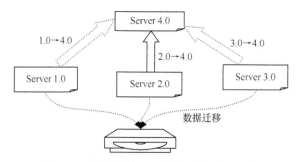

图9-1　多个版本向一个版本升级的示意图

9.3　在线测试与日志分析

软件通过最后阶段的验收测试和部署验证后，从研发阶段来看，似乎已告一段落，即达到了一个重要里程碑"工程发布（Engineering Release，ER）"阶段，随后将准备推向市场。但是，实际上并不能马上全面推向市场，还需要经过在线测试（Test in Product，TiP），包括之前介绍

的 α 测试和 β 测试，才能最终把软件推向市场。针对分布式系统，系统部署技术也有很大提升，这样系统发布可以定向地、小范围地发布（灰度发布），只让某一部分用户才能使用新发布的版本。这样使在线测试成为可能。为了更好地理解产品工程发布之后的过程，先介绍以下几个概念。

▶ Limited Available（有限的可用，LA）。

▶ General Available（全面可用，GA）。

▶ Service Pack Release（服务包发布，SPR）。

▶ Emergency Patch Release（紧急补丁包发布，EPR）。

然后，我们再看看产品工程发布之后的后续过程，如图 9-2 所示。从图中可以清楚地看到 α 测试和 β 测试的位置。而且，对于每个 SP 的发布，一般也要经过 α 测试和 β 测试，但不再单独有 LA 和 GA 的里程碑，有时为了缩短 SP 的发布过程，可能只经过 β 测试，而不进行 α 测试。对于 EP 的发布，时间更短，由于紧急，则没有 α 测试和 β 测试，而是直接上产品线。

在线测试主要是在真实的环境上操作使用，通过实际的操作行为对产品进行最直接的测试，所以和系统测试、验收测试最大的不同是，系统测试和验收测试都是主动测试，按照测试人员的意图和事先设计对系统发起测试，而在线测试就不能为所欲为，因为是真实环境，数据也是真实的，在线测试是被动测试，更多是监控产品的应用过程，通过特殊的程序代码记录 log，来分析系统的行为，发现程序的问题。

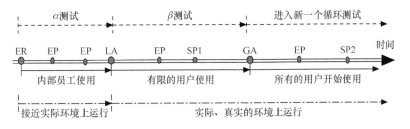

图9-2 产品工程发布之后的后续过程

在 α 测试中，任何员工发现问题，都可以报告缺陷。为了控制缺陷报告的质量，可以报告给测试人员。专业测试人员再验证它是否有效，如果有效，就报出一个缺陷。因为一般的员工不了解已报但没修正的缺陷（不必要修正或无法修正的缺陷），所以这种控制是必要的。在 β 测试中，若客户发现了问题，可以通过客户服务人员或技术支持人员来报告问题，国外公司常常将这类问题称为 Remedy Ticket（补救、修正通知单），然后由相关人员（技术支持人员或测试人员）验证，如果确实是一个问题，也会被报告为一个缺陷，而且这类缺陷更会受到公司的关注，因为是客户发现（抱怨）的，会及时得到修复。

对于每一个有效的 Remedy Ticket（产品线上问题），测试人员都应该认真分析，并找出原因，例如向自己提问下列这些问题。

▶ 开发人员或测试人员没有清楚地了解需求？对需求产生误解？

▶ 测试人员有些使用情景没有想到？没有相应的测试用例？

▶ 如果有测试用例，那么是环境不对？

▶ 如果有测试用例，那是不是没有执行？

▶ 回归测试是否不充分？

▶ 是无法避免的环境问题或非常特殊的使用场景（Corner Case）？

在 α 测试中，如果说有特殊的地方，那就是如何增加数据量、如何进行大量或长时间的操作，以便尽量多地发现问题，减少将来客户发现的问题。例如，在公司内部，由于比较容易组织和协调，可以约定某个时间段（半个小时、一个小时等），大家同时进行各种各样的使用和操作，以发现在大负荷、多任务相互影响等情况下的问题，这常被人称为"消防演习或消防测试（Firedrill Test）"。Firedrill Test 对多任务、多服务相互影响的测试非常有效，因为在几十、上百个人共同操作下，很多过去没有出现的操作及其组合，都可能会出现。

现在多数系统都部署在研发公司内部的数据中心，这样研发人员能够方便拿到日志。可以通过日志分析发现问题，以改进产品的质量，包括功能、易用性、性能和可靠性等。例如以下内容。

▶ 在 A/B 测试中，就可以通过事先定义的日志统计结果，确定哪个方案更受用户的喜欢。

▶ 通过 Monkey 测试的 log 分析，可以通过几个关键词来判断测试是否通过，例如在日志中搜索"CRASH"字段，如果搜到，则表明有进程出现问题。

▶ 黑客入侵被日志记录下来，安全性测试就可以通过日志审查来发现存在的安全性漏洞。

现在有各种各样的日志：Linux 的登录日志、移动 App 日志、Web 服务器 Access Log、数据库 Error /Alert Log、应用程序自身定义的 Debug 日志等。 但是日志数量巨大，小公司一天可能产生几个 GB 的日志，大公司一天可能产生 TB 级别的日志，这时需要借助工具来分析。随着云计算和大数据的发展，企业采用分布式架构已经成为常态，日志的处理可以借助 Hadoop、Storm、Spark 大数据处理的框架，但各自有其应用特点，如 Hadoop 适合做基于日志的用户数据离线挖掘，而 Storm 适合做实时处理，虽然其吞吐率相对较低。今天 Spark 应用越来越多，对大数据能进行批处理，操作方便，允许客户自设，包括设定时间窗。

除了这些框架，还有具体的日志分析工具，如商业的 Splunk 工具。而开源解决方案首选 ELK。ELK 代表 3 个开源工具 ElasticSearch、Logstash、Kibana 组合而成的软件栈。

其中，开源的分布式搜索引擎 Elasticsearch 是核心，它具有索引自动分片、索引副本机制、restful 风格接口、多数据源、自动搜索负载等功能，配置简单；Logstash 具有灵活多样的日志收集，过滤、存储和传送功能；Kibana 具有良好的前端展示面板。

这可形成一套较完整的日志分析解决方案。在需要收集日志的所有服务上部署 logstash，作为 logstash agent 用于监控并过滤收集日志，将过滤后的内容发送到 logstash indexer，然后将日志收集在一起交给全文搜索服务 ElasticSearch，通过 Kibana 来结合 ElasticSearch 自定义搜索进行页面展示，如图 9-3 所示。还有很多工具，如 EventHub、Plog、LogCatTool、AWStats、LogAnalyzer 和 Webalizer 等，用于日志跟踪、收集和分析等。

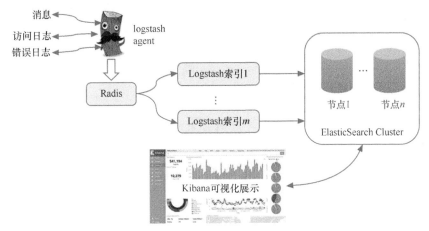

图9-3 由ELK构成的日志分析解决方案

概念

▸ LA（有限的可用，Limited Available），重要的里程碑之一。因为研团队的测试是有限的，其覆盖率不能做到 100%，以及测试环境不可能和真实环境一样，所以我们对产品的功能和质量还没有十分把握或足够的信心。为了尽量降低商业风险，可借助于 β 测试，所以先让少数用户使用。相对来说，这些用户和公司保持着良好的（合作）关系，他们愿意试用，并提供反馈。这相当于化工产业的试生产，而在试车间中的实验，则是 α 测试。

- ▶ GA（全面可用，General Available），重要的里程碑之一。在修正完 LA 之后所发现的问题，公司对产品功能及其质量都有充分的信心，这时就可以全面推向市场，让所有用户使用。
- ▶ SPR（服务包发布，Service Pack Release）。它会在产品基础版本发布的基础之上，对原有功能增强，还可能增加少量新功能或修正较多的、已发现的缺陷等，并发布次要版本。这是软件开发分阶段增量模型的体现，以满足软件市场策略的需求，解决软件需求分析复杂性的问题。SP 的开发周期相对较短，一般不包含全部文件，只包含所修改或必需的文件，因为所有测试在主版本都做过，所以有些测试不需要做，但回归测试工作量仍较大，而且主要针对新功能或修改过的功能进行测试，性能或安全性等方面的对比或补充测试也少不了。
- ▶ EPR（紧急补丁包发布，Emergency Patch Release）。主要是为被客户发现的、抱怨比较大或危害较严重的缺陷修正而紧急发布的软件补丁。EP 不增加任何新功能，只修正极少的软件缺陷，修改范围很小，开发周期也很短，一般是几天，最多不超过 2 ～ 3 周。如 IE/Windows XP 发布过多个有关安全性、病毒攻击等问题的补丁包。

9.4 后继版本的测试

一个软件的生命周期是很长的，产品工程发布之后，还要发布 SP 和 EP，如 1.1、1.1.1、1.1.2、1.2 等版本。GA 之后，产品可能要发行新的版本，如 2.0、3.0 等。只要有新的版本发布，就有新的测试。测试过程，也是一个螺旋上升的过程，或者说大循环中套小循环，周而复始，直至软件生命周期结束。对于这些 SP 和 EP 的测试，或者对 2.0、3.0 等的测试，有什么不同吗？下面就来分析比较。

1. EP 的测试

先来讨论相对简单的 EP 测试，因为 EP 只修正极少数的缺陷。如何在短时间内完成 EP 的测试？ EP 测试没有产品需求文档、产品规格说明书的审查，EP 测试的目标也很清楚，就是保证要修正的缺陷确实被修正了，而且不会引起回归缺陷。这些都为测试赢得了时间。EP 测试包括 3 部分。

- ▶ 缺陷的验证。
- ▶ 围绕修正缺陷所进行的代码修改而进行的回归测试。
- ▶ 验证新构建的软件包，确认没有丢掉文件，没有将文件的版本弄错等，保证所有主要的功能可以正常工作。

EP 测试的质量，主要取决于后面两部分部分的工作质量。在有限的时间内，要准确地完成回归测试，需依赖于对代码的审查和产品测试上所积累的经验。而后者，可以借助代码比较或文件比较工具找出不同的文件，借助自动化测试工具完成 BVT。

2. SP 的测试

SP 测试相对要复杂些。一方面，修正的缺陷比较多，回归测试的范围更难确定；另一方面，有些功能会增强，还有少量的新功能加入进来，需要进行需求定义文档、设计规格说明书的审查，并设计相应的测试用例。虽然工作量不是很大，可因为时间紧，还是富有挑战性的。对于修正缺陷的测试方法和策略，可以参考 EP 测试。而对功能增强和新功能的测试，实际上也可分为 3 部分。

▶ 功能增强和新功能的验证。

▶ 围绕修改的功能进行有效的回归测试，包括新旧功能之间是否矛盾，是否相互影响等。

▶ 验证新构建的软件包，保证所有的主要功能可以正常工作。

代码审查和自动化测试，在 SP 中依然是重要的。代码审查可以帮助确定回归测试的范围，而自动化测试可以快速地完成回归测试和软件包的验证工作。在 SP 测试中，与 EP 测试一样，主要实施功能测试，系统测试工作比较少，因为没有架构和部署设计上的变化，功能上也没有质的变化，所以性能、故障转移、可靠性等都没有变化（特殊情况例外），一般只需要进行少量兼容性、安全性方面的测试，还包括安装的快速测试。

在 SP 测试中，还存在人力资源的定位问题，这有两种解决方法。

▶ 由测试基础版本的原有团队来完成 SP 的测试，优点是原有团队熟悉产品所有特性，不需要知识交换，缺点是资源冲突。因为当进行 SP 项目时，原有团队可能在该产品的下一个主要版本上工作。另外，SP 项目所需的资源，远远小于原有团队。

▶ 由独立的团队完成 SP 的测试，其优缺点和上一种方法正好相反。SP 团队需要知识传递，开展更多的培训工作，但资源比较独立，项目之间没有影响。

3. 更高版本的测试

当开发产品的 2.0 或 3.0 版本时，它的测试工作将和一个新项目的测试工作非常接近，需要进行各种评审工作，包括完成测试计划、测试用例设计和测试脚本的开发等，不仅要完成功能测试工作，还要完成各种系统测试，包括性能测试及其比较分析。

不同的是，更高版本的测试有新旧功能交替的影响，并存在大量的回归测试工作。因为功能改动很大，回归测试范围也会比较大。

9.5 测试过程评审

不管是哪种测试，单元测试还是集成测试、系统测试还是验收测试、部署验证还是在线测试，都要对这个测试过程进行评审，了解测试过程是否存在问题、是否达到测试的目标等，以决定是否要追加相应的测试或补充测试用例调，甚至要调整测试策略、测试计划等。

测试过程评审，不是等到测试结束时再做评审，如果这时发现比较严重的问题，已经来不及了。测试过程评审应该持续进行，如每天、每隔两天或每周回顾一次，检查过去所进行的测试，及时发现测试过程中的问题，及时纠正，及时改进。测试过程中任何异常的数据波动，都可能是问题，如所发现的缺陷数构成的趋势图，如图9-4所示，就很有可能说明测试存在问题。究竟是不是问题，需要进一步验证。仅仅靠系统监控还是不够的，需要我们走到团队中间，和团队的成员交流，观察大家实际的工作，更容易发现问题。

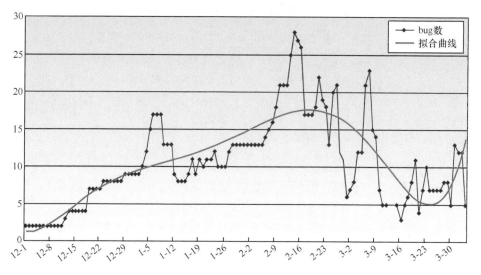

图 9-4　出现异常的缺陷随时间的分布图

测试过程评审，结合测试计划来进行评审，相当于把计划的测试活动和实际执行的活动进行比较，了解测试计划执行的情况和效果，例如评审做了哪些测试，其中是否做了计划外的测试，了解哪些计划的测试没实施，原因是什么？

测试过程评审，可以借助测试管理系统或项目管理平台所收集的信息和文档来了解测试过程是否规范、是否按预期进行，如通过获取的缺陷数据，绘制其趋势分析，从而分析是否有更多的缺陷在早期被发现。也可以通过和测试人员、开发人员的直接交流、询问等，了解测试实际执行情况，发现问题，及时更早或调整。

前面说过，测试过程评审需要我们走进团队，和团队成员交流，但有一个类似项目管理平台来监控测试过程还是必要的，基于量化管理，使测试过程更具可视化、更透明，能够随时随地发现问题。基于量化管理，一般要清楚监控哪些数据，即通过哪些量化指标来控制测试过程呢？例如：

▶ 每天执行的测试数（tests，更广义地来说，可以理解为测试用例数）；

▶ 每天不能被执行的测试数（如 blocked test cases）；

▶ 执行了但没有通过的测试数；

▶ 每天发现的缺陷数；

▶ 到目前为止还没有被关闭的缺陷数；

▶ 每天开发修正的缺陷数；

▶ 每天关闭的缺陷数；

▶ 每天遇到的困难（issues）；

▶ 目前还没有解决的困难；

......

9.6 团队反思：持续改进

前面通过对测试过程的评审，发现问题并采取措施纠正问题，这其间也是反思和学习的过程。也可以通过对遗漏的缺陷进行分析，找出自己的问题，使自己反省，从而提升自己的能力。这种反思、学习和改进，不仅是持续的，而且是有章可循的，下面分别讨论一些优秀的实践。

1. 以用户为中心

软件测试是质量保证的重要手段之一，而质量最基本的属性之一就是"用户"，质量是相对用户而存在的。简单地说，质量就是用户的满意度，质量由用户判定，而不是由我们判定。做软件测试时，时刻将用户放在心上，经常问以下问题。

▶ 谁是产品的用户？

> ▶ 这个特性对用户有多大价值吗？有什么价值？

> ▶ 用户拿到这个特性会怎么用？

......

测试改进之时，同样也问以下问题。

> ▶ 用户关心哪些问题？

> ▶ 测试中忽视了哪些用户所关心的问题？

> ▶ 有没有忽视潜在的用户、潜在的需求？

> ▶ 有没有追溯下去发现深层次的用户？

> ▶ 用户有没有新的反馈？

> ▶ 用户对新发布的版本更满意吗？

仅仅问自己这样的问题是不够的，要想有更好的改进，就努力走近用户、经常拜访用户，和他们面对面交流，认真倾听他们的反馈意见，主动收集用户反馈，才能更好地理解客户的需求，更好地评估产品质量。

2. 根因分析

找到问题的根本原因，消除根本原因，才能彻底解决问题。每当彻底解决了一个问题，我们就前进了一步。如果只是解决了表面问题，类似的问题还会发生，这样解决问题，没有进步。根因分析可以分为以下 3 个步骤。

① 识别是什么问题，例如，是遗漏的缺陷，还是客户新的需求？

② 找出造成问题的根本原因，例如，为什么遗漏缺陷？可能是缺少测试用例，也有可能是有用例没有被执行。如果是缺少测试用例用例，那又是为什么？可能回答，"想不到"那为什么想不到，是缺少知识还是没有认真对待？一般问 5 次为什么就可以找到根本原因。这是最简单的办法，还有鱼骨图（因果树）、决策表、FMEA 等方法，图 9-5 就是根因分析之鱼骨图法的一个示例。

③ 找到解决问题的措施。

3. 数据驱动

数字时代，一切通过数据来说话。过程改进离不开度量，有了数据，清楚问题在哪里；有了数据，清楚是否有进步。这其中包括：

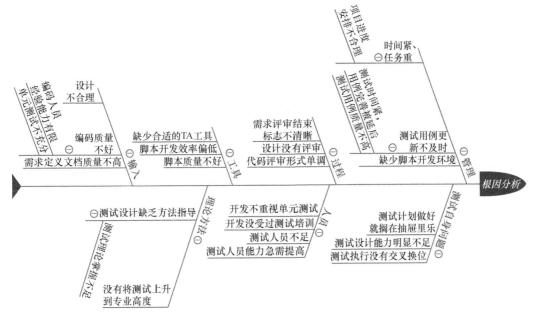

图9-5　用鱼骨图法进行根因分析的示例

▶　如何收集和测试、质量相关的数据；

▶　如何进行数据的抽取与分析，包括客户价值分析、客户体验分析等；

▶　数据的可视化呈现；

▶　数据的进一步丰富；

▶　如何更深入的数据挖掘，找出更有价值的数据。

微软公司也提倡数据驱动的质量管理，强调从业务价值相关数据开始分析，深入到用户体验分析，包括用户的价值、易用性分析等，最终驱动构建健康的系统——良好的性能、可用性、可靠性等。为此，建立了一个数据驱动质量模型，如图 9-6 所示。

4. PDCA循环

PDCA 是一个用于持续改进的简单但有效的模型，代表由计划（Plan）、执行（Do）、检查（Check）和行动（Action）构成的一个循环过程，如图 9-7 所示。

▶　计划（P），分析测试目前现状，发现测试过程中存在的主要问题，找出问题产生的主要原因，制订测试过程改进的目标，形成测试过程改进的计划，包括改进的方法、所需资源、面对的风险与挑战、采取的策略、时间表等。

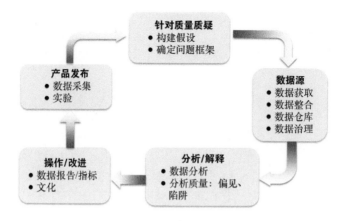

图9-6 微软公司的数据驱动质量模型

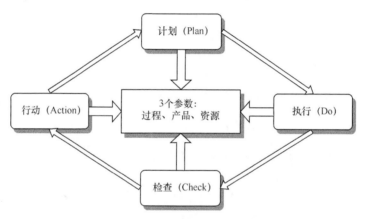

图9-7 PDCA适合过程和产品、项目等改进

▸ **执行（D）**，执行是计划的履行和实现，按计划去落实具体的对策，实施测试过程的监控和度量数据的收集，使活动按预期设想前进，努力达到计划所设定的目标。

▸ **检查（C）**，对执行后效果的评估，并经常进行内部审核、过程评审、文档评审、产品评审等活动，但实际上，检查自始至终伴随着实施过程，不断收集（测试要素、关键质量特性等）数据的过程，并通过数据分析、结果度量来完成检查。检查方法，一般在计划中就基本确定下来了，即在实施前经过了策划。

▸ **行动（A）**，检查完结果后，要采取措施，即总结成功的经验、吸取失败的教训，实施标准化，以后依据标准执行。行动是 PDCA 循环的升华过程，没有行动就不可能有提高。

在 PDCA 循环中，检查是承上启下的重要一环，是自我完善机制的关键所在。没有检查就无法发现问题，改进就无从谈起。

PDCA 循环方法是闭合的，同时具有螺旋上升的必然趋势。PDCA 循环告诉我们，只有经过周密的策划才能付诸实施，实施的过程必须受控，对实施过程进行检查的信息要经过数据分析形成结果，检查的结果必须支持过程的改进。处置得当才能起到防止同类不合格（问题）的再次发生，达到预防的效果。例如标准要求建立的预防机制：对监控、检查、内审、评审中发现的不合格部分，除及时纠正外，还需要针对产生的原因制订纠正措施，对纠正措施的评审、实施的监控及实施后的效果进行验证或确认，达到预防不合格，改进过程或体系。质量控制体系的有效运行，进而保证持续、稳定的开发高水平产品。

9.7 小结

从传统的 V 模型看，验收测试是研发阶段的最后测试阶段，需要在用户环境下，和用户一起完成对软件产品全面的质量评估，进一步确认产品是否真正满足用户及其业务需求。但在今天软件即服务（SaaS）时代，测试远没有结束，后面还可以进行 α 测试、β 测试或在线测试，易用性测试、性能测试、安全性监控等都可以在线进行，而且还可以进一步和运维工作集成起来，打通测试和运维（DevOps），让测试更好服务运维，也让运维更好地支撑测试，进一步提高系统的运行效率、可用性、可靠性等。

软件维护的周期比第一个版本开发的周期要长很多，所以软件维护期的测试不可忽视。虽然软件维护开发也可归为后续的迭代过程，但对于 EP 测试、SP 测试的策略和方法会有所不同。

在敏捷开发中，每个迭代之后团队都需要开反思会（Retrospective），反思在这个迭代过程中做得不够好的地方，然后大家讨论如何改进，日复一日、年复一年，持续做下去，团队就在不知不觉中成长起来。软件测试的过程改进也是一样，需要经常复盘，借助 PDCA、根因分析等工具，进行持续改进。

第 10 章

全程静态测试：以不变应万变

将"静态测试"引入到软件测试体系中，从而实现"测试左移（Left Shift）"，向"需求、设计"阶段扩展，真正实现全生命周期的测试（简称"全程软件测试"）。静态测试又不同于软件质量保证（SQA），虽然"评审"活动是 SQA 的主要活动，但 SQA 的评审侧重流程评审、文档规范性评审、管理评审、技术成熟度评审等，如开发人员和测试人员是否遵守流程中所要求的各个阶段入口／出口准则、是否按照事先定义的文档模板来编写相关文档等。而静态测试的评审对象还是软件组成部分：需求定义（如需求规格说明书）、设计文档（如接口定义、UI Mockup）、代码等。

大量的实践统计表明，在大规模软件开发中大部分的错误来自需求和设计阶段。引入静态测试，就可以在需求阶段发现并清除绝大部分的需求问题、在设计阶段发现并清除大部分的需求问题和在代码阶段发现并清除 40% ～ 60% 的代码缺陷，这样可以更早地发现缺陷、清楚缺陷，从而极大地提升产品质量和开发效率。

在以往有关软件测试的著作中，很少触及软件设计验证，但这也不能否定软件设计验证是软件测试过程中重要的环节之一。软件设计是把软件需求转换为软件表示的过程，也是将用户需求准确转化为软件系统的唯一途径。对软件设计进行验证，就是更好地保证这种转换的正确性和完整性，而且通过检查开发是否很好考虑各项非功能性质量属性（如性能、可靠性、可扩展性等）的需求，从而发现系统架构潜在的非功能性属性，且能更好地确保软件系统具有良好的可测试性。良好的设计，还不局限于此，还应考虑软件部署和运维的需求，一旦产品发布后就可以快速上线，这也是 DevOps 实施中的要点之一。在编程之前完成软件设计的初步验证，可避免编程误入歧途，为未来软件部署和运维打下良好的基础。这一切，都有助于缩短软件开发周期，使产品早日面向市场，提高软件企业的竞争力。

10.1 常用的评审方法

"Hi，Mark！可以帮帮看看这段程序吗？它存在一些问题，可我找不出问题在哪儿。"

"好的，Perter。我来看看！"

……

"噢，你看看，问题在这儿，你应该先判断返回值是否为空指针，如果不是再继续读数据。"

"Mark，太感谢你了！我居然连这样的问题也没有看见。"

在工作中，这样的画面是不是经常出现？实际上，这就是一种简单的评审，比较随意，算是一种临时评审，一般不纳入正式的评审方法（形式）中。正式一些，程序员张三的代码让另一个程序员李四评审，而张三的代码让李四或王五评审，这就是互为评审（Peer Review，之前常被翻译为同行评审）。

作者将需要评审的内容通过邮件发给相关的评审人员，请大家评审，提供反馈意见，然后作者会收集大家的反馈意见，进行归纳总结。这种评审方法称为轮查（Pass-round），主要应用于异步评审方式，但评审的质量不好控制，反馈也可能不够及时。

再往前一步，是走查（Walk-through），从头到尾检查一遍。在走查中，先由作者描述被评审的对象，包括结构、内容、作者设计/编写的思路等，然后希望参与评审的同事可以发现其中的错误。因为作者的主导性，评审者事先没有准备、对被评审的对象了解不够，容易假设作者是正确的而忽视问题，使得缺陷发现的效果可能不理想。

最为正式的评审就是会议审查（Inspection，会审），经过制定计划、准备和组织会议、跟踪和分析审查结果等完整的评审过程。会议评审都明确定义了评审会议中的各种角色和相应的责任，如主持人/协调人、作者、记录员、评审人员、列席人员等。如果被评审的对象比较复杂，一般在正式会议前，召开预备会，让作者事先做对评审材料进行介绍和说明，包括评审的目的、范围和重点。评审人员事先充分的准备，对于评审来说也十分重要。如果评审人员在会议前没有充分阅读和理解评审材料，那么评审并不能起到预期的效果，而往往是时间和成本的浪费。评审的参与者在评审会议之前几天就拿到了评审材料，并对该材料独立研究，带着问题参加会议。如果认为某些评审员并没有为该次会议做好准备，评审组长有权也应该中止该次会议，并重新安排会议时间。

评审的目标是尽可能发现存在的缺陷和问题，会议应该围绕着这个中心进行，而不应该陷入无休止的讨论之中。评审也不能偏离中心，将话题转到该问题的解决方案上，因为评审会议的目的是发现问题而不是解决问题。在评审过程中，作者的解读不会被随时打断，而是在一段解读完毕后，留出一段时间用于评审人员之间的沟通和问题的提出。在评审过程中，所有的参与人也应该将矛盾集中于评审内容本身，而不能针对特定的作者。

当评审会议结束时，并不意味着评审已经结束了。评审会议的一个主要输出就是问题列表，发现的大部分缺陷是需要作者进行修订和返工的。因此需要对作者的修订情况进行跟踪，并使所有的问题都得到妥善解决：

▶ 如果发现问题比较多，被评审产品的作者在评审会后需要根据问题列表对产品进行全面修改，并将修改结果提交给所有的评审组成员，再进行第二次会议审查。

▶ 如果发现问题不多，被评审产品的作者也需要对产品进行修改，并将修改后的被评审产品提交给所有的评审组成员进行确认，不需要召开第二次审查会议。

▶ 评审主持人 / 协调人做好评审会后的问题跟踪工作，确定评审决议中的问题是否最终被全部解决。如全部解决，则认为可以结束此次评审过程；如仍有未解决的问题，则评审组长应督促被评审产品的作者尽快处理。

在软件企业中，广泛采用的评审方法为：互为评审、走查和会议审查。通常，在软件开发的过程中，各种评审方法都是交替使用的。在不同的开发阶段和不同的场合要选择适宜的评审方法。对于最可能产生风险的工作成果，要采用最正式的评审方法。例如，对于需求规格说明书而言，它的不准确和不完善将会给软件的后期开发带来极大的风险，因此需要采用较正式的评审方法。例如，轮查用于需求初期阶段的评审，在需求后期阶段，则常常采用会议审查。又如，核心代码的失效也会带来很严重的后果，所以也应该采用会议审查的方法进行评审，而一般的代码，则可以采用临时评审、互为评审等相对不正式的评审方法。

评审常用的技术与工具如下。

▶ **缺陷检查表**（Checklist），可以列出容易出现的典型错误，常常作为评审的一个重要工具。缺陷检查表有助于评审人员在准备期间将精力集中在可能的错误来源上，而且能全面地发现问题，不至于造成重大疏忽。而且，缺陷检查表可以不断完善，出现一个典型错误就可以加进去，吃一堑长一智。

▶ **规则集**，非常类似于缺陷检查表，通常是业界通用的规范或者企业自定义的各种规则的集合。例如，各种编码规范（Java、C++ 等编码规范）都可以作为规则集在评审过程中使用。

▶ **场景分析技术**，多用于需求文档评审，是指按照用户使用场景对产品 / 文档进行评审。使用这种评审技术很容易发现遗漏的需求和多余的需求。

▶ **从不同角色去理解、分析**，从而发现更多的问题。通常不同的角色对产品 / 文档的理解是不一样的。例如，客户可能更直观地从业务、易用性、性能等方面考虑，设计人员可能会考虑系统架构、技术上的实现问题，而测试人员更多地考虑特性的可测试性。

▶ **软件工具**，可以极大地提高评审人员的工作效率，例如 NASA 开发的自动需求度量工具 ARM，能对需求文档进行分析，并统计该文档中各种词语（可自定义词语）的使用频率，从而对完整性、二义性等进行分析。

概念

评审。IEEE Std1028-1988给出的定义：评审是对软件元素或者项目状态的一种评估手段，以确定其是否与计划的结果保持一致，并使其得到改进。检验工作产品是否正确地满足了以往工作产品中建立的规范，如需求或设计文档。

评审可以分为管理评审、技术评审、文档评审和流程评审4种。

▶ 管理评审就是质量体系评审。通常由最高管理者策划和组织，按规定的时间间隔，以实施质量方针和目标的适应性和有效性为评价基准，对体系文件的适应性和质量活动的有效性进行评价。

▶ 技术评审即对产品以及各阶段的输出内容（阶段性成果、半产品）进行评估，以确保需求规格说明书、设计文档、测试计划和用例等之间保持一致，并得到严格地执行，正确地开发出软件产品。

▶ 文档评审即对软件过程中所存在的各类文档进行格式、内容评审，检查它们是否符合已有的模板，其文档格式是否符合标准，在内容上则主要检查其一致性、可测试性等。

▶ 流程评审即对软件开发过程的评审。它是针对流程而不是产品的评审，通过对流程的监控，保证项目遵循组织定义的软件过程，严格执行质量保证方针。

10.2 需求评审优秀实践

软件缺陷并不只是在编程阶段才产生的，需求和设计阶段同样会产生问题，各种阶段性成果中都有可能存在缺陷，包括需求定义文档、设计文档、程序代码等，而且需求往往存在比较多的缺陷，原因如下。

▶ 用户一般是非计算机专业人员，软件开发人员和用户的沟通存在较大困难，对要开发的产品功能理解不一致。

▶ 因为软件产品还没有设计、实现，完全靠想象去描述系统的实现结果，所以有些特性在当时往往是模糊的、不清晰。

▶ 需求变化的不一致性，用户的需求总是在不断地变化，这些变化应该在与需求相关的各类文档中得到描述，但往往被忽视，并容易引起前后文、上下文的矛盾。

▶ 没有得到开发团队或管理层的足够重视，在需求分析和定义上投入的人力、时间不足。

▶　在整个开发队伍中没有进行充分沟通，不同角色之间对需求的理解不一致。

从时间轴来分析需求缺陷影响深远、严重。在需求定义阶段，可能是一个小范围内的潜在错误，但随着产品开发工作的不断推进，小错误会扩展成大错误。就像多人传话游戏，第一个人传话给第二个人，从第二个人就开始失真，越往后传其失真就越厉害。结果，第一个人和最后一个人所表达的意思往往牛头不对马嘴。这说明错误发生得越早，造成的危害就越大。换个角度看，如果错误发现得越晚，如到了系统功能测试时才发现，这时修正这个错误时，需要返回到最初的需求定义，先回溯到用户真实需求，再修改需求、设计直至代码。这样，很明显返工的路径很长，成本很高。

10.2.1　如何操作需求评审

需求评审是从软件开发的源头——需求就开始控制软件产品的构建质量，通过需求评审来保证系统需求在市场需求文档（MRD）或产品需求文档（PRD）及相关的文档中的问题：如需求缺失、需求重叠、无意义的需求、描述模糊（即二义性）等。通过需求评审，除了发现问题，也可以加强对业务 / 用户需求的理解，研发团队的不同角色在需求认知上也能达成一致。需求评审，是软件研发的一项重要工作，不仅仅局限于软件测试或质量保证的工作要求，虽然我们不得不说，需求评审，是做好软件测试需求分析、测试计划和测试设计等工作的基础。概括起来，需求评审对软件测试和质量的作用表现在以下几个方面。

▶　对软件需求进行正确性的检查，以发现需求定义中的问题，尽早地将缺陷发现出来，降低成本，并使后续过程的变更减少，降低风险。

▶　保证软件需求的可测试性，即确认任何客户需求或产品质量需求都是明确的、可预见的并被描述在文档中，将来可以用某种方法来判断、验证这种需求或特性是否已得到实现。

▶　通过产品需求文档的评审，与市场、产品、开发等各部门相关人员沟通，使得大家认识一致，避免在后期产生不同的理解，避免争吵。

▶　通过产品需求文档的评审，更好地理解产品的功能性和非功能性需求，为确定测试需求、制订测试计划和设计测试用例等工作打下坚实的基础，特别是为测试范围、工作量等方面的分析、评估工作获取第一手信息。

▶　在需求文档评审通过后，测试的目标和范围就确定了。虽然此后会有需求的变更，但可以得到有效的控制，这样可降低测试的风险。

在软件需求评审过程中，除了前面介绍的以下内容。

▶　作者事先主动地向评审人员介绍需求的背景、如何定义需求的等内容；

> ▶ 材料提前发给相关人员，评审员在评审会期仔细地阅读需求文档，将阅读中发现的问题、不明白的地方一一记下来，开会时提交上去。

评审人员，还要善于提问，向作者提出问题。例如以下问题。

> ▶ 这些需求真是用户提出来的？有没有画蛇添足的需求？

> ▶ 没有漏掉什么需求吗？

> ▶ 和竞争对手的产品做过比较吗？我们的产品优势体现在哪里？

> ▶ 是否正确地描述了每个需求？这条描述是否存在二义性的问题？

> ▶ 我的理解和他们（MRD、PRD 的作者）的理解一致吗？

在各种沟通形式中，自然是面对面的沟通最好，但是在口头交流达成统一意见后，最后须通过文档、邮件或工作流系统等把达成的结论或结果记录下来，得到与会人员的确认（如签字），作为会议备忘录保存。这不应该只体现在"签字"形式上，更重要的是达到"所有参与方达成一致意见，并且已发现的问题被阐述清楚、被修正"。

10.2.2　需求评审的标准

测试、评审依据的标准是非常重要的。如果没有依据，就无法判断对与错，很难更准确地、更快速地发现问题。所以在进行软件评审或软件测试时，制定一个明确的质量评判标准是必要的。对于需求的说明，不能含糊，不能引起二义性，这样才能最大限度地保证每个人在阅读需求文档时不会产生不同的理解。例如，需求定义中不应该使用不确定性的词，如"有时、多数情况下、可能、差不多、容易、迅速"等，而应明确指出事件发生或结果出现所依赖的特定条件。

对系统需求的评审着重于审查对用户需求描述的解释是否完整、准确。根据 IEEE 建议的需求说明标准，对于系统需求评审的质量要求有如下内容。

> ▶ **正确性**：检查在任意条件下软件系统需求定义及其说明的正确性。如需求定义是否符合软件标准、规范的要求？是否所有的功能都有明确的目的，是否存在对用户无意义的功能？每个需求定义是否都合理，经得起推敲？所采用的算法和规则是否科学、成熟和可靠？有哪些证据说明用户提供的规则是正确的？是否正确地定义了各种故障模式和错误类型的处理方式？对设计和实现的限制是否都有论证？

> ▶ **完备性**：涵盖系统需求的功能、性能、输入／输出、条件限制、应用范围等方面，覆盖率越高，完备性越好。通过增强创造力的方法避免思维的局限性，能全面地

考虑各种各样的应用场景或操作模式，以提高软件系统数据和功能的完备性。如是否有漏掉的功能？是否有漏掉的输入、输出或条件？是否考虑了不同需求的人机界面？需求定义是否包含了有关文件（如质量手册、配置计划等）中所规定的特定需求？功能性需求是否覆盖了所有非正常情况的处理、出现异常情况时系统如何响应？是否识别出了所有与时间因素有关的功能？是否识别并定义了未来潜在变化的需求？是否定义和说明了系统输入和输出的来源、类型、值域、精度、单位和格式等？

- **易理解性**：需求文档的描述性被理解的难易程度，包括清晰性。如需求描述是否足够清楚和明确，使其已能作为开发设计说明书和功能性测试数据的基础？是否将系统的实际需求内容和所附带的背景信息分离开来？每一个需求是否只有一种解释，语言是否有歧义性？功能性需求的描述结构化、流程化是否良好？是否使用了形式化或半形式化的语言？需求定义是否包含了实现的细节，是否过分细致了？

- **一致性**：包含了兼容性。如所定义的需求之间是否一致，是否有冲突和矛盾？是否使用了标准术语和统一形式？使用的术语是否是唯一的？同义词、缩略语等的使用在全文中是否一致并事先已予以说明？所规定的操作模式、算法和数据格式等是否相互兼容？是否说明了系统中软件、硬件和其他环境之间的相互影响？

- **可行性**：需求中定义的功能是否具有可执行性、可操作性等。如需求定义的功能是否能通过现有的技术实现？所规定的模式、数值方法是否能解决需求中存在的问题？所有的功能是否都能够在某些非常规条件下实现？是否能够达到特定的性能要求？

- **易修改性**：对需求定义的描述易于修改的程度。如是否有统一的索引、交叉引用表？是否采用了良好的文档结构？是否有冗余的信息？

- **可测试性**：所定义的功能正确性是否能被判断？系统的非功能需求（如性能、可用性等）是否有验证的标准和方法？输入、输出的数据是否有清楚的定义，从而容易验证其精确性？

- **可追溯性**：每一项需求定义是否可以确定其来源？是否可以根据上下文找到所需要的依据或支持数据？后续的功能变更是否都能找到其最初定义的功能？功能的限制条件是否可以找到其存在的理由？

对用户的需求进行评审时，上述标准就是评审的依据，逐字逐句地审查需求规格说明书的各项描述。需求规格的描述，不仅包括功能性需求，而且包括非功能性需求。例如，系统的性能指标描述应该清楚、明确，而不是给一个简单的描述——"每一个页面访问的响应时间不超过 3 秒"，业务要求通常用指定响应时间的非技术术语表示性能，如下所示。

系统能够每秒接受 50 个安全登录，在正常情况下或平均情况下（如按一定的时间间隔采样）Web 页面刷新的响应时间不超过 3s。在定义的高峰期间，响应时间也不得超过 12s。年平均或每百万事务的错误数须少于 3.4 个。

业务要求通常用指定响应时间的非技术术语表示性能。有了更专业、更明确的性能指标，就可以对一些关键的用例（Use Case）进行研究，以确定在系统层次如何保证该要求得到实现的结构、技术或方式。在多数情况下，将容量测试的结果作为用户负载的条件，即研究在用户负载较大或最不利情况下保证系统的性能。如果在这种情况下，系统的性能有保证，那么在其他情况下就不会有问题。

要点：需求评审的方法

（1）分层次评审。用户的需求是分层次的，对不同层次的需求，其描述形式是有区别的，参与评审的人员也是不同的。一般可以分为如下 3 个层次。

① 目标性需求指整个系统需要达到的业务目标，是最高层次的、基本的需求，是企业的高层管理人员所关注的。如果让具体的操作人员去评审目标性需求，容易产生"捡了芝麻，丢了西瓜"的现象。

② 功能性需求指整个系统需要实现的功能和任务，是目标之下的第二层需求，是企业的中层管理人员所关注的。

③ 操作性需求指完成每个任务具体的人机交互（UI）需求，是企业的具体操作人员所关注的。如果让高层的管理人员也去评审那些操作性需求，无疑是一种资源的浪费。

（2）分阶段评审。应该在需求形成的过程中进行分阶段的多次评审，而不是在需求最终形成后才进行仅有的一次评审。分阶段评审可以将原本需要进行的大规模评审拆分成各个小规模的评审，这样就降低了需求分析返工的风险，提高了评审的质量。比如可以在形成目标性需求时完成第一次评审，在形成系统功能框架时再进行一次评审。当功能细化成几个部分后，可以对每个部分分别进行评审，并对关键的非功能特性进行单独的评审。最后对整体的需求进行全面的评审。

10.2.3 需求的可测试性

我们这里特定要说明一下需求的可测试性，这在敏捷开发中显得更为重要，敏捷开发对文档不够重视，在文档上投入就会少，需求描述过于简洁，文档质量堪忧。敏捷对需求的描述采用用户故事的方式来描述，如下所示。

用户故事模板：As who（用户角色），I want what（需求）so that why（目的）。
如：我作为一名旅行者，我要取消一个组合的订单以快速完成操作。

这样的需求描述简单，看似可以验证，在验证时会遇到比较多的问题，例如以下问题。

▶ 任何时刻都可以取消吗？

▶ 取消时要不要确认？

▶ 订单取消是否需要额外收费？

▶ 取消后是否需要发一份邮件通知用户？

需求描述过于简单，会导致每个看到需求的人，其实际的理解是不一样的。大家对需求的理解不一致的话，那么需求是模糊的，缺乏可测试性。为了使需求具有更好的可测试性，需要对用户的实际需求有一个更明确的说明，即明确用户故事的验收标准。例如，对上述用户故事，有必要增加下列验收标准。

▶ 订单开始时间大于 24h，才可以取消。

▶ 需要额外收取 10% 的费用。

▶ 需要用户确认。

▶ 在确认前，清楚地显示要取消的订单详细内容。

▶ 取消过程在 2h 内完成。

▶ 取消完成后，发送短信到用户手机。

用户故事的验收标准有以下作用。一方面，对开发也有帮助，开发人员在实现功能特性时，能够考虑这些标准或条件，减少问题的发生。另一方面，测试人员在后期验收测试中，测试执行又有依有据，可以显著地提高工作效率。这也就是验收测试驱动开发（Acceptance Test Driven Development，ATDD）受到大家较多关注的原因。

10.3 系统架构的审查

软件设计一般可以分为体系结构设计（Architecture Design）和详细设计（Detailed Design）两个阶段。体系结构设计，过去习惯称为总体设计或概要设计，是指将软件需求转化为数据结构和软件的系统结构，并定义子系统（组件）和它们之间的通信或接口。

体系结构设计是软件开发过程中决定软件产品质量的关键阶段，如 RUP 就强调以架构设计为核心，所以体系结构设计的评审是非常重要的。软件设计评审，主要是技术评审，审查软件在总体结构、外部接口、主要部件功能分配、全局数据结构以及各主要部件之间的接口等方面的合适性、完整性，从而保证软件系统可以满足系统功能性和非功能性的需求。

10.3.1 系统架构选型的确认

软件体系结构，一般可以分为客户机 / 服务器（C/S）结构、浏览器 / 服务器（B/S）结构和中间件多层结构等，也可以分为集中式系统、分布式系统（如 Cloud、微服务系统）和对等的 P2P 系统（如区块链、以太坊等平台）等，还可以分为实时同步系统、异步系统等。

系统平台软件和终端软件体系结构的划分是以高性能、高可靠性、高安全性、高扩展性和可管理性为原则的。系统软件采用分布式处理方式，可将不同功能的应用放在不同的计算机上处理，也可以将相同功能的应用分布在不同的计算机上处理，这样可以在不提高单个计算机处理能力的情况下有效提高整个系统的处理能力，以保护或降低硬件投资。

在多层体系设计中，按照以下方式进行明确的层次划分。针对多层次架构，设计的评审方法将采用分层评审和整体评审相结合的方式。经过整体评审到分层评审、再从分层评审到整体评审，这样的过程既能确保评审的深度，又能确保评审的一致性。分层评审，这里给出一个例子，就是从如下人机交互、业务逻辑和数据服务 3 个层次来评审体系架构。

▶ 人机交互，提供简洁的人机交互界面，完成用户输入和输出的请求。

▶ 业务逻辑，包括业务流程和规则的设定，能灵活满足业务需求变化的需要，是客户与数据库对话的桥梁。在业务逻辑层，需要实现分布式管理、负载均衡、故障转移和恢复、安全隔离等设计需求。

▶ 数据服务，提供数据的存储服务，确保数据库设计上的一致性、完备性、安全性和高效性等。

在软件体系结构的设计中会采用一些建模常用的模型，如结构模型、框架模型、动态模型、过程模型和功能模型等。针对不同的软件应用或服务，应选用合适的模型。为了很好地完成系统架构的选型或评估，应综合各方面考虑，确保选择合适的模型对系统架构进行描述。例如，信息系统、管理系统的结构清楚、严谨，适合采用结构模型，而实时应用系统则选用动态模型、过程模型较好。

根据业务需求，更好地构造合理的、清晰的体系结构，需要从不同的角度去分析业务逻辑，这就是视图的应用。软件设计有 3 种基本视图——物理视图、逻辑视图和概念视图，分别对应实体空间、过程空间和形式空间。在理想情况下，每个视图只有一个模型，但实际上每个视图可能有多个模型，这是因为组织和技术在不断成长和改变。然而，能否得到这些模型合理的最小集合，是软件设计及其验证的关键。

为组织规划和构建不同级别的模型是一项相当费时费力的工作。然而，能否正确定义这些模型，使之为软件设计服务，在软件设计中也是至关重要的。结构模型的设计错误总是会导致严重的设计问题或运作问题（如可伸缩性、可靠性问题），严重时甚至会导致项目无法完成以及影响业务。作为资深的测试人员，有责任帮助系统设计人员寻找合适的设计框架、设计模式来创建和实现这些模型，从而将使用错误模型带来的风险降到最低。所以，对于一个有一定规模的软件组织，有必要培养软件测试架构师。

概念：3 种基本视图

▶ 概念视图，用于定义应用程序的业务需求和商业用户视图，以便生成业务模型。概念性建模技术（例如用例分析、活动图解、过程设计和业务实体建模等）有助于构建关键的业务过程及其使用的数据描述，可以强调业务目标和需求，并且不包含实现技术。它所对应的形式空间是抽象的逻辑空间。

▶ 逻辑视图，就是结构设计师创建的应用程序模型，可以视为业务模型或应用程序结构的逻辑视图，用以决定数据管理和处理步骤的对应关系。它会根据逻辑信息和顺序设计模型部件之间的交互，来确定模型保留的数据类型和状态，从而实现系统的总体结构。逻辑视图对应于软件表示模型，是沟通源系统和目标系统的桥梁。表示模型的形成需要一个过程，所以称其为过程空间。

▶ 物理视图。应用程序模型的每个元素均要求映射到真正的技术元素上。通过这种方法，应用程序模型以实现模型的方式得以实现。它所对应的实体空间 —— 物理的、现实的空间是源系统（源系统就是表示软件要实现自动化的系统）所在的空间。

10.3.2　软件设计评审标准

有关软件设计的质量属性，主要包括可维护性、可移植性、可测试性和健壮性等。这些质量属性被认为是特别的静态测试——设计验证的需求，软件设计的验证就是从这些需求出发，来完成相应任务的。软件设计验证的需求可以分为如下 3 类。

▶ 软件运行和服务的设计验证需求：性能、安全性、易用性（usability）、功能性、可用性（availability）。

▶ 软件部署和维护周期的设计验证需求：可修改性、可移植性、可复用性、可集成性、可测试性。

▶ 与体系结构本质相关的验证需求：概念完整性、正确性、完备性和可构造性。

软件设计的评审，依赖于软件系统所采用的技术平台，还依赖于软件规模、结构、度量方法，包括复杂度、耦合性、内聚性等的度量。使用度量可以更准确地判断软件设计是否符合相关的设计标准。同时，软件设计的评价工具和技术比较多，可帮助人们确保软件设计的质量。

▶ **软件设计评审**：有正式的和半正式的，通常以小组的方式进行，用来验证和保证设计结果的质量。

▶ **静态分析**：正式或半正式的静态（不可执行的）分析技术，可以用于评价一个设计（例如故障树分析或自动交叉检查）。

▶ **模拟与原型**：软件设计通过软件系统设计模型来表示，软件设计评价可以转化为对软件系统设计模型的评价。这是用来评价设计的动态技术，如性能模拟或可行性原型。

软件设计的 3 种基本视图（物理、逻辑和概念视图）分别对应实体空间、过程空间和形式空间，所以软件设计评价定义了 3 类标准，即实体空间标准、过程空间标准和形式空间标准。

概念：3 类设计评价标准

▶ **实体空间标准**，以源系统作为标准来度量系统设计模型，是一个软件设计最终应该符合的标准。它依赖于对源系统的认识程度，同时因为软件设计是思维的产物，它又很难直接应用于软件设计模型上。设计的合理性就是实体空间的标准，但没有一个具体的内容和形式。实体空间标准的执行，一般可通过业务领域专家组或用户代表根据经验进行评审来实现。

▶ **过程空间标准**，可以看作实体空间的间接标准，是基于分析模型和设计模型来定义的。因为设计模型的存在，过程空间标准在设计评价中就比较容易使用，如检查设计是否符合需求，就能检验设计模型和分析模型的一致性。软件开发一般采用迭代或增量的分阶段模型进行，设计活动也分多次进行，通过不同阶段设计结果（设计书）的对比，可以找到与设计不一致的地方（设计缺陷），并能检查设计对需求的覆盖情况。

▶ **形式空间标准**，以目标系统的角度（软件产品质量属性）检验系统设计。实体空间标准和过程空间标准可以保证目标系统的功能满足源系统，但不能保证目标系统在运行状态下的质量属性。形式空间标准实际上就是产品质量标准，可以使用质量模型进行评价，如围绕产品改进、产品运行、产品移交 3 种使用情况来组织质量属性，并测试目标系统。

通过形式空间标准对软件设计进行检验时，往往并不存在唯一的检验标准。这是因为实际软件的质量要求不是唯一的，不同的软件有不同的质量属性要求。而特定软件的质量要求，是在需求分析、设计的过程中逐步形成的。这些质量要求最终会成为检验软件设计的标准之一。

在实际设计评审中，设计质量标准可以分为两类，一类是设计技术自身所要求的，另一类则是系统的非功能性质量特性所要求的。

1. 设计技术的评审标准

▶ **结果的稳定性**，以设计维护的一个固定时间（如一年）来衡量。如果因为用户需求的变化或现有设计的错误或不足必须修改设计，那么修改范围的大小和次数就是影响软件设计质量的重要因素。例如，是否对不完整、易变动或潜在的需求都进行了相应的设计分析，对各种设计限制是否做了全面的考虑。

▶ **清晰性**，指涉及目标描述是否明确，模块之间的关系阐述是否清楚，是否阐述了设计所依赖的运行环境，业务逻辑是否准确并且完备。例如各个组件在系统中所处的地位和作用以及与同级、上级系统之间的关系描述是否准确。清晰的设计也是复用的基础。

▶ **合理性**，主要指合理地划分了模块和模块结构的完整性，类的职责单一性、实体关联性和状态合理性等。给出的系统设计结构和数据处理流程是否能满足软件需求规格说明中所要求的全部功能性需求，模块的规格及大小划分是否与功能需求项以及约束性需求项保持一致。可以进一步考察是否对不同的设计方案作了说明与比较，是否清楚地阐述了方案选择的理由和结论。

▶ **高内聚、低耦合**。系统模块间松耦合而模块内部又保持高度一致性、稳定性（强内聚力）是系统架构设计中侧重要考虑的内容，高耦合度或低内聚力的系统是很难维护的。

▶ **低复杂度**。应具有适当的深度、宽度、扇出和扇入，如层次少、扁平化、低扇出和高扇入，力求做到单入口单出口，以降低系统的复杂性，如图 10-1 所示。

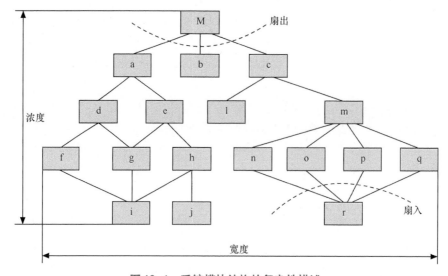

图 10-1　系统模块结构的复杂性描述

▶ 可测试性和可追溯性，所有的设计目标（性能、容量、兼容性等）是否可以通过测试结果来衡量；每一部分的设计是否都可以追溯到软件需求的定义，包括功能需求项和非功能需求项。

2. 非功能性质量特性的设计评审要求

▶ 安全性。数据和系统的分离、将系统权限和数据权限分别设置等都可以提高系统的安全性。例如，用设计中间层来隔离客户直接对数据服务器的访问，进一步保护数据库的安全性。系统的稳定性、可靠性都是对系统安全性的有力保障。

▶ 性能。合理的体系结构、优秀的数据库管理系统（如 Oracle）、分布式应用体系结构、服务器集群等设计都可以提高系统性能。又如，通过负载均衡以及中间层缓存数据的能力可以提高系统对客户端的响应速度。

▶ 稳定性。采用多层分布式体系架构，可以提供更可靠的稳定性。例如，中间层缓冲客户端与数据库的实际连接，可以使数据库的实际连接数量远小于应用客户端的数量。通过分布式体系，将负载分布到多台服务器上，可以平衡负载、降低系统整体失效的风险，从根本上保证系统的稳定性。

▶ 扩展性。软件设计的技术要求是系统扩展的重要保证，例如简单的模块结构、模块间低耦合性、多层分布体系架构等。又如，业务逻辑在中间服务器上，当业务规则变化后，客户端程序基本不做改动；而当业务猛增时，可以在中间层部署更多的应用服务器，以提高对客户端的响应，且所有变化对客户端都是透明的。

▶ 可靠性。如系统设计保证不存在单点失效，任何系统的关键部位都有备份机制或故障转移处理机制。

3. 评审的输入

▶ 软件体系结构文档。

▶ 设计规范和设计指南。

▶ 风险列表。

4. 评审的输出

▶ 经认可的软件体系结构文档。

▶ 变更需求。

▶ 评审记录。

5. 评审的检查点

▶ 软件体系结构、设计模式。

▶ 部署视图、进程视图。

▶ 封装体、协议。

10.3.3　设计的可测试性

可测试性不仅要从需求开始抓，设计这个环节也同样重要。人们经常提到"可测试性设计（Design For Testability，DFT）"、"设计驱动产品开发（Design-Driven Development，DDD）"就验证了这一点。通过设计可确保系统结构的简单性、可观察性和可控制性，如 MVC 设计模式、接口单一性、各个模块有明确的接口定义。在设计上改善软件的可测试性，主要是通过设立观察点、控制点、驱动装置、隔离装置等来实现。

① 测试驱动设计方法，例如：先确定验收测试用例，再设计具体的功能；先确定性能、可靠性等测试用例，再考虑如何实施架构设计，以满足不同特性的要求。

② 选用开放、先进而成熟的设计模式和框架，在一定程度上能保证系统结构的低耦合性、单一的依赖关系，具有较高的可测试性。

③ 可控制性设计，包括业务流程、模块、场景、全局变量、接口等的可控制性设计，即在外部提供适当的方法、途径，直接或间接控制相应的模块、全局变量和接口等。这些途径可能包括设立 XML 配置文件、暴露 API 接口、统一接口操作等。

④ 数据显示与控制分离，通过分层，增加了系统的可观察性和可控制性。这样，就可以通过接口调用，分别完成相应的业务逻辑、数据处理等的测试。

⑤ 遵守设计原则（如接口隔离原则），并针对模块，尽量分解到相对稳定、规模合适的程度，以确保模块的独立性和稳定性，有利于独立开展对模块的测试活动。

⑥ 易理解性设计，包括明确的设计标准、规范的设计文档、明确的接口及其参数的定义，使设计有据可依，层次清晰，设计文档易读。

在某个会议演讲之后，有个与会的测试工程师问，如何进行可靠性测试？大家可能会将可靠性计算公式告诉他，然后告诉他可以用压力测试来进行可靠性测试。但这不是最有效的方法，笔者告诉那个测试工程师，"首先要问系统架构师或系统设计人员，他们是如何来保证系统可靠性的？有冗余设计吗？有故障转移设计吗？是否有被攻击的漏洞？了解了可靠性实现的具体措施，验证这些具体措施相对容易得多"。这也就是说，先要保证系统可靠性的可测试性，有了相应的测试途径，测试才能有效执行；否则，用压力测试方法进行高负载的测试，无论从时间和代价来看，往往不能接受。即使要有故障注入的测试方法，也需要了解可能有哪些故障触发点，能把故障数据注入进去。

在改善软件系统可测试性的同时，不应该降低系统的性能、安全性和可靠性。

概念：可测试性

可测试性基本上是由可观察性、可控制性组成的，可以考虑增加可预见性。

- ▶ 可观察性（Observability）：在有限的时间内使用输出描述系统当前状态的能力。
- ▶ 可控制性（Controllability）：在特定的合理操作情况下，整个配置空间操作（改变）系统的能力，包括状态控制和输出控制。
- ▶ 可预见性（Predictability）：预测系统状态发生变化的能力。

系统具有可观察性意味着一定有输出，我们通过输出才能了解系统当前处于什么状态；如果没有输出，就无法观察系统。系统具有可控制性就表明一定有输入。我们只有通过输入才能控制系统，如图10-2所示。

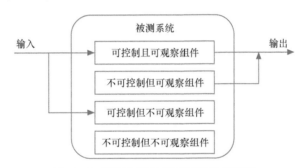

图10-2　可控制性和可观察性的示意图

如果一个系统缺乏可控制性和可观察性，可通过增加接口的方式，使之可以产生输出，或增加控制点；可以输入数据，来提高可控制性。如图10-3所示，模块A直接传给模块B的

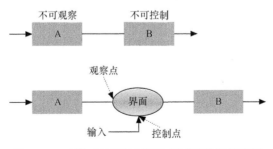

图10-3　改进系统可控制性和可观察性的示意图

数据是被隐含起来，这时模块 A 缺乏可观察性，而模块 B 缺乏可控制性，我们就在模块 A 和 B 之间增加一个接口，使 A 的状态信息可以在这个接口被获得；同时，借助接口输入来控制 B 的状态。这样，A 和 B 之间可以显示出来，并且作为接口参数传给模块 B。

这样，我们就可以通过配置不同的接口参数，来了解模块 B 的不同表现。

但也有一些机构，将可测试性看成是由"可查明性、可隔离性和可诊断性"构成的。可查明性类似于可观察性，而可隔离性和可诊断性要求系统具有可控制性和可预见性，所以从这个角度看，上述的软件可测试性（由可观察性、可控制性和可预见性组成）和这里将可测试性看成可查明性、可隔离性和可诊断性是大同小异的，没有什么本质的区别。

10.3.4　系统组件设计的审查

软件组件化（包括模块化、构件化）能使软件系统具备应付复杂问题，满足日后维护管理要求的某些重要特性，因此有必要验证组件及其内部设计是否合理。组件设计依赖于系统构建所采用的特定开发平台和技术，可以为组件设计建立其通用的准则。

▶ 组件的功能和接口定义正确，文档描述清楚，包含正确的硬件接口、通信接口设计、用户接口设计等。

▶ 为每个模块确定采用的算法，选择某种适当的工具表达算法的过程，写出模块的详细过程性描述。

▶ 数据结构、数据流和控制流的定义正确。能描述模块输入数据、输出数据及局部数据的全部细节。

▶ 功能、接口和数据设计具有可测试性、可预测性。如要为每一个模块设计出一组测试用例，以便在编码阶段对模块代码（即程序）进行预定的测试。

设计出软件的初步结构以后，应该审查分析该结构，通过模块分解或合并，力求降低耦合性，提高内聚力。例如，可以通过分解或合并模块以减少信息传递对全局数据的引用，并降低接口的复杂性。还可以通过以下方法降低程序的耦合度：隐藏实现细节、强制构件接口定义、不使用公用数据结构、不让应用程序直接操作数据库等。

图 10-4 显示了 7 种耦合的表现形式，从非直接耦合到内容耦合，耦合性逐渐增强。在设计中要尽量避免内容耦合度高，可以借助数据库、XML 等手段，将公共环境耦合、外部耦合、控制耦合、特征耦合转化为数据耦合，以降低耦合性。

图 10-5 描述了如何更好地提高系统组件内部的聚合力，从偶然内聚、逻辑内聚、时间内聚、过程内聚、通信内聚、信息内聚到功能内聚的内聚性和模块独立性是一个不断增强的过程。功能

内聚是最高的，也就是为什么过去一直强调功能模块的划分。但软件设计模式也在不断地发展，它越来越多地强调多层次的划分，包括对数据层、逻辑层、业务层和表现层等的处理和实现。

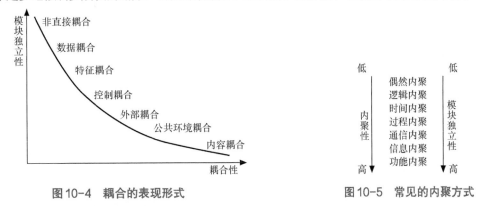

图10-4　耦合的表现形式　　　　　　　图10-5　常见的内聚方式

概念：面向对象设计的7大原则

▶ 开 - 闭原则（Open-Closed Principle，OCP），一个软件实体应当对扩展开放、对修改关闭，即使这个模块可以在不被修改的前提下被扩展（改变这个模块的行为）。

▶ 单一职责原则（Simple Responsibility pinciple，SRP）。就一个类而言，应该仅有一个引起它变化的原因，如果有多于一个的动机去改变一个类，就应再创建一些类来完成每一个职责。

▶ 里氏代换原则（Liskov Substitution Principle，常缩写为LSP）。如果一个软件实体使用的是一个基类，那么一定适用于其子类，而且根本不能察觉出基类对象和子类对象的区别，但反过来则不成立。也就是说，应当尽量从抽象类继承，而不是从具体类继承。契约设计（Design By Constract，简称DBC）对LSP提供了支持。

▶ 依赖倒转原则（Dependence Inversion Principle，DIP），要求客户端依赖于抽象耦合。抽象不应当依赖于细节，细节应当依赖于抽象。应当使用接口和抽象类进行变量的类型声明、方法的返还类型声明以及数据类型的转换等。

▶ 接口隔离原则（Interface Segregation Principle，ISP）。根据客户需要的不同，为不同的客户端提供不同的服务是一种应当得到鼓励的做法。

▶ 合成 / 聚合复用原则（Composite/Aggregate Reuse Principle，CARP）。在一个新的对象里面使用一些已有的对象，使之成为新对象的一部分；新的对象通过这些向对象委派达到复用已有功能的目的。

▶ 迪米特法则（Law of Demeter，LoD）或称最少知识原则（Least Knowledge Principle，LKP），一个对象应当对其他对象尽可能少了解。如果两个类不必彼此直接通信，那么这两个类就不应当发生直接的相互作用。如果其中的一个类需要调用另一个类的某一个方法，可以通过第三者转发这个调用。

10.4　产品设计规格说明书的复审

作为需求定义和产品设计的重要输出，软件产品设计规格说明书是用户与开发人员双方在对软件需求取得共同理解的基础上达成的协议。虽然在敏捷开发中不一定有这个东西，但它还是代表着软件实现（编程与测试）最基本的输入，是开发实施的基础。产品设计规格说明书对所开发软件的功能、性能、用户界面及运行环境等作出详细的描述，并通过复审确认文档中所有的描述是清晰、正确的。至少在各个层面上，测试人员和产品经理、设计人员、开发人员能达成一致。

10.4.1　重视设计规格说明书的审查

软件设计规格说明书对所开发软件的功能、性能、用户界面及运行环境等做出了详细的说明，它是用户与开发人员双方在对软件需求取得共同理解的基础上达成的协议，也是进行编程、测试工作的基础。通常使用下面 3 种方法来编写软件设计规格说明书。

▶　采用良好的结构化和专业语言编写文本型文档。

▶　建立图形化模型，这些模型可以描绘系统状态及其之间的变化、转换的过程、数据字典及其关系、逻辑流或对象类及其之间的关系。

▶　编写形式化规格说明，通过使用数学上精确的形式化逻辑语言来定义系统设计。

产品规格说明书的审核应该发生在整个产品生命周期的初期，即在产品说明书生成后就进行，应该在产品设计前基本完成，以后在开发和测试过程中应尽量不做改动或少做改动。若确实需要变更的，需要通过严格的变更流程去控制。产品规格说明书很重要，是测试的标准。没有它，测试工作无从着手，谁都不清楚产品应该是什么样，最终会是什么样，没有测试的标准容易陷入大量的争论之中。

因为软件开发周期较长，而整个行业变化又很快，种种原因会导致新的功能不断增加，产品规格说明书不断地更新。这是软件开发者头疼而又不得不面对的难题。例如竞争对手推出了新的吸引人的功能，客户则提出了新的要求以适应新的形势，致使原先的设计很难或无法实现。

软件测试人员必须要想到产品规格说明书可能改变，可能会有未曾计划的特性会加入，也可能会有经过测试并报告了的软件缺陷的特性发生变化甚至被删除。要针对产品规格说明书的变化，不断地验证并灵活地调整测试计划和测试方法。

产品说明书的特性决定了对其审核的重要性。经验证明充分的审核能排除约 60% 的错误。

所以在此阶段找出未来软件在设计和需求上的缺陷，极有可能为项目节省大笔的开销。

10.4.2 设计规格说明书的多层次审查

软件设计规格说明书的审查，首先是从客户的角度和立场出发并进行核实的一项工作。其次，它是一个技术评审的过程，也是文档测试和设计上技术审查的综合。从文档的质量需求看，要求设计规格说明书具有一致性、准确性、易理解性，并符合相应模板所要求的各项内容、格式等。从设计上看，不仅可以与同类产品进行比较，而且要与现有的各类标准保持一致，检验套用标准的正确性，不要和行业规范相抵触。

设计规格说明书的审查，可以从其设计的各类 UML 图、数据流图、工作流图等方面系统地进行。对设计规格说明书的审查，可以分两个层次来进行，即从高层次（high-level）审查开始，逐步向低层次（low-level）推进，全面保证设计规格说明书的质量。

1. 高层次审查

审查设计规格说明书，一开始不要陷入一些细节中，而是应该先从整体功能结构和操作逻辑上进行审查，可以从功能规模、复杂性、可测试性等方面逐项检查，力求发现设计上的严重缺陷。若发现任何不清楚的逻辑设计，应尽早纠正。

功能结构的设计，不仅要正确反映产品需求和客户期望，使之符合 PRD/MRD 所定义的需求，而且应具有合理的层次性，功能前后一致，能满足客户各个方面的需求，即功能应具有良好的完备性。例如，在 Google 日历上，仅仅具有"建立、查询、修改、删除和显示各项事件"的基本功能是不够的，还应该具有下列功能。

▶ 添加用户的通信录，更方便的功能是可以从 MS Outlook/Lotus Notes 等邮件系统中导入通信录。

▶ 多种日历显示方式，如日、周、月和年。

▶ 自动提醒功能，有多种渠道提醒用户，如手机短信、邮件等。

▶ 还需要设置个人的一些爱好。

▶ 设置周期性（每周、每月、每个季度）重复的事件。

▶ 具有全文搜索功能。

▶ 可以显示不同事件的状态。

▶ 可以按不同方式（事件名、时间、状态等）显示事件。

在操作逻辑上，要符合用户的习惯，例如：

▶　操作最多的是查询事件和添加事件，删除、修改的操作相对少些；

▶　首先要看当天有哪些活动，然后会关心本周、本月的活动；

▶　日历软件以日历为中心，所以可以考虑在屏幕左边设计一个小区域，用于显示日历；

▶　最常用的功能放在最方便、最显眼的地方。

除此之外，设计规格说明书应符合业界标准和惯例，所以高层次的审查还要集中检查是否符合已有的标准和规范，包括国际标准、国内标准、行业标准、地方标准和企业自身定义的规范。

2. 低层次审查

低层次的审查，就是从细节进行逐字逐句的检查，包括文字、图形化的描述是否准确、精确、完整和清楚。例如，对说明书中所有的术语（terminology）仔细检查，看是否事先对这些术语有清楚的定义，不能用同一个术语来描述意义不同的对象，同一个对象也不宜用两个以上的术语去描述，力求保证术语的准确性，不出现二义性。设计规格说明书中不要使用不确定性的词，如"有时、多数情况下、可能、差不多、容易、迅速"等，而应明确指出事件发生或结果出现所依赖的特定条件。

概括起来，低层次审查设计规格说明书的主要事项如下。

▶　保持语句和段落的简短。

▶　采用主动语态，表达方式一致。

▶　是无错别字、语法正确和标点正确的完整句子。

▶　避免使用模糊、主观的术语。

▶　避免使用比较性的词，如提高、最大化、最佳化等。正确地说明，应该是定量地说明需要提高的程度。

10.4.3　界面设计的评审

用户界面的设计是软件系统设计的重要组成部分，特别是对于交互式软件系统，用户界面设计的好坏直接影响到软件系统设计的质量。一个优秀的用户界面应该是一个直观的、对用户透明的界面，用户在首次接触这个软件时就觉得一目了然，不需要多少培训就能够很快上手使用。目前流行的界面风格比较多，但无论哪种风格，用户界面设计应服从以下这些最基本的原则。

- ▶ **应遵守惯例和通用法则**。例如 Windows 应用程序，其界面设计自然要按 Windows 界面的规范来设计，应是包含"菜单条、工具栏、工具厢、状态栏、滚动条、右键快捷菜单"的标准格式。

- ▶ **具有独特性**。在符合界面规范的前提下，设计具有自己独特风格的界面也很重要。在商业软件流通中，独特性能够很好地起到潜移默化的广告效应。

- ▶ **必须保持一致性和规范性**。系统和子系统各部分的菜单、对话框、按钮等应有相同或相近的风格、形式，包括色彩、尺寸、初始位置、操作路径、提示用词等。

- ▶ **应有自助功能**。用户界面应提供不同层次的帮助信息和一定的错误恢复能力，方便用户使用。提示信息必须规范、恰当、容易理解。例如，提供详尽而可靠的帮助文档、在线帮助、视频 /Flash 指导等，用户在使用过程中可以随时查找到解决方法。

- ▶ **易懂、易用**。用户界面的形式和术语必须适应用户的能力和需求。界面上所有的按钮、菜单名称应该易懂，用词准确，能望文知意。理想的情况是用户不用查阅帮助文档就能知道该界面的功能并进行相关的正确操作。

- ▶ **符合美学观点并且比较协调**。界面布局、颜色和尺寸等应该适合美学观点，给人感觉协调舒适，能在有效的范围内吸引用户的注意力。

- ▶ **具有快捷键**。在菜单及按钮中使用快捷键，可以让喜欢使用键盘的用户操作快捷，而且与 Windows 应用软件中快捷键的设计是一致的。

- ▶ **具有错误保护功能**。开发者应当尽量周全地考虑到各种可能发生的问题，使出错的可能性降至最低。如果因应用程序出错而退出，意味着用户操作中断，前功尽弃，不得不费时费力地重新登录、重新操作，很容易使用户对软件失去信心。

10.5　系统部署设计的审查

　　系统部署设计的审查，是基于软件服务的质量目标，用来审查软件部署的目标、策略是否合理，是否得到彻底地执行。软件服务的质量目标会受到各种各样约束和因素的影响，对这些因素的分析，也是系统部署设计审查的任务之一，包括通过因果图分析方法确定影响因素和软件服务质量目标之间的关系，找出在软件部署上对软件服务的质量目标影响最关键的因素等。

　　系统部署设计的审查，着重是否服从和遵守部署设计的技术规范。该技术规范就是描述软件部署的体系结构所达到的服务质量（Quality of Service，QoS）技术指标，如性能指标、安全性等级、可靠性要求等，一般包含下列内容。

▶ 用户任务和使用模式分析，对不同的用户使用模式进行分析。

▶ 模拟用户与规划系统间交互的使用案例，如采用统一建模语言 UML 标准绘制使用案例图，以最终用户的视角说明操作的完整流程，为使用案例指定相对加权，加权最高的使用案例代表最常见的用户任务。

▶ 源自业务要求的服务质量要求，对不同使用模式的技术要求也不一样，应分别进行针对性分析。

技术规范就是软件部署规划的成果，将作为部署设计的输入。在技术要求阶段，可能还会指定作为随后创建服务级别协议（Service Level Agreement，SLA）的服务级别要求。SLA 规定是维护系统所必须提供的客户支持的条款，并且通常在部署设计阶段作为项目核准的一部分签署。

概念

▶ 软件部署是通过整合的、虚拟化的或逻辑化的资源和进程集中管理的，以便对所要运行的程序提供技术和环境的支撑，从而保证软件系统在部署到合适的运行环境中时能具有最优的、最可靠的性能表现，并能对用户和系统的各种数据进行有效的存储、备份和恢复等。

▶ 部署图（Deployment Diagram）展现了对运行时处理节点及其构件的部署。它描述系统硬件的物理拓扑结构（包括网络布局和构件在网络上的位置），以及在此结构上执行的软件（即运行时软构件在节点中的分布情况）。用部署图说明系统结构的静态部署视图，即说明分布、交付和安装的物理系统。

10.5.1　系统部署逻辑设计的审查

软件部署的设计和软件的系统或架构设计同时进行，软件部署设计分为逻辑设计和物理设计，两者相辅相成，构成一个完整的软件部署设计方案，从而最终保证实施的有效性。软件部署设计要完成下面的一系列任务。

▶ 构造软件系统的逻辑体系结构，包括软件系统的层次依赖关系。

▶ 将逻辑体系结构中指定的组件映射到物理环境，从而生成一个高级部署体系结构。

▶ 创建一个实现规范，该规范提供关于如何构建部署体系结构的初级详细信息。

▶ 创建一系列详细说明实现软件部署方案的计划，包括迁移计划、安装计划、用户管理计划、测试和验证计划等。

▸ 逻辑设计就是将系统的使用案例作为输入，确定实现解决方案所需的软件体系结构、组件及其之间的相互关系。

▸ 软件部署的物理设计，是部署方案的具体设计，将逻辑体系结构的组件映射成物理环境的设备，包括服务器、存储器设备、网络设备和其他硬件，从而创建实际可部署的体系结构。例如，在物理设计中，指定硬件服务器硬件型号和配置、安装的物理目录和备份目录、网络连接设备品牌和型号等，还包括确定实际物理环境所必需的负载测试、功能性和操作性测试。

开发逻辑体系结构时，不仅需要确定向用户提供服务的组件，还要确定提供必要中间件和平台服务的其他组件。基础结构服务的依赖性和逻辑层提供了两种执行此分析的补充方法。例如，在 Java EE 体系结构中，正是由 QoS、逻辑层基础结构服务依赖性构成了一个完整的三维体系。

▸ **系统服务质量**，如性能、可用性、可伸缩性及其他要素。

▸ **逻辑层**，基于软件服务的特性，表示软件组件组成的逻辑层次关系及其业务关系；逻辑层表示可被客户层访问的对象、业务和数据服务。

▸ **基础结构服务依赖性**。软件组件需要一套允许分布式组件间相互通信和交互操作的底层基础结构服务。

无论是 J2EE 体系结构还是 .Net 体系结构，都非常适合设计为多层体系结构。在多层体系结构中，服务根据其提供的功能放在不同层次中。每个服务都是逻辑独立的，并且可由同层或不同层的服务访问，如图 10-6 显示了企业应用程序的一个由"客户层、表示层、业务服务层和

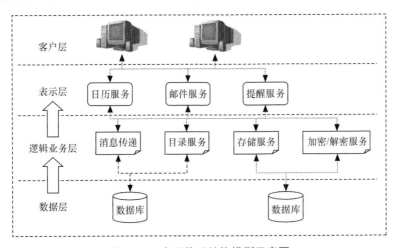

图 10-6　多层体系结构模型示意图

数据层"构成的多层体系结构模型。

在软件部署设计阶段，多层体系结构中的功能或服务层次有助于确定在网络中分配服务的方式，有助于确定体系结构中的组件之间所存在的访问或支持服务。多层体系结构的直观性有助于规划软件部署解决方案的可用性、可伸缩性、安全性和其他质量特性。

10.5.2　软件部署物理设计的审查

软件部署的最终目标是实现业务目标，所以软件部署设计的质量好坏，最终取决于对满足业务目标的能力评估。逻辑体系结构是确定分配服务最佳方式的关键，物理设计是在逻辑体系结构框架下展开并受其约束的。逻辑设计的审查在上面已经讨论过，下面着重讨论软件部署物理设计的审查，其主要考察的质量因素如下。

▶　服务级别协议。指定了最低性能要求以及未能满足此要求时必须提供的客户支持级别和程度，相当于物理设计的底线。

▶　QoS 要求。物理体系结构和逻辑体系结构有清晰的映射关系，从而达到性能、可用性、可伸缩性、可维护性等 QoS 目标。如系统从意外故障中恢复的过程，包括大规模故障和小规模故障的恢复过程。

▶　用量分析。有助于通过系统负载的使用模式来隔离性能瓶颈，开发出满足 QoS 要求的策略，以便用于物理设计中。尽管使用案例已包含在用量分析中，但评估部署设计时，应参考使用案例，确保任何案例中所揭示的问题在物理设计中得到了处理或解决。

▶　成本。在物理设计中，满足 QoS 要求的同时，应尽量降低成本。所以，有必要设计 2 ～ 3 个软件部署的物理方案，通过分析、比较，对资源优化，采用平衡策略，能够使之在业务约束范围内达到业务要求，并获得成本最优化。

软件部署的物理设计是一个反复进行的过程，通常要复查 QoS 要求和初步设计，考虑不同 QoS 要求之间的相互关系，让 QoS 和成本平衡以获得最佳的部署方案，如表 10-1 所示。

表 10-1　软件部署物理设计的审查列表

系统性质	说明
性能	对于将 CPU 集中分布在个别几台服务器上的性能解决方案，服务能否对计算能力加以高效利用？（例如，某些服务对可高效利用的 CPU 数量有上限）
潜在容量	▶　设计策略是否处理超出性能估计的负载？ ▶　对于过载，是采用垂直扩展的方式，还是以负载平衡到其他服务器的方式，或者以这两种方式兼用的方式进行处理？ ▶　在达到下一部署扩展重大事件点前，潜在容量是否足以处理出现的异常峰值负载？

续表

系统性质	说明
安全	是否对处理安全事务所需的性能开销给予了充分考虑？
可用性	▶ 对于水平冗余解决方案，是否对长期维护资源给予了充分估计？ ▶ 是否已将系统维护所需的计划停机考虑在内？ ▶ 是否在高端服务器和低端服务器之间求得了成本平衡？
可伸缩性	▶ 是否对部署扩展的重大事件点进行了估计？ ▶ 是否制订了可在达到部署扩展重大事件点前提供足够的潜在容量，来处理预测的负载增长的策略？
可维护性	▶ 是否在可用性设计中考虑了管理、监视和维护成本？ ▶ 是否考虑了采用委派管理解决方案来降低管理成本？

10.5.3　可用性设计的审查

可用性设计将考虑到系统整体的可用性降低或某个关键组件失效时所发生的情况，例如：

▶ 连接的用户是否必须重新启动一个新的会话；

▶ 一个区域内的故障对系统其他区域的影响程度。

在进行可用性设计验证之前，通过一个示例，可更好地帮助理解可用性的含义。

示例

　　Google Talk消息服务器的示例用于说明负载平衡的可用性策略。假定逻辑体系结构中每个组件（消息入栈/出栈、消息代理、消息存储、消息转发、语音处理等）都是双核CPU，4 GB内存。其服务质量要求如下。

　　▶ **可用性**：总体系统可用性应为99.99%（不包括计划停机），单个计算机系统故障不会导致服务故障。

　　▶ **可伸缩性**：在日常峰值负载情况下，任何服务器的使用量都不应超过80%，而且系统必须能够适应每年10%的长期增长速度。

　　为满足可用性要求，应为每个消息服务器组件提供两个实例，每一个都位于不同的硬件服务器上。如果一个组件的服务器发生故障，另一个组件可提供服务。两种可用性策略如下。

　　▶ 对所有关键的单个组件提供备份，分为主、从设备。在正常情况下，它们都可以正常工作，属于本地模式。

　　▶ 对一些提供7×24小时关键服务的系统，要设立异地备份，即系统之间互为主、从关系。两个独立的子系统互为备份。即使发生火灾、地震，这种策略还能保证系统的可用性。

在可用性方案中，配置比所需的资源要高，如 CPU 数量为原估计数量的两倍，这样的结果如下。

- 在一台服务器发生故障的情况下，另一台服务器提供处理负载的 CPU 能力。
- 对于在峰值负载下任何服务器的利用程度不超过 80% 的可伸缩性要求，添加的 CPU 能力可提供此保险余量。
- 对于适应年增长 10% 负载的可伸缩性要求，添加的 CPU 能力增加了潜在容量，在需要另外扩大规模之前可用于处理增长的负载。

软件部署的可用性设计主要通过下列 3 种方法——负载平衡、故障转移和备份机制来实现。

1. 负载平衡和故障转移

在多数情况下，负载平衡和故障转移可以一起考虑。例如，平行冗余的服务器可提供负载平衡和故障转移两种功能来提高可用性。最简单的一种情形是双服务器系统，一台服务器即可满足性能要求，另一台服务器则作为备份服务器。其中一台服务器发生故障时，另一台服务器立刻接受请求，继续提供 100% 的服务，但这种成本比较高。

为了降低成本，可以通过在两台服务器间分配性能负载来实现负载平衡和故障转移。如果一台服务器发生故障，所有服务仍然可用，但是性能只能达到完全性能的某个百分比。例如，为满足性能要求的单个服务器需要配置 10 个 CPU，这时每个服务器配置为 6 个 CPU，两个服务器为 12 个 CPU，正常运行（它们同时运转）时能保证 100% ～ 120% 的性能。当其中一台服务器发生故障时，另一台服务器提供 6 个 CPU 的计算能力，即满足 60% 的性能要求。

假如用 5 台双 CPU 服务器（5×2=10）来提供同样性能要求的软件服务，这时如果一台服务器发生故障，其余服务器可继续提供总计 8 个 CPU 的计算能力，达到 10 个 CPU 性能要求的 80%。如果在设计中增加一个具有 2 个 CPU 计算能力的服务器，实际得到的便是 N+1 设计。如果一台服务器发生故障，其余服务器仍可满足 100% 的性能要求。N+1 设计具有下列优点。

- 单台服务器发生故障时的性能得到提升。
- 即使不止一台服务器停机，仍然具有可用性。
- 可轮换将服务器停机，以进行维护和升级。
- 多台低端服务器的价格通常低于单台高端服务器。

如图 10-7 所示，主应用域通过多台 Web 服务器、两台应用服务器、两台数据库服务器等构成内部负载平衡和故障转移机制，通过主应用域（Domain 或集群，即 cluster）和备份应用域构成系统级别的异地故障转移机制。不过，增加服务器数量会使管理和维护成本大幅增加，而且还应考虑在数据中心服务器维护的成本。

2. 备份机制

备份机制主要应用于数据的可用性设计，包括文件备份、目录备份和数据库备份等。可用性设计的示意图如图 10-7 所示。备份机制也有多种策略，例如有单主备份和多主备份。如果采用单主备份，就为主数据库提供一个中心源，然后将该中心源分配到使用者副本中。如果采用多主备份，就会在多个服务器间分配主数据库，然后为每个主数据库配置副本。

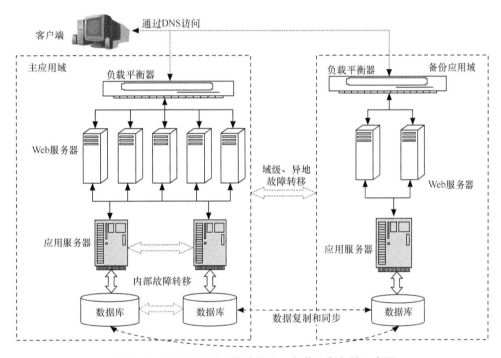

图 10-7　可用性设计（故障转移、负载平衡）的示意图

在多主备份中，一个或多个目录服务器实例管理主目录数据库。每个主数据库都有一个指定同步主数据库过程的备份协议，可被备份为任意数量的使用者数据库定期更新，而使用者的实例都按读取和搜索访问进行了优化，使用者接收的任何写操作都被引用回主数据库。多主备份策略提供了一个在更新主数据库时提供负载平衡、对目录操作提供本地控制的可用性策略。

3. 可用性设计验证所需信息

为验证可用性策略和设计，测试人员需要收集有关可用性的信息，主要有如下内容。

▶ 指定的可用性中有多少个"9"，99.9%、99.99% 或 99.999%？

▷ 故障转移情况下的性能要求是什么？如 1 分钟完成故障转移，或者故障转移的性能为原来的 60%。

▷ 用量分析是否区分高峰和非高峰使用时间？

▷ 地域考虑因素有哪些？

▷ 考虑可维护性、可伸缩性对可用性的要求？

▷ 是否存在单一故障点（Single-point Failure）？

在用户看来，可用性更多牵涉单个服务，并不总是整个系统。例如，即时消息传送服务不可用，通常情况下对其他服务的可用性几乎没有影响。但是，许多其他服务（如目录服务器）所依存的服务的不可用，会对其他服务产生较大影响。较高的可用性规范应该明确引用关键任务的特定使用案例和用量分析。根据一组有序的优先级列出可用性需求，对软件部署的可用性验证也是有帮助的。在进行可用性验证时，还应研究组件交互和用量分析，对组件进行逐个验证分析，以确定各个组件是否满足事先设计的要求。

不仅要验证是否满足 QoS 要求所需的资源，而且要对所有可用选项进行分析，通过分析每个设计决策中的平衡点，验证资源是否能被平衡利用，即确认是否为最佳解决方案——成本最低而又能满足 QoS 要求。例如，针对可用性进行水平扩展可能会提升总体可用性，但代价是需要增加维护和维修成本；针对性能进行垂直扩展可能会以经济的方式提高附加的计算能力，但所提供的软件服务对这些附加能力的使用效率不高。

概念：有关可用性的概念

▷ 单一故障点：没有备用的冗余组件的硬件或软件组件，而这些组件是重要路径的组成部分，即该组件出现故障会使系统无法继续提供服务。设计容错系统时，必须确定并消除潜在的单一故障点。

▷ 关键任务：任何时候必须可用的服务。例如，应用程序的数据录入和 LDAP 目录服务功能、远程会议系统的会议服务（预定、开会 / 加会等）功能等。

▷ 负载平衡：使用冗余硬件（如服务器集群）和软件组件来分流处理负载。负载平衡器（如 NetScaler LoadBalance）把对某个服务的任意请求引导至该服务的服务器集群中当前负载最小的某个服务器上。如果任一实例发生故障，其他实例可以承担更大的负载。

▷ 故障转移：涉及对冗余硬件和软件的管理，在任何组件发生故障时提供对服务的不间断访问并保证关键数据的安全。如 Sun Cluster 软件为后端组件管理的关键数据提供了故障转移解决方案。

▶ 集群系统：冗余服务器、存储器及其他网络资源相结合的产物，在群集中的服务器彼此间不间断地通信时，如果其中一台服务器脱机，群集中的其余设备会将该服务器隔离，并将故障节点上的任何应用程序或数据故障转移到另一节点。这一故障转移过程所需时间较短，几乎不会中断为用户提供的服务。

10.5.4 可伸缩性设计的验证

可伸缩性是指增加系统容量的能力，而且要求在增加系统资源时不改变部署的体系结构。在系统需求分析、设计阶段，系统容量的预测往往只是估计值，可能与部署系统的实际情况存在较大差异，所以可伸缩性设计验证也是非常重要的。

在软件系统的可伸缩性设计上有不同的策略，如高性能设计策略和渐增式部署策略。高性能设计策略在性能要求的确定阶段加入潜在容量，可使系统具有一定的缓冲时间来应付增长的负载。而渐增式部署策略，则会基于负载的要求以及评估，事先明确系统扩展的条件以及条件可能达到的时间，对每一个重大的系统扩展特定日期 / 时间有一个估计和安排，从而建立部署的整个日程表。相对来说，高性能设计策略可使系统达到高可用性，从容地制订系统扩展的方案，但其一次性预算较高。

对用户设计模式的分析，可以预估系统的负载情况。系统的可伸缩性设计和用户、用量分析有直接的关系，更确切地说，系统的可伸缩性是建立在用户、用量分析基础之上的。用户、用量分析项目列表如表 10-2 所示。

表 10-2　用户、用量分析项目列表

主题	说明
用户数量及类型	确定解决方案必须支持的用户数量，并在必要时对用户进行分类。例如："企业对企业（B2B）"解决方案的访问用户数比较少，但每个用户访问时间长，对性能、安全性要求高；"企业对消费者（B2C）"或"消费者对消费者（C2C）"解决方案一般会有大量访问者，操作量大、数据大，而且区域分布也比较明显
活动和非活动用户	确定活动和非活动用户的使用模式和使用比率。活动用户是指登录系统并与系统的服务进行交互的用户，系统的运行或操作性能主要关注这类用户。而非活动用户则对数据库、数据查询、存储需求影响较大
管理用户	确定用户对系统访问的权限和范围，从而对软件部署进行监控、更新和支持的用户，包括安全性技术要求和特定的用户管理模式（例如，从防火墙外部管理部署）
使用模式	确定各类用户如何访问系统，并提供预期用量目标。例如：是否存在因用量高涨而产生的高峰期？持续时间是多少？正常业务时段和非正常业务时段的分布和区别或7×24不间断服务？用户是否呈明显的区域分布？
用户增长	确定用户群体规模是否固定，如果用户数量具有不断增长趋势，要进行预测并增加预测值

续表

主题	说明
用户事务	确定必须支持的用户事务类型，可将这些用户事务转化为使用案例。例如：用户登录后是否保持登录状态？是否频繁登录、注销？用户登录后，会执行哪些任务？有什么关键业务？用户之间的重要协作是否通过公共电子日历、Web 页面或会议等来实现？
用户/历史数据	利用现有用户研究和其他资源来确定用户行为模式。应用程序过去记录下来的日志文件可能会包含一些有用的统计数据，对估量会有较大帮助

10.5.5　安全性设计的验证

软件服务，多数都依赖于互联网。基于互联网的企业应用（尤其电子商务），其安全性设计和审查是至关重要的，包括安全政策和安全目标。软件系统的安全性涉及物理安全、网络安全、应用程序及数据安全、个人安全惯例等不同方面，但从安全性设计来看，主要对网络安全、应用程序及数据安全等进行审查和验证。

▶ 网络安全的审查，主要针对防火墙、安全访问区、访问控制列表和端口访问的设置进行，以确认是否已建立有效的策略，并防止未授权访问、篡改和拒绝服务（DoS）攻击。

▶ 应用程序及数据安全的验证，主要确认针对密码、加密、认证、访问权限和控制等的策略是否有效，是否存在安全漏洞。

对于特定的应用系统的安全要求，只有在明确了安全要求、目标的情况下，才能建立适当的、可靠的安全政策。例如，为 Web 环境建立安全目标时，应该考虑如下几个方面。

▶ 保护公司知识产权。

▶ 保护个人信息。

▶ 客户、合作伙伴、供应商等各方信息的分离。

▶ 财务交易的安全性。

▶ 建立对 Web 环境的信任。

▶ 致力于提供一种愉快而且安全的 Web 体验。

10.6　代码评审与静态分析

正如 10.1 节所述，代码评审常常采用互查（Peer Review）方式，结对编程（Pair Programming）可以看作是互查的一种特别的实例——两个程序员在一个计算机上共同工作，其中一个程序员编写代码，而另一个程序员关注并审查所输入的每一行代码。有研究发现结对编程会使得缺陷率降低15% 到 50%，整个开发效率并没有降低。而对关键代码，则采用会议评审（Inspection）方式进行。

代码评审不仅能保证代码算法的逻辑正确性、一致性和高效，而且可以提升代码的可读性，如代码命名规范、风格一致、有清楚的注释。通过代码评审，一般能发现下列问题。

▸ 代码结构问题：重复代码、方法和类太大、高耦合、扩展性差等。

▸ 实现问题：缺少错误操作或异常数据的保护、资源泄漏、线程安全等。

▸ 不规范、可读性差：有些代码没有缩进、缺少一致的命名规则等。

每个软件公司或开发团队都应该有自己的编程规范，并建立了相应的代码评审检查表。这种检查表依赖于代码缺陷模式——之前所有发现的代码缺陷的总结、提炼或抽象，这其中有一些是共性的模式，具有良好的参考价值，如内存泄露、空指针错误、数组越界、缓冲区溢出、跨站脚本攻击、并发冲突造成死锁等模式。一旦这些代码缺陷模式能够很好地借助规则集、模型、解析树、形式化方法等方法描述出来，我们就可以开发相应的工具，从而完成对源代码或字节码的静态分析。例如，静态分析工具 PMD，可以检查、分析 Java 源程序代码，发现其中的问题，包括未使用的变量、空的抓取块、不必要的对象、类名首字母没有大写、太短的变量命名、操作数在判定表达式里赋值等，如图 10-8 所示。而另一款静态代码检查工具 FindBugs，则是对 Jar 包（Java 的字节流）进行分析，将字节码与一组缺陷模式进行对比以发现可能的问题，

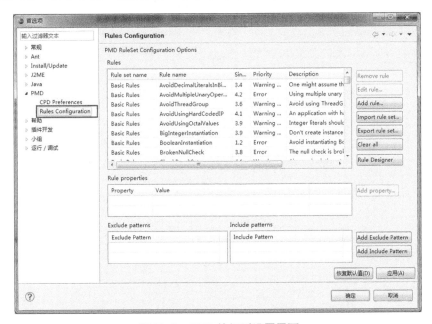

图 10-8 PMD 的规则设置界面

包括空指针引用、无限递归循环、死锁等。目前 FindBugs 的检测器已增至 300 多个，涉及不良实践（Bad practice）、多线程正确性、性能、安全、代码国际化等不同类型的问题，如图 10-9 所示。

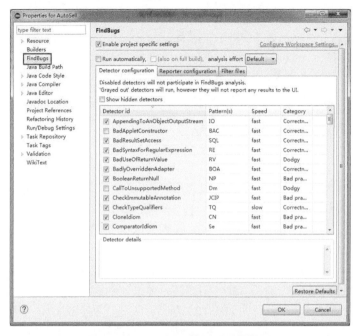

图 10-9　FindBugs 检测项设置界面

除了发现代码缺陷这类静态分析工具，还有一种代码风格检查工具，如 Java 的 CheckStyle。CheckStyle 能够自动地检查代码风格，包括 Javadoc 注释、命名约定、标题、Import 语句、体积大小、空白、修饰符、代码块、类设计、混合检查等，问题选项、严重性（warning、error 等）等可以配置，并决定其是否触发通知（notification），如图 10-10 所示。

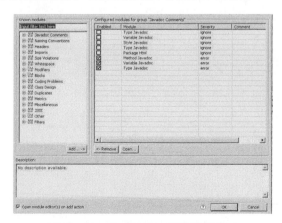

图 10-10　CheckStyle 配置检查规则

10.7 小结

引入静态测试，从需求评审开始，将软件测试扩展到整个开发生命周期，包括设计评审、代码评审。静态测试还可以进一步延伸到产品评审（Product Walkthrough），类似敏捷的 Sprint Review，开发人员、测试人员可以和产品经理或业务人员一起，浏览已实现的产品功能特性，检查是否真实反映了之前的产品定义、用户的需求。但测试计划、测试用例、测试脚本的评审，不能算静态测试，虽然这些工作也很重要，能更好地保证测试自身工作的质量。

软件设计评审可以分为测试架构设计、详细设计（如 UI 设计、功能规格说明书）、部署设计等不同内容的设计，即采用分层评审和整体评审相结合的方式，经过整体评审到分层评审、从高层评审到低层评审，确保评审的深度，又能确保评审的一致性。而系统部署设计的审查，是基于软件服务的质量目标审查软件部署的目标、策略是否合理、是否得到彻底的执行、是否服从和遵守部署设计的技术规范、是否满足 SLA 所规定的服务级别要求的，侧重检查可用性、可伸缩性和安全性等设计。

第 11 章

全程性能测试：持续优化

什么是性能测试，大家都比较清楚，虽然在性能测试上，大家的理解也不一定一致。例如人们通常将负载测试、压力测试、容量测试都并入性能测试，但有些人不同意，认为负载测试只是一种方法，可以用在性能测试上，也可以用在稳定性、可靠性测试上。压力测试常常就用于可靠性测试，以空间换时间，但压力测试也能发现内存泄漏这样不利于性能的问题。而在如何进行性能测试上，大家的差异就更大。

▶ **少数**测试工程师把主要精力放在熟练使用性能测试工具之上，认为工具用好了，性能测试就没问题了。这是不成熟的表现。

▶ **合格的**性能测试工程师明白这样的道理，仅仅熟练使用工具是不够的，还需要理解业务，了解哪些业务是关键的，并基于业务去设计负载模式等，并认识到要善于进行结果分析，能分析出有没有性能问题，如果有，那么问题在哪里。

▶ **优秀的**性能测试工程师，从项目启动时就关注性能，准确地说，就关注性能需求是否明确、合理、可测，然后关注系统架构的设计，在设计中是否很好地考虑了性能需求。在性能测试之后，还关注性能的调优，产品上线后还进一步监控系统性能的实际表现。这还没有结束，根据开发性能调优之后或产品上线后的日志分析，再开始一个新的循环。他们始终认为性能就是在不断测试、分析、调优、监控的过程中，持续优化的过程。

这章就是为想成为优秀的性能测试工程师而写的，强调全生命周期的性能测试。先了解常见的性能问题，从而切入系统的性能需求分析，然后基于系统性能需求和产品结构、业务特点，完成性能测试的设计和执行，最后强调持续的性能调优。基于系统性能需求，针对系统架构设计和代码等评审以发现性能的问题，这在上一章已做了介绍。另外，性能测试也不局限于系统级别/层次的性能测试，单元/模块、接口的性能测试也是有必要做的，但由于篇幅有限，本章也不做讨论。

11.1 常见的性能问题

系统会出现各种性能问题，例如打开页面越来越慢、查询数据时很长时间才显示列表等，系统之所以不能满足性能要求，一般是系统内部出现问题，也说明系统存在或多或少的设计、算法实现等问题。软件系统因采用不同的软件技术、不同的平台、不同的架构或不同的算法等引起的性能问题是不一样的。这里仅仅列出系统中常见的性能问题，包括内存溢出、应用终止、服务器宕机等严重问题。

- **资源泄漏**，包括内存泄漏。系统占用的资源（如内存、CPU 等）随着运行时间的不断增长，而降低了系统性能。系统响应越来越慢，甚至系统出现混乱。只有重启系统才能恢复到最初水平。这类问题产生的主要原因是有些对象（如 GDI 使用、JDBC 连接等）没有及时被销毁、内存没有释放干净、缓冲区没有回收等。

- **资源瓶颈**，内部资源（线程、放入池的对象）变得稀缺。随着负载增加，系统越来越慢甚至系统挂起或出现异常错误。这类问题产生的主要原因是线程过度使用或资源分配不足。

- **CPU 使用率达到 100%、系统被锁定等**。代码中可能存在无限循环、缺乏保护（如对失败请求不断的重试）等问题，对网络应用系统，问题常常出现在数据库服务器上，如频繁对数据库存取、未使用连接池或者连接池配置参数不当、单个 SQL 请求的数据量过多、没有使用高速缓存等。

- **线程死锁、线程阻塞**等造成系统越来越慢，甚至系统挂起或出现异常错误、系统混乱局面等。这可能是由程序对事务并发处理上的错误、资源争用引起锁阻塞和死锁等引起的，例如线程获得顺序的算法不对而造成死锁、线程同步点上备份过多而造成通信阻塞等。

- **查询速度慢或列表效率低**，主要原因是列表查询未使用索引、过于复杂的 SQL 语句、分页算法效率低等；也可能是查询结果集过大或不规范的查询，如查询全部字段而不是所需字段、返回全部的数据等。

- **受外部系统影响越来越大**，最终造成应用系统越来越慢。主要原因有向后端系统发出太多的请求、页面内容过多、经第三方系统认证比较复杂、网络连接不稳定或延迟等。

11.2 如何确定系统的性能需求

当某个在线订单系统发布之后，用户感觉系统不能及时响应自己的操作请求，抱怨系统的性能低下。公司研发老板就责问测试经理，性能测试有没有执行？是如何测试的？测试经理无奈地辩解道，当时没有拿到性能测试的需求，因为在产品需求文档中没有具体的说明性能指标，测试人员也不清楚系统应该具有什么样的性能，所以只简单地做了压力测试。

虽然这样的辩解是不对的。如果当初项目经理没有提出性能测试需求或者产品需求文档中没有具体的说明性能指标，测试组还是有责任及时提出问题的。但不管怎么说，一个系统仅仅通过了功能测试就发布出去，是很危险的，还必须考虑非功能性测试。其次，仅仅知道要实施性能测试还远远不够，首要任务就是明确系统性能的需求。

11.2.1　明确性能测试的基本目标

首先明确为什么要做性能测试。做性能测试，不仅仅是为了发现性能瓶颈的问题，而且还有其他的目的。例如，通过性能测试是获取系统的性能指标，特别是系统的第一个版本，研发团队也不清楚系统的性能能达到怎样的水平，这时进行的性能测试，其目标是获得系统标准配置下有关的性能指标数据，作为将来性能改进的基准（baseline），所以这种测试称为"**性能基准测试**"。下一个版本研发时，我们针对性能要求，就可以提出相关性能指标要改善 30% 以上。到了下一个版本，性能指标就明确了，这时通过性能测试来验证系统是否达到系统所要求的性能指标。多数的性能测试是基于这个目标去做的（即**性能验证测试**）。如果系统的性能达不到更高的性能指标要求，系统的性能就需要优化。这时就可能去识别、分析哪个服务或哪个组件运行时占用了更多的系统资源、哪个环节花费了更多的时间、哪个算法太耗费计算资源（如 CPU、GPU 等）、哪个地方出现了内存泄漏……要更快地找出性能瓶颈，一般会加大负载、甚至将负载一直增加上去，达到极限负载，这类性能测试也可以称为"**压力测试**"。有时，在不断加载的过程中，一旦系统出现拐点（从量变到质变），系统可能就会出现崩溃。通过压力测试，一方面可以了解多大负载情况下系统会崩溃，或者说，哪些计算或组件是导致系统奔溃的主要原因；另一方面，在这个过程中也能确定系统在正常工作情况下，系统能承受的最大负载，这就是通常所说的"**容量测试**"。

系统的性能好坏，不仅取决于软件自身的设计与实现，也取决于软件运行所依赖的硬件、网络环境。为了达到系统的性能指标要求，就需要调整系统的硬件配置，如增加服务器或服务器集群来达到更高的性能。这时，会在不同配置的情况下，来测定系统的性能指标，从而决定在系统部署时采用什么样的软、硬件配置，这就是系统的"**性能规划测试**"，系统运维部署规划及其配置则依赖于性能的规划测试数据。通过这种测试，也可以验证系统是否具有可伸缩性。如果系统具有良好的可伸缩性。就可以通过增加系统的硬件配置（如增加服务器、带宽等）来扩展系统的容量、服务能力。性能规划测试过程中，也可以验证系统的可伸缩性。概括起来，性能测试是出于以下几个目标之一 或 其中多个目标而进行的。

▶　获取系统性能指标，作为性能指标的基准。

▶　验证系统性能指标是否达到要求。

▶　发现系统的性能瓶颈、内存泄漏等问题，如渗入测试、峰谷测试等。

▶ 系统正常工作情况下的最大容量。

▶ 帮助系统运维部门更好地规划硬件配置。

▶ 验证系统是否具有良好的可伸缩性。

▶ 借助大负载、极限负载，完成系统稳定性测试，即压力测试。

11.2.2　关键性能指标分析

在进行系统性能测试之前，一定要清楚地知道系统的性能需求。当然，不能过于简单或过于模糊地描述性能需求，例如，"系统性能好、反应速度快"这样的描述非常含糊。系统性能的需求必须通过具体数据进行量化，如系统在 3s 内做出响应、系统在 1min 内能接受 500 个请求等，这样的性能需求描述就会清楚些，这就是人们经常所说的性能指标。性能指标一旦量化，就可以度量，才具备可测试性（可验证性），即能确定系统的性能是否符合设计的要求、是否符合客户的需求。一般的性能验证测，需要明确而量化的性能指标。如果我们开发的是一个全新的应用系统，无法确定具体的性能指标，可以通过前面说的"基准测试"获取性能指标数据，也可以从业务、用户体验来定义性能指标数据。

【例11-1】业务要求支持2亿用户，每天支持2000万次交易量，交易响应时间要求在1s之内。

▶ 这样的业务要求，如何转化为性能测试可以验证的技术指标呢？

▶ 业务要求支持 2 亿用户，数据库需要有这个量级的记录，从大数据量来测试数据库查询性能，同时按 1% 用户会在线，意味着 2 亿用户会有 200 万在线用户。

▶ 每天支持 2000 万次交易，按交易分布时间，主要集中在早上 8 点到凌晨 2 点，总共正常交易时间是 18h，折算成每秒需要完成多少次交易，即 20 000 000/（18 × 60 × 60）=309 次交易 /s。

▶ 高峰期间处理能力要求是平均值的 3 倍，即系统吞吐能力为 930 次交易 /s。

▶ 本地交易响应时间正常要低于 1s，在高峰期或跨行交易的，时间可以高于 1s，如 3s 之内。

▶ 正常交易成功率 100%，在高峰期也不能低于 99.9% 等。

一组清晰定义的预期值是有性能测试的基本要素，如果不能获得有意义的、准确的性能指标预期值，将无法验证系统是否满足性能要求。如何定义系统的性能指标呢？一般可以从最终用户、业务、技术和标准等某个方面获得足够的信息和数据，然后定义所需要的性能指标。

▶ **最终用户的体验**，例如 2-5-10 原则，即当用户能够在 2s 以内得到响应时，会感觉系统速度很快；在 2s 和 5s 之间得到响应时，用户感觉系统的响应速度还不错；在 5s 和 10s 之间得到响应时，用户会感觉系统的响应速度慢，但还可以接受；而超过 10s 后仍然无法得到响应时，用户感觉不好，不能接受。

▶ **商业需求。**一个基本的商业需求就是软件产品的性能"比竞争对手的产品（竞品）好，至少不比它的差"。从这个需求出发，了解竞争对手产品的处理能力、等待时间、响应速度、容量，从而定义自己产品的相应的性能指标预期值。如果从经济成本考虑，性能只要比竞品高 10%～30% 就可以，不用高得太多（如 50% 以上），除非竞品的性能很差。

▶ **技术需求。**从技术角度看系统的性能，例如，当服务器 CPU 使用率达到 80% 时，客户端的请求就不能及时处理，需要排队等待，自然会影响用户的体验。所以，从技术角度看，需要定义一个性能指标，即 CPU 使用率不超过 70%。

▶ **标准要求。**有些国家标准或行业标准定义了某些类别的软件的性能指标，相应的软件须遵守这些标准。

依据上述 4 个方面的需求，经过综合分析，可确定一个软件系统所必须满足的性能指标。要给出可度量、清晰的性能指标，一般通过下面几个方面去确定具体数据项的值。

▶ **时间上的体现，**如客户端连接时间、系统的响应时间、单笔业务的处理时间、页面下载时间等。

▶ **容量，**系统正常工作时所能承受的最大负载等，如访问系统的最大并发在线用户数、数据库系统中最大记录数、一个远程会议系统可以接受的最多与会人数等。这里强调正常工作时的负载量，不是指在无法正常运行或运行速度低于客户预期时的最大负载，那种情况下的最大负载没有多大意义。

▶ **数据吞吐量，**系统单位时间内处理的数据量，如每秒处理的请求数、每分钟打开的页面数、每秒传递的数据包量等。

▶ **系统资源占用率，**例如内存占用必须少于 50M，CPU 不能超过 70% 等。

概念解释：常见的性能指标

▶ 系统 / 事务平均响应时间（Average System/Transaction Response Time）
▶ 事务 / 交易处理效率（Transactions Per second，TPS）
▶ 页面浏览量（Page View，PV）：用户向服务器发送请求，服务器处理这样一次真实的请求
▶ 连接时间（Connect Time）
▶ 发送时间（Sent Time）
▶ 处理时间（Process Time）

- ▶ 页面下载时间
- ▶ 吞吐率（Throughput），即每秒服务器处理的 HTTP 申请数
- ▶ 每秒点击次数（Hits Per Second）
- ▶ 每秒 SSL 连接数（SSLs Per Second）
- ▶ 内存和 CPU 使用率

......

正所谓响应时间是用户的关注点，容量和数据吞吐量是（产品市场团队）业务处理方面的关注点，而系统资源占用率是开发团队的技术关注点。例如，针对 Web 应用系统，可以根据系统的在线用户数、数据吞吐量和响应时间等来定义系统性能指标，具体描述如下。

1000 个在线用户按正常操作速度访问网上购物系统的下定单功能，下定单交易的成功率是 100%，而且 90% 的下定单请求响应时间不大于 5s；当并发在线用户数达到 1 万个以上时，下定单交易的成功率大于 98%，其中 90% 的在线用户的请求响应时间不大于用户的最大容忍时间 30s。

11.2.3 关键业务分析

系统出现问题，看似整个系统不能正常工作，实际上往往是系统某个环节出了问题。或换句话说，如果系统在一些业务功能上不出现性能问题，系统就不会出现性能问题，那么这些业务功能就是关键业务功能。

一般来说，系统的功能使用频率是不均匀的。例如，根据帕雷托法则（Pareto Principle），20% 的功能是最常用的功能，用户 80% 的时间使用它们，这些功能是性能测试需要关注的，而另外 80% 的功能则不需要关注。在性能测试中，首先要了解哪些功能是用户最常用的，例如，对于一个网上购物网站，首页是用户访问必经之地，肯定是用户访问最多的页面之一，其次，进来以后就要搜索自己喜欢的商品，输入关键字之后，相关产品就列出来，然后就会根据人气、信誉、价格等排序。所以，对一个网上购物网站的性能测试，"打开主页""商品搜索""排序"等操作会被选择。

但不仅仅看操作的使用频率，还要看这个业务操作计算量如何、是否耗时，对系统资源的需求，对资源需求消耗越多，对系统的性能影响越大。主页对未登录的用户都是相同的，而且只有一页，因此这个页面就可以存储在服务器高速缓冲中。从这个角度看，主页虽然是访问率最高的，但性能问题和软件系统关系不大，而只取决于服务器端端口的网络带宽。再看一个例子，95% 的客户搜索商品，只有 5% 的客户才提交订单、完成支付，交易量虽小，但订单要关联较多数据、进行数据读写，支付会涉及外部接口，而外部接口、数据库访问往往可能成为系

统的性能瓶颈，外部接口也不受我们的控制，数据库往往需要对硬盘的数据读写。借助高速缓存，能够大大缓解对硬盘的数据读写，但数据库设计不好的话，数据库的访问依旧是性能测试关注的焦点。所以，"提交订单""付款"也是关键业务。

这些关键业务流程的操作被设计为性能测试用例，系统性能测试脚本就会基于这些测试用例来进行开发。

11.3　如何完成性能测试的设计

在确定了性能需求（包括性能指标、关键业务）之后，需要设计性能测试方案。例如，如何进行加载？一次模拟多少个用户？加载多长时间？每隔多少时间发出一个请求？要监控哪些系统资源？这些都是系统性能测试必须要考虑的。这里是性能测试场景的设置，最终也会转化为性能测试脚本。所以，在性能测试方案设计中，要完成负载大小、负载模式、应用场景、验证点的设计。

11.3.1　如何模拟用户操作

性能测试，可能有这样一些业务需求，如每秒 20 次点击（Hits Per Second）、每秒处理 5 个事务（Transactions Per Second）、每分钟下载 50 个页面（Pages Per Minute）、达到虚拟并发用户数 500 个等。那么，如何借助工具模拟用户操作来对系统进行加载模拟用户的行为呢？例如，当一个用户使用一个系统的 Web 服务时，单击按钮、提交一个表单，实际上，就是向 Web 服务器发出请求、发送数据。我们就可以利用测试工具不断向用户发出请求，这就可以看作对服务器施加的负载。工具所模拟的用户，不是真实用户，可能就是为服务器连接所创建的一个进程或一个线程，所以称为虚拟用户。可以按以下两种方式模拟虚拟用户。

▸ **按进程方式模拟虚拟用户**。一般来说，一个进程模拟一个用户，有多少个用户就有多少个进程，而每个进程会占用一定的资源，所以一负载生成器只能生成较少的虚拟用户。缺点是这种方式会占用较多的资源，优点是模拟过程相对稳定。

▸ **按照线程方式模拟虚拟用户**。一般来说，每个虚拟用户由一个线程来完成模拟，每 30 ~ 50 个线程（用户）共享一个进程（一个内存段），这就节省了大量内存空间，从而可以在一个负载生成器上产生非常多的虚拟用户。缺点是不够稳定，因为线程的资源是从进程资源中分配出来的，线程 a 要用资源就必须等待线程 b 释放，而线程 b 可能在等线程 c 释放资源……，这样就容易出现问题。

同一个时间所产生的虚拟用户数（Virtual User，VU），就是我们常说的同时在线的用户数、并发连接数。并发连接数（虚拟用户数）越多，负载就越大。

每次请求就是客户端向服务器发送数据包，发送的数据包越大，给服务器带来的压力就大，服务器需要花更多的时间来处理它。所以，每次请求的数据量（Request Per Second, RPS）也是要考虑的重要因素，即测试时请求数据量越大，意味着系统测试负载就越大。

不论是进程还是线程来模拟虚拟用户，都需要更贴近用户的行为。例如，用户在不同的操作之间会有所停顿，一群老年人操作比较慢，给服务器的压力就小；一群年轻人操作很快，给服务器的压力就大。这间隔时间可以理解为思考的快慢，所以它被定义为思考时间（Think Time）。例如，在相同的并发用户数的情况下，每秒发出 1 个请求和每 10 秒发出 1 个请求，负载差别挺大的，以 100 个并发连接数（虚拟用户数）和一分钟单位时间计算，前者发出的请求是 6000 次，后者发出的请求是 600 次，前者带给系统的负载是后者的十倍。所以，负载可以定义为并发用户数（Concurrent Users），即

$$并发用户数 = 并发连接数 + 请求数据量 + 思考时间$$

11.3.2　如何有效地模拟加载过程

上面让我们准确地理解了什么是负载，负载就是并发用户数。那么，这个并发用户数如何加载到服务器上？即需要回答下列问题。

▶　如何启动负载？

▶　每次增加多少负载？

▶　如何将负载加到最大负载？

▶　负载持续多长时间？

▶　是否需要重复？

▶　如果重复，需要几次？

这就是负载模式，由"启动""持续进行"和"结束"3 项构成，如图 11-1 所示。

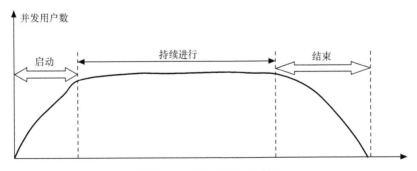

图 11-1　场景三部曲示意图

▷ **启动**（Ramp up），虚拟用户如何进入测试现场，如是同时加载所有虚拟的并发用户还是分阶段逐渐加载用户？如一次加载 100 个虚拟用户或每 2s 加载 5 个用户，近 40s 完成 100 个虚拟用户的加载。

▷ **持续期间**（Duration）：到达最大负载后，继续运行多长时间？

▷ **结束**（Ramp down）：和启动相对应，如在某个时刻全部停止所有虚拟用户的操作，或分阶段逐渐减少用户，如每 2s 减少 10 个用户，逐步减少直至所有虚拟用户的退出。

在此基础上，有时还要进行多次循环，如 10 次循环，即启动负载、持续一段时间直到结束，再启动负载、持续一段时间直到结束，重复 10 次。例如，在工具 JMeter 中为每个负载测试设置线程数、启动周期（Ramp-up Period）和循环次数等参数的值，如图 11-2 所示。线程数相当于并发用户数，而启动周期是所有线程启动所需的时间。例如，线程数 30、启动周期是 120s，则连续两个线程之间的时间是 4s。这 4s 就相当于上面所说的"思考时间"。图 11-2 中所设的思考时间是 40ms（Ramp-up period/ 线程数 = 2s/50 = 0.04s）。

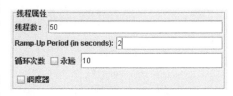

图 11-2　JMeter 中负载设置参数界面

设计不同的加载方式是为了能够更合理地模拟加载过程，达到性能测试（包括性能基准测试、压力测试、容量测试等）的预期效果——系统实际运行时所受到的真实负载。虽然这种模拟不可能和现实情况完全吻合，但基本能满足测试的要求。以并发用户数为例，如图 11-3 所示，最常见的加载模式（workload model）有 4 种。

① **一次加载**。一次性加载某个数量的用户，在预定的时间段内持续运行。例如，早晨上班，用户访问网站或登录网站的时间非常集中，基本属于扁平（Flat）负载模式。获取某种确定负载下的性能指标数据，一般也采用这种加载模式。

② **递增（递减）加载**。用户有规律的逐渐增加，每秒或每几秒增加一些新用户，交错上升，这种方式又被称为 ramp-up 模式。在容量测试、破坏性压力测试（发现性能拐点、确定负载极限）中，一般选用这种加载模式。

③ **高低突变加载**。某个时间用户数量很大，突然降到很低，然后，过一段时间，又突然加到很高，往复多次。借助这种负载方式的测试，容易发现资源释放、内存泄漏等问题，这也是前面所说的压力测试中的"**峰谷测试**"。

④ **随机加载方式**，由随机算法自动生成某个数量范围内变化的、动态的负载，这种方式可能是和实际情况最为接近的一种负载方式。虽然不容易模拟系统运行出现的瞬时高峰期，但可以模拟处在比较长时间的高位运行过程。

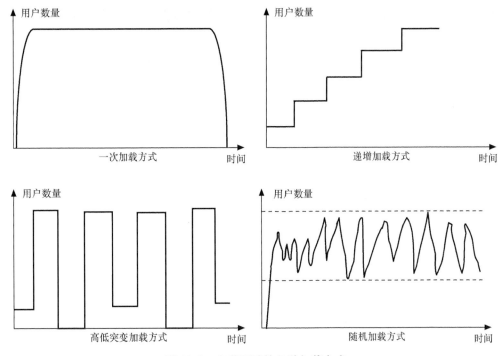

图 11-3　负载测试的几种加载方式

例如，Micro Focus Silk Performer 具备 6 种负载模式——稳定状态（Steady State）、递增递减（Increasing）、动态调节（Dynamic）、全天设定（All Day）、模拟队列（Queuing）和验证（Verification）等，其设置界面，如图 11-4 所示。

其中稳定状态相当于一次加载（固定数目的虚拟用户），"递增"是上面的第二种模式。而另外 4 种模式，可以简单介绍如下。

▶ **动态模式**：在测试过程中，在预设的最大虚拟用户下，可以随时手动改变（增减）虚拟用户的数目，可测试不同的负载水平，比较灵活。

▶ **全天模式**：在测试的任何间隔时间指定不同的虚拟用户数目，且每个用户类型有不同的负载分布，类似于上面的第 4 种随机模式。这是最灵活的方式，支持复杂的长时间运行的测试场景，更贴近实际情况。

▶ **队列模式**：以事务活动的平均间隔为基础，按照指定的到达率调度相关负载。服务器（引擎）之间的负载测试可以采用这种模式。

▶ **验证模式**：在回归测试中，运行单个用户，进行功能组合的验证测试。

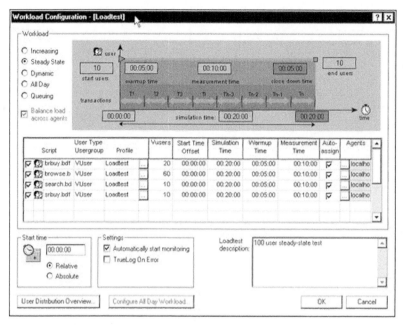

图 11-4　Micro Focus Silk Performer 负载模式设定界面

性能测试场景或负载模式可以依据业务模式变化、随时间段变化进行不同的设置，如分别为登录、搜索、订单提交、支付等设计不同的负载模式，也可以在一个长时间的压力测试中，不同的时段可以采用多种模式，如先采用递增加载模式，再采用随机加载模式，最后再采用高低突变加载模式。

11.3.3　如何实时准确地控制加载

如果要在测试计划中要求系统能够承受 500 个用户同时提交订单，即在某个特定条件下准确地做某种操作，要如何实现呢？这时就需要引入同步点（Synchronization Point），也称集合点（Rendezvous），就是当足够的虚拟用户到达同步点时才执行所设定的动作。如在上面所说的"提交订单"之前设置一个同步点时，当虚拟用户没有达到 500 个，负载测试工具可以让先达到这一点的虚拟用户暂时停下来，处于等待状态。一旦达到 500 个用户时，就立刻提交提单。同步点，就是用于同步虚拟用户恰好在某一时刻执行任务，确保众多的虚拟并发用户更准确、集中地进行某个设定的操作，以达到更理想的负载模拟效果，更有针对性地对某个可能存在性能问题的模块或子系统施压，以便找到性能瓶颈。

同步点也是相对的，不是绝对的。即使设定了同步点，500 个用户提交订单操作也无法在几毫秒之内完成，可能需要几十毫秒甚至几百毫秒时间才能完成。但如果不设置同步点，500 个用户提交订单操作可能在几秒甚至几十秒才全部完成。

同步点的设置也需要考量一些策略，如图 11-5 所示，LoadRunner 有 3 种策略，按所有虚拟用户的百分比、按所有正在运行的虚拟用户的百分比或绝对数来设置，一般选择中间项"Release when 100% of all running Vusers ……"。

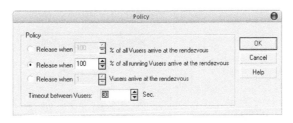

图 11-5　LoadRunner 中的集合点设置界面

11.4　如何执行性能测试

完成了性能测试分析与设计之后，接下来就是选择合适的工具、录制 / 开发性能测试脚本和性能测试监控、结果分析等。性能测试很难通过手动完成，而必须借助工具来执行测试。完成性能测试场景设计之后，选择合适的性能工具。谈到性能测试工具时，开源的性能测试工具主有 Apache JMeter、nGrinder、Multi-mechanize、Locust、Gatling、Tsung、Flood 等，而商业的性能测试工具主要有 MicroFocus LoadRunner、Silk Performer、IBM Rational Performance Tester、Empirix E-Test Suite、SmartBear LoadComplete、LoadUI NG Pro、Radview WebLoad、Dell Benchmark Factory for Database 等。

性能测试工具，首先能够模拟用户行为产生负载、产生大量的虚拟用户。其次是能够驱动、监控和管理整个性能测试过程，能够收集性能测试相关数据，并能处理前置条件和后置条件。以 JMeter 为例，如图 11-6 所示，性能测试工具常包含下列一些组件。

① 测试计划（Test Plan）作为 JMeter 测试元件的容器，组织和管理测试。

② 虚拟用户生成器（如线程组）：用于产生性能测试所需的虚拟用户。

③ 负载生成器（如采样器），基于虚拟用户的运行，以产生有效的、可控制的负载。

④ 控制器（如逻辑控制器、远程运行控制器等）：用于组织、驱动、管理和监控性能测试。

⑤ 分析器（如监听器），帮助查看、分析和比较性能结果。

⑥ 逻辑控制器定义发送请求的行为逻辑，如"循环控制器（循环次数）、if 控制器（条件）、ForEach 控制器、交替控制器、随机控制器"等，以控制请求的行为 / 序列。

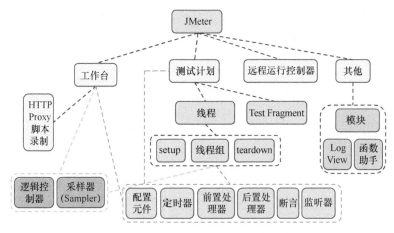

图 11-6   JMeter 各个组件构成示意图

⑦ 配置单元维护采样器需要的配置信息，并根据实际的需要会修改请求的内容。前置处理器常常用来修改请求的设置（如 HTTP cookie 管理、HTTP 信息头、HTTP 授权管理器、HTTP 请求默认值、HTTP 缓存管理器等），后置处理器则常常用来处理响应的数据。

⑧ 定时器（Timer）定义请求之间的延迟或间隔时间，如固定定时器、高斯随机定时器，还有同步（Synchronizing）定时器等。

⑨ 脚本录制，这里通过 HTTP 代理服务器或结合录制控制器共同完成。

JMeter 可以完成测试脚本的参数化、环境设置和清理等配置元件。JMeter 还有丰富的"断言"，可以用来判断请求响应的结果是否如所期望的结果。

1. 模拟系统负载能力

性能测试工具模拟用户行为产生负载，即能够产生服务器所需的数据，即产生符合某种通信协议（如 HTTP、FTP、TCP、JMS、LDAP、SMTP、SOAP、TCP 等）的数据包，并将这些数据发送给服务器。所以，模拟负载能力体现在性能测试工具能支持多少种不同的协议，例如，JMeter 能够支持 20 几种协议，通过采样器（Sampler）来实现，如图 11-7 所示。

2. 产生大量的虚拟用户

性能测试工具一般通过进程或线程来创建虚拟用户，如 JMeter 在 Test Plan 中建立线程组，然后输入相应参数，如线程数是 50，即模拟 50 个虚拟用户。为了能够模拟几千、几万并发用户数的负载，靠一台主机总是不够的，需要十几台甚至上百台机器，这时就应该有控制器或某台主机来管理其他测试机，构成分布式的测试环境。例如，JMeter 能够建立分布式的性能测试环境，有一台主机作为控制器（Master JMeter 或 JMeter Server），远程操作和管理一系列 Slave

JMeter（Remote Hosts，远程主机），这些远程主机产生负载，对被测服务器（系统）进行性能测试，如图 11-8 所示，这需要在 JMeter 配置文件 jmeter.properties 中设置"Remote hosts and RMI configuration"各项具体内容。

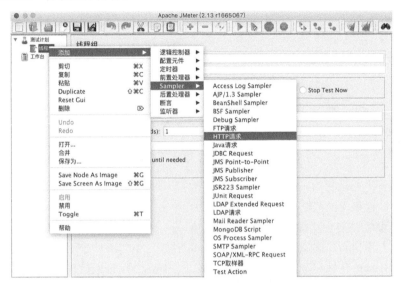

图 11-7　从 JMeter 采样器中选择所支持的协议

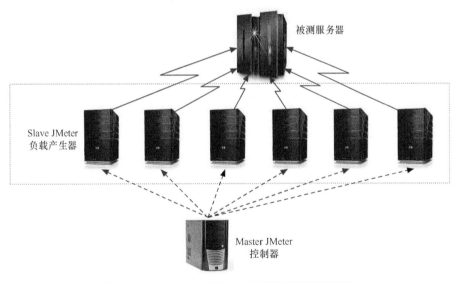

图 11-8　JMeter 构成分布式性能测试环境示意图

3. 性能测试脚本录制及其参数化

在性能测试执行前，还要完成测试脚本的开发。多数性能测试工具能提供脚本录制功能，然后测试人员在此基础上，针对录制的脚本，增加验证点、数据参数化处理和脚本结构重构等，包括用户变量定义、测试数据文件生成等。例如，JMeter 录制脚本的基本过程如下。

① 在测试计划下建立线程组，在线程组之下建立 HTTP 请求默认值、查看结果树，在 HTTP 请求默认值中"服务器名称或 IP"处填写要测试的 Web 网站域名，如 demo.testfire.net。

② 在"工作台"中添加"非测试元件"的"HTTP 代理服务器"，并进行相应的设置，如目标控制器选"测试计划 > 线程组"、分组选"每个组放入一个新的控制器"；设定包含模式、排除模式。

③ 在浏览器或网络中设置 Web 代理，然后启动 JMeter 的 HTTP 代理服务器，就可以录制 Web 上的操作了。

如果测试脚本是录制的，测试脚本中的用户名和密码都需要通过变量来代替原有的具体取值，而且需要创建和定义数据文件来存储一批用户名和密码的取值，以完成参数化的工作。测试执行时，脚本中变量会从数据文件中自动取值，完成登录。例如，如图 11-9 所示，在采样器"Java 请求"中，用户名、密码都改为变量"USER""PASS"，只是要写成 ${ USER }、${ PASS }，以区分其他正常字符。然后，增加配置元件"CSV Data Set Config"，如图 11-10 所示，完成其配置，相应的测试数据就保存在 CSVsample_user.csv 文件中。

在 JMeter 中，也可以添加配置元件"用户自定义变量（User Defined Variables）"来定义某些特定需求的变量，如 host、IP 等。还可以通过添加"前置处理器"中的"用户参数"来定义不同的用户取不同的值。

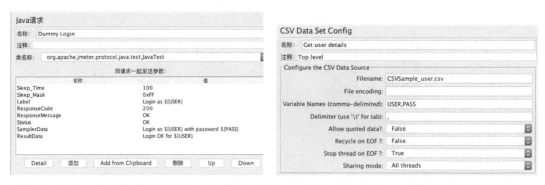

图 11-9　JMeter 在数据请求（负载）中变量定义示例　　图 11-10　JMeter 测试数据文件配置示例

4. 性能测试环境设置数

负载测试应尽可能模拟 SUT（被测系统）的实际运行环境——仿真环境，包括硬件环境（服务器、客户机等）、网络环境（网络通信协议、带宽等）、负载平衡器（如 Cisco AES，F5

BIG-IP Local Traffic Manager，NetScaler Loadbalance 等）、被测试系统的软件环境和数据等。即使不可能实现和真实环境一样的性能测试环境，也需要尽可能接近真实环境。只有接近真实环境的测试数据，才具有实际意义。

除了 SUT 环境部署，还需要部署性能测试机、性能测试管理服务器、监控机器 / 工具、控制器等。性能测试机往往是多台的，构成机器池，由远程控制器 / 服务器（如 Master JMeter）来控制和管理，测试管理服务器负责处理 / 分析由监视工具收集到的性能测试数据，最终形成测试结果的规范化展示，如图 11-11 所示。

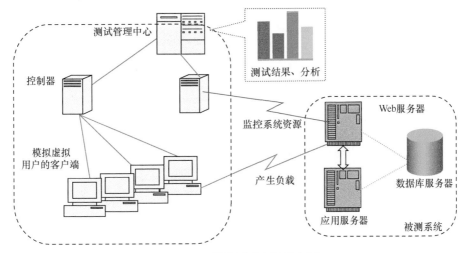

图 11-11　性能测试环境示意图

5. 驱动、监控和管理整个性能测试过程

性能测试，一般借助工具自动执行性能测试脚本、实时监控测试执行过程，获取性能相关指标数据（如响应时间、吞吐量、吞吐率、CPU 和内存使用情况等）。例如，在 JMeter 中能够创建不同的监听器（Listener），包括查看结果树、图形结果、分布图（Distribution Graph）、响应时间图（Response Time Graph）等。如借助"结果查看树"可以浏览性能测试执行的过程，如图 11-12 所示，左边窗口显示所有发送的请求，右边窗口显示某个请求的具体内容，包括原生的请求 / 响应数据（Raw）和已解析的数据（Parsed）。请求成功的话，左边显示带 √ 的绿色标志；如果失败的话，左边显示带 × 的红色标志，可进一步查看请求 / 响应的数据，从而分析问题出在哪里。

在性能测试过程中，也可以引入断言，判断在高负载下系统能否做出正确的响应，或者说高负载下系统业务处理的成功率有多高。例如，在 JMeter 中能够在关键操作下设置断言，包括常用的"响应断言"，如图 11-13 所示，以及 XML、HTML、xPath 等断言。

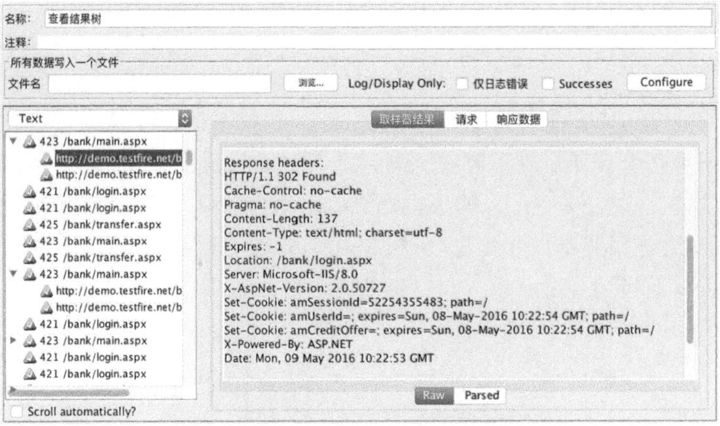

图 11-12　JMeter 结果查看树的截图

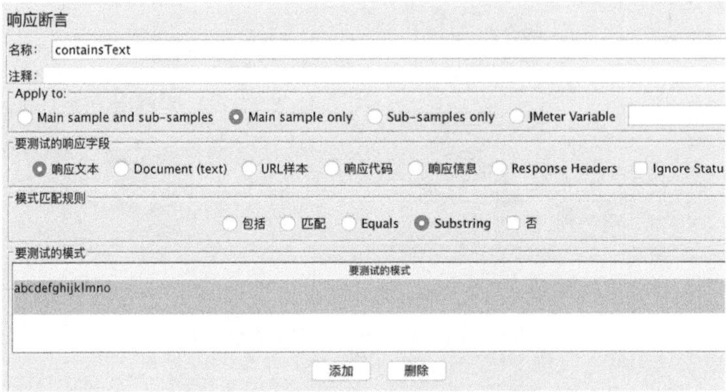

图 11-13　JMeter 响应断言设置界面

测试工具获得的响应时间是从客户端发送请求的时间到客户端收到服务器响应的数据包的时间，是客户端和服务器交互的总时间。从用户感受来看，这个性能指标是很有价值的。但是，如果系统性能很差，开发人员要分析性能问题，仅仅给出这个总时间，无法知道问题在哪里。这就需要将总的响应时间分解为客户端时间、DNS 时间、网络连接、请求处理、计算、内部通信、数据库存取时间等，如图 11-14 所示。这样性能监控往往是多层次的，需要获取网络、内部通信、处理和计算等各个环节的时间，从而有助于后面的性能结果分析，真正能够定位问题所在。

要获得这些数据，可以借助服务器端的操作系统命令来监视 Web 服务器、应用服务器和数据库服务器的运行状态、收集有关数据，如 Linux 的。

▶　top、htop：系统进程监控。

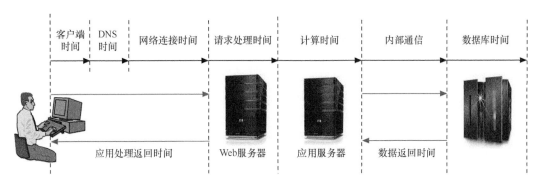

图 11-14 系统响应时间的构成示意图

▶ vmstat：虚拟内存监控。

▶ tcpdump 网络数据包分析。

▶ netstat：监控网络数据包传入和传出的统计。

命令还不够方便，借助一些轻量级工具获得 Linux 的系统资源使用、网络传输等全面的信息，自动收集、存储下来，如 Tecmint Monit、Monitorix、Collectl、Nmon 等。还有一些命令、工具是专门服务 Java 应用的，具体如下。

▶ Jstat（Java Virtual Machine statistics monitoring tool）：可以监控 Java 类加载行为、进程 GC 回收等信息。

▶ JConsole：监控 Java 内存、CPU 使用率、线程执行情况等。

▶ JMap：监控 Java 程序是否有内存泄漏，配合 MemoryAnalyzer 来使用。

▶ JProfiler：全面监控每个节点的 CPU 使用率、内存使用率、响应时间累计值、线程执行情况等，需要在 JVM 参数中进行配置。

如果是 C/C++ 程序，则可以借助 Valgrind、Vmmap 和 Application Verifier 等工具来监控是否存在内存泄漏等。在性能测试执行中，全程实时监控和详细的日志记录是十分重要的。性能测试过程，往往是一个不断调试的过程。由于刚开始设定的负载量、持续时间、间隔时间甚至加载方式等不一定合理，有时需要几个往复，不断调整这些输入参数，如增加虚拟用户、缩短启动的时间等。

6. 生成测试报告

性能测试产生的数据量比较大，需要借助工具产生相关的性能测试报告，包括图形、表格等形式的结果统计分析报告。例如，JMeter 提供了多种形式的报告，如工具聚合图（Aggregate

Graph)、聚合报告、总结报告（Summary Report），如图 11-15 和图 11-16 所示。只是在这方面，JMeter 和一流的商业性能测试工具比，还是比较弱。如果想生成完整又漂亮的 Word、PDF 格式的性能测试报告，需要安装第三方插件。

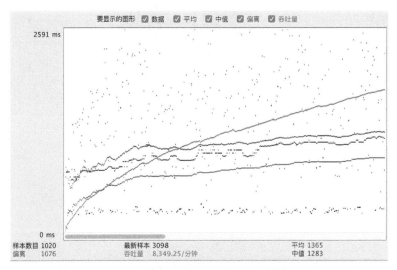

图 11-15　JMeter 图形结果示例

Label	# Samples	Average	Median	90% Line	95% Line	99% Line	Min	Max	Error %	Throughput	KB/sec
421 /bank/login.aspx	600	15824	2625	22748	43195	242853	652	244109	4.00%	2.5/sec	21.1
423 /bank/main.aspx	576	4175	827	5840	10066	24554	215	235092	1.39%	2.4/sec	10.3
425 /bank/transfer.aspx	571	3664	333	4492	6200	21365	212	237750	1.05%	2.3/sec	9.0
427 /admin/application.as...	566	6308	2298	6194	10388	213320	431	225948	1.94%	2.3/sec	20.4
432 /bank/logout.aspx	558	4119	2357	5523	8739	24424	431	226735	0.54%	2.3/sec	23.8
433 /default.aspx	556	2233	1691	3781	5400	11654	215	19270	0.00%	7.3/sec	71.1
总体	3427	6158	1902	6526	14263	224711	212	244109	1.52%	14.0/sec	106.3

图 11-16　JMeter 聚合报告示例

11.5　如何分析和评估测试结果

性能测试执行完之后，需要分析测试结果，判断是否存在性能问题或是否满足性能要求。例如，可以针对系统外部表现、系统资源使用效率等数据进行分析。

▶　响应时间是否小于之前需求定义的 2-5-10 准则、是否平稳？

▶　绝大多数时间，CPU 使用率是否低于 70%？

▶ 查看日志。是否有超时问题？有没有其他警告、错误信息？

在进行性能验证的测试中，如果测试结果显示系统满足性能要求，意味着测试结束，然后开始编制相应的性能测试报告。但是，如果结果显示系统不能满足性能要求，这时需要通过其他方法来发现系统的性能瓶颈。如果能发现系统某个组件或某个接口存在性能瓶颈，就可以针对问题组件或问题接口进行技术分析，找出造成性能的问题根因，如数据库服务器缓存配置、复合查询的 SQL 语句等，解决这些问题就能消除性能瓶颈问题。如果没有发现任何性能瓶颈，则可能是整个系统架构问题，需要优化系统整体架构，或改善系统整体硬件配置（增加服务器数量、提高服务器内存配置等），然后进行性能测试，以观察系统的变化，不断优化系统的配置，最终确定性能最优的最佳配置。

针对获得的系统响应时间的图形结果，分析人员要善于捕捉被监控的数据曲线发生突变的地方——拐点，这一点就是系统容量饱和点。例如，以数据吞吐量为例，刚开始，系统有足够的空闲线程去处理增加的负载，所以吞吐量以稳定的速度增长，然后在某一个点上稳定下来，即系统达到饱和点。在达到饱和点时，所有的线程都已投入使用，传入的请求不再被立即处理，而是放入队列中，新的请求不能及时被处理。因为系统处理的能力是一定的，如果继续增加负载，执行队列开始增长，系统的响应时间也随之延长。当服务器吞吐量保持稳定后，就达到了给定条件下的系统上限。如果继续加大负载，系统响应时间可能会发生突变，即执行队列排得过长，无法处理，服务器接近死机或崩溃，响应时间就变得很长或无限长，即性能出现拐点，负载达到饱和，如图 11-17 所示。对结果的分析，有助于改进设计，提高系统的性能。

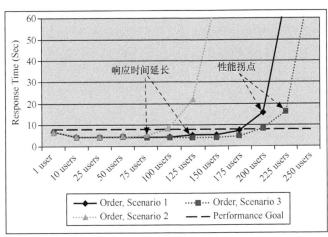

图 11-17 响应时间随负载增大而变化的过程

在负载接近极限情况下，不仅响应时间急剧增大，而且事务处理的错误率越来越高。例如，会出现连接服务器失败（Error: Failed to connect to server）或超时错误（Error: Page download timeout）。造成这些问题的原因可能如下。

▶　系统资源使用率很高，如长时间 CPU 使用率在 100%，从而导致请求操作超时。

▶　因为连接过多，服务器端口太忙，不能及时提供服务数据包的传输。

▶　当前页面的数据流太大，可能是因为页面内容多、还是数据库存取太频繁？

▶　客户端连接请求被服务器拒绝，可能因为服务器的一些参数设置不合适？

分析负载测试中系统容易出现瓶颈的地方，从而有目的地调整测试策略或测试环境，使压力测试结果真实地反映出软件的性能。例如，服务器的硬件限制、数据库的访问性能设置等常常会成为制约软件性能的重要因素。对于 Web 服务器的测试，可以重点分析如下 3 项参数。

▶　页面性能报告显示每个页面的平均响应时间

▶　响应时间总结报告（Response vs. Time Summary）显示所有页面和页面元素的平均响应时间在测试运行过程中的变化情况

▶　响应时间详细报告（Response vs. Time Detail）则详细显示每个页面的响应时间在测试运行过程中的变化情况

除了上述压力测试的图形结果分析之外，我们还经常需要分析性能测试所记录的主要性能指标的具体数值，如响应时间 / 数据吞吐量的最小值、最大值、平均值和当前值。例如，某个事务处理在并发用户数分别为 10、50、100 和 150 的性能测试结果，如表 11-1 所示。可以看出，当用户数达到 100 时，发现响应时间增加过快，有些异常。再看各个分项，发现问题出现在 JDBC 查询时间（4890ms）上，比用户数为 50 的时间增加了近 400%，而 JDBC 查询时间绝大部分是用在数据库 SQL 执行的时间（4180ms），所以可以断定数据库访问是这个 Web 应用系统的性能瓶颈。需要进一步分析，具体的问题在哪里，是 SQL 语句没有优化、跨太多的表、查询数据量大还是其他问题？ 改善性能的方法有使用 Web 缓存机制、增加数据库高速缓存、优化 SQL 语句、增加负载平衡、增加数据库服务器的内存。

表 11-1　Web 页面性能测试结果

负载（用户数）	响应时间（ms）	整体 CPU 时间（%）	等待数据库连接的线程数量	JDBC 查询用时（ms）	DB SQL 执行的时间（ms）
10	3000	28	40	580	430
50	4710	35	60	1150	970
100	8920	40	130	4890	4180
150	10670	50	160	6120	5890

11.6 小结

性能测试结果分析和评估之后，并不意味着性能测试的结束。针对性能测试发现的问题，需要进行优化，然后再进行测试。如果优化的是某个特定组件，可以在调优之前先针对这个组件进行性能测试（单元性能测试），记录相关数据（如资源使用效率、运行时间等），然后再优化，再进行组件性能测试，和之前的数据进行比较，是否有改进。只有得到改善，才构建新的版本，再进行系统的性能测试，直到符合性能要求。

上线以后，还可以借助监控工具，监控系统性能的实际表现数据，这是真实数据，比性能测试的结果更具价值。但如果不在研发环境下进行性能测试就直接上线，可能会导致严重后果。还有一种观点是，当我们开发一个新系统，其实刚开始上线时它的用户还很少，没必要进行性能测试（这时价值不大），而且用户是慢慢增加起来的，所以可以通过在线的性能测试（监控），及时发现问题，及时优化。这种观点可以让软件公司节省一大笔开支，不需要搭建性能测试环境，再考虑灰度发布。这种观点是正确的，只是对那些非知名的互联网产品，观点是正确的。下列一些情况，这种观点不成立。

▶ 知名的互联网企业，上线一个产品，其用户迅速增长起来。

▶ 如果系统不是部署在自己的数据中心，而是部署到用户环境下。

▶ 如果开发人员能力弱，系统的基本性能都得不到保证。

概括起来，性能测试也是全程的，覆盖整个生命周期的。全程性能测试示意图如图 11-18 所示。

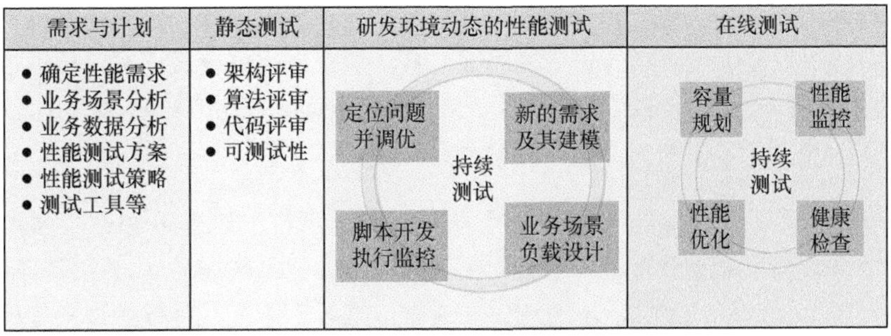

需求与计划	静态测试	研发环境动态的性能测试	在线测试
● 确定性能需求 ● 业务场景分析 ● 业务数据分析 ● 性能测试方案 ● 性能测试策略 ● 测试工具等	● 架构评审 ● 算法评审 ● 代码评审 ● 可测试性	定位问题并调优　新的需求及其建模 持续测试 脚本开发执行监控　业务场景负载设计	容量规划　性能监控 持续测试 性能优化　健康检查

图 11-18 全程性能测试示意图

第 12 章

全程安全性：持续加固

这里的"安全性"是指信息安全（Security），指计算机系统或网络保护用户数据隐秘、完整，保护数据正常传输和抵御黑客、病毒攻击的能力，而不是指系统整体的安全（Safety），Safety 是指软件所具有的防范系统设备损坏、防范人员伤亡和发生危及社会安全事件的能力。

安全无小事，在软件研发中，把安全放在第一位。虽然说功能是基本的，但从重要性上看，安全性丝毫不低于功能的正确性。ISO 国际质量标准早期定义的质量模型只有 6 个属性，没有信息安全性，但新的标准 ISO 25000 增加了"信息安全性"，由 5 个特性构成，即保密性、完整性、不可抵赖、可审核性和真实性。软件系统的安全性也不是一蹴而就的，也需要从项目启动开始，就要特别关注，包括安全性需求的分析与评审、架构设计中的安全性因素考虑、代码安全性检查、系统的安全性测试等，只有持续加固，系统的安全性才有更好的保障。

12.1 贯穿研发生命周期的安全性测试

安全性测试工作也是从需求开始介入，贯穿整个软件生命周期，目的是通过在软件开发生命周期的每个阶段执行必要的安全控制或任务，保证应用安全最佳实践得以很好地应用。这里，以微软的软件安全性开发命周期（Security Development Lifecycle，SDL）为例，如图 12-1 所示，来介绍如何在整个软件生命周期开展测试工作。

"安全的"开发生命周期能够在每一个开发阶段上尽可能地避免和消除漏洞。微软 SDL 在整个软件生命周期定义了 7 个接触点：滥用案例、安全需求、体系结构风险分析、基于风险的安全测试、代码评审、渗透测试和安全运维等。通过这些接触点来呈现在软件开发生命周期中保障软件安全的一套优秀实践，强调在业务应用的开发和部署过程中对应用安全给予充分的关注，通过预防、检测和监控措施相结合的方式，根据应用的风险和影响程度确定在整个软件开发生命周期过程中需要采取的安全控制，从而降低应用安全开发和维护的总成本。

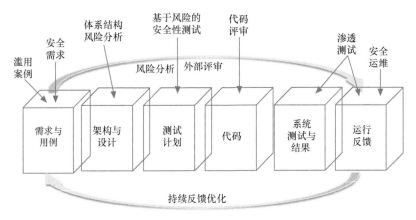

图 12-1　微软的软件安全性开发命周期示意图

▶ **滥用案例**描述了系统在受到攻击时的行为表现，明确说明应该保护什么、免受谁的攻击以及保护多长时间。通过设计或构造案例，帮助我们深入攻击者的心理，了解他们的攻击行为方式，如发现风险的例子：易受广为人知的攻击——篡改攻击的影响。

▶ **安全需求**，明确地在需求级中加入安全考量，描述系统安全性的具体要求，包括系统安全级别述数据保护要求、身份验证、加密、权限设置等内容，如对密码设定各种强化规则、128 位加密方法、基于用户角色的权限控制机制等。OWASP（Open Web Application Security Project）推荐在需求分析时应该把安全的需求和目标确定下来，客户的需求也应该依据相应的安全标准（如密码策略，安全网络协议等）进行明确，使之符合安全标准。

▶ **体系结构风险分析**以揭示体系结构在安全性方面存在脆弱性，并进行评估、降低安全性风险。设计人员应该树立良好的安全意识，清楚有哪些安全模型、系统可能面临哪些安全威胁（威胁模型）、攻击途径可能有哪些、如何针对这些危险或途径采用对应的策略？在软件生命周期的各个阶段都可能出现风险，因此，应采用持续的风险管理方法，并不断地监控风险。系统体系必须连贯一致，并提供统一的安全防线，应用文档清晰地记录各种前提假设，并确定可能的攻击。例如：对关键数据的区分和保护很糟糕；Web 服务未能验证调用代码及其用户。

▶ **基于风险的安全性测试**，针对单元和系统进行安全性测试，采取如下两种策略。

- 用标准功能测试技术来进行的**安全功能性测试**。

- 以攻击模式、风险分析结果和滥用案例为基础的基于风险的安全测试。

▶ **代码评审**是一种实现安全的软件的有效方法，一般能够发现大约 50% 的安全问题，现在可以借助工具对代码进行扫描，发现各种潜在的安全隐患。条件允许的话可以使用多个扫描工具进行，因为不同的工具扫描范围和能力不完全一致。首先需要制订安全代码规范，甚至为每一种编程语言制订代码安全性规范，并对项目中所有的开发人员培训，确保每个开发人员完全明白如何编写安全的代码。其次，建立代码安全审核体系，例如每次提交代码前都由专业安全人员对代码进行安全审查，确保代码的安全性。

标准的质量保障方法可能不能揭示所有严重的安全问题，要像黑客那样思考方式，发现更多、隐藏更深的安全性问题。

▶ 渗透测试，借助工具和测试人员的经验，模拟极具侵略性的攻击者的思路和行为方式来测试防御措施并发现真正的风险。通过低层次的渗透测试，只能揭示出一点点软件的真实安全状况的信息，但是未能通过封闭的渗透测试，则说明系统确实处于很糟糕的状况中。

▶ 安全运维，在部署过程中应该遵守安全部署，确保环境配置和环境是安全的，不要引入新的安全性问题。例如，Tomcat 等容器有相应的安全配置，操作系统、容器以及使用的第三方软件采用最新的版本。部署完成后再使用漏洞扫描工具进行扫描，确保没有漏洞发现。不论设计和实现的力度如何，都会出现攻击，因此，理解导致攻击成功的行为就是一种重要的防御技术。在系统运行过程中，从各方面加强系统的安全性保护措施，包括发现没有足够的日志记录以追踪某个已知的攻击者。在增强系统的安全状况的过程中，身经百战的操作人员认真地设置和监视实际部署的系统，并通过理解攻击和攻击程序而获得的知识应该再应用到软件开发中。

整个安全软件研发过程中，我们一般还需要建立安全威胁模型、持续进行软件安全性风险评估，及时发现需求、设计、代码中的安全性风险，及时处理这些风险，以达到更高的安全性。

▶ 安全威胁建模：可以帮助研发团队充分了解软件研发过程中存在的各种安全威胁、以及如何采取应对措施，如如何改进设计、如何在编程中避免某些代码存在的安全隐患等。如何建立安全威胁模型呢？首先要定义应用软件的安全目标和需要保护的数据资源，然后再确定应用软件的信任边界，定义用户角色、数据对象、用例，从而根据前面所述的 CIA（保密性、完整性和可用性）建立安全威胁模型。可以使用微软安全威胁建模工具（Threat Analysis & Modeling Tool），建模过程会更有效率。

▶ 软件安全性风险评估：应用软件、代码、敏感数据的存储和传输、应用的部署环境，确定应用的安全风险等级。这也可以借助工具完成，如代码分析工具（Code Analysis Tool）。

每个项目的资源（如时间、人员等）都是有限的，如何在有限的资源的条件下，更好地保证应用软件的安全性？可以采用微软建议的 SEE（Secure、Enhance & Empower）框架。

▶ Secure（保护）：对关键应用进行安全设计审核和代码安全审核。

▶ Enhance（强化）：对全部应用进行风险分析和威胁建模。

▶ Empower（赋能）：帮助所有开发人员了解最常见安全漏洞的成因和修复方法。

还可以进一步参考微软的白皮书——《A Framework for Cyber-security Information Sharing and Risk Reduction》（网络安全信息共享和风险缓解框架）和谷歌工作安全性和合规性白皮书《Google for Work Security and Compliance Whitepaper》。

12.2　滥用案例与安全性需求

现在处在互联网时代，绝大部分的应用软件都运行在互联网环境上，在网络环境下软件系统很容易遭到黑客的袭击，从而导致信息泄漏或遭受经济损失等。例如，现在网上购物、网上银行、网上投资等各种活动越来越多，人们就担心网上支付的安全性，害怕信用卡信息泄漏、信用卡密码被盗等。因此，应用系统的安全性（Security）越来越受到人们的关注。在开发一个新系统时，首先就要很好地理解有哪些安全性的滥用案例？有哪些安全性漏洞？从各方面看，又有哪些安全性要求？

12.2.1　软件系统存在哪些安全漏洞

一个软件系统可能潜在很多不安全因素，很容易被非法侵入、遭到破坏，或者其机密信息被窃取等。这些危险因素，一般都来自入口，正如俗语所说"病从口入"，软件系统的入口，往往成为软件系统中的全漏洞（vulnerability），如下所示。

▶ 暴露的网络通信端口，如 FTP 21 、SSH 22、Telnet 23 等端口。

▶ 操作系统中某些命令。

▶ 数据文件、邮件附件、系统配置文件等。

▶ 输入域：如输入恶性脚本、长字符串 / 超过数字边界造成缓冲区溢出等。

▶ 代码中安全性问题，如 SQL/XML 注入式漏洞。

▶ 子系统的接口、外部系统的参数调用、错误代码或返回值。

▶ 不安全的数据存储或传递。

▶ 错误的认证和会话管理。

▶　有问题的访问控制，权限分配有问题。

这些入口没有处理好，就很可能成为系统在安全漏洞。而系统存在漏洞，有多方面原因，可能是某些研发人员故意设计的，也有可能是缺乏安全意识和技术能力而无意造成的。例如，受信任的员工也可能会无意或恶意地损坏或破坏数据，如表 12-1 所示。

表 12-1　漏洞来源

故意				无意
恶意			非恶意	▶ 缺乏校验或校验错误 ▶ 范围错误 ▶ 通信错误 ▶ 认证/鉴别错误 ▶ 边界条件错误 ▶ 其他可利用的逻辑错误
特洛伊木马 ▶ 能够复制 ▶ 不能复制	陷门	逻辑/定时 炸弹	隐秘通道 ▶ 存储 ▶ 定时	

应用软件系统中的这些漏洞，就给了攻击者可乘之机，他们可以利用安全漏洞发起攻击。

软件系统的安全性问题形形色色，有各种模式和形态，但可以概括为一些基本的类型，例如，微软公司提出了安全威胁模型 STRIDE（应用程序可能面临的安全威胁范围的缩写），将安全威胁分为如下 6 类。

① 假冒 ID（Spoofing Identify）：身份欺骗，某些用户冒充其他用户（切换 ID、盗取他人的用户名和密码等）非法访问某些系统数据。

② 篡改（Tampering）：对数据的恶意修改，破坏信息的完整性，其中包括未经授权更改永久数据（如数据库中保存的数据）以及更改网络传输的数据。

③ 抵赖（Repudiation）：没有证据显示用户做了危险的错误操作，容易产生来自用户的攻击，例如，如果没有日志或其他跟踪机制，用户在系统中执行危险操作而无法知晓。

④ 信息泄露（Information）：将信息泄漏给不应该访问这些信息的个人，如用户能够读取未曾授予访问权限的文件或窃取（窃听）网络传输间的未加密的数据。

⑤ 拒绝服务（Denial of Service, DoS）：攻击会造成用户无法正常使用软件服务，例如，借助工具大量发送请求，导致 Web 服务器暂时不可用。

⑥ 特权升级（Elevation of Privilege, EoP）：无特权的用户获得特权，属于授权侵犯，因此可以通过这种特权访问来威胁或破坏整个系统，一般来自内部攻击。

除此之外，还有旁路控制、计算机病毒、恶意软件（内嵌逻辑炸弹）以及信息安全法律法规不完善等带来的安全性问题。

12.2.2　国内外标准中关于系统安全性的要求

根据 ISO 9000 的定义，安全性（security）是"使伤害或损害的风险限制在可接受的水平内"。从这个定义看出，安全性是相对的，没有绝对的安全，只要有足够的时间和资源，系统都是有可能被侵入或被破坏的。所以，系统安全设计的准则是，使非法侵入的代价超过被保护信息的价值，此时非法侵入者已无利可图。安全目标是指能够满足一个组织或者个人的所有安全需求，通常强调保密性（Confidentiality）、完整性（Integrity）和可用性（Availability）。

▶ 保密性：确保信息只被授权人访问，信息即使被截取也不能了解信息的真实含义。

▶ 完整性：保护信息和信息处理方法的准确性和原始性，包括数据的一致性，防止数据被非法用户篡改。

▶ 可用性：确保授权的用户在需要时可以访问信息，对于大多数软件服务，可用性要求软件可以每周 7 天、每天 24 小时能为授权的用户提供服务。

但同时这些目标之间常常是互相矛盾的，因此需要在这些目标中达到最佳平衡。例如，简单地阻止所有人访问一个资源，就可以实现该资源的保密性，但这样就不满足可用性。 在"保密性、完整性、可用性"安全目标的基础上，可以进一步细化安全性要求，增加一些具体要求。

▶ 真实性：保证信息来源真实可靠。

▶ 不可抵赖性：用户对其行为不可否定、无法抵赖。

▶ 可追溯性 (Accountability)：确保实体的行动可被跟踪。

▶ 可控制性：对信息的传播及内容具有控制能力。

▶ 可审查性：对出现的网络安全问题提供调查的依据和手段。

在软件安全性上，将用户、进程定义为"主体"，而将系统的资源（如系统数据、数据文件等）定义为"客体"，系统的安全性就是在主体访问客体的通道上增加"强制访问控制"，先识别或验证用户的身份，根据其身份授予相应的权限，其访问客体的权限始终被控制，还通过其他安全策略来处理上述提到的"保密性、完整性、可用性"之间存在的矛盾，并通过审计，及时发现安全问题，如图 12-2 所示。

这里强调"客体"的安全性，侧重数据安全性，即要求设计良好的数据结构，对数据要进行加密后才能通信、存储，对数据的访问要有严格的控制，包括身份认证、强制访问控制、基于角色的访问控制等。要保证数据的安全性，首先要保证系统的安全性，尽量消除系统的安全性漏洞，否则攻击者可以利用系统的安全性漏洞来越过权限或躲过身份验证，最终窃取数据。在系统安全性上，通过一系列保障措施，如身份认证、自主访问控制（DAC）、强制访问控制（MAC）、基于角色的访问控制等。

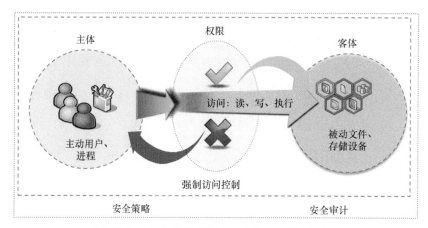

图 12-2　安全性基本概念：主体、客体和权限

为了更好地做到有据可依，国家制定了《计算机信息系统　安全保护等级划分准则》（GB 17859—1999）。在这个准则中，将计算机信息系统安全保护划分为 5 种安全级别。

▶ 用户自主保护级，控制资源访问，包括自主访问控制、身份鉴别、完整性保护等。

▶ 系统审计保护级，审计访问行为，包括系统审计、客体重用。

▶ 安全标记保护级，实现强制访问控制。

▶ 结构化保护级，可信计算基础结构化，包括隐蔽通道分析，可信路径。

▶ 访问验证保护级，验证所有过程、可信恢复。

在安全性方面，还有以下国内标准、规范。

▶ GB/T 30998—2014《信息技术　软件安全保障规范》

▶ GB/T 28448—2012《信息安全技术　信息系统安全等级保护测评要求》

▶ GB/T 28449—2012《信息安全技术　信息系统安全等级保护测评过程指南》

▶ GB/T 28452—2012《信息安全技术　应用软件系统通用安全技术要求》

▶ GB/T 22239—2008《信息安全技术　信息系统安全等级保护基本要求》

▸ GB/T 20272—2006《信息安全技术　操作系统安全技术要求》

▸ GB/T 20273—2006《信息安全技术　数据库管理系统安全技术要求》

12.2.3　安全性测试需求分析

软件也不是孤立的，软件、硬件和网络等构成一个完整的软件系统，谈讨论软件安全性不是一件容易的事情，涉及面比较广。通常，我们将软件系统安全性分为两个层次，即：

▸ 系统级别的安全性；

▸ 应用程序级别的安全性。

系统级别的安全性，是指整个系统的安全性，涉及系统的硬件、网络等的安全性，例如非系统管理人员是否有机会进入机房、是否能建立非法的网络连接、是否能操作系统的服务器、直接卸载硬盘等。这些安全性问题不是软件能控制的，而是属于管理问题。而这里只是讨论应用程序级别的安全性，即检验操作人员只能访问其所属的、特定的功能和数据，而不能非法访问其他数据或业务功能。

应用程序级别的安全性，又进一步分为权限设置功能的安全性和软件系统自身的脆弱性（漏洞）。软件安全性测试就是检验系统权限设置有效性、防范非法入侵的能力、数据备份和恢复能力等，也分为两部分。

▸ 存取控制权限的验证，对用户身份验证、角色分配、功能 / 数据权限设置与管理、数据加密等进行全面的功能验证或检查。这时需要列出各类用户角色及其被授权访问的功能或数据，然后根据业务规则为各类用户角色设计对应的测试用例，并进行逐项验证，包括验证用户账号密码、敏感信息是否经过加密后存储或传输、系统的日志文件是否得到适当的保护等。

▸ 安全性漏洞检查，检验系统是否遭受攻击、破坏的可能性、潜在风险等。通过渗透测试或其他模拟攻击者的手段，设法找出 12.2.1 节所述的各种安全性漏洞。

存取控制权限的验证，相当于安全性的功能测试，而安全性漏洞的检查，涉及面就比较广，包括自身代码、脚本、内存分配等，测试的范围挺广。正所谓矛与盾的关系，有什么攻击就有什么防御的手段，矛与盾没有边界、没有结束，永远交织在一起，不断演化和发展。

软件安全性需求取决于系统安全等级，不同的等级对安全性的要求是不一样的，其测试的范围和力度也是不一样的，主要参考《信息安全技术　应用软件系统安全等级保护通用测试指南（GA/T 712—2007）》，简单的测试范围（测试项）定义，见表 12-2。

表 12-2　软件系统不同的安全等级的测试范围

测试内容	级别 1	级别 2	级别 3	级别 4
备份与故障恢复测试	√	√	√	√
用户身份鉴别测试	√	√	√	√
自主访问控制测试	√	√	√	√
用户数据完整性保护测试	√	√	√	√
用户数据保密性保护测试	√	√	√	√
安全性检测分析测试		√	√	√
安全审计测试		√	√	√
抗抵赖测试			√	√
标记测试			√	√
强制访问控制测试			√	√
可信路径测试				√

软件安全性需求可以从需求定义、架构设计和代码等不同层次来要求，在应用软件系统安全等级保护通用测试指南中有具体要求。

12.3　安全性风险分析

在讨论风险分析时，需要理解几个概念：威胁、攻击、漏洞、负面影响。下面解释威胁和漏洞。另外两个概念相对容易理解，这里不介绍了。威胁是指可以进行攻击的手段/途径，如信息收集、端口扫描、搜索引擎、拒绝服务（DoS）、远程渗透、密码猜测、权限提升等。漏洞是指可以使攻击成功的系统安全缺陷，即攻击者利用已知资产（资源）弱点在计算机系统内执行未经授权的操作。漏洞是 3 个要素的交集：系统漏洞或缺陷、缺陷可被利用以及攻击者利用缺陷的能力。要利用漏洞，攻击者必须至少有一个适用的工具或技术可以连接到系统漏洞，漏洞也可以理解为攻击面。人们借助威胁手段，攻击可利用的系统漏洞，从而对系统产生负面影响。所以安全性风险分析，需要评估以下内容。

▶　对攻击者的技能要求。

▶　成功攻击后攻击者能获得的收益。

▶　所需资源或机会。

▶　所需攻击者的角色，如是否需要管理员角色。

▶ 发现和利用该漏洞的难易度。

▶ 该弱点的流行度。

▶ 入侵系统被察觉的可能性。

其安全性风险的评估模型可以表示为图 12-3 所示的样式。专业的安全性风险评估模型主要如下。

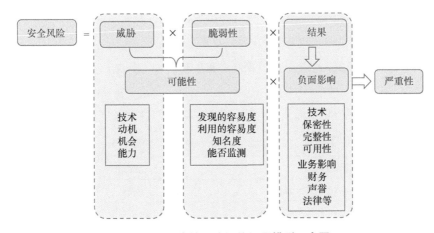

图 12-3　安全性风险评估通用模型示意图

▶ DREAD 微软公司的安全性风险模型。

▶ CVSS（Common Vulnerability Scoring System）：美国国土安全部（DHS）的通用漏洞评分系统。

▶ OCTAVE：卡耐基梅隆大学软件工程研究所（SEI）与 CERT（计算机紧急应急小组）合作项目的重量级风险方法论，关注企业风险，而非技术风险。

▶ Trike：威胁建模框架，基于风险的方法来清楚地实现威胁风险建模。

▶ S/NZS 4360:2004（澳大利亚 / 新西兰风险管理）。

▶ Threat Model SDK（风险模型软件开发包）。

微软公司 DREAD（Damage Potential、Reproducibility、Exploitability、Affected users、Discoverability 的缩写），如表 12-3 所示，每个因素可分为高、中、低 3 个等级，而每个等级分别以 3、2、1 代表其权重值，因此可以具体计算出某个风险的风险值。

表12-3　DREAD模型

等级	高（3）	中（2）	低（1）
Damage Potential 损害的潜在性	获取完全验证权限，执行管理员操作，非法上传文件	泄露敏感信息	泄露其他信息
Reproducibility（可重复性）	攻击者可以随意再次攻击	攻击者可以重复攻击，但有时间限制	攻击者很难重复攻击过程
Exploitability（可探索性）	初学者短期能掌握攻击方法	熟练的攻击者才能完成这次攻击	漏洞利用条件非常苛刻
Affected users（影响的用户）	所有用户，默认配置，关键用户	部分用户，非默认配置	极少数用户，匿名用户
Discoverability（易发现性）	漏洞很显眼，攻击条件很容易获得	在私有区域，部分人能看到，需要深入挖掘漏洞	发现漏洞极其困难

CVSS 安全性评估模型将指标分为基础、临时和环境等 3 大类度量指标，如表 12-4 所示。

表12-4　CVSS模型

基础指标	访问矢量（Access Vector）	远程	远程	远程
	访问复杂度（Access Complexity）	高	低	高
	身份验证（Authentication）	不需要	不需要	不需要
	保密影响（Confidentiality Impact）	完全	完全	无
	完整性影响（Integrity Impact）	完全	完全	无
	可用性影响（Availability Impact）	完全	完全	完全
	影响偏差（Impact Bias）	一般	一般	可用性
基础成绩		8.0	10.0	4.0
临时指标	可利用性（Exploitabillty）	功能的	功能的	无法证实
	修复水平（Remediation Level）	官方修复	官方修复	不可用
	报告信心指数（Report Confidence）	肯定	肯定	肯定
临时成绩		6.6	8.3	3.4
环境指标	附带的破坏潜在性（Collateral Damage Potential）	无	无	无
	目标的分布性（Target Distribution）	高	高	高
环境成绩		6.6	8.3	3.4

▶ 基础指标：该指标包含访问矢量（Access Vector，如网络、相邻、本地、物理）、访问复杂度（Access Complexity）、身份验证（Authentication）、保密影响、完整性影响、可用性影响和影响偏差。

▶ 临时指标：该指标包含可利用性（Exploitability）、修复水平（Remediation Level）和报告信心指数。

▶ 环境指标：该指标包含附带的（collateral）破坏潜在性、目标的分布性（Target Distribution）

12.4　安全性静态测试

安全性测试方法简单地可以分为：静态代码分析方法和动态的渗透测试方法，也可以进一步分为 4 种安全漏洞测试方法：SAST、DAST、IAST 和 RASP。

▶ 静态应用安全测试（Static Application Security Testing，SAST），仅通过分析或者检查应用软件源代码或字节码以发现应用程序的安全性漏洞，侧重检查代码安全，如 C/C++ 缓冲区溢出、身份认证与授权等。这类工具比较多，如如 Coverity、IBM Appscan Source、HP Fortify 等。这种方法的好处是能在开发阶段及时发现安全性问题，还能找到许多动态分析工具通常无法找到的漏洞，而且工具应用成本很低，还能指出问题出现在哪里，使问题修改比较容易，大大降低修复安全问题的成本。

▶ 动态应用安全测试（Dynamic Application Security Testing，DAST），通过运行程序来检查应用软件的安全性问题，侧重从系统外部接口来进行针对性的测试，暴露应用程序接口的安全性漏洞，其手段包括手工的渗透测试、动态扫描检查和两者的结合，这类工具主要有 OWASP 的 ZAP、HP WebInspect 等。

▶ 交互式应用安全测试（Interactive Application Security Testing，IAST），整合了 SAST 和 DAST 这两种方法，可以发挥各自的优势、降低误报率，发现更多安全漏洞，从而提高安全性测试效率。但是，对采用这种混合方法进行实际的测试时，其操作难度比较大。

▶ 运行时应用自我保护（Runtime Application Self-Protection，RAST），重写软件让软件可以在运行时被监控，如果系统遭遇安全风险，RASP 可以检测到这种风险并自动发出告警信息或实时终止会话，相当于在线测试（监控）。

相关研究得到有趣的结论是：SAST 工具只能覆盖 10% ～ 20% 的代码问题，DAST 工具覆盖另外的 10% 到 20%。但是，具有黑客思维的测试人员可以发现更多的安全性问题，这里面往往和系统的功能、业务、数据、技术实现（设计）等有关系，人工的渗透测试是不容忽视的重要组成部分。如果是 Web 应用系统，倒是 DAST 方法更有效，结合业务需求，能够找到大部分的安全漏洞。SAST 也是一劳永逸的办法，特别是对高级语言的代码检查，效果明显。

SAST 工具有比较多的优点——能够在代码阶段就能进行测试、能够定位问题等，所以静态测试方法依旧是常用的安全性测试方法。代码的安全性静态测试，也常常被定义为"代码安全性审核"，必须通过安全性审核，代码才可以入库。而且，现在许多公司将代码安全性的问题作为红线，不可逾越。

SAST 工具一般能够检测并定位源代码中可能导致产品崩溃、未知行为、安全缺口或者灾难性故障的软件缺陷，甚至可以引入人工智能技术，工具自身的能力还可以不断提高，能更准确地提高发现漏洞的能力。例如，工具 Coverity 能够分析 C、C++、C#、JavaScript、Objective-C、Objective-C++、PHP 和 Python 等代码，其代码规模可以达到几百万、甚至几千万行。其安全审计引擎能够通过识别 JSP 和 ASP 网站中可能导致安全漏洞的关键缺陷，增加源代码分析包括依赖性注入、进入点以及 MVC 范例。能够检测出的质量缺陷类型主要如下。

▶ 缓冲区溢出	▶ 资源泄露
▶ 内存泄漏	▶ 目录遍历
▶ 内存非法访问	▶ 路径操纵
▶ API 使用错误	▶ 竞态条件
▶ 并行数据访问违规	▶ 跨站脚本攻击 (XSS)
▶ 不安全数据处理	▶ 硬编码认证
▶ 格式字符串错误	▶ 错误安全配置
▶ SQL 注入	▶ 错误处理问题
▶ 系统命令行注入	▶ 安全最佳实践违反

其实 Coverity 检测也是有缺陷的，毕竟它只是个辅助工具，不但不能扫描出所有问题，而且会有误报情况（大约 10% 的误报率）。

12.5　渗透测试

渗透测试是采用模拟攻击试验的各种手段——冒充、消息篡改、内部攻击、陷阱门、特洛伊木马方法来进行安全性测试，不仅仅借助工具来获取有价值的信息以助于攻击，如使用工具 Wireshark 来捕获所监控的端口传输的各种网络数据包，进一步针对所截取数据进行分析。在分析过程中，可能需要社会工程学、心理学、密码学等相关方面的知识帮助。例如，通过与单位员工、提供商和合同方的社会互动来收集信息，包括欺骗式的面对面交流、假装内部员工而中途截取邮件 / 快件、冒充物业人员打扫卫生以获取丢弃的而带有敏感信息的打印材料等，这些都属于社会工程学在安全性方面的一些体现。渗透测试需要智慧、经验的积累，不断思考、不断探索，不断地进行试探性的测试，从而发现更多的安全性的隐患。

虽然现在渗透测试是一种很流行的安全性测试方法，但也是一种古老的计算机系统安全性测试方法。早在 20 世纪 70 年代初期，美国国防部就曾使用这种测试方法发现了计算机系统的安全漏洞。根据不同的安全性测试目标，我们可以采取有不同的渗透测试策略。

① **外部测试策略**：指执行程序来攻击组织之外、与互联网连接的网络边界，包括对外服务器（如 DNS 服务器、邮件服务器等）、防火墙、路由器等。测试者一般使用客户的公共访问信息，然后进行网络枚举，设法找到突破口。

② **内部测试策略**，也称为白盒测试，测试者可以通过正常渠道向被测单位取得各种资料，包括网络拓扑、员工资料甚至网站或其他程序的代码片段，在组织内部的技术环境内执行，模拟有访问权限的员工发起的内部网络攻击。其重点是评估网络边界被入侵之后或授权用户在组织内部网络能够绕过哪些权限所带来的安全性风险。

③ **盲式测试策略**，也称零知识测试（Zero-Knowledge Testing）、黑盒测试方法，是在假定不了解软件系统内部信息的情况下，只利用外部公共信息（如企业网站、域名注册、Internet 论坛等信息）来收集关于目标的信息，模拟真实黑客的操作和流程，来发现软件系统的漏洞，如附加的 Internet 接入端、直接连接的网络等。这种策略需要更多的时间和开销，因为测试团队需要花时间来研究测试目标。

④ **定向测试策略**，对于测试活动、测试目标及系统设计的信息是非常清楚的，针对特定的组件、功能或接口等指定的攻击源进行测试。

▶ 检查应用系统架构，用以防止用户绕过系统直接修改数据库。

▶ 检查身份认证模块，用以防止非法用户绕过身份认证。

▶ 检查数据库接口模块，用以防止用户获取系统权限。

▶ 检查文件接口模块，用以防止用户获取系统文件。

定向测试的执行更有效、时间更短、成本更低。

全程监控策略还是择要监控策略，根据需要可以采用 wireshark 的嗅探软件进行全程抓包嗅探，也可以在安全工程师分析数据后，准备发起渗透前才开启软件进行嗅探。

渗透测试，简单地说，就是经过"**发现安全漏洞**""**评估安全漏洞**"到"**利用安全漏洞**"这 3 个阶段，如图 12-4 所示。发现安全漏洞，一般使用安全性漏洞扫描工具（Nessus

Vulnerability Scanner、Retina Network Security Scanner、IBM Internet Scanner 等）对应用软件系统进行扫描，发现主机和没有被关闭的端口，识别主机上安装了什么操作系统、数据库等特征信息，从而进一步发现已知漏洞相关的、大量潜在的弱点。在此基础上，对所识别的安全漏洞，评估其利用的可能性，采取什么样的渗透测试策略，更准确地评估漏洞风险。如盗取某用户名和密码之后，攻击者想还能做什么？最后，就是利用漏洞，进行攻击，尝试能否升级自己的权限、能否获取敏感数据等。

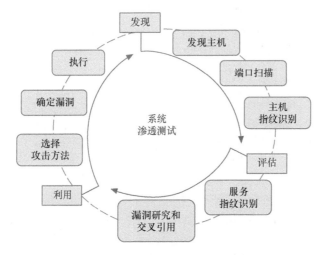

图 12-4　渗透测试过程示意图

　　成功执行渗透测试，需要智慧、需要经验，但它不是一个随意的方法，它是有方法可循，有相应的技术和工具，有一个相对严格、完整的测试框架。基于这个渗透测试框架，如图 12-5 所示，使整个渗透测试有章可循，这个框架的基本构成可以概括为 5 个方面，其中"网络发现"和"探索"相当于图 12-4 中的第一个阶段"发现"中大部分工作和"评估"中的服务指纹识别。图 12-5 的"漏洞评估"更强调是漏洞研究、发现和分类，"利用"基本一致，增加了"修复与报告"，即进行安全性漏洞相关的应用或代码分析，向开发人员提供修复建议。

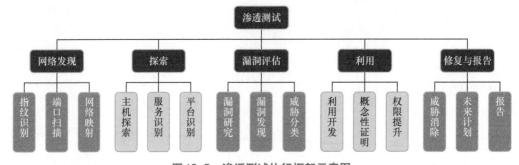

图 12-5　渗透测试执行框架示意图

渗透测试，同样需要做好测试计划，明确测试目标、工作范围和测试过程，选择正确的渗透测试策略。发现潜在的安全风险，不仅要记录，而且需要思考，整理出更有效的思路，以发现更多的安全性风险。渗透测试专业性更强，需要良好的测试技术和工具。渗透测试常用的一些主要技术如下。

▶ **网络嗅探**：用于捕捉网络中传输数据的技术，既能够捕获特定的信息（如密码），也能够捕获客户端与服务器之间完整的会话。这种技术常用于内部测试中，主要使用网络监控工具（如 Nessus、Wireshark、Sniffer Pro 和 Netcat 等）帮助捕捉。

▶ **IP 地址欺骗**：指使用他人的 IP 地址创建 TCP/IP 数据包，将相同的数据包发送给目标主机，使目标主机认为数据包来自一个可信源。这类技术可用于内部或外部的渗透测试中，用于检验系统是否只对某些特定计算机（IP 地址限制）产生响应、是否能够将一些高度机密信息发送到未授权的主机。IP 地址欺骗也可用于 DoS（服务拒绝）攻击上。

▶ **拒绝服务（DoS）攻击技术**，包括资源过载、洪水式攻击、半开放 SYN（Synchronize，同步）攻击等，指尝试向目标服务器发送大量数据 / 连接请求以检验系统是否会停止对合法请求的响应，或通过制造畸形的 IP 报头（不满足协议标准）尝试使目标系统崩溃。例如，SYN 攻击就是利用 TCP 缺陷，发送大量伪造的 TCP 连接请求，从而使得被攻击方资源耗尽。

▶ **远程溢出**：可利用现成的工具实现远程溢出攻击，例如，利用溢出工具 SQL2.exe 与监听工具 nc.exe 攻击 SQL server 1433 端口。

▶ **本地溢出**：指在拥有了一个普通用户的账号之后，通过一段特殊的指令代码获得管理员权限的方法（如 wincsrss）。

▶ **Shell 脚本攻击**，针对 Web 及数据库服务器进行。利用 Shell 脚本相关弱点轻则可以获取系统其他目录的访问权限，重则将有可能取得系统的控制权限。

▶ **暴力攻击**：尝试使用大量的字母组合和穷举试错法来查找合法身份认证信息，如利用一个简单的暴力攻击程序和一个比较完善的字典，就可以猜测密码。

渗透测试常用的工具主要如下。

▶ Metasploit。

▶ Kali Linux（Backtrack）。

▶ Burp Suite。

▶ Nikto Web scanner。

- ▶ W3af。

- ▶ ZAP。

- ▶ Core Impact。

- ▶ SQLMap、Canvas、Social Engineer Toolkit（SET）。

- ▶ Sqlininja、Netsparker 、BeEF、Dradis。

12.6　系统运维安全性监控与审计

　　系统交付之后，安全性测试还没有结束，在系统运维过程中，其安全性的监控和审计是一项重要的工作，有时把运维安全监控与审计比喻成一个看门者，所以说，这样的工作可以看作是系统安全性的在线测试。系统安全性的在线测试，就是为了保障软件系统操作的合规性和数据的安全性，运用各种技术手段（如代理服务器、防火墙、网管系统、监控工具、日志分析等）实时收集软件系统运行过程中状态、数据危险变更、用户操作活动等信息，以便集中记录、分析和报警。一个相对完整的运维安全监控与审计框架，如图 12-6 所示，具备监控、审计、预防、恢复和支撑等功能，由多个组件构成，其中系统保护、安全性管理属于（网络）操作系统、网管系统等控制访问，也会形成系统的日志，提供实时警报或事后日志分析。密钥管理、数字 ID 鉴别等属于信息安全的最基本功能，一般也是由（网络）操作系统来管理。受保护的通信，指 VPN、SSL 等安全协议，属于基础设施，不在测试范围之内。在线的安全性测试重点关注 4 部分。

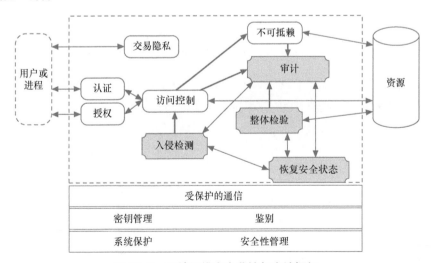

图 12-6　系统运维安全监控与审计框架

① 身份认证、授权、访问控制、不可抵赖等等，已做到软件系统之内，经过之前的安全性功能测试和渗透测试，在运维环境中还可以进一步得到验证，就是"审计"。

② 审计，对用户名、访问时间、操作、访问的资源地址等信息进行审计，判断这些信息是否符合规范和要求，有没有越权或其他不安全的资源访问等。

③ 入侵检测，有没有一些用户越过访问控制机制进入到系统内部，包括访问者的 IP 地址、用户名、时间、频率等进行检测，如频率过高，就发出警报并暂时冻结该用户的访问。

④ 整体检验，结合审计结果、入侵检测信息、资源访问日志等进行综合性判断，当前系统整体运行是否安全，如果不安全，系统发出通知并启动安全保护模式。

采用这样的安全监控与审计系统，一般提供旁路监听、策略路由、透明网桥、VLAN 隔离（虚拟网关）等多种准入模式，可以 7×24h 不间断地实时监控网络的安全事件状态，监控运维用户、运维客户端地址、资源地址、协议、开始时间等，定时进行审计资产和运行数据。一旦发现异常，就发出警告、记录详细的日志，甚至采取相应措施，对违规操作提供实时告警和阻断，从而达到降低操作风险及提高安全管理与控制的能力，保证网络和业务的正常运行。这类系统还支持：

▶ 静态密码、动态密码、数字证书等多种认证方式；

▶ 支持密码强度、密码有效期、密码尝试死锁、用户激活等安全管理功能；

▶ 提供基于用户、运维协议、目标主机、运维时间段等组合的授权功能；

▶ 能够定义不同的监控策略、审计规则，能对用户注册、认证、网络流量、IP 地址分布、数据操作等用户数据进行实时统计，并生成各种统计报表；

▶ 针对命令字符串方式的协议，提供逐条命令及相关操作结果的显示，提供图像形式的回放，真实、直观、可视地重现当时的操作过程；

▶ 对安全威胁、脆弱性和资产等完成建模、综合分析和风险可视化展现等。

12.7 小结

安全性测试工作也是从需求开始介入，贯穿整个软件生命周期，目的是通过在软件开发生命周期的每个阶段执行必要的安全控制或任务，保证应用安全最佳实践得以很好地应用，并介绍了微软的软件安全性开发命周期。

在本章侧重介绍了安全性风险分析和常用的安全性测试方法，包括静态代码分析方法和动态的渗透测试方法，分别介绍了 SAST、DAST、IAST 和 RASP 等静态漏洞测试方法。这些静态测试方法一劳永逸，成本低，在某些情况下效果也良好，而且能够在代码阶段就能进行测试、能够定位问题等等，所以静态测试方法是常用的方法。但是，SAST 工具只能覆盖 10% ～ 20% 的代码问题，DAST 工具覆盖另外的 10% ～ 20%，所以还得依赖具有黑客思维的测试人员，因为他们能够结合业务需求和自己的经验，不断探索，发现更多的安全性问题，这就是人工渗透测试的威力。

除了静态测试分析和渗透测试方法，还有**模糊测试方法**。这类方法是一组特殊的、极端的测试方法，使用大量半随机的数据（对数据进行变异、或由模糊控制器自动产生数据）作为应用程序的输入，以程序是否出现异常行为 / 结果为标志，来发现应用程序中可能存在的安全漏洞。除此之外，还有其他一些安全性测试方法。

▶　基于模型的测试方法，这可以涵盖基于威胁模型来进行验证的测试、模糊测试方法中基于模糊控制器自动产生数据的方法。

▶　基于故障注入（Fault Injection）的安全性测试，类似与变异测试。

▶　形式化安全测试方法，如模型检验、语法测试等。

▶　动态污点分析方法（Dynamic Taint Analysis）。

我们还可以构造完整的系统安全保障体系，如图 12-6 所示，使系统具有足够的能力保护无意的错误以及能够抵抗故意渗透。

第 13 章

全程建模：彻底自动化

大概 8 年前，看过一本书《软件工程之全程建模实现》。此书基于全程建模方法论，全面介绍了如何在整个软件开发生命周期（SDLC）完成建模，包括业务建模、设计建模等，甚至包括代码模型、团队协作建模等。通过需求建模自动生成代码，也是软件工程研究人员一直追求的一个梦想（模型驱动开发，MDA）。之前 IBM 的演示是基于 UML 的业务和设计建模生成的 C++ 代码，以及使用 IBM Rational Systems Developer 和 Rational Software Architect 实现 UML 与 C++ 的转换。从 UML 构建之初心就能看出，它的确想覆盖 SDLC 所需的各种模型，如图 13-1 所示。

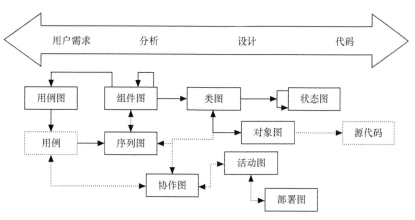

图 13-1　覆盖 SDLC 的 UML 视图

除了 IBM 产品，OptimalJ 也可以使用成熟的模式、直接从可视化模型生成可运行的 J2EE 应用系统，而且这些代码符合优秀编程实践和 Java 编程规范。模型驱动开发的目的是为了更好地揭示系统的结构和行为，帮助我们更好地理解正在建立的系统，从而提高研发效率和质量、适应商业的快速变化、简化测试等。所以，MDA 思想也同样适合软件测试，帮助我们提高测试工作的质量和效率，进而更好地保证软件产品的质量。

什么是模型

模型是对系统的抽象，是对被测系统的特征、操作行为和预期表现的抽象描述，即用图形、符号、形式化语言或其他各种数学方法把一个系统的行为及其导致的结果描述出来，定义系统的各种状态及其之间的转换关系，例如随机模型、贝叶斯图解模型、有限状态模型等。从数学逻辑看，就是能够满足一系列给定的定理而定义的、有限的操作和关系之集合。MBT 中的模型，可以简单理解为对现实世界的某个物体、某个对象的抽象表达。科学体系内的"抽象"是通过分析与综合的途径，运用概念模型在人脑中再现对象的本质的方法，即通过分析与综合，忽略物体 / 系统的细节、非本质的或与研究工作无关的次要因素，只抽取与研究工作相关的实质性的内容（如系统特征）加以考察。

13.1　测试过程模型

软件测试模型随处可见，例如第 1 章呈现的质量模型、第 2 章形成闭环的软件过程模型、第 3 章过程模型 TMap NEXT……第 9 章过程改进模型 PDCA，甚至可以通过模型来帮助我们理解"什么是软件测试""什么是探索式测试"，这和质量模型都可以说是软件测试最基本的模型。做测试的研发人员，对软件测试、质量都需要全面的、正确的理解，这是做好测试工作的基础。这里，为了体现全程建模，先从测试过程模型说起，然后再讨论基于模型的测试（MBT），包括测试需求、测试设计、自动化测试等建模。

测试过程模型，比较有名的有 W 模型（见图 13-2）、TMap 模型（见图 3-1）。W 模型由两个 V 字型模型组成，表明测试活动与开发活动对应、同步的过程，有什么开发 / 构建就有什么验证 / 测试，测试与开发相辅相成、相互依赖，贯穿 SDLC 整个过程，避免了瀑布模型所带来的误区——软件测试是在代码完成之后进行的。W 模型有如下两层含义。

▶ 从软件工程过程看，软件测试不局限于动态测试，而且涵盖更早可以开展的静态测试——需求评审、设计评审、代码评审。测试过程是对开发过程中阶段性成果进行验证的过程。

▶ 从软件项目管理流程看，测试计划和设计工作，在开发设计、编程时，就可以进行了，虽然计划的实施、测试用例的执行会相对迟些时候开展。图 13-2 的右边"集成测试、系统测试、验收测试"需要加上两个字"执行"，即后期侧重测试的执行，其计划、设计工作在左边活动过程中基本完成。

这也是本书从第 1 版开始，一直提倡的"全过程测试"，从项目一启动，测试工作也就开始了，包括参与需求分析与评审、准备测试计划和测试环境。这样，测试和开发能够及时、充分地沟通，有利于及时了解项目难度和测试风险，也能尽早地发现缺陷，显著降低项目风险、缩短开发周期。

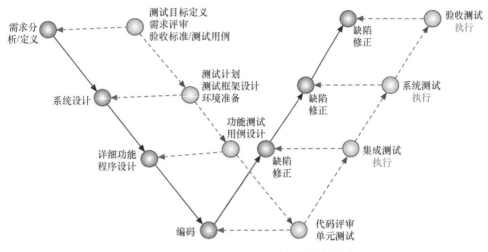

图 13-2　测试过程和开发过程的同步关系

在传统软件开发模式下，W 模型是相对科学且先进的。而在敏捷开发模式下，不仅具有测试驱动开发思想（TDD、ATDD 等），而且阶段性不够明显，强调迭代，持续改进，在整个 SDLC 过程，持续地揭示产品质量风险、提供质量反馈，可以简单描述成如图 13-3 所表示的模型。

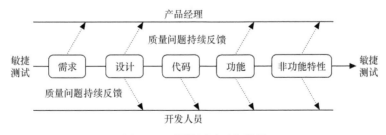

图 13-3　敏捷测试过程模型

如果再具体一点，使敏捷测试流程更能落地，强调以探索式测试方式完成当前迭代的新功能测试，把不写测试用例的时间来开发上一个迭代、相对稳定的已有功能的测试脚本，即所有的回归测试是自动化的。当团队中有测试人员角色（即存在开发和测试分工）时，这样的模式效率和质量兼顾，达到良好的平衡，如图 8-4 所示。

13.2　基于模型的测试

基于模型的测试（Model-based Testing，MBT）往往被认为是一种高大上的方法，工业界的许多从业人员对它了解不够，甚至觉得只是理论上的方法，缺少实际应用价值，敬而远之。实际上，这是一种错觉或误解，MBT 可以说无处不在，因为计算机软件本身就是一个抽象的、数字化的系统，被测对象（组件、系统等）可以被抽象为一个模型。而从广义角度看，许多常用的测试方法也可以归为 MBT，包括等价类划分、分类树、因果图、功能图等。例如，最简单的等价类划分方法就是解决一个系统输入空间的问题，原来输入空间的点（数据）可能是无限的，如何将这无限的（或大量的）输入数据降到一个可接受的范围内，这时就需要抽取数据特征以建立一个模型，将无限的输入问题转化为有限的问题。所以，可以将它归入"输入空间建模（Input Space Modeling）"。输入空间是影响系统行为的所有变量的集合，不仅包括各个变量的参数，而且包括外部系统的内部状态。为每个变量及其值域而建立的模型，然后就能够根据变量的组合生成抽象的测试用例。这个数据模型包含极其有限的若干个有效等价类（Valid Equivalence Class，VEC）、无效等价类（Invalid Equivalence Class，InEC），如图 13-4 所示，然后根据这个模型生成测试数据，即每个等价类产生一条测试数据，从 5 个有效等价类（VEC1 ～ VEC5）、3 个无效等价类（InEC1 ～ InEC3）共产生 8 个测试数据构成一个测试集合（test suite），满足其测试要求"每个等价类至少需要一个测试数据覆盖"。每一个抽象的测试数据 (x_i, y_i)（$i = 1, 2, \cdots, 8$）属于 8 个等价类的某个数据集合，如 (x_1, y_1) 处在 VEC1 的数据集内。最终，还要给 (x_i, y_i)（$i = 1, 2, \cdots, 8$）赋具体的值，才能执行测试。如给 (x_1, y_1) 赋予 $(-10, 20)$，才能执行对 VEC1 的验证。

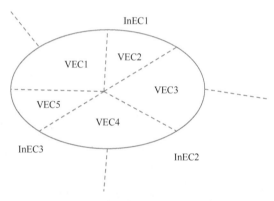

图 13-4　等价类划分的模型示意图

软件测试建模，一般需要从产品需求开始，通过模型来描述被测试系统（System Under Test，SUT）所期望的系统行为，并能借助模型清楚测试的范围、衡量测试的覆盖率。微软公司开发了一个 MBT 工具——Spec Explorer，这个工具就是通过 C# 语言来描述测试需求，这种测试需求被表述为一组规则，并结合一种小型的配置语言 Cord（Coordination Language）生成代码以及选择特定的测试场景。模型构建之后，Spec Explorer 就能够通过依据模型自动生成状态图和测试用例（测试脚本），然后就可以在单元测试框架中（如 NUnit）去执行测试脚本。使用 MBT 方法，可以自动生成测试数据、测试脚本，而如果没有采用模型，测试脚本是需要研发人员编写，所以说不是 MBT 的自动化测试不是真正的自动化测试，而是半自动化测试，仅仅测试的执行是自动的。而基于 MBT 的自动化测试才是彻底的自动化测试。而且，相对测试脚本的维护，维护模型更直观、更简单些，一旦模型修改或优化之后，测试用例（或测试脚本）可以重新生成。

基于上述讨论，下面给出比较完整的 MBT 测试过程，如图 13-5 所示，分为 5 个步骤。

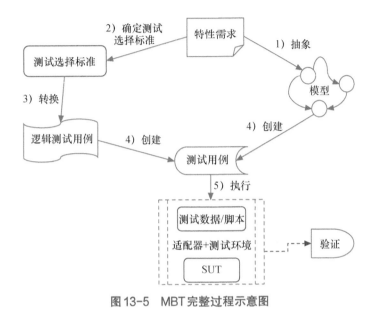

图 13-5 MBT 完整过程示意图

① 抽象：根据特性需求（多数是自然语言的描述文本）构建 SUT 的测试模型，可以是状态树、功能转换图等，也可以是 UML 视图、SysML 视图等。

② 确定测试选择标准（覆盖要求，如深度是 n 的路径覆盖，n 是根据质量要求来确定 n 是 1、2、3 还是 4、5 等）。MBT 工具根据模型生成一套完整的测试集（test suite），满足所选择的测试标准；

③ 基于选定的测试标准（如覆盖率要求），将测试需求转换成一系列"逻辑测试用例（LTC）"，LTC 不包含具体的测试数据、操作等，而是由参数或变量代替。

④ 将 LTC 中的元素映射到特定语句或方法调用，以创建具体的、可执行的测试用例。在这过程中，这个测试空间可能是一个巨大的空间，不同的算法可以生成不同的测试集，可能需要采用基于启发式的搜索算法生成最小的或最优化的测试集，也有可能是实验性的、随机性的，但最终生产的测试用例能覆盖绝大部分的测试规范，虽然有时做不到百分之百的覆盖。

⑤ 自动执行测试用例。

13.3　基于业务建模的MBT方法

首先讨论一个大家比较容易理解的基于模型的测试方法，虽然从严格意义上说，这不是基于模型的测试，但也是将原来自然语言描述的业务规则，通过抽象的模型——业务流程图（类似程序流程图）表示出来，业务流程图也可以进一步简化为树状图，其范式可以归于"功能的 / 操作的"，而测试选择标准则是"结构覆盖"，然后基于搜索算法产生"基本路径 / 分支覆盖"的测试用例。

13.3.1　基于业务流程建模

针对示例 13-1 所描述的业务需求，更准确地说是业务规则，是用自然语言描述的，那可以将这规则通过业务流程图把它描述出来，完成第一步的抽象，如图 13-7 所示。有了流程图，就可以按照逻辑覆盖或基本路径覆盖来进行手工测试。这样设计测试的科学性、系统性比较强，一方面使测试有章可循，另一方面测试的覆盖率也比较清楚。基于业务流程图，工具还不能自动生成测试用例，还需要基于这个流程图做进一步的抽象或规范化，例如生成"二叉树"的树结构。遍历二叉树，有很多成熟的算法，问题容易解决，这样就能自动生成测试用例。由

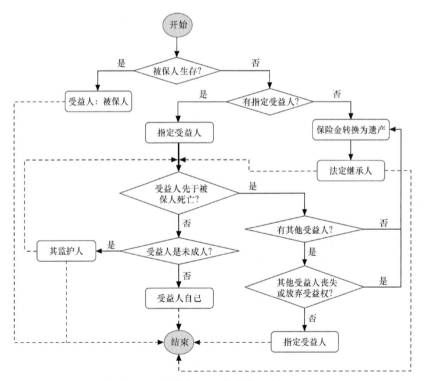

图 13-6　确定保险受益人的业务流程图

于图 13-6 的流程图中有循环，多循环一次，路径就多出几条，不同的循环次数就产生不同的树结构。这种循环次数也可以看作测试深度，循环次数越多，测试深度越深，意味着测试越充分。测试往往受时间限制，如果时间少，测试深度就浅一些；如果测试时间多，就完成更深的测试。这里，为简单说明问题，以深度为 1 为例，将图 13-6 转换为图 13-7 所示的状态树，开始的地方就是根（Root）节点，每一个结束的地方就是叶节点（Leaf Node，即 LN1 ～ LN7）。测试的路径就是从根节点出发到叶节点，每一条路径（从 Root 到 LN1 或从 Root 到 LN2）就会产生一条测试用例，图 13-7 总共会产生 7 条测试，遍历完所有叶节点。

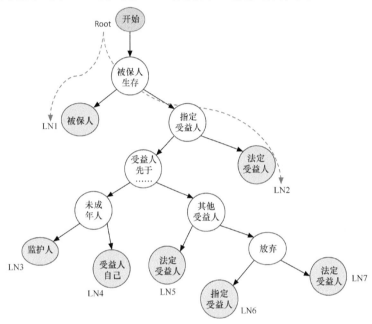

图 13-7　确定保险受益人的树结构

例13-1：确定保险受益人的业务规则

1. 被保人生存时，受益人为其本人
2. 被保人身故时，分两种情形处理：
① 有指定受益人的，由指定受益人申请受领；
② 未指定受益人的，保险金作为被保人的遗产由其继承人申请受领（继承人按法定继承顺序认定）；
3. 受益人未成年时，由该未成年人的监护人申请受领；
4. 受益人有下列情形的，由被保人的继承人申请受领：
① 受益人先于被保人死亡且无其他受益人；
② 受益人依法丧失受益权或放弃受益权且无其他受益人。

在单元测试中，主要是从代码层次上完成控制流覆盖和数据流覆盖。控制流覆盖包含逻辑覆盖和基本路径覆盖，逻辑覆盖包含代码行覆盖、分支覆盖、条件覆盖、分支/条件覆盖、条件组合覆盖等；数据流覆盖主要是在代码中跟踪各个变量的定义与引用，定义不同的测试数据，覆盖每个变量（包括参数）的定义、其全部引用。实际上，无论在底层（代码）还是在高层（业务），归根结底，软件测试需要充分覆盖数据流、控制流，在这个层次上的测试才是充分的。

13.3.2 基于事件流、应用场景建模

从业务角度建模，还有什么简单、通俗的方法呢？那就是在基于应用场景的测试方法，会构建另外一种常用模型——"事件流图"。这类事件流图以事件为结点，通过有方向的箭头来表示事件间的交互关系，而且可以将"事件"分为基本事件、扩展事件、异常事件。先画出基本事件（主要发生的正常事件），作为事件流图的主干线。图 13-8 所示的是 ATM 取钱操作的事件流图，主干就是插入银行卡、输入正确命令、输入正确金额数并取到钱。然后画出扩展事件、异常事件，如插入银行卡，原来准备取钱，但后来查询到钱太少，就不取钱了。也有可能插入无效卡、输错密码、ATM 内现金不够、卡内额度不够等异常事件发生。更理想的是能够根据有向图，遍历所有事件自动生成测试用例。

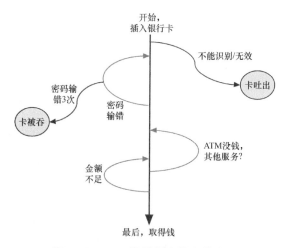

图 13-8 ATM 取钱操作的事件流图

针对 ATM 取款，例 13-2 给出了更为详细的描述，多达十几种应用场景，即使这样，在实际的业务应用中还是算简单的。这时，通过上面的事件流图不容易表达清楚，可以考虑换一种方式来模拟用户的应用场景，即从用户操作开始，针对用户不同的应用场景（不同操作方式），设计出操作-状态图。用户操作以"U"开头编号，而状态以"S"开头编号，可以先完成正常的操作，如图 13-9 所示，即从 U1 开始，经过状态 S1.1、S2.1、S3.1、S4.1、S5、S6、S7、S8，完成整个端到端的操作过程。然后再考虑不同的应用场景而产生不同的状态，如 S1.2、S2.2、S2.3、S3.2 等状态。从生成测试用例来看，就是要覆盖各个状态及其状态的迁移，可以生成下列测试用例：

例13-2：更多的应用场景/事件

正常场景：从账户中成功取款

可选场景：无法取款因为以下因素。

- ▶ 用户的银行卡号被拒绝，因为银行卡无法被 ATM 机识别。
- ▶ 用户 3 次以上都没能正确地输入密码。
- ▶ 用户 3 次或 3 次以上都没能正确地输入密码，ATM 机发生吞卡。
- ▶ 用户选择了存款或转账功能，而不是取款功能。
- ▶ 用户在插入的卡上选择了一个非正确的账户。
- ▶ 用户的取款数额不正确。
- ▶ ATM 的现金不足。
- ▶ 用户输入了一个不存在的数额。
- ▶ 用户输入的数额超出了每日的取款限额。
- ▶ 用户银行卡账户的余额不足。

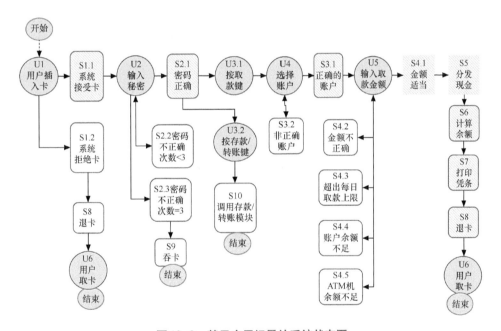

图 13-9 基于应用场景的系统状态图

① U1 → S1.1 → U2 → S2.1 → U3.1 → U4 → S3.1 → U5 → S4.1 → S5 → S6 → S7 → S8 → U6;

② U1 → S1.2 → S8 → U6;

③ U1 → S1.1 → U2 → S2.2 → U2 → S2.1 → U3.1 → U4 → S3.1 → U5 → S4.1 → S5 → S6 → S7 → S8 → U6;

④ U1 → S1.1 → U2 → S2.2 → U2 → S2.2 → U2 → S2.1 → U3.1 → U4 → S3.1 → U5 → S4.1 → S5 → S6 →

S7 → S8 → U6;

　　⑤ U1 → S1.1 → U2 → S2.2 → U2 → S2.2 → U2 → S2.3 → S9

　　⑥ U1 → S1.1 → U2 → S2.1 → U3.2 → S10

　　⑦ U1 → S1.1 → U2 → S2.1 → U3.1 → U4 → S3.2 → U4 → S3.1 → U5 → S4.1 → S5 → S6 → S7 → S8 → U6;

　　⑧ U1 → S1.1 → U2 → S2.1 → U3.1 → U4 → S3.1 → U5 → S4.2 → U5 → S4.1 → S5 → S6 → S7 → S8 → U6;

　　⑨ U1 → S1.1 → U2 → S2.1 → U3.1 → U4 → S3.1 → U5 → S4.3 → U5 → S4.1 → S5 → S6 → S7 → S8 → U6;

　　⑩ U1 → S1.1 → U2 → S2.1 → U3.1 → U4 → S3.1 → U5 → S4.4 → U5 → S4.1 → S5 → S6 → S7 → S8 → U6;

　　⑪ U1 → S1.1 → U2 → S2.1 → U3.1 → U4 → S3.1 → U5 → S4.5 → U5 → S4.1 → S5 → S6 → S7 → S8 → U6;

　　⑫ U1 → S1.1 → U2 → S2.1 → U3.1 → U4 → S3.1 → U5 → S4.2 → U5 → S4.3 → U5 → S4.1 → S5 → S6 → S7 → S8 → U6;

　　⑬ U1 → S1.1 → U2 → S2.1 → U3.1 → U4 → S3.1 → U5 → S4.2 → U5 → S4.3 → U5 → S4.4 → U5 → S4.1 → S5 → S6 → S7 → S8 → U6;

　　……

　　最后在 S4.2、S4.3、S4.4、S4.5 等这几个状态，可以有多个组合，即从第 12 个测试用例开始，可以生成更多的测试用例。

13.4　基于UML的MBT方法

　　基于 UML 的 MBT，其目标主要就是能够通过 UML 模型自动生成测试。UML 模型分为静态的结构图和动态的行为图，如图 13-10 所示。在行为图中，可以按有限自动机建模的状态机图、按事件发生的先后次序来建立模型的序列图 / 实时图（时间图）、使用类似 Petri 网图定义的活动图等，所以在基于 UML 的 MBT 中，状态机图、序列图、活动图、用例图是最常用的，验证的标准依旧是逻辑覆盖、状态覆盖、路径覆盖等，万变不离其宗，可以转换为图 13-7

所示的状态树，生成测试用例就迎刃而解了。基于 UML 的 MBT，可以借助单个模型来进行，也可以按照多个模型的组合来进行；基于 UML 的 MBT，虽然多数是按动态的行为图来生成测试用例，但有时也需要类图、组件图、包图等提供的结构信息（不局限于接口信息），从而更好地有助于完成单元测试、集成测试。

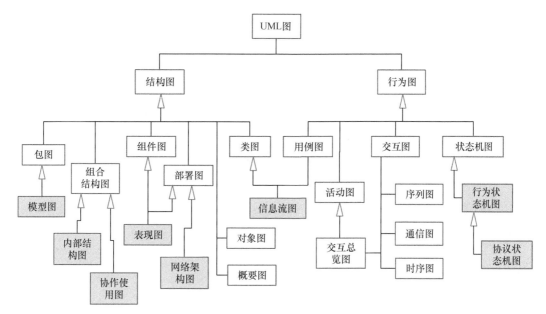

图 13-10　UML 各种模型（视图）

13.4.1　基于 UML 的 MBT 具体实现

在基于 UML 的测试用例生成中，最常用的 UML 图是状态机图（State Machine Diagram），包括行为状态机图、协议状态机图，其次就是序列图、活动图等，也常常会用到类图（Class Diagram）、用例图（Use Case Diagram）等。基本的过程，如图 13-11 所示，状态图可以通过模型转换器，转化为后面所讲的"有限状态机（FSM）"，在新版的 UML 中，我们可以直接构造状态机图，可以省去模型转换器。UML 序列图的处理则不同，是借助测试目标分析器生成测试用例规约的，其模型按规约组合而成，然后结合 FSM 生成测试集。作为工具，如果能获得 FSM 和测试序列等可视化效果，其工具的易用性会更好。

在采用基于 UML 的 MBT 中，可以通过下列几点来更好地保证 MBT 的效果。

▶　根据上下文选择合适的 UML 模型，既能反映被测系统的主要特性，又能容易构建和维护。

▶　完善 UML 模型的语义，对于更复杂的一些业务场景，需要支持循环或并发等逻辑关系的描述。

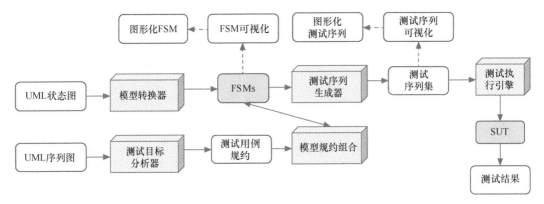

图 13-11　基于 UML 的 MBT 原理示意图

▶ 在状态、迁移路径等元素上增加权重，以反映测试策略、测试优先级等，提高测试效率，并避免出现测试用例数爆炸的问题。

不管用哪种图，最终还取决于覆盖准则（Coverage Criteria），如状态机的基本覆盖准则一般包括状态覆盖和迁移覆盖。

▶ 状态覆盖测试准则要求：状态图中的每一个状态至少被验证一次。

▶ 迁移对覆盖准则要求：状态图中的每一对相邻的迁移（任意存在直接联系的两个状态之间的转换）至少被测试一次。

迁移对覆盖类似于两两组合，而全路径覆盖则类似完全组合，一般很难做到，全路径覆盖要求状态机中所有可能的状态转移序列都至少被测试一次。为了减少测试，把测试工作量控制在一定范围内，可以定义 n 深度覆盖，即要求从初始状态出发，对于任意不大于长度 n 的运行序列至少被覆盖一次。

基于单一 UML 模型的 MBT 方法，不同的模型，关注点不同，例如基于最常用的序列图（Sequence Diagram）的 MBT，消息（Message）是中心，即由参与者发起消息（看作系统的"输入"）到最后参与者收到消息（看作系统"输出"或"响应"），整个序列图描述的交互过程可以看作是系统输入、输出的一个序列。测试就是跟踪这个序列——消息传递和处理的过程，然后针对关键点进行验证。如图 13-12 所示，从入口（Gate）开始，到达一个生命线（Lifeline），在这里要满足执行规约（Execution Specification），就是测试 / 验证的一个关键点。然后，可能触发事件的发生，需要检查事件发生是否规范要求（Occurrence Specification，事件规约），也是测试的关键点。继续下去，到达另一生命线；之后在异步消息（Asynchronous Message）传递的同时还创建对象（Object Creation），这些都是测试点。最后返回的消息（Return Message）、时间约束（Duration Constraint）、错误处理（Handle Errors）等都需要验证。

以序列图的消息为中心生成测试序列表，再将测试序列表转换成逻辑的测试用例，同时将条件中的参数用实际的输入数据替换，就生成具体的测试用例。这方面的研究和应用还比较多，见参考文献[34]。

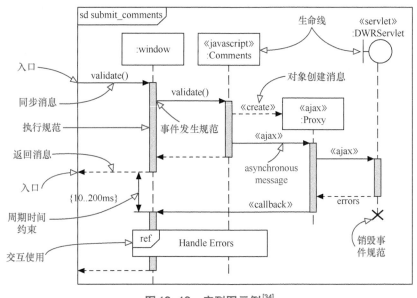

图 13-12　序列图示例[34]

对 UML 模型进行扩展、使用多种模型的组合、增加附加的约束手段是比单一模型更加有效的方法[35]。组合模型方法可以充分发挥各种模型的优点，提高方法本身的适能力。例如，可以通过 UML 用例图来分析用户行为的前置条件、后置条件，通过对象约束语言（Object Constrained Language, OCL）来描述，再转换成状态图，进一步转换成动态的有限状态机（DFSM），最终自动生成测试用例。也有在用例图的行为分析的基础上，借助活动图（Activity Diagram）转换成活动流图，生成测试用例图。也有使用用例图、顺序图和活动图等对系统的行为进行建模，并给出了从这些模型变换成马尔可夫链的算法，最终支持系统的可靠性测试[8]。

13.4.2　基于有限状态机建模

有限状态机是一种用来进行对象行为建模的工具，其作用主要是描述对象在它的生命周期内所经历的状态序列，以及如何响应来自外界的各种事件。在面向对象的软件系统中，一个对象无论多么简单或者多么复杂，都必然会经历一个从开始创建到最终消亡的完整过程，这通常被称为对象的生命周期。一般说来，对象在其生命周期内是不可能完全孤立的，它必须通过发送消息来影响其他对象，或者通过接受消息来改变自身。许多实用的软件系统都必须维护一两个非常关键的对象，它们通常具有非常复杂的状态转换关系，而且需要对来自外部的各种异步事件进行响应。例如，在 VoIP 电话系统中，电话类（Telephone）的实例必须能够响应来自对方的随机呼叫、来自用户的按键事件以及来自网络的信令等。在处理这些消息时，类 Telephone 所要采取的行为完全依赖于它当前所处的状态，因而此时使用状态机就是一个不错的选择。

有限状态机（Finite State Machine，FSM）模型包含5个元素，即输入符号、输出符号、状态集合、状态转移函数和输出函数，而扩展有限状态机（Extended Finite State Machine，EFSM）模型是在 FSM 模型基础上增加了动作和转移条件，以处理系统的数据流问题，而 FSM 模型只能处理系统的控制流问题。所以，增加了一个初始状态之后，EFSM 模型包含了 6 个元素，并将 FSM 模型中的"状态转换函数和输出函数"变为"变量集合和转移集合"，如图 13-13 所示。基于 FSM/ EFSM 模型，自动化编程和测试的研究和实践越来越多。

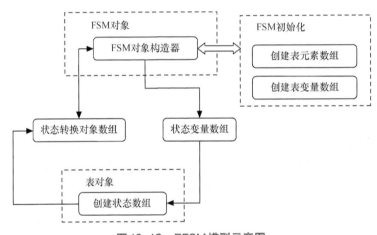

图 13-13　EFSM模型示意图

对于 FSM 模型应用很多，最典型的一个例子就是电梯控制程序，而这里以 HTTP 客户端请求过程为例，如何基于 FSM 来建立其测试模型。通过对 HTTP 请求过程的分析，了解 HTTP 请求如何从一个状态切换到另一个状态，从"开始"状态经过"需要连接""需要请求""发送请求"到"失败 / 出错""重定向""获得数据"等状态，直至结束，就可以完成如图 13-14 所示的有限状态图。在这个模型中，我们就关注 HTTP 通信的状态、以及状态之间的转换。MBT 就是基于这个模型来完成 HTTP 通信的验证，如下所示。

① 先确定测试目标：确保每个状态被覆盖、两个状态之间的转换至少被一次覆盖。

② 可以根据上述目标，生成覆盖状态、状态迁移的测试用例。

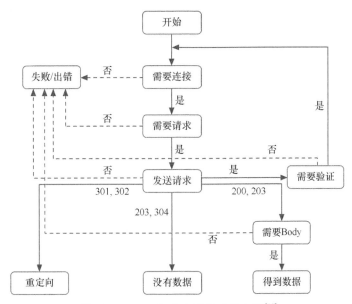

图 13-14　HTTP 客户端请求状态图[38]

基于 EFSM 测试的输入应该包含两个部分：测试输入序列及其包含的变量值（输入数据）。手工选取这些测试数据的工作十分烦琐，一般需要采用自动选取的方法，如聚类方法、二叉树遍历算法和分段梯度最优下降算法等，从而极大地提高实际测试工作的效率。

13.5 小结

从抽象模型自动生成抽象的测试用例集（Abstract Test Suite），再从抽象的测试用例集生成具体的测试数据 / 脚本等所包含的过程和技术，就是基于模型的测试（MBT）。在前面，介绍了一些适合工业界应用的方法，如基于业务流程图、事件流和应用场景、有限状态机等方法，这些方法容易转换成状态树，通过遍历树结构、搜索可执行文件的路径来生成测试用例。实际上，MBT 还包括其他的建模方法（相关内容参见 IBM 官网）。

▶　**定理证明**（Theorem Proving），最初使用逻辑公式进行自动证明，而在 MBT 中，定理证明是通过一组能够明确定义系统行为的逻辑表达式（谓词）来完成模型构建。而通过析取范式的方法，模型被分解为若干个有效等价类而选择测试用例。

▶　约束逻辑编程和符号执行（Constraint Logic Programming and Symbolic Execution）。借助约束来描述系统，而靠布尔求解器或数值分析（高斯消去法）来完成约束的求解，而求解的方法可以作为 SUT 的测试用例。约束编程可以结合符号执行，以符号方式来执行系统模型，即在不同的控制路径之上收集数据约束，然后使用约束编程方法求解约束条件和生成测试用例。

▶ 模型检验（Model Checking），在 MBT 中就是对属性的测试。如果属性在模型中是有效的，模型检验能发现证据或反例——证据是能够满足属性的路径、反例是属性有冲突的路径，这些路径就可以被用于测试用例。

▶ 随机 / 半随机模型，完成一些不确定性的测试，包括模糊控制器（Fuzz Controller）、马尔可夫链（Markov Chain）等，其中模糊测试大量应用于安全性和稳定性的测试，而马尔科夫链就是基于使用 / 统计模型的测试（Usage/Statistical Model Based Testing）。

从另外一个角度看，可以针对不同形态的被测试系统，如并发控制系统、状态转换系统、业务流程建模等，对 MBT 方法进行分类，如图 13-15 所示。从中可以看到，流程图、自动机等一些方法，前面有较详细的讨论。

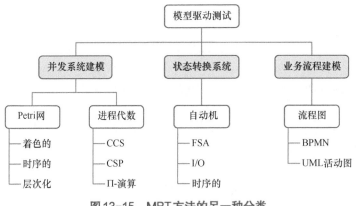

图 13-15　MBT方法的另一种分类

如果从模型规范（Model Specification）和测试产生（Test Generation）这个维度来看，我们可以更全面、更详细地将 MBT 分为不同的具体方法和技术，如图 13-16 所示。

MBT 测试过程可以分为 3 步走：测试准备、测试生成和测试评估。从图 13-17 中可以看出，测试准备是最关键的，首先要分析过去发现的各种缺陷，抽象或归纳出故障模式，进一步分析当前项目所可能存在的测试假定，根据质量要求选择合理的测试策略和明确测试覆盖准则，结合业务构建模型。然后基于模型生成测试，最后根据覆盖准则来评估生成的测试是否达到要求。如果达不到要求，需要找出问题、优化模型。

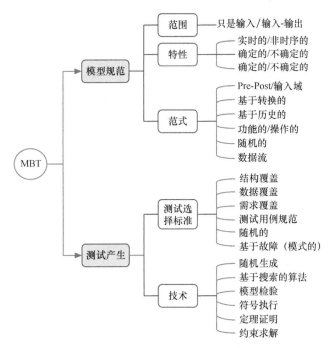

图 13-16　MBT 的全貌/分类

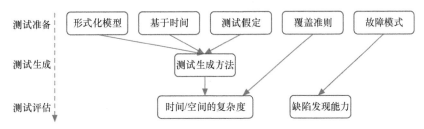

图 13-17　MBT 的过程框架示意图

第 14 章

全程可视化：管理无死角

良好的过程产生良好的结果，所以，做好管理，就要管理好整个过程。软件测试也不例外，测试管理的一项重要工作就是测试过程的管理。我们强调过程管理，并不忽视人员和测试基础设施，人是决定的因素，基础设施是测试运行的必要支撑，所以在第 3 章、第 4 章做了详细讨论。即使是测试过程管理，也是一项系统的工程，涉及思想、流程、方法和工具。例如，第 2 章讨论了全程软件测试的思想和方法，9.5 节、9.6 节分别讨论了测试过程评审、持续过程改进，13.1 节讨论了测试过程模型。

但过程管理仅仅凭感性是不行的，通过定性的管理也是不够的，更好的管理是量化管理，正如软件过程成熟度模型 TMMI 把量化管理放在很高的水平（5 级中的第 4 级）。用数字来反映问题或成绩，都比较及时、客观、明确，而且也只有量化了管理，才能持续推动测试过程、产品质量等的改进。

▶ 发现：通过度量能发现问题，通过分析，进一步发现影响软件测试质量、效率的主要因素。

▶ 评价与改进：通过度量获得基准值，为评价测试过程成熟度水平提供客观数据，并帮助过程改进制订有效的变更措施、衡量改进效果。过程改进既是度量的结果，又是度量的动因。

▶ 控制：实现设定上下限或其他阀值，基于度量所反映的状态信息，制订合理的管控措施，将过程各项关键指标的偏离度控制在一定的范围内，使测试过程的质量、效率等处在正常、稳定的状态，满足管理的期望。

▶ 预测：历史度量数据的积累能帮助预测当前项目的测试过程发展趋势。

14.1　测试过程的度量体系

为了做好量化管理，首先需要建立度量指标体系。虽然有些度量指标（如测试进度、缺陷跟踪）是基本的，具有普适性，但不同的产品、不同的研发组织，所要建立的测试过程的度量体系是不一样的。为了简化问题的阐述，就不加区分，侧重通常商业应用软件系统，而不考虑一些特殊软件，如生命攸关的系统或软硬件紧密的嵌入式软件。如果应用该指标体系时，自己进行剪裁、取舍或调整。

14.1.1 测试管理的全局性与层次性

从测试跟踪和管理的角度来看，虽然关注被跟踪的对象有轻有重，但需要覆盖测试过程的各个方面和测试工作的各项活动（按专业术语，称为测试过程域）。测试过程域以 TPI（Test Process Improvement）模型看，有如下 16 个过程域：

① 项目干系人承诺	⑨ 度量
② 参与整个研发过程的程度	⑩ 缺陷管理
③ 测试策略	⑪ 测试件管理
④ 测试组织	⑫ 测试方法实践
⑤ 沟通（与协作）	⑬ 测试人员专业性
⑥ 测试报告	⑭ 测试用例设计
⑦ 测试流程管理	⑮ 自动化测试
⑧ 测试估算和计划	⑯ 测试环境（基础设施）

我们也可以从其他角度来看测试管理体系，如测试组织和测试人员是决定因素，但需要在公司营造很好的质量文化，如制订质量测试方针、培养大家良好的测试思维、先进的质量管理思想。从组织保证看，要做好测试人员的招聘和培训，不断提升测试人员的测试专业水准，并加强团队的沟通协作、干系人的管理和测试绩效 KPI 考核等。除了组织保证，还需要测试基础设施的保证，包括构建良好的自动化测试框架（或平台），构建测试用例库、测试脚本库、缺陷库、测试数据库等及其良好的管理系统，构建能够很好支持测试分析、设计、执行和测试结果呈现、生成测试报告、测试件管理等测试的平台，最后构建不同层次高效的测试流程、引入先进的测试方法技术、测试度量与实践等，从而构建相对完整的测试管理体系，如图 14-1 所示。

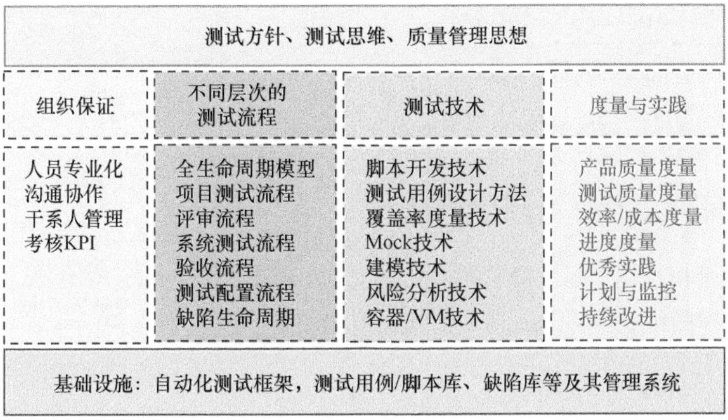

图 14-1 测试管理的层次性

从产品需求文档（PRD，包括 UI Mock-up）审查开始到产品发布，我们要实施对测试全过程的跟踪和管理，基于入口 / 出口准则做好各个过程节点（里程碑）的评审与控制，如通过度量及时收集数据（包括团队成员的日报、周报）、对过程进行评审，及时了解测试任务执行的状态，及时帮助团队扫除障碍，快速推进测试的进度。综合来看，重点需要管好下列这些重要的活动和入口 / 出口准则实施的检查。

▶　产品需求文档的审查活动和签发。

▶　产品规格说明书（SPEC）的审查和签发。

▶　测试计划书的审查和签发。

▶　测试策略有效实施的跟踪。

▶　测试用例的审查和签发。

▶　测试环境的审查。

▶　单元测试报告的审查。

▶　功能测试执行的跟踪。

▶　系统测试执行的跟踪。

▶　回归测试的风险管理。

▶　验收测试的管理。

▶　测试结束的评估。

▶　测试人员的培训和教育。

▶　测试和其他部门之间的沟通。

▶　测试项目的分析和总结，以及改进计划和措施。

14.1.2　测试过程度量指标体系

如何建立一套指标体系呢？简单的办法就是我们想要什么，就度量什么。如果想要提高测试效率，就度量和测试效率相关的指标，如以下内容。

▶　每人·日设计多少测试用例？

▶　每人·日执行多少测试用例？

▶　多大比重的测试是由工具执行的？

▶　每个用户故事的测试脚本开发需要多少个人·日？

……

但这样有可能顾此失彼，抓住了效率而丢了质量。我们需要系统地度量测试过程，即使突出一些关键目标的度量，也能保持动态平衡的发展。关注度量的测试过程改进模型系统化测试和评估过程（Systematic Test and Evaluation Process，STEP），建议测试过程主要度量指标包括以下几个。

▶　不同阶段或时期的测试状态。

▶　测试需求覆盖、测试风险覆盖，包括评审覆盖等。

▶　缺陷趋势，包括新发现的、各严重性级别/优先级的和不同类型的数据。

▶　各个阶段引入的缺陷、发现的和移除的缺陷数，以及缺陷发现率/检测率。

▶　缺陷移除效率、（需求、代码）缺陷密度。

▶　测试成本（包括时间、工作量和资金）的估算和实际测量。

但没提到测试件（如测试用例、测试脚本、测试数据等）的质量、产品质量属性（含易用性、安全性、可靠性等）、代码的逻辑覆盖、测试进度、测试环境的稳定性与可用性等度量。

那么如何构建一个测试过程的度量体系呢？

首先，要理解建立一个测试过程的度量体系目的是什么。就是围绕测试质量和测试效率这两个最基本的目标来展开，包括了解它们上一个版本建立的基线、当前的状态，以及在测试过程改进之后质量、效率有没有改进。质量和效率，具有一定的独立性，但它们也是相互有影响的，测试的质量影响着测试过程的有效性和效率，反过来高效赋予测试更多时间进行更充分的测试，而低效则往往会减少测试时间，给测试质量带来更大的风险。

其次，哪些指标能反映测试质量和测试效率呢？虽然存在仁者见仁、智者见智的现象，但我们还是可以梳理出一些能直接反映质量和效率的指标，例如测试质量体现在测试件（测试计划、测试用例、测试脚本）质量和测试覆盖率，而测试效率体现在分析、设计、执行等效率，包括自动化测试的比重。我们也能梳理出一些间接反映质量和效率的指标，如测试环境的稳定性、部署效率等。在这一阶段，可以采用头脑风暴、思维导图的方式，如图 14-2 所示，尽量列出各种度量指标，即使错了也没关系，可以留到下一步分析和整理。

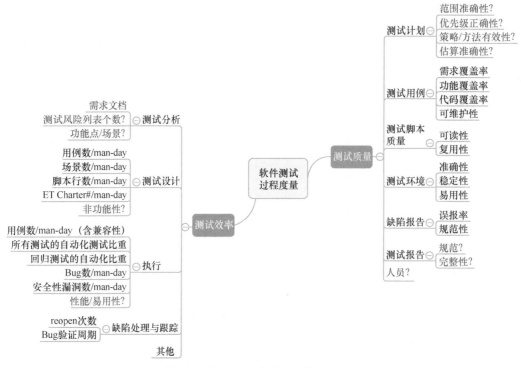

图14-2　软件测试效率与质量的度量指标（头脑风暴结果）

　　然后进行整理，确定每个指标的度量是否有意义，筛选出真正有价值的度量指标，并确认如何度量，即每个指标能够收集到相对客观的数据。还应该检查有没有遗漏的类别，如产品质量。虽然产品质量更多体现了开发质量，但和测试质量息息相关，而且开发/测试都会参与需求、设计和代码评审，如果前期工作没做好，也会影响后期阶段性产品的质量。最后，进行完善、归类，甚至可以标出其优先级，哪些指标更有价值，要优先度量。图14-3是基于14-2的初步结果，是进一步分析、整理的结果，体现了更专业的度量体系。

　　度量的分类从目标出发比较好，让我们不忘初心，能持之以恒地坚持下来，不断改进测试过程。当然，也可以从其他维度来对测试过程度量进行分类。

▶ **项目度量**：度量测试进度、成本、风险等，可以对照测试计划定义的出口准则，如测试用例执行数量、测用例通过率等；

▶ **产品度量**：度量在制品/半成品（需求、设计、代码等）和产品的规模、质量属性，如系统总代码行数、可测试性度量、缺陷密度、缺陷分布（按严重性、优先级、类别分别度量）、复杂度等。

▶ **过程度量**：度量测试过程能力、测试有效性等，如通过测试发现的缺陷百分比、所发现的缺陷变化趋势、测试覆盖率、测试用例执行率等；

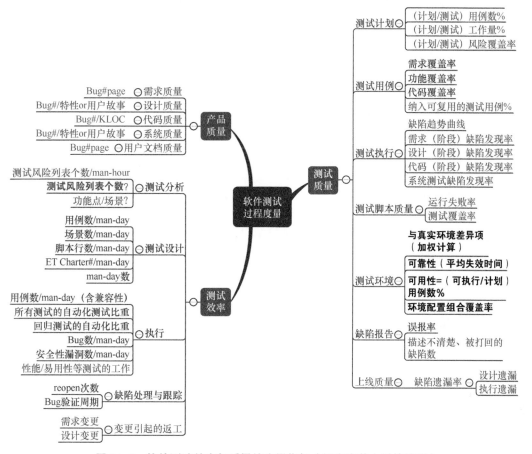

图 14-3　软件测试效率与质量的度量指标（评审完善之后的结果）

▶　**人员度量：** 度量个人或小组的能力、工作量或质量，如在给定的时间内缺陷数（人·日）、用例执行数（人·日）、缺陷误报率等。

这样基本形成的软件测试的度量体系，覆盖了测试主要活动（计划、分析、设计、执行、缺陷报告等）或各个方面（如项目、产品、过程、人员等），清楚什么时候度量什么数据。

度量模型/框架GQM

GQM 即 "goal、question、metric(目标、问题、度量元)"，是一种由马里兰大学名誉教授 Victor Basili 提出的软件度量方法。它定义了三层的度量模型。

> ▶ 概念层次（目标）：基于特定的质量模型，在特定的环境下，出于某种原因、观点来为对象定义目标。
> ▶ 操作层次（问题）：一组问题用于定义研究对象的模型，然后关注该对象以表征特定目标的评估或实现。
> ▶ 量化层次（度量元）：基于模型的一组度量与每个问题相关联，以可测量的方式回答它。

通常分6步来实施GQM，其中前3步是使用业务目标来推动正确度量的识别，后3步是收集测量数据和有效使用度量结果推动决策和改进。

① 制订一套企业、部门和项目业务目标以及相关的生产力和质量衡量目标。
② 生成以量化的方式、尽可能完全覆盖这些目标的问题（基于模型）。
③ 指定需要收集的措施来回答这些问题并跟踪流程和产品与目标的一致性。
④ 建立数据收集机制。
⑤ 实时收集、验证和分析数据，为项目提供反馈，以便采取纠正措施。
⑥ 以事后的方式分析数据，以评估对目标的一致性，并为未来的改进提出建议。

14.2　测试全过程的度量

传统的软件测试过程和敏捷测试过程相差还比较大，但是，如果我们不需要考虑测试分析、设计、执行活动有一个顺序，而是把它们看成活动，这样就统一了。在瀑布模型中，那就按照测试分析、测试设计、测试执行活动等这样的顺序进行度量和统计分析，而在敏捷测试活动就可以将它们看成一起开展但相对独立的活动来进行度量。也可以先度量，然后对有些度量进行合并处理，以反映某个时刻整体的测试效率或质量的状态。

需求评审、设计评审的度量比较困难，毕竟需求文档、设计文档的描述不是很规范。如果采用领域特定语言（Domain Specific Language，DSL）或行为驱动开发（Behavior Driven Development，BDD）、需求实例化等开发模式，测试需求的度量就比较容易做。否则，只能按文档每页、每个特性、每个用户故事来度量工作量和缺陷等数据。如果设计的架构面向微服务或API，设计评审的工作量、缺陷，也可以从服务和API角度去度量，否则可以按功能点、对象点的方法来度量，但大多数公司很少采用功能点、对象点的度量方法。

在进行测试度量之前，还需要进行基础度量，如软件规模度量、需求特性度量、设计规模度量等，测试的某些度量需要建立在基础度量之上。下面侧重讨论以测试用例、代码、缺陷为中心来度量测试分析与设计、执行的效率和质量。

14.2.1 测试分析与设计的度量

从传统测试角度看，先分析后设计。测试分析是测试计划的基础，在制订测试计划时需要明确测试范围、需要识别测试风险或产品质量风险，这些都可以归为测试分析的主要目的。测试分析，侧重产品功能特性的分解，确定测试边界和测试优先级，包括选择什么样的测试方法和测试工具等。但在今天快速迭代的敏捷开发模式下，测试分析和设计往往是一气呵成的，分析、设计、再分析、再设计，循环进行，测试分析和设计没有明确的阶段性划分。测试的"设计"概念，也有不同的解释，如测试测试框架（测试用例的结构）、设计测试解决方案和设计具体的测试用例。有一种观点是把"设计具体的测试用例"定义为"测试实现"，如同自动化测试脚本的开发，也是"测试实现"。这里，"测试设计"是指测试用例的设计，包括测试用例结构（Test Suite，测试集）。

软件测试分析，一般在分析业务需求、用户角色需求以及被测软件状态、接口、数据结构和设计约束等基础上，设定测试目标、选取测试类型（如功能测试、性能测试、安全性测试、兼容性测试等），然后进行测试范围分析，确定相应的测试内容和要求。同时，基于每个测试类型进行测试项分解，分解后的测试项需全部覆盖软件的业务需求和设计文档描述的所有功能点。测试设计就针对所分解的测试项，采用等价类划分、边界值分析、决策表等进行针对性的设计。

测试分析的误差体现在测试范围分析、测试工作量估算等方面，这也和软件规模、复杂度等相关，规模越大、复杂度越高，误差也会相应增大。提高测试分析的准确性，依赖于收集过去的数据，就是我们要做的度量，实际工作和度量相互支撑，进入良性循环。测试设计也不例外，但测试设计的输出——"测试用例"颗粒度比较细、数量比较大，这对度量是有利的，结果会更精确、可靠。测试分析和设计的度量还可以引入层次性，正如前面所说的"测试管理层次性"，从一个系统到子系统、再到模块、组件，也可以从软件要处理的业务，分解为测试条件、测试场景直到测试数据。

1. 测试分析质量的度量指标

▶ 测试风险遗漏率 $= R_m/(R_m + R_d)$

其中 R_m 表示测试计划中未覆盖但之后暴露出来的测试风险数；R_d 表示测试计划中列出的测试风险数。

▶ 测试范围遗漏率 $= FP_m/(FP_m + FP_d)$

其中 FP_m 表示测试计划中未覆盖但之后需要测试的功能点（特性分解为功能、字功能直到不能分解为止，含用户故事的验收标准项、场景、条件等）；FP_d 表示测试计划中列出的待测功能点。

▶ 测试时间 / 工作量估算准确度 = 实际执行工作量 / 计划估算的工作量。

▶ TA（测试自动化）估算准确度 = 实际 TA 比重 / 计划估算 TA 的比重。

▶ 可测试的需求覆盖率 =（FP_d − FP_n）/FP_d。

其中 FP_n 表示测试计划中列出的测试功能点在后期不能被验证的或很难验证的（缺乏可测试性）功能点数

2. 测试分析效率的度量指标

$$测试分析效率 = FP/（人·日）$$

其中，FP 表示测试分析出的功能点（含场景、条件等）。

3. 测试设计质量的度量指标

下来度量公式中测试用例用 TC（test case）表示，数量用 "#" 表示，代码行用 LOC（lines of code）表示，分支用 BOC（Branches of code）表示，被测对象用 OUT（Object under test）表示，含 SUT（被测系统）、被测单元 / 组件 / 类等。这里的测试用例，可以包含自动化测试脚本（TS）。

▶ 测试用例代码覆盖率 = 运行 TC 覆盖的 LOC 数 /OUT 的总 LOC 数。

▶ 测试用例分支覆盖率 = 运行 TC 覆盖的 BOC 数 /OUT 的总分支行数。

▶ 测试用例缺陷覆盖率 = 运行 TC 覆盖的 bug 数 / 发现的总 bug 数。

▶ 测试用例功能点覆盖率 = 运行 TC 覆盖的 FP 数 /OUT 的总 FP 数。

▶ 测试用例功能点覆盖深度 =TC 数 /FP。

▶ 测试用例设计完整率 =（总 TC 数 − 执行时追加的 TC 数）/ 总 TC 数。

▶ 测试用例高优先级的比重：高优先级的 TC 数 / 总的 TC 数（20% 较好）。

▶ 负面的测试用例的比重：负面的 TC 数 / 总的 TC 数。

▶ 纳入可复用的测试用例的百分比：可复用的 TC 数 / 总的 TC 数。

这里以 JaCoCo 工具为例，直观地说明代码覆盖率的度量——逐层显示每个软件包、类、方法的（代码行、分支等）测试覆盖率，如图 14-4a 与图 14-4b 所示。打开某个方法（函数）可以看到具体没有被覆盖的代码行、分支，如图 14-5 所示。

Element	Missed Instructions ▾	Cov.	Missed Branches	Cov.	Missed	Cxty	Missed	Lines	Missed	Methods	Missed	Classes
⊞ org.jacoco.examples	▮	58%	▮	64%	24	53	97	193	19	38	6	12
⊞ org.jacoco.agent.rt	▭	84%	▭	88%	27	117	49	296	19	72	7	20
⊞ org.jacoco.core	▭▭▭	98%	▭▭▭	95%	60	1,151	56	2,703	13	639	0	116
⊞ jacoco-maven-plugin	▭	90%	▮▭	80%	36	185	42	405	8	112	0	19
⊞ org.jacoco.cli	▭	97%	▭	100%	4	109	10	275	4	74	0	20
⊞ org.jacoco.report	▭▭▭▭	99%	▭▭▭	99%	3	549	1	1,304	0	367	0	64
⊞ org.jacoco.ant	▭	98%	▭	99%	4	163	8	428	3	111	0	19
⊞ org.jacoco.agent	▭	86%		75%	2	10	3	27	0	6	0	1
Total	1,012 of 24,283	95%	101 of 1,773	94%	160	2,337	266	5,631	66	1,419	13	271

a)

Element	Missed Instructions ▾	Cov.	Missed Branches	Cov.	Missed	Cxty	Missed	Lines	Missed	Methods
⊛ nextIsClose(String)	▭▭	83%	▭▭▭	64%	5	8	5	18	0	1
⊛ nextIsLabel(String)	▮	80%	▭▭	66%	2	4	3	11	0	1
⊛ matchEcj()	▮	96%	▭▭▭	75%	3	7	2	33	0	1
⊛ matchEcjNoFlowOut()	▮	96%	▭▭▭	78%	3	8	2	28	0	1
⊛ nextIsJump(int, String)	▮	91%	▭▭	83%	1	4	1	10	0	1
⊛ nextIsEcjSuppress(String)	▭▭	100%	▭	100%	0	2	0	18	0	1
⊛ nextIsEcjCloseAndThrow(String)	▭	100%	▭	100%	0	2	0	7	0	1
⊛ nextIsEcjClose(String)	▭	100%	▭	100%	0	2	0	4	0	1
⊛ start(AbstractInsnNode)	▭	100%		n/a	0	1	0	6	0	1
⊛ TryWithResourcesEcjFilter.Matcher(IFilterOutput)	▭	100%		n/a	0	1	0	5	0	1
Total	29 of 560	94%	14 of 58	75%	14	39	13	140	0	10

b)

图14-4 软件包/类/方法的测试覆盖率列表

```
213.          }
214.   ◆    if (cursor.getOpcode() != Opcodes.INVOKEINTERFACE
215.              && cursor.getOpcode() != Opcodes.INVOKEVIRTUAL) {
216.          cursor = null;
217.          return;
218.          }
219.        final MethodInsnNode m = (MethodInsnNode) cursor;
220.   ◆    if (!"close".equals(m.name) || !"()V".equals(m.desc)) {
221.          cursor = null;
222.          return;
223.          }
224.        final String actual = m.owner;
225.        final String expected = owners.get(name);
226.   ◆    if (expected == null) {
227.          owners.put(name, actual);
228.        } else if (!expected.equals(actual)) {
229.          cursor = null;
230.          }
231.      }
232.
233.      private void nextIsJump(final int opcode, final String name) {
234.        nextIs(opcode);
235.   ◆    if (cursor == null) {
236.          return;
237.          }
238.        final LabelNode actual = ((JumpInsnNode) cursor).label;
239.        final LabelNode expected = labels.get(name);
240.   ◆    if (expected == null) {
241.          labels.put(name, actual);
242.        } else if (expected != actual) {
243.          cursor = null;
244.          }
245.      }
246.
247.      private void nextIsLabel(final String name) {
248.   ◆    if (cursor == null) {
249.          return;
250.          }
251.        cursor = cursor.getNext();
252.   ◆    if (cursor.getType() != AbstractInsnNode.LABEL) {
253.          cursor = null;
254.          return;
255.          }
```

图14-5 代码中分支、代码行未被测试覆盖状态

4．测试设计效率的度量指标

每人·日设计测试用例数：TC 数 /（人·日）

每人·日开发测试脚本行数：TS 数 /（人·日）

每百个测试用例发现的缺陷数：bug 数 /TC 数 /100

每千行测试脚本发现的缺陷数：bug 数 /TS 数 /1000

其中缺陷数可以按严重性级别、优先级、功能模块等分别进行度量，即度量的范围或数据来源不一样，但公式是一样的，读者可以自行套用。

14.2.2　代码评审与分析的度量

代码评审（Code Review），包括人工代码评审和用工具进行代码的静态分析，可以分开度量，也可以合并度量，最好是区别对待，有利于改进工具和人工评审的效率和质量。公式是一样的，这里就用一套公式来表示。

1．代码评审质量的度量指标

按下来度量公式中代码评审用 CR 表示，其他表示参考上一节。

代码评审覆盖率 = CR 覆盖的 LOC 数 /OUT 的总 LOC 数

代码评审覆盖率 = CR 覆盖的类 / 文件数 /OUT 的总类 / 文件数

测试用例缺陷覆盖率 = CR 覆盖的 bug 数 / 代码的总 bug 数

2．代码评审效率的度量指标

每人·日代码评审代码行数：LOC 数 /（人·日）

每人·时代码评审代码行数：LOC 数 /（人·时）

每人·日代码评审发现的缺陷数：bug 数 /（人·日）

每人·时代码评审发现的缺陷数：bug 数 /（人·时）

示例

清除软件缺陷的难易程度在各个阶段是不同的。需求错误、规格说明、设计问题及错误修改是较难清除的，如表14-1所示。

表14-1　不同缺陷源的清除效率

缺陷源	潜在缺陷	清除效率（%）	被交付的缺陷
需求报告	1.00	77	0.23
设计	1.25	85	0.19
编码	1.75	95	0.09
文档	0.60	80	0.12
错误修改	0.40	70	0.12
合计	5.00	85	0.75

表14-2反映的是CMMI 5个等级是如何影响软件质量的，其数据来源于美国空军1994年委托SPR（美国一家著名的调查公司）进行的一项研究。从表中可以看出，CMMI级别越高，缺陷清除率也越高。

表14-2　SEI CMMI级别潜在缺陷与清除率

SEI CMMI级别	潜在缺陷	清除效率（%）	被交付的缺陷
1	5.00	85	0.75
2	4.00	89	0.44
3	3.00	91	0.27
4	2.00	93	0.14
5	1.00	95	0.05

如果看不同CMMI级别在各个阶段的缺陷清除率，级别越高，早期阶段（如需求评审、设计评审阶段）清除更多的缺陷；级别越低，大部分缺陷都在后期才清除，如图14-6所示。从图中可以知道，需求评审阶段的缺陷和设计评审阶段的缺陷共占总缺陷数的50%，单元测试阶段的缺陷占总缺陷数的50%。在级别2和3的成熟度上，只有不到5%的缺陷是在需求评审和设计评审阶段被发现的，说明这时需求评审和设计评审还没有启动或做得比较差。但是，在级别3有一个很大的进步，单元测试阶段已有明显起色，发现的缺陷从级别2的3%提高到了20%。级别2的改进出现在确认测试阶段，发现的缺陷从10%提高到了30%。

到了级别4，需求评审阶段和设计评审阶段的情况有了较大的改进，16%的缺陷可以在需求和设计阶段被发现。同时，单元测试阶段得到进一步的加强，发现的缺陷从20%提高到了30%。

到了级别5，需求评审、设计评审和单元测试不断得到改进，25%的缺陷可以在需求和设计阶段被发现，也就是在本阶段产生的缺陷有一半可以被发现出来。而单元测试可以发现编码自身产生缺陷的80%。

过程成熟度等级	需求评审阶段	设计评审阶段	单元测试阶段	确认测试阶段	系统测试阶段	发布阶段	备注
	10%	40%	50%	0%	0%	0%	缺陷分布
5	5%	20%	40%	20%	15%	<4%	
4	3%	13%	30%	30%	25%	5%	各阶段缺陷发现分布
3	0%	3%	20%	40%	35%	8%	
2	0%	0%	3%	30%	45%	15%	
1	0%	0%	2%	10%	55%	35%	
	1	1	1	5	15	20	修复成本

图 14-6　依据 CMMI 等级设定的软件阶段性缺陷清除效率

14.2.3　测试执行的度量

在传统的软件测试中，执行是一个明确的阶段，而且是一个相对比较长且比较关键的阶段，而在敏捷开发（包括探索式测试）中，测试设计和执行是融合在一起的，更强调持续测试，包括持续设计、持续执行。但我们遇到问题时，还是需要识别是设计活动造成的还是执行活动造成的，从而提升所对应的能力。

计划的或设计的测试用例不能执行、执行过程中遗漏的缺陷等都归为执行的问题。执行问题往往主要由测试环境引起，也有可能由于执行人员粗心大意、缺少观察力造成。执行的策略，虽然依赖于计划、设计事先确定的测试策略（如风险级别、测试项的优先级、测试用例优先级），但测试人员可以在执行时，根据实际情况进行调整，使早期能发现更多的缺陷。另外，在执行过程中，测试人员要主动思考学习、举一反三，补充和完善测试场景、测试用例、测试数据等。

1. 测试执行质量的度量指标

下列度量公式中测试执行用 TE（Test Execution）表示。

▶ 执行成功率 =（总 TC 数 - 因环境无法执行的 TC 数）/ 总 TC 数

▶ 执行完成率 = 已执行的 TC 数 / 计划的 TC 数（动态跟踪的则是进度）

▶ 执行测试用例补充率 = 执行时追加的 TC 数 / 总 TC 数

▶ 执行缺陷遗漏率 = 有 TC 但执行时没发现的 bug 数 / 总 bug 数

▶　缺陷误报率＝无效的 bug 数 / 所报告的总 bug 数

▶　测试环境配置覆盖率＝测试执行已覆盖的配置组合数 / 配置组合数

▶　测试场景覆盖率＝测试执行已覆盖的场景数 / 需要测试的场景数

2. 测试执行效率的度量指标

▶　每人·日执行测试用例数：TC 数 /（人·日）

▶　每人·日执行会话数：会话数 /（人·日）

▶　每人·日测试执行发现的缺陷数：bug 数 /（人·日）

▶　自动化所占的比重＝自动化执行的 TC 数 / 总的 TC 数＝自动化占的测试代价 / 总的代价（如果全部手工测试）

▶　执行效率＝测试执行的时间 / 计划的时间

▶　执行效率＝测试执行的（人·日）/ 计划的（人·日）数

▶　测试环境可用性＝可用总时间 / 工作所需的总时间

▶　缺陷准确率＝（总 bug 数 − 不准确 bug 数）/ 总 bug 数，其中，不准确 bug 是指描述不准确、缺少信息的，如图片、log 等

▶　测试通过率＝（执行通过的测试用例数 / 测试用例总数）× 100%

概念

　　测试进度 S 曲线法是通过对计划中的进度、尝试的进度与实际的进度 3 者进行对比来实现的，其采用的基本数据主要是测试用例或测试点的数量。同时，这些数据按周统计的结果反映在图表中。"S" 的意思是，随着时间的发展，积累的数据的形状越来越像 S。可以看到一般的测试过程中包含 3 个阶段：初始阶段、紧张阶段和成熟阶段。第 1 个和第 3 个阶段所执行的测试数量（强度）远小于中间的第 2 个阶段，所以导致曲线的形状像一个扁扁的 S。

　　① 用趋势曲线（上方实线）代表计划中的测试用例数量，它是在实际测试执行之前画上的（见图 14-7）。

　　② 测试开始时，图 14-7 上只有计划曲线。此后，每周添加两条柱状数据，浅色柱状数据代表截至本周累计尝试执行的测试用例数，深色柱状数据代表截至本周累计实际执行的测试用例数。

③ 在测试快速增长期（紧张阶段）尝试执行的测试用例数略高于原计划，而成功执行的测试用例则略低于原计划，这种情况是经常出现的。

测试用例的重要程度有所不同，因此，在实际测试中经常会给测试用例加上权重（Test Scores）。使用加权归一化（normalized）可以让 S 曲线更为准确地反映测试进度（这样 y 轴数据就是测试用例的加权数量），加权后的测试用例数通常称为测试点（testpoint）。

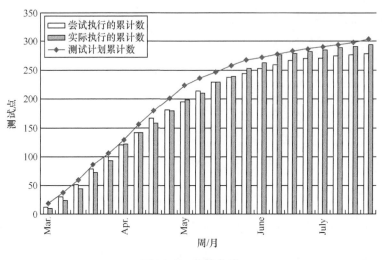

图 14-7　趋势曲线

一旦把一个严格的计划曲线放在项目组前，它将成为奋斗的动力，整个小组的视线都开始关注计划、尝试与执行之间的偏差。严格的评估是 S 曲线成功的基本保证，例如，人力是否足够，测试用例之间是否存在相关性等。一般而言，当计划或者尝试数与实际执行数之间存在 15% 到 20% 的偏差时，就需要启动应急行动来进行弥补了。

14.2.4　与缺陷相关的度量

软件缺陷经历了从"被发现、报告到其被修复、验证直至最后关闭"的完整过程，可以看作是软件缺陷生命周期。在软件开发的实际过程中，**软件缺陷生命周期并不是一个简单的线性过程**——"发现→报告→修复→验证→关闭"，而是要考虑各种情况，例如：

▶ 缺陷描述不清楚或不能再现，需要更多的补充或更多的交流；

▶ 缺陷需要审查，在即将要发布的版本中，有些缺陷不一定需要修正；

▶ 开发人员认为缺陷修正了，但是经过测试人员验证，缺陷还存在，需要重新置于激活（active）或打开（open）状态。

　　所以，**实际的软件缺陷的生命周期更像图 14-8 所示。**缺陷一旦被报出来，系统就会自动发送邮件给相应的开发人员；开发人员修正了缺陷并改变缺陷状态，系统也会自动发出邮件给相应的测试人员（缺陷报告者）。同时，可以建立各种查询机制，生成缺陷跟踪报告，随时可查到某个缺陷状态等。任何一个缺陷，在其生命周期中轨迹是清晰的、可跟踪的。缺陷一旦被报出来，便会受到严密跟踪或监控，直至被关闭，这样可保证在较短的时间内高效率地修正、验证和关闭所有的缺陷，缩短软件测试的进程。

　　在生命周期中，缺陷经历了数次的审阅和状态变化，最终测试人员通过关闭软件缺陷来结束其生命周期。因此，对于软件测试人员来讲，需要关注软件缺陷状态的变化，并和开发人员保持良好的沟通，使缺陷能及时得到处理或修正。

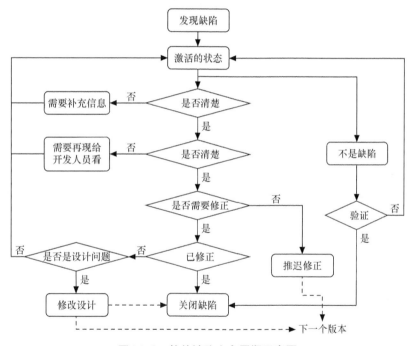

图 14-8　软件缺陷生命周期示意图

　　缺陷相关的度量，不局限于产品质量，也不局限于度量测试工作，它可以衡量软件测试设计、执行等效率，也可以衡量开发工作的质量和效率。缺陷相关的度量，在软件测试或整个软件开发的度量中都具有重要的位置。

1. 与产品、开发、测试等质量相关的度量指标

　　下面避免大量类似的公式，就直接用"软件规模（含需求规模、设计规模、系统规模等）"作为分母，而软件规模可以是"用户故事数、功能点数、代码行数、服务数、接口数、文档页

数"等，可以根据上下文（度量对象、开发模式等）来选择。需求可以采用用户故事数、功能点数、文档页数，而代码常常采用千代码行（KLOC），但也可以按用户故事数、功能点数来计算。这里说的总 bug 数是指给定时间、给定范围内的缺陷总数，即依赖于统计软件某个部分（某个版本或系统整体）在某个阶段（某个迭代或整个生命周期）发现、修正或关闭的缺陷数。

- ▶ 需求质量 = 需求中存在的 bug 数 / 需求规模

- ▶ 设计质量 = 设计中存在的 bug 数 / 设计规模

- ▶ 代码质量：缺陷密度 =bug 数 /KLOC

- ▶ 开发修正代码质量 = 回归缺陷数 / 总 bug 数

- ▶ 测试用例质量 = 通过测试用例发现的 bug 数 / 总 bug 数

- ▶ 测试质量 =（总 bug 数 - 交付后发现的 bug 数）/ 总 bug 数

- ▶ 缺陷误报率 = 无效的 bug 数 / 所报告的总 bug 数

2. 缺陷自身跟踪的度量指标

当没有特别指出时，缺陷的度量都可以按照各种严重级别（致命的、严重的、较严重的、不严重的）、优先级（P1/ 高、P2/ 较高、P3/ 一般、P4/ 低）、状态（打开的 / 激活的、正在处理的、已修复的、已关闭的）、来源（需求、设计、编程等）、原因（计算错误、逻辑、理解、习惯性等）、类别（功能、性能、安全性等）等分别进行度量。

① 不同级别、状态的或总的缺陷变化趋势：度量每天的 bug 数，自动绘制成曲线

② 每种级别（严重级别、优先级等）所占比重：单级别的 bug 数 / 已发现的总 bug 数

③ 每种原因 / 类别所占比重：单原因 / 类别的 bug 数 / 已发现的总 bug 数

④ 缺陷修复率：已修复并通过验证的 bug 数 / 已发现的总 bug 数

⑤ 缺陷生存周期：缺陷从提交到关闭的平均时间，即

$$缺陷生存周期 = \sum（单个\ bug\ 从报告到关闭时间）/N$$

其中，N 是统计的 bug 数。

在一个成熟的软件开发过程中，缺陷趋势会遵循着一种和预测比较接近的模式向前发展。在生命周期的初期，缺陷增长率高。在达到顶峰后，缺陷会随时间以较低的速率下降，如图 14-9 所示。而测试过程比较糟糕的曲线是和图 14-9 相差较大，如图 14-10 所示，前期发现缺

陷能力弱，但很快出现高峰——持续发现较多的缺陷，但随后又突然降下来，而不是慢慢缓解下来。

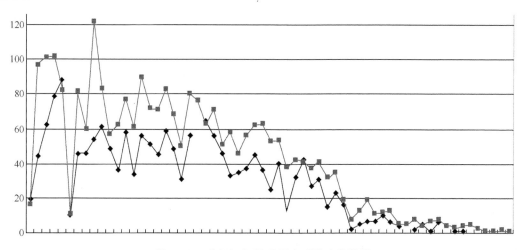

图14-9　良好运行的项目实时缺陷趋势图

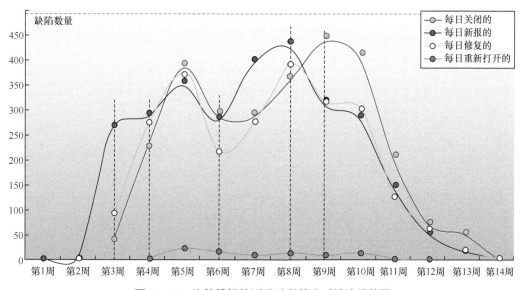

图14-10　比较糟糕的测试过程的实时缺陷趋势图

　　如果把实时曲线转化为累积曲线，其斜率代表增长速度，斜率越陡增长越快，越到后期斜率越接近零，趋于水平，即质量趋于稳定。因为需要时间修复、验证等，已修复的、已关闭的缺陷数会滞后于新发现的缺陷数，但理想情况下，已修复的、已关闭的缺陷数和所发现的缺陷数最终会收敛到同一个点，如图14-11所示。

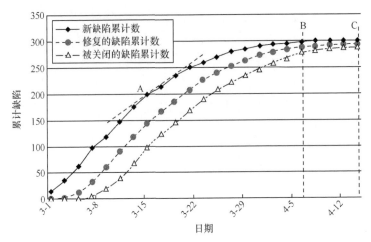

图14-11 新发现的、修复的、关闭的累计缺陷数的理想趋势图

但是实际情况很难达到如此完美的程度，如图14-12所示的就是一个实际项目的实时累计缺陷趋势图，表明软件开发过程中可能存在某些问题，如修复缺陷引起了较多的回归缺陷、回归测试策略不够有效、有较多的缺陷留到下一迭代去处理等。

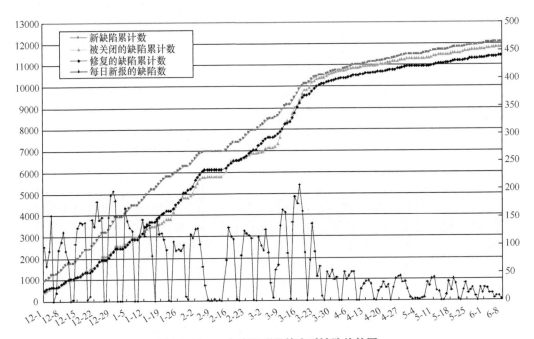

图14-12 一个实际项目的实时缺陷趋势图

技巧

在缺陷处理过程中，需要注意的一些细节。即对图14-6的补充说明。

① 软件缺陷生命周期中的不同阶段是测试人员、开发人员和项目经理协同工作的过程，要集体审查缺陷，保持良好沟通，尽量和相关的各方人员达成一致。

② 测试人员在评估软件缺陷严重性和优先级上，应具有独立性、权威性。如果不能达成一致，最后由产品经理裁决。

③ 如果审阅者决定对某个缺陷描述进行修改，例如，添加更多的信息或者需要改变缺陷的严重等级，应该和测试人员一起讨论，由测试人员来修改缺陷报告，并添加相应的注释。

④ 当发现一个缺陷时，测试人员会将它分配给适当的开发人员。如果不知道具体的开发人员，可先分配给开发组长，由开发组长再分配给对应的开发人员。

⑤ 如果被修正的缺陷没有通过验证，那么测试人员会重新打开这个缺陷。在重新打开一个缺陷之前，最好和开发人员沟通并确认一下，至少加以详细的注释，否则会引起"打开-修复"操作被进行多个来回，造成测试人员和开发人员不必要的矛盾。

⑥ 一旦缺陷被置于"已修正"状态，不仅需要得到测试人员的验证，而且要围绕这个缺陷进行相应的回归测试，检查当前缺陷修复过程中是否引入了新的问题。

⑦ 只有测试人员有关闭缺陷的权限，开发人员没有这个权限。

⑧ 如果每个人都同意将确实存在的缺陷推迟到以后处理，应该指定下一个版本号或修改的日期。一旦开始开发新的版本时，这些推迟修正的缺陷应该被重新打开。

14.2.5　测试充分性和上线后的度量

虽然有时是因为进度安排的时间到了，测试结束了；有时测试文档及其测试结果，按规范、合同等完成相关的验收，也预示着测试可以结束。这些出口的准则也是客观的，但不够科学。但是，测试能否结束，更应该依赖于测试充分性的评估。只有充分进行了测试，测试才可以结束。"充分"也是相对的，相对质量目标存在，即达到客户可接受的质量状态或达到预先设定的质量标准。测试也不可能没有时间、成本限制，无休止地进行下去，那属于测试过度。但测试不足，也会让产品带着巨大的质量风险进入市场。

有哪些指标可以度量测试充分性呢？

① 计划安排的测试要得到彻底执行，后来计划调整的测试项，也在此度量范围内，如14.2.4节的执行完成率。如果测试充分的，需要达到95%以上或100%。

② 执行成功率：已执行且通过的 TC 数 / 已执行的 TC 数（动态跟踪）。如果测试充分，

需要达到 95% 以上或 100%。

③ 测试的覆盖率：需求和设计要素的覆盖率、风险覆盖率、环境 / 配置覆盖率和代码覆盖率，即已执行测试覆盖的数据和事先定义 / 要求的目标之间的比值，趋向于或达到 1.0（100%），说明覆盖率足够高。

④ 缺陷的状态：所有某个级别以上（如 P3）的缺陷都已解决，并得到验证，达到"清零"状态。

⑤ 变化趋势：过程中每日所发现的缺陷数慢慢趋近于零，最终平稳，很难发现缺陷。

⑥ 回归测试程度：仅仅验证缺陷是不够的，还要看回归执行是否足够，多少用例参与回归测试的次数（如一个用例被执行 3 次，计 3）除以总的 TC 数，如用 R_{RT} 表示。这与代码改动量有关，所以要求代码改动率（R_{cc}）：修改与增加的 LOC 数 / 总的 LOC 数。这样回归测试程度的相对度量值是 R_{RT}/ R_{cc}，该值越高越好。

是不是这样就说明测试是充分的？实际还是不够的，还要回顾测试过程是否出现异常？出现过什么新的风险？在测试过程中是否采取了能够采取的测试策略、方法等，如基于风险的测试分析与设计、安排人员进行交叉测试、补充探索式测试方式等。如果测试能力不足、方法应用不足或不当，这都是潜在的测试风险，或者说是产品质量风险。但有了上述 6 项度量，综合分析，和历史版本比较，更能客观地反映测试的充分性。

测试结束时，还有一些度量，如测试件的识别率、没有被测试用例覆盖的缺陷是否已追加相关的测试用例等。产品上线后侧重监控各种严重级别的缺陷数，然后计算各种严重级别的缺陷遗留率，这是检验测试质量的最关键指标。当然，仅仅检验还不够，每一个遗漏的严重缺陷，开发人员和测试人员都要坐在一起、分析根本原因。

14.3 测试度量管理与工具

测试的度量是一项科学且影响深远的工作，需要认真对待，有较大的投入，不能草率进行。虽然要了解质量状况就可以度量质量，但是度量不好，也会带来负面作用。如代码质量用缺陷密度（bug 数 /KLOC）来度量，要降低这个数据，要么让分子变小，如让测试人员不把测试记录下来，而是直接口头交流提出缺陷；要么让分母变大，如增加代码行数。后者，可以借助代码评审来预防，前者也需要代码评审，但侧重要求所有代码修改，要明确注释需求或缺陷修复的具体信息，并且每次构建都做代码比较（code diff）。从这个侧面也可以看出，产品质量或测试度量，需要和其他软件研发实践结合起来，也说明管理是一个系统性的工程。

关于度量的注意事项如下。

▶ **度量的定义**：定义一组有限的、干系人认可的、适用的度量。度量指标，刚开始可以少几个，慢慢增加，循序渐进，逐步形成体系。

▶ **度量的追踪**：尽可能采用工具来收集数据、呈现数据，自动进行统计和生成可视化的报告，以缩短采集和处理度量数据的时间。现在数据呈现技术也比较成熟，生成良好的直观界面，也不困难。

▶ **度量的解释性**：尽量采用直接获取、客观的数据，明确样本的范围和数据采集的方式，并选择适当的统计特性，如中位数、平均值、方差等，了解可能存在的误差，容易说明或解释，有助于管理层迅速理解所获得的信息。

▶ **度量的有效性**：针对一些度量的数据，需要验证，检查每个数据元素，剔除异常数据，更好地确保数据的准确度和可传达有意义的信息。

▶ **度量的关联性**：许多度量指标直接是存在关系的，这也是很自然的。一个研发团队，他们的工作及其所研发的产品等直接存在直接或间接的关系，可以相互验证、相互纠错。

▶ **度量展示的技巧性**：针对收集的度量数据或分析的结果，善于用色彩、图表甚至立体化的方式展示出来，常用的图有饼图、柱状图、直方图、折线图等。

▶ **选择好的度量分析工具**：这在测试中很重要，包括代码静态分析工具（如 Findbugs、Ckeckstyle、PMD 等）、测试覆盖率分析工具（如 JaCoCo、JCover、Cobertura 等）、质量（缺陷）数据统计呈现工具（如 SonarQube）等。

其中 SonarQube 可以度量缺陷、安全性漏洞、代码坏味道和覆盖率，其 Quality Gate 界面如图 14-13 所示。如果达到质量要求，界面标题栏中会显示"Passed"（A 级）。如果达不到，

图 14-13 SonarQube 工具中的 Quality Gate 界面

会按照 B 级、C 级、D 级、E 级列出各种质量问题的数量，并以不同颜色标记，其中，B 级对应的质量问题最轻，E 级对应的质量问题最严重。它还可以把代码规模、复杂度等度量集成到一起，通过一个页面统一呈现出来。如果像图 14-13 中有 4 个 bug，还可以单击链接仔细查看。

14.4　测试用例管理

测试用例能被有效、灵活地执行，就需要一套管理机制和相应的工具/系统的协助。首先，要建立合适的测试用例结构，按照产品线、测试目标和功能模块等进行分类、组织和存储，以有利于测试用例的执行和维护。图 14-14 就是一个示例，说明了如何进行有效的测试用例管理来更好地执行测试用例。

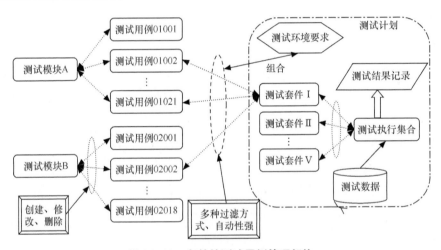

图 14-14　有效的测试用例管理架构

▶ 可以从不同的测试模块中选择一部分测试用例，然后和所需的测试环境组合，生成测试套件。

▶ 可以设定一些灵活的过滤条件，如未通过的测试用例、优先级高的测试用例、某一类型的测试用例和曾发现缺陷的测试用例等，自动生成测试套件。

▶ 可以选择若干个测试套件，设定进度，构造执行测试的不同过程，完成特定的测试计划或测试任务。

▶ 针对每个测试计划，也可以分解成多个测试任务，然后将任务分配给相应的测试人员。

▶ 测试人员执行测试任务，完成测试过程，并报告测试结果。

除此之外，还要在一些体制和细节上做好管理。

1. 意识和态度的教育

添加和修改测试用例，都是建立在对软件产品的需求、设计和代码实现等理解的基础之上的。如何通过管理来提高测试人员在这些方面的理解程度？下面几项管理措施就是很有益的尝试。

▶ 促进和客户、产品设计人员、开发人员等的直接沟通和充分交流。

▶ 加强培训和知识共享，让产品设计和开发人员做专项的介绍。

▶ 加强产品需求和设计文档的评审，澄清各种问题，使大家达成共识。

▶ 让测试人员讲解对产品特性和功能的理解。

但上面几项内容很难检验其效果，所以问题还没彻底解决。要想达到预期的目标，更多依赖于不断地教育，树立"一切从客户需求出发"的观念，建立积极主动的态度。例如，每个测试人员在阅读需求文档时，绝不能只想"这是文档定义"，将"功能"只看作"功能"，而应该多问几个"为什么"的问题，若自己能思考出这些问题的答案，就能深刻理解用户的需求。例如以下问题。

▶ 为什么要加这个功能？为什么要做这样的改动？

▶ 这个功能对客户有什么价值？同其他地方没有冲突吗？

▶ 用户会如何使用这个功能？在哪些情况下使用？

2. 责任到人

在测试用例设计的管理中，应将模块划分清楚，责任到人。任何一个测试模块都有专人负责，从需求分析开始到测试用例的维护，确保测试用例的质量。负责某个模块的测试人员要和开发人员一起工作，以便于对产品特性设计进行充分地讨论，了解其实现的机理和薄弱地方，从而开发出有效的测试。

发现测试用例有错误或者不合理时，可向编写者（用例的所有者）提出测试用例修改建议，并提供足够的理由，然后由专人负责修改或添加，负责新测试用例的评审。任何没有被及时发现的缺陷，都反映了测试漏洞，应由专人负责分析，找出根本原因，举一反三。如果是测试用例不完善，应立即补充相应的测试用例。如果是执行的问题，则应完善执行的流程，加强监控，处理好需求或设计变更的问题。

3. 测试用例的版本管理

开发一个软件产品，会发布多个版本。伴随着测试用例的不断维护，测试用例也需要不断完善，与产品功能特性的变化保持同步，从而使测试用例和产品版本相关联。无论是对软件产品还是软件服务，多个版本并存的可能性很大，而且可能为不同的主要版本发布不同的补丁包（patch）或小版本，这样早期的一些版本所拥有的测试用例还是有效的，这时需要为测试用例设定版本号，如表14-3所示。所以在新建、修改、删除测试用例时要十分小心，确定对正确的版本进行修改，不要错改其他版本的测试用例，具体说明如下。

表14-3　测试用例的多版本并存示意

示例ID	示例名称	1.0	1.1	2.0	2.1	2.2	2.3	3.0
101001	列表方式显示	√	√	—	—	—	—	—
101002	折叠式列表方式显示	—	—	√	√	√	√	√
101003	按字母顺序排列	√	√	√	√	√	√	√
101004	模糊查询	—	—	—	—	√	√	√

① 产品特性没变，只是根据漏掉的缺陷来完善测试用例。这时，增加和修改测试用例均可，因为当前被修改的测试用例对相应的版本都有效，不会影响某个特定版本所拥有的测试用例。

② 原有产品特性发生了变化，不是新功能特性，而是功能增强，这时原有的测试用例只对先前版本（如1.0、2.0）有效，而对当前新的版本（如3.0）无效。这时，绝不能修改测试用例，只能增加新的测试用例，不能影响原有的测试用例。

③ 原有功能取消了，这时只要将与该功能对应的测试用例在新版本上置为空标志或"无效"状态，但不能删除这些测试用例，因为它们对先前某个版本还是有效的。

④ 完全新增加的特性，很清楚，增加新的测试用例。

从表14-3可以看出，每个测试用例记录，针对一个有效版本都有对应的标志位，通过这个标志位，很容易实现上述维护需求。这样，新、旧版本的相同测试用例得到一致的维护，测试用例数也不会成几倍、十几倍地增加，可以真正保证测试用例的完整性、有效性。

14.5 测试管理工具的应用

如果没有测试管理系统的帮助，测试几乎是不可想象的。要跟踪管理好测试过程，测试管理系统是必不可少的。测试管理系统可以管理下列内容。

- ▶ 测试用例。

- ▶ 测试套件。

- ▶ 测试执行结果。

- ▶ 缺陷记录。

- ▶ 缺陷跟踪、分析报告。

- ▶ 测试资源分配。

- ▶ 测试数据。

- ▶ 测试用的软件。

- ▶ 测试环境配置。

后面 5 项内容，可以归为测试管理系统，也可以由公司内部相应的系统整体管理。除此之外，测试脚本可以用产品源代码的配置管理工具（CVS、SubVersion、ClearCase 等）来统一管理，而测试文档和被测试产品的各种版本、软件包可以由文档管理系统、文件服务器等实现。

1. 以测试用例和缺陷为中心

在测试管理系统中，管理的核心是测试用例和缺陷。

- ▶ 测试套件是测试用例的组合，而测试数据、测试环境配置等可以看做是测试用例的组成内容，测试执行结果就是测试用例在不同环境中运行的记录。

- ▶ 缺陷是测试进度跟踪、质量评估等工作中所需要的重要依据。

- ▶ 测试用例的管理非常讲究，优秀的测试管理系统可以解决下列问题。

- ▶ 如何设计、构造灵活的测试套件？

- ▶ 如何有效执行计划中所要求的测试用例？

- ▶ 如何跟踪测试执行的结果？

而对于缺陷管理，指的是如何更好地跟踪缺陷状态，如何针对缺陷记录进行各类统计分析和趋势预测等。

2. 测试工件的映射关系

在测试管理系统中，很重要的一点就是在测试用例同缺陷之间建立必要的映射关系，即将两者完全地关联起来，具体如下所示。

▶ 当知道一个缺陷时，就知道是由哪个测试用例发现的。

▶ 可以列出任何一个测试用例所发现的缺陷情况，据此就知道哪些测试用例发现较多的缺陷，哪些测试用例从来没有发现缺陷。发现缺陷的测试用例更有价值，优先得到执行。

更理想的话，还要建立起需求、产品特性 / 功能点同测试用例之间的映射关系，如图 14-15 所示。在构成了这样的映射关系后，更容易解决需求变更，回归测试范围确定，质量评估等一系列重要的问题。需求变更是肯定会发生的，正如人们常说，变化是永恒的，不变是不存在的。借助这种映射关系，可以解决需求变化所带来的问题，如下所示。

▶ 需求变化会影响哪些功能点？

▶ 功能点发生变化，需要修改哪些测试用例？

▶ 产品的某个特性或某个功能点存在的缺陷有哪些？其质量水平如何？

▶ 如果一个缺陷是由于设计缺陷、需求定义引起的，如何追溯到原来的需求上去解决？

▶ 通过对缺陷的分析，如何进一步改进设计和提高需求定义的准确性？

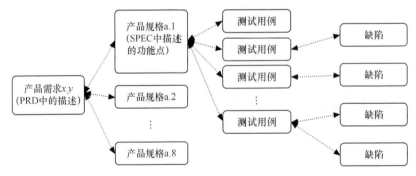

图 14-15　需求、功能点、用例同缺陷之间的映射关系

3. 测试管理系统的构成

对测试输入、执行过程和测试结果等进行管理，除了对和手工测试有共性的东西（如测试计划、测试用例、测试套件、缺陷、产品功能和特性、需求变化等实施管理）之外，还要对自

动化测试中特有的东西进行跟踪、控制和管理，主要有测试数据文件、测试脚本代码、预期输出结果、测试日志、测试自动比较结果等。因为是进行自动化管理，文档性管理已不能满足需要，应该使用数据库技术、XML 技术或其他有效的数据格式等进行管理。

因为测试脚本由源代码配置管理系统控制，所以不包括测试脚本的管理。其次，资源、需求、变更控制等项目方面的管理，属于整个软件过程管理，不属于测试管理系统，虽然它们之间有关系。所以，测试管理系统以测试用例库、缺陷库为核心，覆盖整个测试过程的组成部分，如图 14-16 所示。

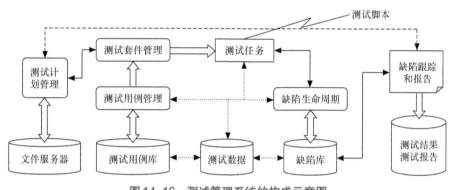

图 14-16 测试管理系统的构成示意图

14.6 小结

对一个成熟的软件公司来说，测试管理在先，测试活动在后，即先有一套流程、过程跟踪方法等，然后开展测试活动，主动收集数据、分析数据，进行量化管理，不断改进测试流程。测试管理的全局性，指的是不忽视任何一个环节，不轻视任何一个细节。从产品需求文档（PRD，包括 UI Mock-up）审查开始到产品发布，基于度量数据的可视化，实施对测试全过程的跟踪和管理，它所涉及的内容非常广泛，其中主要讨论了下列内容。

▶ 如何构建全过程的测试度量指标体系，包括测试分析与设计、代码评审、测试执行、缺陷等的度量。

▶ 测试管理系统以测试用例库、缺陷库为核心，覆盖整个测试过程，并在测试用例、缺陷之间建立必要的映射关系，在选用商业或开源的测试管理工具之时，建议选用开源的测试管理工具，包括缺陷管理工具。

▶ 测试用例的管理涵盖测试用例的创建、执行和维护，强调意识和态度的教育，它将模块划分清楚，责任到人，并在设计方法和流程上加强管理，例如可以按照产品线、测试目标和功能模块等进行分类、组织和存储，以利于测试用例的执行和维护。

▶ 缺陷的跟踪和分析，从定义软件缺陷的生命周期开始，然后建立各种缺陷实时状态报告，了解当前项目任何一个时刻的缺陷状态；并通过缺陷趋势分析和分布分析，在时间上和空间上全面了解缺陷的规律和软件开发中的问题，找出缺陷产生的根本原因，有助于进度控制和测试过程的管理。

第 15 章

测试展望：未来更具挑战

今天软件无处不在，甚至有一天"软件定义世界"，软件质量已经关系到我们的生活和安全。过去一年，各种严重的软件服务宕机事故经常发生，从阿里云、亚马逊云到百度移动搜索等，软件质量依旧面临很大的挑战。虽然测试的流程、方法、技术和工具都在不断进步，但软件系统架构、研发技术和开发语言以及应用环境都在不断改变，包括云技术平台、区块链、大数据、人工智能（Artificial Intelligence，AI）等应用，这些无疑给软件测试带来新的挑战。

未来应关注基于容器技术的测试环境建设、大数据与云服务平台的测试、移动应用和敏捷测试的深入等内容。

15.1　云计算与测试的基础设施

云计算对软件测试有两个方面的影响，一是作为应用的云平台，如何对它进行测试；二是云计算也可以为测试服务，有助于更好地构建测试环境，以及利用云测试服务平台提供中小企业客户所需的测试服务，特别是移动应用的兼容性真机测试、稳定性的随机测试、功能性的遍历测试等。

以云计算为基础的应用系统，作为被测对象，主要考虑平台的规模和特性，例如既然是分布式系统，要支持可伸缩性（scalability），就要进行可伸缩性测试。而从规模来讲，很难在实验室构建类似产品线环境，这样性能测试环境的构建就是一个挑战。解决这个问题有如下两个方法。

▶　先进行可伸缩性测试，证明系统的确是可伸缩的，同时并行实施中小规模系统的性能测试，获得多组数据，从而推导出更大规模系统的性能指标数据。

▶　在线测试，通过监控系统性能获得数据，进行分析。

除此之外，云平台框架技术、安全性测试也具有一定的挑战性。如果延伸到基于区块链技术的应用系统，还会涉及到共识机制、智能合约的验证。

软件测试基础设施（Test Infrastructure，TI）在 CI/CD、DevOps 实践中越来越重要。之前，软件测试环境不稳定，本身脆弱而且维护成本很高，常常成为持续交付的瓶颈。如果将 TI 部署到云平台上，就具有共享性、可伸缩性和灵活性，整个公司可以统一管理，共享软、硬件资源，成本更低。

今天部署到云计算平台的 TI，可以采用容器技术、契约测试技术、将发布与部署解耦、基础设施即代码（Infrastructure as Code，IaC）。一旦做到 IaC（参见 3.2 节），自动部署和维护测试环境就很容易了，而且许多 CI 和 CD 工具可以用来测试服务配置（如 Chef 的 cookbook、Puppet 的模块、Ansible 的 playbook），服务镜像构建（如 Packer），环境准备（Terraform、CloudFormation 等）以及环境的集成，如表 15-1 所示。对 IaC 使用流水线可以让错误在进入研发、运维环境之前就能被发现。

表 15-1　常用的测试环境维护工具

工具	发布者	方法	方式	编写的语言
Ansible Tower	Ansible (RedHat)	Push	声明的和强制的	Python
CFEngine	CFEngine	Pull	Declarative	—
Chef	Chef	Pull	Imperative	Ruby
Otter	Inedo	Push	Declarative and imperative	—
Puppet	Puppet	Pull	Declarative	Ruby
SaltStack	SaltStack	Push and Pull	Declarative and imperative	Python

下面介绍常用的云平台管理和测试工具。

▶ Kubernetes（简写 K8S）已经成为主流公有云平台（如微软 Azure 容器服务、Google Cloud）上的首选容器编排平台，而且人们还在不断丰富快速扩大的 Kubernetes 生态圈。

▶ Heptio Sonobouy 是一个以非破坏性的方式在任何 Kubernetes 群集上运行端到端 "合规性测试" 的诊断工具：集成了端到端（E2E）conformance-testing 1.7+，并能实现客户数据收集、负载诊断。它可以成为 IaC 的一部分，以确保各种 Kubernetes 发行版和配置都符合最佳实践，同时遵循开源标准化原则以实现集群互操作性，以验证整个集群的行为和健康状况。

▶ Molecule 旨在帮助开发和测试 Ansible 角色，如 Ansible 语法静态检查、幂等性测试和收敛性测试，并能够利用 Vagrant、Docker 和 OpenStack 来管理虚拟机或容器，并支持 Serverspec 、Testinfra 或 Goss 来运行测试。

▶ Testinfra 可以方便地测试服务器的实际状态，其目标是成为 Serverspec（用于编写

RSpec 测试来检查服务器配置是否正确，通过 SSH、WinRM、Docker API 等执行命令来测试服务器的实际状态，不需要在服务器上安装任何代理软件。它可以使用任何配置管理工具，如 Puppet、Ansible、CFEngine、Itamae 等）在 Python 中的等价物，并且作为 Pytest 测试引擎的插件来使用。

15.2　微服务、契约测试与自动化测试工具

近几年，无论是敏捷、持续交付等需要还是 DevOps 需要，人们更关注自动化测试，国内"测试开发"的职位猛增。在自动化测试中，人们更关注 API 的自动化测试，不管是 SDK、Webservice 的测试还是微服务的测试，都加强了 API 的自动化测试，这不仅仅是自动化测试的金字塔（见图 15-1）、橄榄形等模型影响着人们，而且软件产品自身也正趋向于 API 化，人们更乐意构建大平台，将 API 当做产品（APIs as a product），API 消费者是企业内部的系统或开发人员，不局限于外部合作伙伴。功能性测试、性能测试和易用性测试（Usability Testing）不仅适合系统的应用，也适合 API 的测试，将产品思维带入到 API 中，更好地理解 API 的使用模式，从而得到更好的 API 设计。

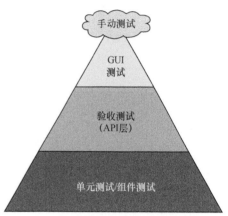

图 15-1　自动化测试金字塔模型

谈到 API 测试，自然会谈到**契约测试**。契约测试，又叫消费者驱动的契约（Consumer-Driver Contract，CDC）测试，其核心思想在于从消费者（Consumer）业务实现的角度出发，由消费者自己定义需要的数据格式以及交互细节，并驱动生成一份消费者契约（Consumer Contract）。然后生产者根据契约来实现自己的逻辑，并在服务提供者（Service Provider）端进行测试验证，如图 15-2 所示。

例如，假定契约中定义的是通过 GET 方式访问请求路径 /foo,那么在生产者端，就可以通过向 /foo 路径发送 GET 请求来生成一个测试。如果没有这样的端点，测试就会中断，存根也不会生成。

一般情况下，**契约测试分为两个阶段**。

① 消费者生成契约，开发人员在消费者端写测试时，需要通过 Mock 技术模拟服务提供者，运行测试生成的契约文件。

② 验证契约，开发者拿契约文件，直接在服务提供者端进行测试验证。

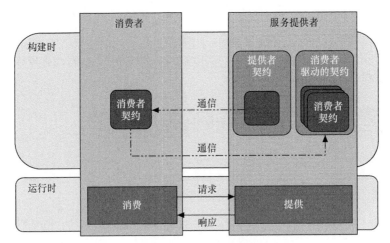

图 15-2　契约测试示意图

契约测试比较适合面向 API 应用的测试(如微服务测试、SOA 架构的、基于 SDK 进行二次开发的应用),其优点如下。

① 开发人员编写,采用 Mock 机制,开发本地就可以运行,没有真实调用,运行快,毫秒级修复,反馈周期短。

② 提供者与消费者两两之间的验证,容易定位问题,而且与底层测试或其他契约之间没有重复。

③ 不需要部署真实的集成环境,稳定且成功率高。

④ 沟通成本低,例如,一个消费者端的加入导致服务端 API 修改,服务端开发人员不必跑去找所有其他消费者端开发人员沟通确认是否会被影响,直接运行契约测试就能知道结果。

但契约测试也有缺点,如不能给业务人员做验收、可视性差,无法做安全或性能测试等。

基于契约测试让微服务之间(服务提供者、服务消费者)以及前后台之间的集成,相互调用更加方便,顺畅。通过契约测试,不用等到联调再来集成拉通接口或服务间的调用,这种方式一旦成熟,在保证质量的前提下,联调的成本几乎可以降低为零。

15.2.1　契约测试工具

Spring Cloud Contract 用于进行消费者驱动的契约测试,以根据契约来验证客户端的调用以及服务器端的实现。与 Pact(开源的消费者驱动契约测试工具集)相比,它不支持契约代理,也不支持其他编程语言。不过,它能与 Spring 生态系统完美集成,如使用 Spring Integration 进行消息路由。Spring Cloud Contract 包含 Spring Cloud Contract Verifier、Spring Cloud Contract WireMock 和 Spring Cloud Contract RestDocs 三个项目。

在 Spring Cloud 开发微服务的过程中就变得很简单,往往只需要在方法上添加一行注解 @AutoConfigureStubRunner,而且它是基于服务发现来实现的,意味着存根注册在一个服务注册中心的内存版本中,这样就可以像调用微服务的其他任何服务一样向一个 http 服务器发送真正的 http 请求进行验证,如图 15-3 所示。

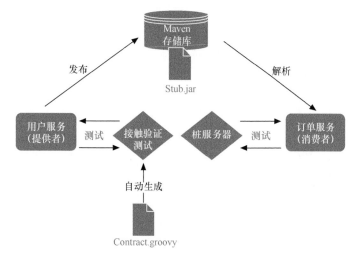

图 15-3　微服务中 Spring Cloud 工作原理图(相关内容引自 spectoLabs 官网)

① 在**服务提供者**(Provider)端,使用 Groovy DSL 编写 Contract(contract.groovy),通过 Contact Verifier 验证编写的 contact 所生成的测试;

② 测试通过后,将 Stub.jar 存根发布到 Maven 仓库中;

③ 在**服务消费者**(Consumer)端拉下(pull)对应的存根 Stub.jar,然后运行测试,同时 Artifact 作为基础设施启动存根服务器(Stub Server),在测试中向存根服务器发送请求验证 API 的正确性。

而且 Spring Cloud Contract 的 Stub Runner 对执行一些冒烟测试也非常方便,把存根放在服务发现中,契约中的消息可以发送给真正的消息队列(如 RabbitMQ)。

真正在实践中,通过接口规约生成对应的模板代码,开发人员只能根据模板开发接口,消费者也只能按照既定的规约去做数据处理,比如 Google 的 GRPC 远程过程调用,就规定 1 号位只能传 A 字段,2 号位只能传 B 字段。契约测试对于经过垂直划分或横向划分的业务,从基础组件、业务组件再到系统服务,这些在微服务中常用的组件,通过契约的理念规范起来,质量的确会有保障。

目前，前后端分离已经是业界所共识的一种开发、部署模式了，即后端开发人员只需要定义出接口就可以了，而不需要编写 JSP 等代码，而前端开发人员也只需要专心做界面，需要数据的地方直接调用接口。但这会给前后端的集成带来一些问题，如前后端开发完之后进行测试，发现接口不匹配，这时不容易知道是前端问题还是后端问题。虽然现在有类似 Swagger API 这样规范的接口文档，但是在实际的项目中，往往都是多个页面、多个 API、多个版本、多个团队同时进行开发，这样如何跟踪到最新的 API 依旧是一个很大的难题。这时，采用一份基于 JSon 或 XML 的契约会降低非常多的调试时间，使得集成相对平滑。因为可以根据这份契约建立一个 Mock Server 模拟服务器，所有的测试都发往这个 Mocke Server 服务器，定期检查前端和微服务后端的一致性，能及时发现其差异性。如果第二天发现这些参数有的失败了，那么就需要和后端人员进行沟通，这就有可能是业务逻辑发生了变化导致接口和契约的 API 不一致，这时只要更新契约以满足新的业务需求即可。

Truffle 是一个为以太坊（Ethereum）设计的开发框架——"YOUR ETHEREUM SWISS ARMY KNIFE"，接管了智能合约编译、库链接和部署，以及在不同区块链网络中处理制品的工作。鼓励开发者为智能合约编写测试，这得益于其内置的测试框架以及与 Test RPC 的集成，Truffle 可以允许我们使用 TDD 的方式来编写智能合约。

15.2.2 智能的单元测试工具

微软公司的单元测试工具（Test Explorer，TE）是一个智能的单元测试工具，它不仅能将测试分发运行到多台计算机、并行测试执行，以最大化利用硬件资源，而且可以根据上下文来选择测试、增加测试（专业说法：上下文敏感的测试执行）。执行的过程，如图 15-4 所示。

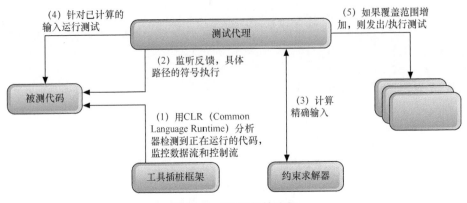

图15-4 TE执行的流程

① 代码可以被自动检测到（Instrumentation Framework），并植入返回结果（允许 TE 监视执行），代码使用最简单的具体输入值（Concrete Input Value，CIV）、初始化的测试用例（TC）来执行代码。

② TE（其测试代理是 Testing Engine）监视每个 TC 的执行，计算和跟踪代码覆盖。

③ TE 构造一个约束系统（Constraint Solver，CS），表示控制到达程序点的条件，然后沿着先前未覆盖的分支继续。

④ 如果 CS 可以确定约束的 CIV，则使用新的 CIV 运行代码。

⑤ 如果覆盖范围增加，则执行（Emit，发出）TC。

仔细看图 15-5，可以了解如何参数化单元测试（包括标注参数）、自动生成测试。

图 15-5　参数化单元测试脚本、自动生成测试示意图

顺便介绍一下，另一个工具 AssertJ，其实 AssertJ 是一个提供流式断言接口的 Java 库（其口号：Fluent assertions for java），可以代替 JUnit 和 Hamcrest 组合，主要亮点如下。

▶ 在代码完成之时通过 IDE 配置得到 assertThat。

▶ 用 as 描述断言（String 描述，Object ... args）。

▶ 在迭代器或数组上将过滤和断言结合起来。

▶ 针对提取的迭代器 / 数组元素的属性设置断言。

▶ 针对迭代器 / 数组元素方法调用的结果设置断言。

▶ 收集软断言的所有错误信息。

▶ 针对文件的内容使用 String 断言。

▶ 异常断言指南。

▶ 在断言中可以使用自定义比较策略。

▶ 按字段逐项比较。

……

15.2.3　前端测试工具

1. Headless Chrome

非常适合执行那些依赖浏览器的前端测试，正在迅速取代那种用 JavaScript 驱动 WebKit 引擎的方法（如 PhantomJS），因为 Headless Chrome 运行速度要快得多，在行为上更贴近真实的浏览器，但它要占用更多内存。基于上述优点，针对前端测试的 Headless Chrome 很可能成为这个领域的事实标准。

2. NightWatch

基于 Node.js 的验收测试框架，使用流畅的 API 定义测试，然后在 Selenium/WebDriver 服务器上执行。它采用简单的语法来编写端到端的测试脚本，还支持使用 JavaScript 和 CSS 选择器。之前的工具，如 Selenium 使用其 WebDriver API、PhantomJS 使用无界面的 WebKit 浏览器。与 Nightwatch 相比，Selenium 和 PhantomJS 语法冗长，且不支持从命令行中进行开箱即用的持续集成。

3. Jest

是一个"零配置"的前端测试工具，如 Mock 和代码覆盖之类的开箱即用特性，主要用于

React 和其他 JavaScript 框架，其快照测试（Snapshot Testing）可以作为测试金字塔上层一个很好的补充。**Jest 的主要优势如下。**

▶ **高速和沙盒**：Jest 跨 workers 并行的测试运行以达到性能最大化。沙盒测试文件和自动全局状态将为每个测试重置，因此任何两个测试间不会冲突。

▶ **内置代码覆盖率报告**：使用 --coverage 参数来轻松地创建代码覆盖率报告。无需安装额外的程序或代码库。Jest 可以从整个项目（包括未经测试的文件）收集代码覆盖率信息。

▶ **零配置**：在使用 create-react-app 或 react-native init 创建 React 或 React Native 项目时，Jest 都已经配置好。在 __tests__ 文件夹下放置测试脚本，或者使用 .spec.js 或 .test.js 后缀命名脚本文件。

▶ **功能强大的 Mock 代码库**，使用 jest-react-native 来模拟 React Native 组件。

4. AWS Device Farm（前 1000 分钟免费）

AWS Device Farm 提供移动应用测试服务，可以让 Android、iOS 和 Web 应用同时运行在各种物理设备上，并与应用程序进行交互。它会在每次应用运行期间生成相似的日志，性能图标和屏幕截图，以及提供常规和特定设备的反馈。该服务为用户提供了很大的灵活性，**允许改变每个设备的状态和配置，以便重现一些非常特定的测试场景。**

15.3 如何测试人工智能软件

Google AlphaGo（中文昵称为阿尔法狗）和韩国棋手李世石之围棋大战吸引了不少眼球，测试人员也不例外，而且还戏称李世石为"谷歌（Google）高级软件测试工程师"。但也看到另外一篇文章，其观点是：李世石是一个好用户，但不是一个合格的测试工程师。然后列举了一个合格的测试工程师应该做哪些异常操作、异常输入等，还给大家普及了测试知识。实际上，这篇文章差矣！作者可能不理解人工智能（Artificial Intelligent，AI）软件，或者说，不知道如何对 AI 软件、甚至像搜索引擎、图像识别软件、语音识别软件、游戏软件等进行有效的测试方法。这不是传统的功能测试，虽然也可以去做功能测试、性能测试甚至安全性测试，在代码级的单元测试就更没什么区别。但这不是讨论如何测试 AI 软件的核心问题，核心问题是验证它是否具有人工智能。

在说如何对人工智能软件进行测试之前，先谈谈什么是图灵测试。

1950 年，阿兰·图灵在那篇名垂青史的论文《计算机械与智力》的开篇说，"我建议大家考虑这个问题：'机器能思考吗？'"。但是因为我们很难精确地定义"思考"，所以图灵提出了一个"模仿游戏"：有 A、B、C 三人参与，A 是男性、B 是女性，两人坐在房间里；C 是房间外的裁判，他的任务是要判断出这两人谁是男性谁是女性。但是男方是带着任务来的，即他要欺骗裁判，让裁判做出错误的判断。那么，图灵问："如果一台机器取代了这个游戏里的男方的地位，会发生什么？这台机器骗过审问者的概率会比人类男女参加时更高吗？这个问题取代了我们原本的问题：'机器能否思考？'"而这，就是图灵测试的本体。从图灵来看，裁判做出超过 30% 的错误判定，就算机器通过了"图灵测试"，即这台机器在智力行为上表现得和人无法区分。

如何测试机器与人对话呢？英国皇家学会的测试规则是，在一系列时长为 5min 的键盘对话中，某台计算机被误认为是人类的比例超过 30%，那么这台计算机就被认为通过了图灵测试。这时的性质似乎发生了一些变化，不是在进行图灵测试——验证一台机器是否在智力行为上表现得和人无法区分，而是验证一台机器能否在 5min 长度对话内尽可能骗过人类，所以也有人认为图灵测试和 AI 没有关系。从最初的图灵测试是为了验证机器是否能够像人类一样思考，慢慢演化为机器是否能够骗过人类，但这对如何进行 AI 测试或多或少给了我们一些启示。

回到围棋大作战，李世石作为一等的围棋高手，是一位合格的测试工程师。如果阿尔法狗赢了李世石，说明这款软件是极其成功的，满足谷歌公司的期望，完成了其高质量的检验。如果阿法狗输了，说明还有改进的空间，质量有待提高，测试也发挥了作用，但也不能说明这款软件质量不合格，只是没有达到一流水平，因为之前得到过相对较高水平的检验：即和欧洲冠军的比赛，阿尔法狗 5:0 完胜人类专业棋手。

所以，对于 AI 软件的测试，实际有一个时间维度，AI 软件随着时间能够不断学习（人工智能中最重要的分支是机器学习），其能力必须（快速）增强，说明和人类一样，能力是不断成长的，这才是一款真正的 AI 软件。AI 软件最初的测试，就是看它有没有学习能力，本质上，就是算法的验证，即对启发式算法（Heuristic Algorithm）、启发式搜索算法（Heuristic Search Algorithm）、元搜索算法（Meta-heuristic Algorithm）、强化学习和深度强化学习或具体的算法（如遗传算法、模拟退火算法、神经网络、深度神经网络、禁忌搜索、演化算法、蚁群算法）等中某些算法或算法的组合进行验证。算法的验证，主要是通过实验进行（虽然也可以通过数学、模型等演化进行证明），借助大量数据进行普适性验证。例如，比较有名的图像识别算法验证，就借助 ImageNet 提供的大量图片进行验证。就像神经网络深度学习，一般会将数据集拆分为两个数据集，70% 的大数据集作为训练数据来训练模型，而 30% 的小数据集作为测试集以验证神经网络模型。

AI 软件的测试，更多的是靠"试验"进行验证，这和"Test"倒是更吻合，Test 本质上就是"样本性的试验验证活动"。AI 软件的测试还依赖大数据，基于大数据自动产生、分析、呈现等技术，更有效地验证 AI 软件的合理性。

系统和人类真实的对抗赛是对 AI 软件的测试的最有效手段之一，虽然代价比较大。除了时间维度（纵向）外，还可以从其他维度进行测试或验证，如横向——同时和不同能力的人类棋手进行比赛，人类棋手水平越低，阿尔法狗比赛所花费的时间越少，或者阿尔法狗能够让更多的棋子。也可以对"算法深度"这个维度进行测试，算法深度越深，阿尔法狗的能力越强（虽然会更耗时），而且阿尔法狗能够根据剩余时间调整算法深度。如果李世石在比赛时再坚持一下，让阿尔法狗耗时用完，进入读秒阶段，情形又会怎样？阿尔法狗会不会算不过来，走出各种败招？

当然，AI 软件测试没那么容易，这里只是通俗易懂地解释如何对 AI 软件进行测试。在实际工作中，AI 软件的前期测试还是很困难的。例如，为了测试 Numenta（工作模式更接近人类大脑的 AI 软件），IBM 资深研究员 Winfried Wilcke 带领着一百人的团队来测试它的算法。如果我们面对俄罗斯的控制机器人集群的智能软件包 Unicum，又如何测试呢？它可是说是"机器人之上的机器人"，可以独立分配集群内部的机器人角色、确定集群中的核心、替换脱离的单位，还会自动占据有利位置，搜寻目标，并在自动模式下向操纵员申请作战与摧毁目标的许可。这些问题留给读者去思考。

15.4 如何用 AI 技术为测试服务

上一节讨论如何对 AI 应用进行测试，这节讨论如何将 AI 应用到软件测试上，是否有可能彻底提升自动化测试的水平，解决一些之前用其他技术不能解决的问题。实际上，AI 在测试领域已经取得一些实质性的进展。但在讨论这个主题之前，我们先快速了解一下什么是 AI、AI 有哪些具体的应用和算法。

15.4.1 AI 技术及其应用

简单地说，AI 就是机器实现的人类智能，即让计算机实现原来只有人类才能完成的任务，即能够以人类智能相似的方式来解决问题，包括计算智能、感知智能、认知智能等。最早（1956 年）提出的 AI 是通用的 AI 概念，即指拥有人类的所有感觉、理智，能够像人类一样思考的神奇机器，如前面介绍的图灵测试。现在还很难做到，就退而求其次，机器能够将特殊任务处理得同人类一样好（甚至超过人类处理的结果），如图像分类、人脸识别等，这就出现了机器学习（狭义的人工智能）。而在机器学习中，深度学习是最有效的一类算法，目前人们在深度学习研究上获得很大成功，AlphaGo 就是一个范例。也有学者说，复杂的中国驾驶场景，正是深度学习的优势。自动驾驶是深度学习和增强学习融合而成的机器学习。所以从时间看，

20 世纪 50、60 年代就开始提 AI，然后到 80 年代提出机器学习，而深度学习直到 2010 年才获得实质性的突破。

AI 具体体现在机器人、语言识别、图像识别、自然语言处理和专家系统等方面，主要包括以下几个方面的应用。

▶ **人类感情**：分析人脸特征，应对人类感情（心理治疗）和识别罪犯，如英国机器人索非亚就能展现多种表情。

▶ **自然语言处理**：语言上下文的理解、生成、翻译、改编，如机器翻译、机器新闻编辑等。

▶ **视觉和图像处理**：视觉情感、对象识别（如人脸识别、指纹识别）、行为识别、活动识别、自动驾驶等。

▶ **语音**：语音识别、声音鉴别、吟诵（语音合成 + 上下文理解 + 人类情感模拟，包括诗词吟诵，甚至有一天说相声、说评书）等。

▶ **机器人**：机器学习、多机器人协同（多机器人系统）、多腿行走、感性认知等。

▶ **基于概率的推论**：常识、行为推理、非单调性推理等。

从技术上看，AI 目前依赖机器学习来实现，而机器学习的主要算法来自深度学习的算法。在机器学习上，主要的算法如下：

▶ **感知器**（Perceptron）二元线性分类算法，属于有监督学习。

▶ **支持向量机**（Support Vector Machine，SVM），也是线性分类算法，找到"最大间隔"的划分超平面。

▶ **集成学习**：主要有 Bagging、Boosting，将多个弱分类器组合成强分类器，从而提升分类效果。

▶ **受限玻尔兹曼机**（Restricted Boltzmann Machine，RBM）是一种用随机神经网络来解释的概率图模型（probabilistic graphical model）。

▶ **深度信念网络**（Deep Belief Network，DBN）是基于 RBM 发展而成的深度学习的核心算法，得益于对比散度（Contrastive Divergence, CD）的高效近似算法。它由若干层 RBM 级联而成，绕过了多隐层神经网络整体训练的难题，将其简化为多个 RBM 的训练问题，使得识别效果和计算性能得到显著提升。

▶ **深度玻尔兹曼机**（Deep Boltzmann Machine，DBM），类似 DBN，深层次的数据拟合，多个 RBM 连接起来构成 DBM，模仿人脑多层神经元对输入数据进行层层预处理，但

DBM 是无向图，还可以延伸出自编码神经网络和栈式神经网络。

▸ **递归神经网络**（Recurrent Neural Network，RNN）神经元的输出可以在下一个时间戳直接作用到自身。

▸ **卷积神经网络**（Convolutional Neural Network，CNN）是一种前馈的、深层的、非全连接的神经网络，其人工神经元可以响应一部分覆盖范围内的周围单元，适用于大型图像的处理。

▸ **稀疏编码**（Sparse Coding）是根据降低变量相关性的方法之一是降低个体的熵，从而寻找一个最小熵编码，使得每个系数的概率分布是单模态并且在 0 处是峰分布的低熵（low-entropy）方法。

▸ **贝叶斯网络**，Bayers Net 是一个带有概率注释的有向无环图，其概率是利用贝叶斯公式计算出其后验概率。贝叶斯分类器是用于分类的贝叶斯网络，主要有 4 种，即 Naive Bayes、TAN（Tree Augmented Nave-Bayes）、BAN（BN Augmented Nave-Bayes）和 GBN（General Bayesian Network）。

机器学习还分为有监督学习和无监督学习。

▸ 有监督学习：感知器、SVM、集成学习 Boosting、RNN 等。

▸ 无监督学习：RBM、DBN、DBM、Bayers Net、稀疏编码等。

目前算法的主流是无监督学习，而且神经网络算法大部分是无监督学习，大部分算法中都应用了概率论，虽然没有把它们归为概率模型等。

15.4.2　AI 技术如何应用于测试

了解了 AI 技术之后，那么如何借助 AI 更有效地完成（自动化）测试？

按照 AI 的思维，不仅仅去想如何设法模拟人类的行为和思考，造出一个测试机器人，而且还要去思考：能否彻底改变传统的测试思路，就像基于搜索的软件工程，不是从问题的假定、条件和输入推导出结果，而是采用类似启发式搜索等技术，直接从问题的解空间搜索出相对最优的解，从而解决软件测试问题。AlphaGo 正是采用这种解决思路，下围棋几乎无法按规则推理，而是根据所建的价值网络和策略网络，借助深度学习和随机梯度下降迭代决定下一个棋子该如何走才能得到最大的赢的概率。

从软件的功能测试或业务测试看，一直是有挑战的。大家知道有一条著名的测试原则：**测试是不能穷尽的，测试总是有风险的**。这就告诉我们，要做的测试（不仅仅包括测试用例，还包括测试数据、路径、环境和应用场景、上下文等）数量是巨大的，所以测试常常遇到序列爆炸、组合爆炸、路径爆炸等一系列问题。系统越复杂，测试达到的覆盖率和实际覆盖率差距也越来越大，如图 15-6 所示。以前认为这是无法完成的测试任务，今天借助 AI 也许能得到比较满意的解决，能不能像 AlphaGo 那样建立两个网络？

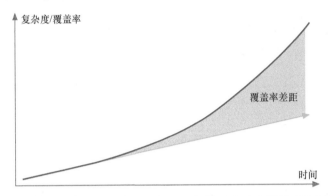

图 15-6　当系统越来越复杂，测试达到的测试覆盖率与实际覆盖率之间差距越大

① 质量风险网络：根据当前已做的测试，基于多层神经网络的深度学习来评估软件的质量风险，给出具体的风险值。

② 测试策略网络：从可选的未执行的测试中，选择哪一个测试作为下一步测试能够最大程度地降低质量风险（发现 bug 的可能性最大）。

微软为此建立了其自适应的神经网络算法（Microsoft Neural Network algorithm，MNN 算法），该算法针对可预测属性的每个可能状态，以测试输入数据属性的各个可能状态，以及基于训练数据能够计算每个组合的概率。可以将这些概率用于缺陷分类或回归测试任务，并能根据某些输入属性来预测输出结果。2016 年 1 月，微软在 GitHub 上发布了其深度学习工具包——Computational Cognitive Toolkit（CNTK）。CNTK 强化学习，生成对抗网络，而且具有完整的 API，用于从 Python、C ++ 和 BrainScript 定义网络、学习者、读者、训练和评估（评估模型）。CNTK 通过一个有向图将神经网络描述为一系列计算步骤，从而使得实现和组合 FFN、CNN 和 RNN/LSTM 变得非常容易。

基于类似的思想，瑞典的一家公司（参见 King 网站）采用蒙特卡罗树搜索算法（见图 15-7）、自动启发式构建法（见图 15-8）以模拟人类交互能力，但效率偏低。再通过增强拓扑的神经元演化算法（Neuro Evolution of Augmenting Topologies，NEAT）来训练多个虚拟测试机器人（vobots，如图 15-9a 所示），提供模拟效果和效率，在 50、100、150 次模拟之后，就非常接近人类水平（见图 15-9b），以后完成对 Candy Crush Soda 游戏的功能测试、稳定性测试和性能测试，并评估游戏难度级别，预测游戏的成功率。这款游戏有 1000 多个难度级别，在增加新功能或新级别时，如何验证新增的难度水平与之前级别是平衡的，对测试人员来说，非常有挑战。而且这款游戏的用户越来越多，对游戏质量的期望也越来越高，希望游戏非常稳定、流畅。

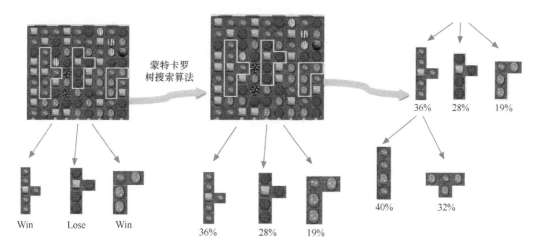

图 15-7 蒙特卡罗树搜索算法应用于模拟游戏操作

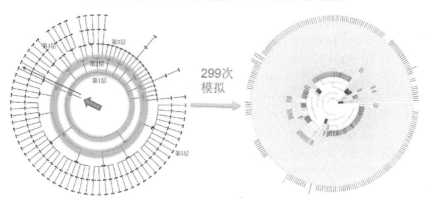

图 15-8 自动启发式构建系统操作状态路径图

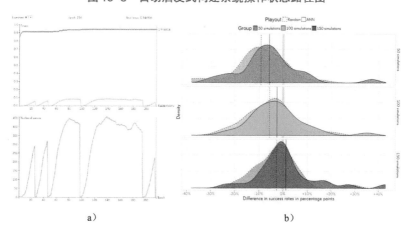

图 15-9 采用 NEAT 来训练游戏的 AI 测试工具

几乎在同一个时间，美国一家公司（Appdiff，现改为 Test.AI）推出测试机器人，能够全面分析 App 应用中的每个界面、元素和操作流，进行性能测试和用户体验测试。Appdiff 作为智能机器人，可以克服传统测试方法所存在的速度慢、开销大的问题，具备学习能力和类似人类的洞察力，App 应用程序测试越多，工具会自动地变得越来越聪明。针对每个页面有 150 次合法单击操作、10 次单击深度，形成 10^{65} 条操作路径，这样一个巨大的操作空间，只有通过 AI 才能完成其自动操作，而不会陷入操作之中出不来。

再进一步，就可以让 AI 驱动测试，基于 AI 的搜索优化或其他测试策略的优化，逐步往下执行测试。针对回归测试，之前，我们会将基于风险的测试策略和基于操作剖面的测试策略结合起来优化测试范围，或者，采用工具分析代码的依赖关系，同时建立代码和测试用例的映射关系。一旦代码被修改了，就可以分析受影响的类、方法甚至代码行，再根据映射关系来选择测试用例，做到精准测试，让测试做得又快又好。但这种方法所建立的代码之间依赖关系、代码与测试用例映射关系，往往是静态的，不能随时更新，而且忽视了上下文、业务、数据、环境等因素，所建立的关系是不够可靠的，其实风险还是蛮大的。如果把这些因素都考虑进去，现有的方法又不能解决问题。这时，通过机器学习（如卷积神经网络 CNN 算法）对代码库（包括更新 /diff 信息）、测试用例库、bug 库、客户反馈信息、系统执行测试的 log 等进行数据挖掘，来优化回归测试范围，这样的结果更可靠、执行效率更高。

不仅仅是功能测试，安全性测试也可以采用类似的 AI 解决方法。例如，模糊测试（Fuzzing Testing）工具之一 ——afl-fuzz，采用了 AI 解决思路，通过遗传算法（Genetic Algorithms）和对源码"编译时插桩"方式自动产生测试用例来探索二进制程序内部新的执行路径，从而获得高效的模糊测试策略。因为 afl-fuzz 是智能的，不需要先行复杂的配置，能够不断优化执行路径，具有较低的性能消耗、而且能处理现实中复杂的程序。

除了 afl-fuzz 之外，另一款智能安全性测试工具 Peach Fuzzer，会建立状态模型和数据模型，具有状态自动感知和应用感知能力，"了解"给定测试场景中的有效数据应该是什么样的，不断优化测试模型，从而产生不同的变异策略，获得有效的变异算子，如图 15-10 所示，帮助我们发现更多的隐藏的错误，从而最大限度地提高测试覆盖率和精度。基于同样思路，作者曾经采用机器学习，开发相应的测试工具，为稳定性测试、可靠性测试动态生成有效测试集；这样，自然可以根据测试预算时间，生成所需的、相对最优的测试用例集。

> **背景知识**：我们知道，模糊测试技术非常适合评估软件的安全性，能够发现大多数远程代码执行和特权提升等比较严重的漏洞。然而Fuzzing技术的测试覆盖率比较低，还会遗漏比较多的代码漏洞。为了解决这一问题，人们提出了不少新的获取代码更多信息去引导和增强测试技术的方法。如语义库蒸馏（corpus distillation）、流分析（concolic execution）、符号执行（symbolic execution）和静态分析等。但是语义库蒸馏严重依赖于大量的、高质量的

合法输入数据的语料库，这样，它并不适合后续引导模糊测试，其他方法受可靠性问题和程序执行环境的复杂性所束缚，如路径爆炸问题，从而导致这些方法的应用价值不高。

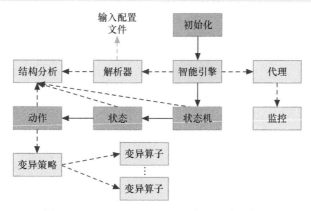

图 15-10　Peach Fuzzer 智能实现的示意图

　　上述解决思路，主要是基于机器学习和搜索算法等生成最优的测试用例。在测试中还会遇到另一类问题——启发式或模糊的测试预言（test oracle），没有单一、明确的判断准则，这是一般自动化测试工具无法验证的，需要人进行综合判断。在敏捷开发模式实施后，这类问题更突出。AI 方法也适用于解决这类问题。基于机器学习理论，采用有效的 PAC（probably approximately correct）算法来实现，例如微软推出的语义理解服务 LUIS.ai 框架，借助它能够灵活地进行 API 调用，创建自己场景的语义理解服务，识别实体和消息的意图。一旦应用程序上线，接收到十几条真实的数据，LUIS 就能给主动学习、训练自己。LUIS 能检查发送给它的所有消息，将模棱两可的文本识别出来，并提醒我们注意那些需要标注的语句。这样，可以基于 LUIS 的智能框架开发功能测试、业务验收测试工具。

　　除了测试过程、Test Oracle，测试输入也是 AI 能发挥作用的地方，上面介绍的 Peach Fuzzer 就是一个典型的例子。在功能兼容性测试、稳定性测试等实际工作中，业务逻辑、应用场景比较多，人工考虑不全，依赖 AI 来帮忙发现这些测试输入及其组合，其中模型学习可以看作这类 AI 应用场景。银行卡、网络协议等领域已经应用模型学习来发现更多的缺陷，例如 De Ruiter 和 Erik Poll 的实验表明，在九个受测试的 TLS（测试学习系统）实现中，有 3 个能够发现新的缺陷。而 Fiterau 等人在一个涉及 Linux、Windows 以及使用 TCP 服务器与客户端的 FreeBSD 实现的案例研究中将模型学习与模型检查进行了结合。模型学习用于推断不同组件的模型，然后应用模型检查来充分探索当这些组件交互时可能的情况。案例研究揭示了 TCP 实现中不符合其 RFC 规范的几个例子。概括起来，使用自动机学习建立实现一致性的基本方法，学习者与实现交互以构建模型，然后随后将其用于基于模型的测试或等价性检查中。

AI 应用于测试的案例还很多，例如，2015 年 Facebook 公司就采用 PassBot、FailBot 等管理测试。同年，Google Chrome OS 团队使用芬兰 Opto Fidelity 公司制造的机器人（Chrome TouchBot）来测量 Android 和 Chrome OS 设备的端到端延迟。

微软使用机器人 AzureBot 来管理测试环境（参见微软官网和 Github 官网），通过 Skype 联系管理员，以确认是否需要部署新的虚拟机，做完之后会及时通知管理员。这期间，管理员不需要注册、不需要 App 同步。AI 除了应用于测试环境的智能运维，还可以**应用于测试策略的自动优化、质量风险评估的自我调整、缺陷自动定位与修复等**。例如，缺陷诊断机器人（DDB）可以先检查问题，自动从已有的解决方案（FS）找匹配的 FS，自动修复问题。如果没有匹配，就将可能的所有方案推荐给合适的开发人员，让开发人员来修复。开发修复后，DDB 更新 FS 库，用于下次自动修复。

15.4.3　AI 测试工具

上一节介绍了 AI 如何应用于测试之中，下面介绍多款 AI 测试工具 / 平台，同时，也希望大家深刻体会到一场新的测试革命正在发生，测试机器人在不久的将来会成为测试的主要力量。

1. Applitool

Applitool 采用一种自适应的算法来进行可视化测试（或者说视觉验证），而且不需要事先进行各种设置，不需要明确地调用所有元素，但能够发现应用程序中的潜在错误。它具有以下特点。

▶ 利用基于机器学习（ML）/ AI 进行自动维护（能够将来自不同页面 / 浏览器 / 设备的类似变化组合在一起）。

▶ 修改比较算法，以便能够辨别哪些更改是有意义的、显著的。

▶ 能够自动理解哪些更改更可能是一种缺陷还是一种期望，就这种差异进行排序。

2. Appvance IQ

Appvance IQ 根据应用程序的映射和实际用户活动分析，使用机器学习和认知自动生成自动化测试脚本。脚本的生成分为以下两步。

① **生成应用程序蓝图**：由机器学习引擎创建的应用程序蓝图封装了对被测应用程序的来龙去脉的深入理解。蓝图随后能够集成真实用户如何浏览应用程序的大数据分析。

② **脚本生成**是认知处理的结果，可以准确地表示用户做了什么或试图做什么。它使用应用程序蓝图作为被测应用程序中可能的指导，以及服务器日志作为实际用户活动的大数据源。

AI 驱动脚本生成是软件测试的一项突破，将极大降低自动化测试脚本开发的巨大工作量。AI 创建的脚本组合既是用户驱动的，又比手动创建的脚本更全面。

3. Eggplant AI 自动化

Eggplant 之前是一款基于图像比较的、跨平台的功能测试工具，现在升级为智能的自动化测试套件——Eggplant Digital Automation Intelligence（EDAI）。EDAI 整套工具使用 AI 和深度学习来从界面上寻找缺陷，能够自动生成测试用例，大幅度提高测试效率和覆盖率。该工具具有以下特点。

▶ 通过用户的眼睛测试。分析实际屏幕，而不是代码，使用智能图像和文本识别来测试应用程序逻辑、动态的用户界面，并进行真正的端到端测试。这样可以测试任何设备上的、各种不同技术开发的软件，并可以像用户一样与应用进行交互。

▶ 能够测试功能、性能和可用性——所有与用户体验相关的关键产品属性。通过用户的眼睛验证这种体验，可以更简单、更直观地进行测试。这意味着，非技术人员——从手动测试人员到业务分析人员、产品和用户专家——都可以成为有效的测试人员。

▶ 使用人工智能和机器学习自动生成测试用例，并优化测试执行以发现 bug 并覆盖各种用户体验，可以增强自动化测试的执行力度。基于测试结果、根本原因和用户影响的自动化分析，可以帮助团队提高生产力并缩短上市时间，并与 DevOps 保持同步。

▶ 完全量化的质量管理，实现了跨职能协作，弥合了产品所有者与质量保证部门之间的差距。可以完全根据指标合格率和缺陷密度来报告质量状态，而不是以用户术语来揭示应用质量的细节，如应用评分、页面加载时间、消费者转换率等。

4. Mabl

Mabl 是由一群前 Google 工作人员研发的 AI 测试平台，侧重对应用或网站进行功能测试。在 Mabl 平台上，我们通过与应用程序进行交互来"训练"测试。录制完成后，经训练而生成测试将在预定时间进自动执行。Mabl 平台具有以下特点。

▶ 没有脚本的自动化测试（Scriptless Tests），并能和 CI 集成。

▶ 消除不稳定的测试（Flaky Tests）：就像其他基于 AI 的测试自动化工具一样，Mabl 可自动检测应用程序的元素是否已更改，并动态更新测试以适应这些变化。

▶ 能不断比较测试结果及其对应的历史数据，以快速检测变化和回归，从而产生更稳定的版本。

▶ 可以帮助快速识别和修正缺陷，能提前提醒我们可能产生对用户的负面影响。

5. ReTest

ReTest 是一家德国公司的产品，源于人工智能研究项目，使用人工智能猴子来自动测试应用程序。与其他测试自动化工具不同，在创建脚本时不需要选择被测对象的 ID、会自动处理等待时间，脚本执行非常稳定。如果属性或元素是不稳定的，那么可以在执行测试后简单地标记它们。本工具是专门为测试人员设计的，能有效地消除了用户拥有任何编程技能的需求，测试人员只需要领域知识、待测试软件的工作原理以及认定缺陷的能力。

6. Sauce Labs

Sauce Labs 对于测试人员比较熟悉，移动 App 自动化测试框架 Appium 出自该测试平台。Sauce Labs 是最早开始基于云的自动化测试公司，每天运行超过 150 次的测试。通过多年测试数据的积累而拥有一个虚拟宝库，能够利用机器学习来针对这些数据进行分析，更好地理解测试行为，主动帮助客户改进测试自动化。他们相信，在测试中使用已知的模式匹配和不同的AI 技术是非常有用的。

7. Sealights

类似于 Sauce Labs，Sealights 也是一个基于云的测试平台，能够利用机器学习技术分析SUT 的代码以及与之对应的测试，不局限于单元测试，还包括系统级的业务测试和性能测试。它还有一个显著的特点，基于机器学习以呈现完整的质量 Dashboard，帮助我们进行"质量风险"的评估，能够关注用户所关心的东西，包括那些代码未经某种类型或特定的测试，这样很容易地确保未经测试的代码不会上线，至少要得到尽可能的必要的验证。

Sealights 可以轻松创建每个人都能看到的高质量仪表盘。因此，对于每个构建，都可以了解测试的内容、状态和覆盖范围，以及是否正在改进，减少或存在质量问题。

8. Test.AI

Test.AI（前身为 Appdiff）被视为一种将 AI 大脑添加到 Selenium 和 Appium 的工具，以一种类似于 Cucumber 的 BDD 语法的简单格式定义测试。Test.AI 在任何应用程序中动态识别屏幕和元素，并自动驱动应用程序执行测试用例。它由 Justin Liu 和 Jason Arbon 创建。

9. Testim

Testim 专注于减少不稳定的测试（flaky tests）和测试维护，试图利用机器学习来加快开发、执行和维护自动化测试，让我们开始信任自己的测试。

除了上述工具 / 平台，像 Functionize 、Panaya Test Center 2.0、Kobiton、Katalon Studio 和Tricentis Tosca 等工具也具有智能特性。

15.5 小结

随着计算机技术及其应用模式的变化，软件测试也发生相应的变化。今天，无论是在方法、技术和工具上，还是在思想和流程上，软件测试都发生了或正在发生着巨大的变化。

在思想上，今天的全过程软件测试，不仅注意需求评审、设计评审和代码评审，而且倡导测试驱动开发（TDD、ATDD 等）和需求实例化（BDD、RBE），需求及测试，一步到位，产品和开发共享同一个完全可测的、场景化的需求。今天的全过程软件测试，还扩展到运维，和 DevOps 实践融为一体，从高度自动化的持续构建、持续集成到持续测试、持续交付和部署等，提倡更多的在线测试或日志分析、用户反馈收集与分析等。

在方法技术上，不仅引入虚拟技术、容器技术、云计算、API 技术为测试服务，而且引入 AI 技术，结合 MBT（模型驱动测试）来实现真正的自动化测试。之前的自动化测试，只能算半自动化测试，测试脚本还需要人工开发。

未来开发和测试更加融合，测试更新 service provider 提供测试服务，给开发人员赋能，测试作为一种职业或岗位很可能会消失，而只是作为一项工作、活动而存在。开发人员更容易借助工具去完成单元测试、集成测试和系统测试，然后开发人员再和业务人员、产品经理或用户完成验收测试。

测试中的记忆符号：测试思维宝库

Wikipedia（维基百科）上写道，助记符是心智记忆和学习的辅助工具，它依赖于易于记忆的结构之间的关联。这些结构可以与需要记住的数据相关联。

SFDIPOT (San Francisco Depot)

James Bach 建立的启发式测试策略（Test Strategy Heuristics）

Structure, Function, Data, Integrations, Platform, Operations, Time

CRUSSPIC STMPL

Quality Characteristics Heuristics by James Bach

Operational Criteria - CRUSSPIC

Capability, Reliability, Usability, Security, Scalability, Performance, Installability, Compatibility

Development Criteria - STMPL

Supportability, Testability, Maintainability, Portability, Localizability

CIDTESTD (Kid Tested)

Project Environment Heuristics by James Bach

Customers, Information, Developer Relations, Team, Equipment & Tools, Schedule, Test Items, Deliverables

DUFFSSCRA (FDSFSCURA)

Test Techniques Heuristics by James Bach

Domain, User, Function, Flow, Stress, Scenario, Claims, Risk, Automatic

HICCUPPSF

Test Oracles by James Bach

History, Image, Comparable Product, Claims, User Expectations, Product, Purpose, Standards and Statutes, Familiar Problems

Read More on the HICCUPSF mnemonic

SACKED SCOWS

Learning Heuristics by James Bach

Scouting Obsessively, Authentic Problems, Cognitive Savvy, Knowledge Attracts Knowledge, Experimentation, Disposable Time, Stories(Contrasting Ideas, Skepticism, Critical thinking, Lateral thinking), Other Minds, Words and Pictures, Systems Thinking

PROOF

Session Based Test Reporting Mnemonic by Jon Bach and revised by Henrik Andersson

Past, Results, Obstacles, Outlook, Feelings

MR.Q COMP GRABC R&R

Exploration Skills and Tactics Mnemonic by Jon Bach

Modeling, Resourcing, Questioning, Chartering, Observing, Manipulating, Pairing, Generating/ Elaborating, Refocusing, Alternating, Branching/Backtracking, Conjecturing, Recording, Reporting

RIMGEA

bug Advocacy Mnemonic by Cem Kaner

Replicate it, Isolate it, Maximize it, Generalize it, Externalize it, And Say it Clearly and Dispassionately

FCC CUTS VIDS

Touring Heuristics by Michael D Kelly

Feature Tour, Complexity Tour, Claims Tour, Configuration Tour, User Tour, Testability Tour, Scenario Tour, Variability Tour, Interoperability Tour, Data Tour, Structure Tour

MCOASTER

Test Reporting Heuristics by Michael D Kelly

Mission, Coverage, Obstacles, Audience, Status, Techniques, Environment, Risk

FAILURE

Error Handling Heuristics by Ben Simo

Functional, Appropriate, Impact, Log, UI, Recovery, Emotions

SLIME

Ordering of Testing Tasks Heuristics by Adam Goucher

Security, Languages, Requirements, Measurement, Existing

FIBLOTS

Model Workloads for Performance Testing by Scott Barber

Frequent, Intensive, Business Critical, Legal, Obvious, Technically Risky, Stakeholder Mandated

CCD IS EARI

Performance Testing Core Principles by Scott Barber

Context, Criteria, Design, Install, Script, Execute, Analyze, Report, Iterate

IVECTRAS

Performance Test Classification Mnemonic by Scott Barber

Investigation or Validation of End-to-End or Component Response Times and/or Resource Consumption under Anticipated or Stressful Conditions

RCRCRC

Regression Testing Heuristics by Karen N. Johnson

Recent, Core, Risk, Configuration, Repaired, Chronic

RSTLLL

SMS Texting Applications Testing Heuristics by Karen N. Johnson

Reply, Sender, Timestamp, List, Links, Language, Length

MUTII

Testing Heuristics by Jonathon Kohl

Market, Users, Tasks, Information, Implementation

I SLICED UP FUN

Mobile Application Testing Mnemonic by Jonathon Kohl

Inputs, Store, Location, Interactions/Interruptions, Communications, Ergonomics, Data, Usability, Platform, Function, User Scenarioes, Network

SPIES

Internationalization Testing Mnemonic by Nancy Kelln

Special Characters, Pages & Content, Integrations, Error Messages, Special Formats

PAOLO

Device Orientation Testing Mnemonic by Maik Nogens

Portrait, Audio, Objects, Landscape, Overlay

WWWWWH/KE

Requirements Analysis and Feedback Mnemonic by Darren McMillan

Who, What, When, Where, Why, How, Knowledge, Experience

SEED NATALI

GUI Step Automation Mnemonic by Albert Gareev

Synchronize, Exists, Enabled, Displayed, Number of Arguments, Type of Arguments, Log, Investigate

B GRADED SCRIPTTS

Test Strategy Mnemonic by Jared Quinert

Budget, Goals, Risks, Approach, Dependencies, Environments, Data, Stakeholders, Coverage Models, Resources, Information, Prioritization, Tradeoffs, Tooling, Schedule

SPIFFy

Microtest Mnemonic by Industrial Logic

Small, Precise, Isolated, Fast, Frequently Run

TERMS

Test Automation Mnemonic by Albert Gareev

Tools & Technology, Execution, Requirements & Risks, Maintenance, Security

CRUMBS

Test Automation Mnemonic by Albert Gareev

Confirmation, Coverage Criteria & Complexity, Risk, Robustness, & Reliability, Usefulness & Usability, Maintainability & Manual Effort, Basis & Bias, Span, Separation, & Security

GO DaRE=M

Mnemonic for testing plans by Carsten Fielberg

Go as in "Go for Goal", Deliverables, activities, Resources, Estimates, = Represents Balance, Milestones

PAPAS BE @ SFO

API Testing for Functionality Mnemonic by Anand Ramdeo

Paging, Authentication, Parameters / Query Strings, Authorisations, Security, Behave, Error Handling, State, Filter, Order

DEED HELP GC

API Testing for Consumability Mnemonic by Anand Ramdeo

Domain Specific Names, Examples, Easy to Learn, Documentation, Hard to Misuse, Easy to Use, Lead to Readable Code, Principle of Least Astonishment / Surprise, Guessability, Consistency

DVLA PC

API Testing for Maintainability Mnemonic by Anand Ramdeo

Diagnostic, Versioning, Logging, Accessibility, Purpose, Consumer

ICEOVERMAD

API Testing Mnemonic by Ash Winter

Integration, Consumers, Endpoints, Operations, Volume, Error Handling, RESTful, Modularity, Authentication, Definitions

CAN I USE THIS

Usability Testing Mnemonic by David Greenless

Comparable Products, Accessibility, Navigation, Intuitive, Users, Standards, Emotional Response, Trunk Test, Heuristic Evaluation, Instructions & Help Text, Satisfaction

HEEENA

Testing Mnemonic by Lalitkumar Bhamare

History, Explore, Experiment, Experience, Note Taking, Analyze

附录 B

测试计划 （GB8567—2006）

B.1 引言

B.1.1 标识

本条应包含本文档适用的系统和软件的完整标识，（若适用）包括标识号、标题、缩略词语、版本号和发行号。

B.1.2 系统概述

本条应简述本文档适用的系统和软件的用途。它应描述系统与软件的一般性质；概述系统开发、运行和维护的历史；标识项目的投资方、需方、用户、开发方和支持机构；标识当前和计划的运行现场；并列出其他有关文档。

B.1.3 文档概述

本条应概括本文档的用途与内容，并描述与其使用有关的保密性或私密性要求。

B.1.4 与其他计划的关系

（若有）本条应描述本计划和有关的项目管理计划之间的关系。

B.1.5 基线

给出编写本软件测试计划的输入基线，如软件需求规格说明。

B.2 引用文件

本章应列出本文档引用的所有文档的编号、标题、修订版本和日期。本章还应标识不能通过正常供货渠道获得的所有文档的来源。

B.3 软件测试环境

本章应分条描述每一预计的测试现场的软件测试环境。可以引用软件开发计划（SDP）中所描述的资源。

B.3.x （测试现场名称）

本条应标识一个或多个用于测试的测试现场，并分条描述每个现场的软件测试环境。如果所有测试可以在一个现场实施，本条及其子条只给出一次。如果多个测试现场采用相同或相似的软件测试环境，则应在一起讨论。可以通过引用前面的描述来减少测试现场说明信息的重复。

B.3.x.1 软件项

（若适用）本条应按名字、编号和版本标识在测试现场执行计划测试活动所需的软件项（如操作系统、编译程序、通信软件、相关应用软件、数据库、输入文件、代码检查程序、动态路径分析程序、测试驱动程序、预处理器、测试数据产生器、测试控制软件、其他专用测试软件和后处理器等）。本条应描述每个软件项的用途、媒体（磁带、盘等），标识那些期望由现场提供的软件项，标识与软件项有关的保密措施或其他保密性与私密性问题。

B.3.x.2 硬件及固件项

（若适用）本条应按名字、编号和版本标识在测试现场用于软件测试环境中的计算机硬件、接口设备、通信设备、测试数据归约设备、仪器设备（如附加的外围设备（磁带机、打印机、绘图仪）、测试消息生成器、测试计时设备和测试事件记录仪等）和固件项。本条应描述每项的用途，陈述每项所需的使用时间与数量，标识那些期望由现场提供的项，标识与这些项有关的保密措施或其他保密性与私密性问题。

B.3.x.3 其他材料

本条应标识并描述在测试现场执行测试所需的任何其他材料。这些材料可包括手册、软件清单、被测试软件的媒体、测试用数据的媒体、输出的样本清单和其他表格或说明。本条应标识需交付给现场的项和期望由现场提供的项。（若适用）本描述应包括材料的类型、布局和数量。本条应标识与这些项有关的保密措施或其他保密性与私密性问题。

B.3.x.4 所有权种类、需方权利与许可证

本条应标识与软件测试环境中每个元素有关的所有权种类、需方权利与许可证等问题。

B.3.x.5 安装、测试与控制

本条应标识开发方为执行以下各项工作的计划，可能需要与测试现场人员共同合作：

a. 获取和开发软件测试环境中的每个元素；

b. 使用前，安装与测试软件测试环境中的每项；

c. 控制与维护软件测试环境中的每项。

B.3.x.6 参与组织

本条应标识参与现场测试的组织和它们的角色与职责。

B.3.x.7 人员

本条应标识在测试阶段测试现场所需人员的数量、类型和技术水平，需要他们的日期与时间，及任何特殊需要，如为保证广泛测试工作的连续性与一致性的轮班操作与关键技能的保持。

B.3.x.8 定向计划

本条应描述测试前和测试期间给出的任何定向培训。此信息应与 B.3.x.7 所给的人员要求有关。培训可包括用户指导、操作员指导、维护与控制组指导和对全体人员定向的简述。如果预料有大量培训的话，可单独制定一个计划而在此引用。

B.3.x.9 要执行的测试

本条应通过引用第 4 章来标识测试现场要执行的测试。

B.4 计划

本章应描述计划测试的总范围并分条标识，并且描述本 STP 适用的每个测试。

B.4.1 总体设计

本条描述测试的策略和原则，包括测试类型和测试方法等信息。

B.4.1.1 测试级

本条所描述要执行的测试的级别，例如 CSCI 级或系统级。

B.4.1.2 测试类别

本条应描述要执行的测试的类型或类别（例如，定时测试、错误输入测试、最大容量测试）。

B.4.1.3 一般测试条件

本条应描述运用于所有测试或一组测试的条件，例如："每个测试应包括额定值、最大值和最小值""每个 x 类型的测试都应使用真实数据（livedata）""应度量每个 CSCI 执行的规模与时间"并对要执行的测试程度和对所选测试程度的原理的陈述。测试程度应表示为某个已定义总量（如离散操作条件或值样本的数量）的百分比或其他抽样方法。也应包括再测试 / 回归测试所遵循的方法。

B.4.1.4 测试过程

在渐进测试或累积测试情况下，本条应解释计划的测试顺序或过程。

B.4.1.5 数据记录、归约和分析

本条应标识并描述在本 STP 中标识的测试期间和测试之后要使用的数据记录、归纳和分析过程。（若适用）这些过程包括记录测试结果、将原始结果处理为适合评价的形式，以及保留数据归约与分析结果可能用到的手工、自动、半自动技术。

B.4.2 计划执行的测试

本条应分条描述计划测试的总范围。

B.4.2.x （被测试项）

本条应按名字和项目唯一标识符标识一个 CSCI、子系统、系统或其他实体，并分以下几条描述对各项的测试。

B.4.2.x.y （测试的项目唯一标识符）

本条应由项目唯一标识符标识一个测试，并为该测试提供下述测试信息。根据需要可引用 4.1 中的一般信息。

a. 测试对象。

b. 测试级。

c. 测试类型或类别。

d. 需求规格说明中所规定的合格性方法。

e. 本测试涉及的 CSCI 需求（若适用）和软件系统需求的标识符（此信息亦可在第 6 章中提供）。

f. 特殊需求（例如，设备连续工作 48 小时、测试程度、特殊输入或数据库的使用）。

g. 测试方法，包括要用的具体测试技术，规定分析测试结果的方法。

h. 要记录的数据的类型。

i. 要采用的数据记录 / 归约 / 分析的类型。

j. 假设与约束，如因为系统或测试条件即时间、接口、设备、人员、数据库等而对测试产生的预期限制。

k. 与测试有关的安全性、保密性与私密性要求。

B.4.3 测试用例

a. 测试用例的名称和标识。

b. 简要说明本测试用例涉及的测试项和特性。

c. 输入说明，规定执行本测试用例所需的各个输入，规定所有合适的数据库、文件、终端信息、内存常驻区域和由系统传送的值，规定各输入间所需的所有关系（如时序关系等）。

d. 输出说明，规定测试项的所有输出和特性（如：响应时间），提供各个输出或特性的正确值。

e. 环境要求，见本文档第 3 章。

B.5 测试进度表

本章应包含或引用指导实施本计划中所标识测试的进度表。包括如下。

a. 描述测试被安排的现场和指导测试的时间框架的列表或图表。

b. 每个测试现场的进度表，（若适用）它可按时间顺序描述以下所列活动与事件，根据需要可附上支持性的叙述。

1）分配给测试主要部分的时间和现场测试的时间。

2）现场测试前，用于建立软件测试环境和其他设备、进行系统调试、定向培训和熟悉工作所需的时间。

3）测试所需的数据库 / 数据文件值、输入值和其他操作数据的集合。

4）实施测试，包括计划的重测试。

5）软件测试报告（STR）的准备、评审和批准。

B.6　需求的可追踪性

本章应包括如下。

a. 从本计划所标识的每个测试到它所涉及的 CSCI 需求和（若适用）软件系统需求的可追踪性（此可追踪性亦可在 B.4.2.x.y 中提供，而在此引用）。

b. 从本测试计划所覆盖的每个 CSCI 需求和（若适用）软件系统需求到针对它的测试的可追踪性。这种可追踪性应覆盖所有适用的软件需求规格说明（SRS）和相关接口需求规格说明（IRS）中的 CSCI 需求，对于软件系统，还应覆盖所有适用的系统 / 子系统规格说明（SSS）及相关系统级 IRS 中的系统需求。

B.7　评价

B.7.1　评价准则

这些内容用于提示，此处不再说明。

B.7.2　数据处理

这些内容用于提示，此处不再说明。

B.7.3　结论

这些内容用于提示，此处不再说明。

B.8　注解

本章应包含有助于理解本文档的一般信息（例如背景信息、词汇表、原理）。本章应包含为理解本文档需要的术语和定义，所有缩略语和它们在文档中的含义的字母序列表。

B.9 附录

附录可用来提供那些为便于文档维护而单独出版的信息（例如图表、分类数据）。为便于处理，附录可单独装订成册。附录应按字母顺序（A、B等）编排。

附录 C

代码审查的示范性列表

E.1 格式

- ▶ 嵌套的 IF 是否正确地缩进？

- ▶ 注释是否准确并有意义？

- ▶ 是否使用有意义的标号？

- ▶ 代码是否基本上与开始时模块的模式一致？

- ▶ 是否遵循全套的编程标准？

E.2 程序语言的使用

- ▶ 是否使用一个或一组最佳动词？

- ▶ 模块中是否使用完整定义的语言的有限子集？

- ▶ 是否使用了适当的转移语句？

E.3 数据引用错误

- ▶ 是否引用了未初始化的变量？

- ▶ 数组和字符串的下标是整数值吗？下标总是在数组和字符串大小范围之内吗？

- ▶ 是否在应该使用常量的地方使用了变量，例如在检查数组范围时？

- ▶ 变量是否被赋予了不同类型的值？

▸ 为引用的指针分配内存了吗？

▸ 一个数据结构是否在多个函数或者子程序中被引用，是否在每一个引用中明确定义了结构？

E.4 数据声明错误

▸ 所有变量都赋予了正确的长度、类型和存储类吗？例如，在本声明为字符串的变量却声明为字符数组了。

▸ 变量是否在声明的同时进行了初始化？是否正确初始化并与其类型一致？

▸ 变量有相似的名称吗？自定义变量是否使用了系统变量名？

▸ 是否存在声明过但从未引用或只引用过一次的变量？

▸ 在特定模块中所有变量都显式声明了吗？如果没有，是否可以理解为该变量将与更高级别的模块共享？

E.5 计算错误

▸ 计算中是否使用了不同数据类型的变量？例如将整数与浮点数相加。

▸ 计算中是否使用了数据类型相同但长度不同的变量？例如，将字节与字相加。

▸ 计算时是否了解和考虑了编译器对类型和长度不一致的变量的转换规则？

▸ 赋值的目的变量是否小于赋值表达式的值？

▸ 在数值计算过程中是否可能出现溢出？

▸ 除数 / 模是否可能为零？

▸ 对于整型算术运算，特别是除法的代码处理是否会丢失精度？

▸ 变量的值是否超过有意义的范围？

▸ 对于包含多个操作数的表达式，求值的次序是否混乱，运算优先级正确吗？

E.6 比较错误

▶ 比较正确吗？如比较中应该是小于还是小于和等于？

▶ 存在分数或者浮点值之间的比较吗？如果有，精度问题会影响比较吗？

▶ 每一个逻辑表达式都正确表达了吗？逻辑计算如期进行了吗？求值次序有疑问吗？

▶ 逻辑表达式的操作数是逻辑值吗？例如，是否将包含整数值的整型变量用于逻辑计算中？

E.7 入口和出口的连接

▶ 初始入口和最终出口是否正确？

▶ 对另一个模块的每一次调用是否恰当？例如：所需的全部参数是否传送给每一个被调用的模块；被传送的参数值是否已正确设置；是否处理对被调用的关键模块的意外情况（如丢失，混乱）？

▶ 每个模块的代码是否只有一个入口和一个出口？

E.8 存储器的使用

▶ 每个域在其第一次被使用前是否正确初始化？

▶ 规定的域正确否？

▶ 每个域是否有正确的变量类型声明？

E.9 控制流程错误

▶ 如果程序包含 begin-end 和 do-while 等语句组，end 是否与之对应？

▶ 程序、模块、子程序和循环能否终止？如果不能，可以接受吗？

▶ 可能存在永远不停地循环吗？

▶ 存在的循环从不执行吗？如果是这样，可以接受吗？

▶ 如果程序包含像 switch—case 语句一样多的分支，索引变量能超出可能的分支数目吗？如果超出，该情况能正确处理吗？

▶ 是否存在"丢掉一个"错误，导致意外进入循环？

▶ 代码执行路径是否已全部覆盖？是否能保证每条源代码语句至少执行一次？

E.10　子程序参数错误

▶ 子程序接收的参数类型和大小与调用代码发送的匹配吗？次序正确吗？

▶ 如果子程序有多个入口点，引用的参数是否与当前的入口点没有关联？

▶ 常量是否当做形式参数传递，意外地在子程序中改动了？

▶ 子程序更改了仅作为输入值的参数吗？

▶ 每一个参数的单位是否与相应的形参匹配？

▶ 如果存在全局变量，在所有引用的子程序中是否有相似的定义和属性？

E.11　输入/输出错误

▶ 软件是否严格遵守外部设备读/写数据的专用格式？

▶ 有处理文件或者外设不存在或者未准备好的错误情况吗？

▶ 软件是否处理外部设备未连接、不可用或者读/写过程中存储空间被占满等情况？

▶ 软件以预期方式处理预计的错误吗？

▶ 检查错误提示信息的准确性、正确性、语法和拼写了吗？

E.12　逻辑和性能

▶ 全部设计已实现了吗？

▶ 逻辑被最佳地编码了吗？

▶ 提供正式的错误或例外子程序了吗?

▶ 每一个循环执行正确的次数是多少?

E.13 维护性和可靠性

▶ 清单格式适于提高可读性吗?

▶ 标号和子程序符合代码的逻辑意思吗?

▶ 对从外部接口采集的数据确认了吗?

▶ 遵循可靠性编程的要求吗?

▶ 是否存在内存泄露的问题?

附录 D

RF 库与工具

1. 基本库

① Builtin：提供随时可用的、常用的关键字。

② Dialogs：提供暂停测试执行以获得用户输入的方法。

③ Collections：提供一系列处理 Python 的列表和字典的关键字。

④ OperatingSystem：在 RF 运行的系统中执行各种与操作系统相关的任务。

⑤ Remote：作为 RF 与其他测试库之间的代理的特殊库。实际的测试库可以运行在不同的机器上，并且可以使用任何支持 XML-RPC 协议的编程语言来实现。

⑥ Screenshot：提供关键字来捕获桌面的屏幕截图。

⑦ String：用于生成，修改和验证字符串的库。

⑧ Telnet：可以连接到 Telnet 服务器并在打开的连接上执行命令。

⑨ XML：用于生成、修改和验证 XML 文件的库。

⑩ Process：用于在系统中运行过程的库，RF 2.8 新增功能。

⑪ DateTime：用于日期和时间转换的库，RF 2.8.5 新增功能。

2. 扩展库

① Android library：可满足所有 Android 自动化需求的库。它在内部使用 Calabash Android。

② AnywhereLibrary：用于测试单页应用程序（Single-Page Apps，SPA）的库。在内部使用 Selenium Webdriver 和 Appium。

③ AppiumLibrary：用于 Android 和 iOS 测试的库。它在内部使用 Appium。

④ Archive library：用于处理 zip 和 tar 归档的库。

⑤ AutoItLibrary：使用 AutoIt 免费软件工具作为驱动程序的 Windows GUI 测试库。

⑥ CncLibrary：用于驱动数控铣床（CNC milling machine）的库。

⑦ Database Library（Java）：用于数据库测试的、基于 Java 的库。可用于 Jython。也可在 Maven central 获得。

⑧ Database Library（Python）：用于数据库测试的、基于 Python 的库。适用于任何 Python 解释器，包括 Jython。

⑨ Diff Library：用于两个文件差异比较的库。

⑩ Django Library：Python Web 框架 Django 的库。

⑪ Eclipse Library：使用 SWT widgets 测试 Eclipse RCP 应用程序的库。

⑫ robotframework-faker：虚拟测试数据生成器 Faker 的库。

⑬ FTP library：用 RF 测试和使用 FTP 服务器的库。

⑭ HTTP library（livetest）：在内部使用 livetest 工具进行 HTTP 级别测试的库。

⑮ HTTP library（请求）：用于在内部使用请求进行 HTTP 级别测试的库。

⑯ HttpRequestLibrary（Java）：用于使用 Apache HTTP 客户端进行 HTTP 级别测试的库。也可在 Maven central 获得。

⑰ iOS library：满足所有 iOS 自动化需求的库。它在内部使用 Calabash iOS 服务器。

⑱ ImageHorizonLibrary：为 GUI 自动化测试的、基于图像识别的、跨平台的纯 Python 库。

⑲ MongoDB library：使用 pymongo 与 MongoDB 进行交互的库。

⑳ MQTT library：用于测试 MQTT 代理和应用程序的库。

㉑ NcclientLibrary：基于 ncclient 的 NETCONF 协议库

㉒ Rammbock：通用网络协议测试库，提供简单的方式来指定网络数据包并检查发送和接收数据包的结果。

㉓ SikuliLibrary：Sikuli Robot Framework Library 提供关键字以通过 Sikulix 测试用户界面。

该库支持 Python 2.x 和 3.x.

㉔ RemoteSwingLibrary：使用 SwingLibrary，尤其是 Java Web Start 应用程序，测试和连接到 Java 进程的库。

㉕ REST 实例：用于 HTTP JSON API 的 Robot Framework 测试库。

㉖ SeleniumLibrary：内部使用流行的 Selenium 工具的 Web 测试库。

㉗ Selenium2Library：使用 Selenium2 的 Web 测试库，不推荐使用该库用户应升级到上述的 SeleniumLibrary。

㉘ 适用于 Java 的 Selenium2Library：Selenium2Library 的 Java 接口。

㉙ ExtendedSelenium2Library：内部使用 Selenium2Library 的 Web 测试库，在其之上提供对 AngularJS 的支持。

㉚ SSHLibrary：通过 SSH 连接启用在远程计算机上执行的命令。还支持使用 SFTP 传输文件。

㉛ SudsLibrary：基于 Suds（一个动态 SOAP 1.1 客户端）的 SOAP Web 服务功能测试的库。

㉜ SwingLibrary：使用 Swing GUI 测试 Java 应用程序的库。

㉝ TestFX Library：使用 TestFX 框架测试 Java FX 应用程序的库。

㉞ TFTPLibrary：用于普通文件传输（Trivial File Transfer）协议之上交互的库。

㉟ watir-robot：使用 Watir 工具的 Web 测试库。

3. 其他库

① Creating test libraries：Robot Framework User Guide 中创建测试库节选。

② plone.app.robotframework：为 Plone CMS 及其附加组件编写 Selenium 功能性测试提供资源和工具。

③ JavalibCore：为 Robot Framework 扩充基于 Java 的测试库的基础。

④ RemoteApplications：特殊的测试库，用于在单独的 JVM 上启动 Java 应用程序并使用其他库。

4. 内建工具

① Rebot：基于 XML 输出生成日志和报告、将多个输出组合在一起的工具。

② Libdoc：用于为测试库和资源文件生成关键字文档的工具。

③ Testdoc：基于 Robot Framework 测试用例生成高层次 HTML 文档。

④ Tidy：清理和转换 Robot Framework 测试数据文件格式的工具。

5. 编辑器

① RIDE：独立的 Robot Framework 测试数据编辑器。

② Atom Plugin：Atom 的 Robot Framework 插件。

③ Brackets Plugin：Brackets 的 Robot Framework 插件。

④ Eclipse Plugin：Eclipse IDE 的 Robot Framework 插件。

⑤ Emacs major mode：用于编辑测试的 Emacs 主要模式。

⑥ Gedit：Gedit 的语法高亮显示。

⑦ Robot Plugin for IntelliJ IDEA：JIVE Software 的基于 IntelliJ IDEA 的编辑器。

⑧ Robot Support for IntelliJ IDEA：Valerio Angelini 的基于 IntelliJ IDEA 的编辑器。

⑨ TextMate bundle：用于 TextMate 增加语法高亮的包。

⑩ Sublime assistant：Andriy Hrytskiv 的 Sublime Text 2 & 3 插件。

⑪ Sublime plugin：Mike Gershunovsky 的 Sublime Text 2 插件。

⑫ Vim plugin：用于 Robot Framework 开发的 Vim 插件。

⑬ Notepad ++：Notepad ++ 的语法高亮显示。

⑭ RED：诺基亚开发的、基于 Eclipse 的编辑器和调试器。

6. 构建工具

① Jenkins plugin：在 Jenkins 上收集和发布 Robot Framework 测试结果的插件。

② Maven plugin：使用 Robot Framework 的 Maven 插件。

③ Ant task：运行 Robot Framework 测试的 Ant 任务。

7.　其他工具

① DbBot：用于将 Robot Framework 测试结果（即 output.xml 文件）序列化为 SQLite 数据库的工具。它为创建自定义的报告和分析工具提供了一个很好的起点。

② Fixml：用于修复破坏的 Robot Framework 输出文件的工具。

③ Mabot：输出手动测试的、与 Robot Framework 兼容格式的报告的工具。

④ Pabot：Robot Framework 测试用例的并行执行器。

⑤ RFDoc：用于存储和搜索 Robot Framework 测试库和资源文件文档的 Web 系统。

⑥ Robot Corder：通过录制用户交互并扫描 Chrome 浏览器中的 html 页面来生成 Robot Framework 测试脚本。它相当于应用在 RobotFramework 浏览器测试自动化中的 Selenium IDE。

⑦ Robot Framework Hub：轻量级 Web 服务器，能通过浏览器对 Robot Framework 测试资产的访问。

⑧ Robot Framework Lexer：用 Pygments 突出显示 Robot Framework 语法。链接是 Lexer 项目本身，但 1.6 版以后，词法分析器是 Pygments 的一部分。

⑨ Robot Tools：可以与 Robot Framework 一起使用的支持工具的集合。

⑩ SAGE Framework：基于多代理（Multi-agent）的 Robot Framework 扩展。基于代理的系统可以测试分布式系统，如面向服务的体系结构系统。 SAGE 提供一个 Robot Framework 关键字库，用于创建和管理 SAGE 代理网络以及收集和报告远程代理的结果。

⑪ StatusChecker：验证执行 Robot Framework 测试用例时预期的状态和日志消息的工具。主要为测试库开发人员服务。

Acceptance testing 验收测试

Accessibility 可接近性

Active or open 激活状态

Adaptability 适应性

Ad-hoc Test 随机测试

Architecture 体系结构

Acceptance Test-Driven Development（ATDD）验收测试驱动开发

Audit 审核

Auditor 审核员

Auditor qualifications 审核员资格

Availability 可用性

Behavior-Driven Development（BDD）行为驱动开发

Behavioral test 行为测试

Baseline 基线

Black-box test 黑盒测试

Bottom-up Integration 自底向上集成

Boundary condition 边界条件

bug 缺陷

Bug crawl 缺陷评审会议

Build 软件构建

Capability 能力

Capacity test 容量测试

Certification 认证

Change control 变更控制管理

Change Control Bard（CCB）变更控制委员会

Characteristic 特性

Close or inactive 关闭或非激活状态

Closure period 修复周期

Code audit 代码审计

Code Completed 代码完成

Code Freeze 代码冻结

Code inspection 代码审查

Code walk-through 代码走查

Cohesion 内聚度

Compatibility 兼容性

Compile 编译

Complexity 复杂性

Component testing 组件测试

Confirmation test 确认测试

Configuration management 配置管理

Conformity 合格

Congruent 一致性

Continual Delivery（CD）持续交付

Continual Integration（CI）持续集成

Continual Testing 持续测试

Continual improvement 持续改进

Corrective action 纠正措施

Coupling 耦合度

Coverage 覆盖率

Criteria 准则、指标

Critical bug 严重的缺陷

Customer satisfaction 顾客满意

Client/Server（C/S）客户端 / 服务器

Data dictionary 数据字典

Data structure 数据结构

Data flow testing 数据流测试

Debugging 调试

Defect 缺陷

Delivery 交付

Dependability 可信性

Design and development 设计与开发

Design specification 设计规格说明

Development life cycle 开发生存周期

Deviation permit 偏离许可

Distributed testing 分布式测试

Document 文件

Driver 驱动模块

Effectiveness 有效性

Efficiency 效率

Encapsulation 封装

Entry criteria 进入标准

Error seeding 错误播种

Error, faults and failures 错误、缺陷与失效

Escalate 向上呈交

Evaluation 评价评估

Exit criteria 退出标准

Experience of quality 质量体验

Exploratory testing（ET）探索式测试

Failure 失效

Fatal bug 致命的缺陷

Fault injection 错误注入

Fault of omission 遗漏缺陷

Feasible coverage 可行覆盖率

Feature 产品特性

Fidelity 逼真度

Field-reported bug 现场报告缺陷

First customer ship 首位客户送货

Fixed or Resolved 已修正状态

Flexibility 灵活性

FMEA 失效模型和效果分析

Functional Specification 产品功能规格说明书

Functional tests 功能测试

Functionality 功能性

GA 通用有效性

Grade 等级

Granularity 粒度

Ideal fault condition 理想缺陷条件

Identifier 标识符

Information 信息

Infrastructure 基础设施

Implementation requirement 实现需求

Input 输入

Inspection 检验

Integration testing 集成测试

Interoperability 互操作性

Isolation 隔离

Iteration 迭代

Log file 记录文件

Maintainable 可维护性

Major bug 一般的缺陷

Management 管理

Management system 管理体系

Measurement control system 测量控制体系

Measurement process 测量过程

Metrological characteristic 计量特性

Metrological confirmation 计量确认

Milestone 里程碑

Minor bug 微小的缺陷

Modified Top-down Integration 改进的自顶向下集成

Modularity 模块性

Module 模块

MTBF 失效平均时间

MTTR 平均维修时间

Necessity condition 必要性条件

Nest 嵌套

Objective evidence 客观证据

Organizational structure 组织结构

Orthogonal 正交

Output 输出

Peer review 同级评审

Performance Test 性能测试

Pilot testing 引导测试

Preventive action 预防措施

Priority 优先权

Procedure 程序过程

Program Specification 概要说明

Process 过程

Product 产品

Project 项目

Qualification process 鉴定过程

Quality assurance 质量保证

Quality characteristic 质量特性

Quality control 质量控制

Quality improvement 质量改进

Quality management 质量管理

Quality manual 质量手册

Quality metric 质量度量

Quality objective 质量目标

Quality plan 质量计划

Quality planning 质量策划

Quality policy 质量方针

Record 记录

Recovery testing 恢复测试

Regression 回归

Regression test 回归测试

Release 产品发布

Reliability 可靠性

Reporting logs 报告日志

Requirement 要求

Reusability 可重用性复用率

Review 评审

Risk 风险

Root cause 根本原因

Scalability 可扩展性

Script 脚本

Security 安全性保密性

Security testing 安全测试

Service manageability 可维护性

Severity 严重性

Software Development Life Cycle（SDLC）

软件开发生命周期

Software development process 软件开发过程

Software engineering 软件工程

Specification (Spec) 规范

Sprint（Scrum）迭代

Stability 稳定性

Standard combining rules 标准组合规则

Stress testing 负载（压力）测试

Structured Programming 结构化程序设计

Structural test 结构测试

Stub 桩模块

System testing 系统测试

System Under Testing（SUT）被测系统

Test Automation（TA）测试自动化

Test case 测试用例

Test case library 测试用例库

Test casually 随机测试

Test coverage 测试覆盖

Test-Driven Development（TDD）测试驱动开发

Test environment 测试环境

Test phase 测试阶段

Test platform 测试平台

Test specification 测试规格说明

Test suite 测试套件

Test system 测试系统

Test to fail 基于失效的测试

Test to pass 基于通过的测试

Test tool 测试工具

Testability 可测试性

Tolerance Test 容错测试

Traceability 可追溯性

Unit testing 单元测试

Usability 易用性

Validation 确认

Verification 验证

Version 版本

White-box test 白盒测试

Walk-through 走查

参考文献

[1] 朱少民. 全程软件测试 [M]. 2 版. 北京：电子工业出版社，2014.

[2] 朱少民. 软件测试——基于问题驱动模式 [M]. 2 版. 北京：高等教育出版社，2017.

[3] A P Mathur. Foundation of Software Testing[M]. Dorling Kindersley (India) Pvt. Ltd., 2008.

[4] 朱少民. 软件质量保证与管理 [M]. 北京：清华大学出版社，2009 .

[5] G J Myers.The Art of Software Testing[M]. 3rd ed. New Jersey：Wiley, 2011.

[6] Glenford J Myers . 软件测试的艺术 [M]. 3 版. 张晓明，等译. 北京：机械工业出版社，2013.

[7] 朱少民. 软件测试方法与技术 [M]. 3 版. 北京：清华大学出版社，2014.

[8] Klaus Pohl. 需求工程·基础、原理和技术 [M]. 彭鑫等 . 译. 北京：机械工业出版社，2012.

[9] Karl Wiegers，等. 软件需求 [M]. 3 版. 李忠利，等译. 北京：清华大学出版社，2016

[10] Erich Gamma，等. 设计模式：可复用面向对象软件的基础 [M]. 刘建中，等译. 北京：机械工业出版社，2007.

[11] Stephen Vance. 优质代码：软件测试的原则、实践与模式 [M]. 北京：人民邮电出版社，2015.

[12] 徐宏革，等. 白盒测试之道：C++test[M]. 北京：北京航空航天大学出版社，2011.

[13] 陈绍英，等. 大型 IT 系统性能测试入门经典 [M]. 北京：电子工业出版社，2016.

[14] 段念. 软件性能测试过程详解与案例剖析 [M]. 2 版. 北京：清华大学出版社，2012.

[15] 于涌等. 精通软件性能测试与 LoadRunner 最佳实战 [M]. 北京：人民邮电出版社，2013.

[16] OWASP 基金会. 安全测试指南 [M]. 4 版. 北京：电子工业出版社，2016 .

[17] Paco Hope. Web 安全测试 [M]. 傅鑫，译. 北京：清华大学出版社，2010.

[18] 杨波 .Kali Linux 渗透测试技术详解 [M]. 北京：清华大学出版社，2015.

[19] Sutton M. 模糊测试——强制性安全漏洞发掘 [M]. 黄陇，等译 . 北京：机械工业出版社，2009.

[20] 陈小兵 . 安全之路：Web 渗透技术及实战案例解析 [M]. 2 版 . 北京：电子工业出版社，2015.

[21] Mahesh Shirole, Rajeev Kumar. UML Behavioral Model Based Test Case Generation: A Survey[J]. ACM SIGSOFT Software Engineering Notes, 2013 , 38 (4) :1-13.

[22] Dalai, A A Acharya, D P Mohapatra. Test case generation for concurrent object-oriented system using combinational UML models[J]. International Journal of Advance Computer Science and Applications, 2012 , 3 (5):97-102.

[23] Md Azaharuddin Ali, Khasim Shaik. Test Case Generation using UML State Diagram and OCL Expression[J]. International Journal of Computer Applications, 2014 , 95(12) :7-11.

[24] B Li, Z Li, L Qing, Y Chen. Test Case Automate Generation from UML Sequence Diagram and OCL Expression[C]. in International Conference on Computational Intelligence and Security, 2008 :1048-1052.

[25] Debasish K, Debasis S. A Novel Approach to Generate Test Cases from UML Activity Diagrams[J]. Journal of Object Technology, 2009 , 8 (3) :65-83.

[26] 柳毅等 . 一种从 UML 模型到可靠性分析模型的转换方法 [J]. 软件学报，2010, 21 (2) : 278-304.

[27] Petrenko ,S Boroday , R Groz. Confirming configurations in EFSM testing[J].IEEE Transactions on Software Engineering，2004,30 (1) :29-42.

[28] Alan Pageken，等 .《微软的软件测试之道》[M]. 张爽，等译 . 北京：机械工业出版社，2009.

[29] James W.Google 软件测试之道 [M]. 北京：人民邮电出版社，2013.

[30] Lisa Crispin，等 . 敏捷软件测试：测试人员与敏捷团队的实践指南 [M]. 崔康，译 . 北京：清华大学出版社，2011.

[31] 周志华 . 机器学习 [M]. 北京：清华大学出版社，2016.

[32] 刘冉 . 自动化测试框架分类与思考 [DM/OL]. 软件质量报道 [2017-12-13].

[33] David A Sousa. How the brain learns by [M]. New York: SAGE Press, 2005.

[34] Mahesh Shirole, Rajeev Kumar. UML Behavioral Model Based Test Case Generation: A

Survey[J].ACM SIGSOFT Software Engineering Notes, Vol.38, No.4, pp.1.

[35] Dalai AA Acharya, D P Mohapatra. Test case generation for concurrent object-oriented system using combinational UML models[J].International Journal of Advance Computer Science and Applications, 20113,(5):97–102.

[36] Md Azaharuddin Ali, Khasim Shaik, etc., Test Case Generation using UML State Diagram and OCL Expression[J].International Journal of Computer Applications,2014,12(95).

[37] B Li, Z Li, L Qing,et al.Test Case Automate Generation from UML Sequence Diagram and OCL Expression[C].International Conference on Computational Intelligence and Security, 2007.

[38] Michael Felderer1, Philipp Zech.Model-based security testing: a taxonomy and systematic classification[J], Software Testing Verification and Reliability，2015, (8):1-29.

[39] Roy Williams.Never Send a Human to do a Machine's Job: How Facebook uses bots to manage tests[C].GTAC, 2014.

[40] Hans Kuosmanen and Natalia Leinonen, Robot Assisted Test Automation[C].GTAC, 2015.